TEXTILE SCIENCE

Merchandiser
에게 꼭 필요한
섬유지식

II

서문

　어떤 학생이 물었다. 책의 영어 제목이 Textile Science인데 한글 제목은 왜 섬유지식이냐고? Science는 라틴어에서 왔는데 지식(Knowledge)이라는 의미였다. 예전에는 과학이 지식이었는데 지금은 인문학이나 철학, 역사가 지식이 되었다. 현대인들은 과학을 전문가들만의 영역인 것처럼 생각하고 멀리해 온 경향이 있다. 그러나 기초과학이야말로 사람이 살아가는 데 반드시 필요한 지식이다. 섬유와 패션은 더욱더 그렇다. 나는 "Mad for Science 과학에 미치다"라는 책을 쓴 적이 있는데 이 책 제목이 의미하는 것은 말 그대로 과학이다. 두 책의 타이틀에 사용된 Science라는 단어는 각각 의미가 다르다. 과학은 취미로 하면 되지만 지식은 생업을 위해 반드시 필요하다. 2007년, 무식과 후안무치(厚顔無恥)의 무쇠 가면을 쓴 용감한 초판이 나오고 상당 기간의 재판 및 개정판을 거쳐 9년 만에 "섬유지식 2"가 나오게 되었다. 초판은 9번의 퇴고를 거쳤음에도 이후, 적지 않은 양의 수정을 거쳐 개정판이 나왔음은 놀랍다고 할 수 있다. 1권에 쏟아부은 24년의 경험치에 9년을 보탠 2권은 이제 간신히 무지를 면했다고나 해야 할 것이다. 덕분에 厚顔은 조금 더 얇아지게 되었다. "섬유지식"은 분에 넘치는 사랑을 받았다. 다만 책의 내용이 훌륭해서가 아니라 비교 대상이 될 경쟁자가 전무했기 때문이다. 그에 따라 원치 않는 책임감을 불식 간에 떠안게 되었다. 실무자가 저술한 업계 유일의 섬유 책이라는 사실 때문이다. 결국 수많은 다른 책들 사이에서 대충 묻어 가려는 얄팍한 수작은 야무진 꿈이 되어버렸다. 문제는 이 책이 섬유 패션에 입문하는 초보자들을 위한 것이 아니라는 사실이다. 따라서 이를 모르고 책을 구입했던 수많은 비전공자와 초보들의 좌절과 절망을 딛고 "섬유지식 2"가 나올 수 있었던 것이다. 하지만 "섬유지식 2"의 독자들은 대개 1권을 거친 사람들일 것이다. 적어도 실수로 이 책을 구입한 초보는 없다. 그래서 책의 수준을 약간 높인다 하더라도 불평할 사람은 없을 것이다. 당초 계획은 이런 식으로 "섬유지식 10"까지 가보려 했었다. 그런데 아파트 창문 밖으로 숨막히게 아름다운 목련이 활짝 핀 2015년 4월 어느 날, 기초부터 섬유지식 전반을 다룬 "섬유지식대사전" 같은 것을 만들어보자는 터무니없는 구상이 떠올랐다. 그렇게 독자층을 두텁게 만들어 주머니를 채우려는 나의 얄팍한 계략이 모든 섬유 패션인들을 위한 지식 공유라는 뻔뻔스러운 기치를 앞세워 필생의 역작으로 집필될 예정이다. 이 책을 쓰면서 염료와 염색 실무분야의 최고 전문가인 박정영 이사로부터 '염색과 염료'에 대한 수많은 귀중한 조언을 얻었다. 저작에 나타나는 셀 수 없이 많은 오만과 독선의 어두운 그림자를 광명천지로 바꿔준 변함없는 나의 멘토이자 말 없는 조력자인 아내 백미경에게 존경과 사랑으로 감사를 전한다. 이 책에서 발견되는 모든 오류와 착오는 온전히 저자의 책임이다.

2016년 4월 압구정에서

차례

01 TOPIC

02 Textile Science

03 All that Textile

04 Issues

05 Print Lesson

06 Fashion

07 Marketting, Presentation & Research

08 Insight

09 부록

1

TOPIC

100일 동안 입을 수 있는 셔츠

미국의 한 기업이 100일 동안 빨지 않고도 입을 수 있는 셔츠를 개발했다. 'Wool & Prince'라는 묘한 이름의 이 회사는 100일 동안 빨래하지 않아도 냄새가 나지도 않고 구김도 전혀 없는 셔츠라고 주장하며 전 세계에서 15명의 지원자를 모집하여 시착 시험을 실시하여 투자자를 모집하고 있는 중이다.

그런데 왜 이런 옷이 필요하게 된 것일까?

2050년, 전 세계 인구는 100억을 돌파할 전망이다. 인류는 인구과잉으로 인해 지금까지 한 번도 겪어 본 적 없는 무시무시한 자원부족 시대를 만나게 될 것이다. 특히 물 부족은 심각한 수준이 될 전망이다. 따라서 앞으로 싱그러운 민트 냄새를 풍기는 눈처럼 하얀 와이셔츠를 입기 위한 세탁은 더 이상 미덕이 아닌 악덕이 될 것이다. 이에 따라 옷의 오염이나 구김을 막는 가공이 종류를 불문하고 모든 복종에 적용되는 시대가 오게 될 것이다. 특히 한 번 입고 세탁해야 하는 셔츠는 물 부족 시대의 가장 위협적인

TEXTILE SCIENCE

존재가 된다. 이런 셔츠는 새
로운 시대에서는 불법이 될지
도 모른다. 따라서 'Wool &
Prince'의 놀라운 시도는 매우
시의 적절하다고 볼 수 있다.

Wool & Prince의 Wool Dress Shirts

3달 넘게 빨지 않고 입을
수 있는 셔츠라니? 어떻게 그런 일이 가능할까? 사실 면으로 된 셔츠는
단 하루도 버티지 못한다. 아침에 빳빳하게 칼처럼 다린 셔츠를 입고 출
근했어도 상당히 고된 업무량을 소화한 날 오후에는 이미 후줄근해 있을
것이다. 비밀은 놀라운 하이테크 가공이 아닌, 소재 그 자체에 있으며 경
이로운 일을 해낼 수 있는 그 소재는 바로 Wool이다. Wool은 드레스 셔
츠로 사용되는 경우가 거의 없다. 남자에게 셔츠는 매일 갈아입어야 하
는 속옷과도 같다. 셔츠 소재를 Wool로 하면 일단 비싼 가격은 물론이고
매일 드라이클리닝해야 하는데 부자가 아닌 이상 감당하기 힘들다. 무엇
보다 가장 큰 문제는 Wool을 맨몸에 입으면 캐시미어가 아닌 이상, 따갑
다는 것이다. 그것이 Wool로 된 드레스 셔츠를 보기 힘든 이유이다.

그런데 사실, Wool은 우리가 모르는 놀라운 기능을 여럿 가지고 있다.

첫째로 Wool은 Resilience가 가장 좋은 소재이다. Resilience는 회복력
을 뜻하는 말이다. 즉, 구김을 잘 타지 않는다는 뜻이다. 毛 바지는 하루
종일 입어도 옷걸이에 잘 걸어 놓으면 밤새 구김이 모두 펴진다. 반대로
Resilience가 가장 나쁜 소재는 구김의 왕 '麻'이다. 레이온도 마에 지지 않는다.

둘째로 Wool은 가장 흡습성이 좋은 소재이다. Wool은 공정수분율
Moisture Regain이 무려 13%이다(AATCC 기준). Wool은 섬유 안에 가장 많은
물을 담을 수 있으며 습도가 높은 상태에서는 자기 무게의 36%에 해당하
는 물을 흡수하고도 겉으로는 '뽀송뽀송'함을 유지할 수 있다.

셋째로 Wool은 표면에 천연의 Wax coating이 되어 있어 W/R 기능을

Desorption
On a hot day, wool pulls moisture and heat away from your body, keeping you cool.

Absorption
On a cool day, wool absorbs moisture and in-turn actively releases stored energy (heat).

여름에 울은 수분을 증발시켜 시원하게 한다. 겨울에는 수분을 빨아들여 흡착열로 발열한다

한다. 천연의 방오 성능을 가진다고 할 수 있다. 즉, 외부로부터의 오염에 강하다. 사람들은 보통 순모 양복을 한 시즌 동안 1~2번만 드라이클리닝 한다. 그로써 충분하다.

이 3가지의 특징만으로 3달 동안 빨지 않아도 되는 놀라운 셔츠를 만들 수 있다. 이 셔츠에는 아무런 가공제도 들어가지 않는다. 사실 이 셔츠를 설계할 때 가장 큰 문제는 바로 Wool이 따갑다는 사실이었다. 그들이 해결한 유일한 일이 바로 이 부분이다. 나머지 기능은 Wool의 특성이 모두 알아서 해준 것이다. 그런데 땀 냄새는 대체 어떻게 해결했을까? 원래 땀은 그 자체로 냄새가 나지 않는다. 땀의 99%는 물이며 1% 안에 여러 종류의 유·무기물이 들어있다. 특히 지방이나 단백질 같은 유기물이 피부에 서식하는 정상 세균총의 먹이가 되므로 분해가 일어나면서 냄새가 나는 것이다. 그런데 Wool은 땀이 나자마자 흡수함과 동시에 증발시켜 버린다. 즉, 세균들과의 화학반응이 일어나기도 전에 원인을 제거해 버리는 것이다. 그것이 땀 냄새를 나지 않게 하는 단순한 비결이다. 또 Wool을 구성하는 케라틴 단백질은 그 자체로 항균성이 있다. 모피는 죽은 동물의 가죽이지만 방부제 처리를 하지 않아도 썩는 일이 거의 없다.

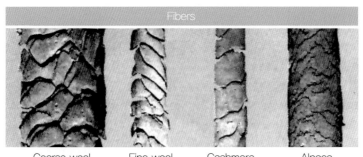

| Coarse wool | Fine wool | Cashmere | Alpaca |

각종 Wool의 굵기 비교

피부를 찌르는 문제는 어떻게 해결했을까?

Wool이 모두 따갑지는 않다. 굵은 모만 따가울 뿐이다. 즉, 캐시미어처럼 가는 Wool은 피부를 찌르지 않는다. 실제로 그들은 일반 Wool보다 3배나 더 가는 15미크론 굵기의 Super fine Merino wool을 썼다고 한다. Cashmere의 굵기는 19미크론 이하이다. 가장 굵기가 가는 동물의 털은 앙고라 토끼로 직경이 12미크론 정도 된다.

또한 Wool은 스스로 온도를 조절하는 마술 같은 능력이 있는데, 그것은 흡착열 Heat of Sorption이라는 물리 현상 때문이다. 물은 기체로 있을 때보다 액체가 더욱 안정된 상태이다. 수증기가 돌아다니다 물체를 만나면 액체로 변한다. 기체가 액체로 상전이함으로써 남는 에너지가 열이 된다. 흡착열을 이용한 발열 기능을 탑재했다고 주장하는 대표적인 브랜드가 유니클로의 Heattech이다. 물론 그것이 실제로 발열 기능을 하느냐는 의문에는 답하지 않겠다(강의할 때는 확실하게 얘기해 준다.).

Wool은 모든 소재 중 흡습률이 가장 높으므로 기온이 낮을 때는 주위의 수증기를 적극적으로 빨아들여 액체로 변화시킨다. 기체가 액체로 변하면 분자의 속도가 느려지면서 남는 에너지가 열로 변한다. 이것이 흡착열이다. (이때 Wool은 충분히 건조되어 있어야 한다.) 반대로 기온이 높을 때는 인체로부터 액체인 땀을 빨아들여 기체로 증발시켜 온도를 낮춘다.

이 놀라운 셔츠는 한 벌에 단돈 85불이다.

Bonding 이야기

Chimera

개체에 유전자형이 다른 조직에 서로 겹쳐 있는 유전현상 또는 서로 다른 종끼리의 결합으로 새로운 종을 만들어 내는 유전학적인 기술을 의미한다. '키메라 Chimera'라는 명칭은 사자 머리에 염소 몸통, 뱀 꼬리를 가진 고대 그리스 전설 속에 나오는 괴물에서 따왔다. 키메라는 종 種의 경계를 뛰어넘었기 때문에 '악의 힘'을 가진 불길한 동물로 그려진다. 세포융합기술을 이용하여 감자와 토마토를 접목시켜 만든 포마토도 키메라로 볼 수 있고, 인위적으로 동물도 키메라를 만들 수 있다.

- 네이버 지식백과(시사상식사전, 박문각) -

패션업계는 새로운 소재에 목마르다. 스타일이나 컬러로 표현할 수 있는 차별화는 매우 제한적이기 때문에, 특히 High Fashion은 늘 새로운 소재를 갈망한다. 하지만 새로운 소재의 개발은 쉽지 않다. 비용도 많이 들지만 개발했다 하더라도 신제품은 임상시험이 끝날 때까지 사고의 위험에 노출된다. 그런 이유로 Risk를 싫어하는 디자이너들이나 MR들은 한 번도 써보지 않은 새로운 소재를 선택하기 꺼린다. 그들은 대개 이미 검증이 끝난 안전한 소재를 선호한다. 그것이 설혹 경영

라이거

진이나 소비자의 희망과 불일치하더라도. 따라서 많은 신개발 아이템들이 디자이너의 선택을 받지 못해 소멸된다. 실제로 신제품이 선택되는 경우는 10% 미만이다. 특히 미국 시장이 이런 경향이 많다.

그런데 두 장의 같은 원단 또는 서로 다른 두 종류의 원단을 접합하면 거의 개발 비용을 들이지 않고 완전히 새로운 원단을 창조할 수 있다. 이 방법의 유일한 단점은 원단이 너무 두꺼워진다 Thick & Heavy는 것이다. 그 문제를 Balenciaga가 해결하였다. 그는 패션에 3D라는 트렌드를 전파시킨 장본인이다. 이제 패션은 잠수복으로 사용할 수밖에 없던 극단적으로 두꺼운 원단조차도 거의 모든 복종에 적용할 수 있을 만큼, 두꺼운 원단에 대한 거부감을 일소하였다. 심지어 두꺼울수록 좋다는 극단의 경향도 나타난다. 이런 추세에 힘입어 그동안 기능성 소재의 변방에 머물던 Bonding이라는 막강한 장점을 지닌 가공이 대유행하게 된 것이다. 접합하는 두 장의 소재를 선택할 때, 최초는 매우 보수적으로 시작하였다. 그동안 가장 많이 사용되던 아이템은 셔츠 원단인 면 40×40/133×72를 두장 붙여 Trench coat에 사용한 파격이었다. Shirting 원단을 Outerwear로 적용할 수 있는 마법의 가공이었다.

막강한 Bonding의 장점을 알아볼 차례이다.
 1) 얇고 저밀도인 소재를 고밀도의 두꺼운 소재로 변신
 2) 앞뒤 컬러가 다른 Reversible 원단
 3) Solid face printed back or Yarn dyed back
 4) 앞뒤 소재가 전혀 다른 Chimera. Wool과 Cotton 같은
 5) 니트와 우븐의 접합으로 새로운 기능을 부여
 6) 은면과 스웨이드로 된 가죽을 모방하여 진짜 같은 Fake Leather
 7) 중간에 투습방수 필름을 끼우면 통기성도 확보
 8) 안쪽은 Wicking, 바깥쪽은 W/R 되는 이상적인 Outerwear
 9) Bonding은 아이디어에 따라 무한한 새로운 아이템을 창조할 수 있다.

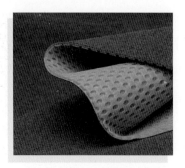

Bonding된 니트

공정을 알아보자.

Bonding은 두 종류의 완전히 다르거나 혹은 같은 원단을 PU resin 폴리우레탄 수지 또는 기타의 바인더 Binder로 접착하는 것을 말한다. 일반적으로 Woven 원단과 Knit를 접합하거나 Knit와 Knit를 접합하는 용도로 사용되었지만 최근에는 Woven과 Woven 원단을 접합하는 방식이 유행되고 있다. 하지만 서로 수축률이 다르거나 신축성이 없는 Woven 대 Woven의 접합은 신축성이 있는 Knit와의 접합 방식 보다는 고도의 기술이 요구되고 있다. Bonding은 접착방식에 따라서 크게 다음의 세 가지로 나눌 수 있다.

1) Direct Bonding

이름 그대로 원단과 원단을 PU binding 바인더는 접착제으로 접착하는 방식으로 형태에 따라서 Dot 방식과 Spray all over 방식이 있다. Dot 방식은 Interlining의 접착처럼 Binding을 Dot 모양으로 찍어서 원단을 접착시키는데 Dot를 찍는 방법에 따라서 그라뷰어와 스크린 두 가지로 나눈다. 그라뷰어 Gravure 방식은 Print의 Roller와 같은 개념으로 Mesh roller라는 롤 표면에 구멍이 뚫린 형태의 Roller를 사용하고 Screen은 Flat bed screen과 같은 방식으로 이해하면 된다. 그라뷰어의 설계 패턴에 따라 통기성이 달라진다. Spray는 이름 그대로 원단 위에 Binding을 All over로 뿌려주는 방식이다. 또 Belt 방식은 돌아가고 있는 Conveyer belt 위에 접착제를 도포하고 원단에 그걸 묻히는 방법으로 위의 Spray나 Dot 방식보다는 훨씬 더 적극적인 방법이 되겠다.

각 방식의 장·단점을 알아보면 Dot 방식은 당연히 접착력은 떨어지는 대신 Hand feel이 Soft한 장점이 있으며, Belt 방식은 가장 접착력이 우수하고 문제도 가장 적으나 원단이 두꺼워지는 단점이 있고 Hand feel도 많이 Hard해지나 요즘은 이 한계를 많이 극복하고 있어 Hand feel이 제법 괜찮은 제품들이 나오고 있다. 또 이 방식은 도포하는 접착제를 두껍게 함으로써 원단에 별도의 Coating 없이 Rain test pass 조건의 방수 원단을 만들 수도 있다.

H&M의 Scuba Skirt

Direct 본딩의 한계는 결국 Bubbling을 피할 수 없다는 것인데, 결국 Woven 대 Woven의 접착은 중간에 완충작용을 할 수 있는 쿠션이 없어서 불균일한 두께의 접착으로 인하여 많고 적음의 문제일 뿐, 이 방식의 본딩은 언젠가는 Bubbling이 발생한다는 사실을 인정해

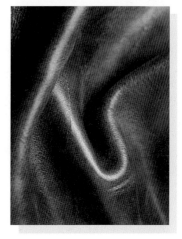

Zara의 Fake Leather

야 한다. 다만 최근의 기술은 이를 상당한 수준으로 극복하고 있는 것으로 안다. 물세탁은 또한 Bubbling을 야기하는 가장 큰 요인이므로 피해야 하며 반드시 Perchloro ethylene dry cleaning(이른바 퍼크로 클리닝이라고 하는 것이다. 미국은 일반적이지만 우리나라 세탁소에는 거의 없다.)을 해야 수명을 길게 가져 갈 수 있다.

2) Sponge Bonding

Sponge 상태의 PU를 열로 녹여서 원단을 접착하는 방식으로 주로 두꺼운 원단에 많이 쓰이며, 특히 Micro suede와 Faux fur(Sherpa 같은)와의

Bonding에 많이 쓰이고 있다. Direct와 3Layer의 중간쯤 되는 방식으로 Hand feel은 Soft하게 유지하면서도 상당히 강한 접착력으로 Bubbling 문제를 피할 수 있다. 그러나 단점은 원단이 두꺼워진다는 것이며 Sponge가 Gas 불에 의하여 녹는 과정에서 거의 검은색으로 변하기 때문에 비쳐 보일 수도 있는 얇은 원단끼리의 Bonding은 불가능하다는 것이다. 당연히 Coating 없는 Rain test pass의 장점도 사라지게 된다. Sponge Bonding은 가공 후 PU의 열로 인한 경화로 상당히 Hand feel이 Hard하다는 단점이 있으므로 반드시 Washing 공정을 거쳐야 한다. 대신 물에 대한 약점이 없으므로 물빨래가 가능하다는 장점이 있고 Sponge 두께를 조절할 수 있어 다양한 두께의 원단을 만들 수 있으므로 Garment 외에 가방류의 소재로도 사용 가능하다. 가공료는 Direct Bonding보다는 조금 더 비싸다.

3) 3Layer Bonding

원단과 원단 사이에 PU film을 중간에 끼워서 접착하는 방식으로 PU Laminating 원단의 반대 면에 Gravure Bonding을 하는 것이라고 생각하면 된다. 이 경우 가장 완벽하고 Hand feel도 우수하며 원단 Coating 없이 저절로 방수 및 Rain test pass 가능한 원단을 얻을 수 있으며 Bubbling 현상도 거의 발생하지 않는다. 세탁은 물세탁이 가능하고 드라이클리닝은 권장하지는 않으나 바로 문제되지는 않는다. 이 가공의 유일한 단점은 가격이 비싸다는 것인데 원래의 Laminating charge에 별도의 Direct Bonding charge를 포함한 것이 가공단가가 된다.

시중에 semi 3Layer라는 방식이 있는데, 이는 위의 Belt 방식의 Bonding
을 조금 더 두껍게 그리고 정교하게 도포하여 마치 film 막이 있는 것처럼
형성하며 흰색으로 착색도 가능하다. 자칫 3Layer로 착각하게 할 수 있는
가공이며 Bonding 초기에 이런 식으로 바이어를 속인 공장도 일부 있었
다고 한다.

Canada Goose의 Arctic Tech

디자인 팀에서 내려온 미션이다.

겨울 방한용 Outerwear로 다음과 같은 소재를 개발하시오.

1. Heavy enough: 충분히 두껍지만

2. Never be heavy: 결코 무겁지 않다

3. Anti-Ripping: 절대 찢어지지 않으며

4. Minimized surface area construction: 체표면적이 최소화되도록 설계

5. Down proof & Wind proof: 방풍 가능한 다운프루프

6. Waterproof: 방수도 가능하고

7. Resistant Friction: 마찰에 견디며

8. Don't like Synthetic: 되도록 천연소재를 사용하고

9. Don't like chunky but compact & fine: 거칠게 보이지 않는 고운 표면

10. UV Protection without finishing: 별도의 가공 없이 자외선 차단

11. Hydrophobic: 물을 밀어내는 소수성

12. Heat Radiation Reflection: 적외선 복사 반사

13. Eco Friendly: 친환경

지난해 Outerwear의 최대 화두는 Canada Goose였다.

이름 그대로 1957년 캐나다 태생인 그들은 60년 만에 일약 전 세계인의 주목을 끌었다. 애플처럼 세상을 바꿀만한 New Look을 들고 나온 것도 아니었다. 60년대 돕바 Topper라고 불리던 개털 달린 케케묵은 군복 스타일의 클래식한 다운파카로 폭발적인 인기를 누린 것이다. 그것도 소비자

들이 지갑을 꽁꽁 닫은 전 세계적인 불황기에 백만 원이 넘는 초고가격으로 해낸 일이다. 현대백화점과 갤러리아에 임시로 만들어진 팝업 스토어에서 그 옷들은 5일 만에 완판되는 기염을 토했다. 특히 빨간색은 뉴욕에서조차도 구할 수 없을 만큼 귀했다. 재미있는 것은 그들의 모든 스타일에 적용된 소재이다. 그것은 매우 파격적인 일이었다. 단 하나의 소재를 모든 스타일에 동일하게 적용한 것이다. 심지어 모자까지도 그들은 같은 소재를 사용하였다. 대체 그들은 어떤 자신감으로 그런 단순한 디자인에 단 하나의 소재를 사용하여 그런 고가의 제품을 내놓을 수 있었던 것일까?

물론, 그것은 전형적인 럭셔리 마케팅으로 보인다. 장인정신, 최고의 소재 그리고 희소성으로 무장한 그들의 제품은 에르메스의 정신과 꼭 닮았다. 어쨌든 패션마케팅은 내 분야가 아니다. 내가 관심을 가진 것은 그들의 소재이다. 놀랍게도 그것은 Polyester 85%, 면 15%라는 흔치 않은 혼용률을 가진 독특한 질감의 소재이다. 개털로 보이는 후드의 모피는 코요테 Coyote의 것이다. 그들이 코요테의 털을 사용한 이유는 두 가지이다. 첫째는 과학이다. 둘째는 윤리이다. 어쨌든 동물의 모피는 양모와 달리 그 동물을 살상한다는 것을 의미한다. 굳이 동물보호협회의 원성이 아니더라도 모피의류는 최근 많은 이들의 지탄의 대상이다. 그래서 그들은 코요테를 택했다. 코요테는 북

미에선 수렵이 무제한 허용된 해로운 동물이다. 또 그들의 털은 길고 짧은 털이 섞여 있어서 외부에서 불어오는 차가운 바람을 효과적으로 막아준다. 즉, 단열 효과가 뛰어난 모피이다. 그들의 소재 선택은 탁월하다. 그렇다면 그들의 강력한 무기인 Out shell 겉감은 어

떨까? 이제부터 그들이 소위 Arctic Tech라고 부르는, 지구 상에서 가장 추운 극한의 북극에서도 입을 수 있다는 초절정 방한 의류의 소재를 분석해 본다. 그를 위해 우리는 체표면적 Body Surface Area이라는 개념을 이해해야 한다.

자동차의 엔진은 뜨거울수록 효율이 좋아진다. 모든 엔진이 사실 그렇다. 하지만 아이러니하게도 너무 뜨거워지면 실린더와 피스톤이 녹아 붙어 버리기 때문에 한계 이상 뜨거워지지 않도록 엔진을 식혀야 한다. 자동차는 엔진을 어떻게 식히는 것일까? 공냉식이란 공기로 식힌다는 뜻이다. 수냉식은 물을 사용한다. 자동차는 둘 다를 사용한다. 자동차는 냉각수를 사용하여 뜨거워진 엔진을 식히는데, 한번 뜨거워진 물은 순환하여 재사용해야 하기 때문에 공기로 식혀야 한다. 하지만 냉각수가 자동차를 한번 순환하는 데 걸리는 시간은 불과 30초 안팎이다. 그 사이에 어떻게 뜨거워진 냉각수를 적정온도인 80도까지 낮출 수 있을까? 그 비밀이 바로 라디에이터이다.

라디에이터의 내부는 극도로 가느다란 넓적한 관으로 되어있어 체표면적이 극대화되어 있는 구조로 되어있다. 그래야 바깥의 차가운 공기와 닿는 면적이 넓어지고 뜨거워진 냉각수를 빨리 식힐 수 있다.

냉각수를 돌릴 수 없는 구조로 되어있는 공냉식 모터사이클의 엔진은 그림처럼 외부가 아예 라디에이터처럼 생겨있다.

반대로 열을 식히고 싶지 않으려는 구조는 표면이 이런 형태와는 반대인 체표면적이 극소화되어 있는 모양이 되어야 한다. 여름옷은 라디에이

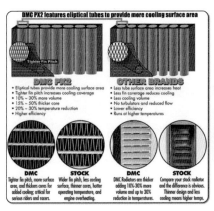

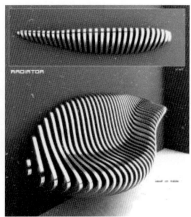

라디에이터의 내부 구조   체표면적이 극대화된 아름다운 모양의
라디에이터

터와 마찬가지로 소재의 표면이 열을 쉽게 빼앗기는 구조가 되어야 한
다. 따라서 체표면적이 극대화되는 구조가 좋다. 섬유의 체표면적을 넓
게 한다는 것은 섬유가 Bulky해진다는 의미이다. 섬유 또는 원사를
Bulky하게 만들기 위해서는 Crimp를 부여하거나 표면을 Raise하면 된다.
즉, 기모 Peach하면 된다.

이와는 반대로 겨울옷은 열을 외부로 잃지 말아야 하기 때문에 체표면
적이 극소화되어 있는 구조가 좋다. 좁은 면적에 큰 물건을 집어 넣으려
면 많이 꼬면 Twist 된다. 인체를 설계하는 설계도인 DNA가 바로 그런 모
양을 하고 있다. 30억 쌍의 염기를 가지고 있는 인체를 설계하는 DNA는
길이가 무려 2m나 되는데 그런 길이가 10만 분의 1m 크기의 세포 안에
접혀있다. 그 비밀이 바로 나선 Helix이다. 위의 그림을 보면 꼬여있는
DNA 나선이 염색체를 형성하고 있는 모습을 볼 수 있다. 이것이 체표면
적이 극소화되어 있는 실제 자연의 모습이다. 더 많은 꼬임을 줄수록 체
표면적은 더욱 작아진다. 이렇게 꼬임수가 많은 원사로 만든 원단은 까

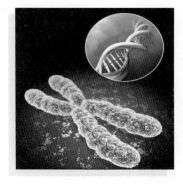

염색체와 DNA   모터사이클 엔진

실해지며 단단해진다. 가장 가까운 예가 때수건이다. 대표적인 때수건인 이태리 타올은 때를 잘 밀 수 있도록 극도로 까실하게 만든 레이온을 사용하였다.

그런데 여기까지의 사실은 우리의 직관과 정면으로 충돌한다.

우리는 겨울에 Peach된 소재를 사용하며 여름에는 까실한 소재를 사용하기 때문이다. 하지만 과학은 우리가 정반대로 소재를 사용하고 있음을 알려준다. 놀라운 것은 바로 Canada Goose의 소재이다. 그것은 경사에 Polyester filament, 위사에 T/C 16수를 사용하여 상당히 두껍고 딱딱하다. 그리고 다른 겨울옷들과는 반대로 표면이 매우 까실하고 견고하며 차가운 느낌이 든다. 즉, 체표면적이 최소화되어 있는 것이다. 그들은 과학을 잘 이해하고 제대로 이용하고 있다.

그런데 우리는 왜 과학이 알려주는 사실과 정확하게 반대로 소재를 사용하고 있을까?

Soft하고 Peach된 표면은 옷의 안쪽으로 사용되었을 때 체온을 잘 전달하여 따뜻한 느낌을 주며 따라서 피부와 접촉했을 때만 유효하다. 하지만 외기와 접해있는 Outerwear Out shell 소재는 위에서의 이론처럼 이와 정반대로 작용해야 할 것이다. 기모 되어있는 Out shell은 다른 사람이 접

촉했을 때는 따뜻한 느낌을 줄
지언정 옷을 입은 본인에게는
오히려 체온을 더 쉽게 빼앗기
게 하는 구조이다. 이에 따라
여름옷은 반대로 안쪽은 까실
하게 바깥쪽은 기모 되어있는
것이 더 시원하다. 그 소재는
극도의 고밀도로 제직되어 있
어서 심지어 그대로 Down

중공사인 백곰의 털

proof가 가능할 정도이다. 이에 따라 인장강도는 물론 인열강도도 10파
운드나 나갈 정도로 터무니없이 높다. 즉, 그 원단은 절대로 찢어지지 않
는 Anti-Ripping 기능을 가지고 있다고 할 수 있다. 표면의 마찰계수가 낮
아서 마찰에도 매우 강하다. 마치 조밀한 옹벽 Retaining wall으로 둘러싸인
따뜻한 방안에 있는 것과 마찬가지이다. 최고의 소재는 그렇게 만들어진
것이다.

　하지만 나는 이 원단에 빠져있는 몇 가지를 더 추가하여 완벽하게 만들
고 싶다. 첫째는 Heat Radiation Reflection이다. NASA에서 개발한 체열반
사 기능을 추가하면 보온 기능에서 최소한 2Clo는 향상된다. 두 번째는
Eco Friendly이다. 하지만 화섬이 85%인 원단을 어떻게 친환경으로 만들
수 있을까? Recycled PET를 쓰면 된다. Budget이 허용한다면 면 부분은
Organic cotton으로 쓰면 완벽하다. 세 번째는 중공사이다. PET 원사를
속이 빈 중공사를 사용하면 일반 원사보다 더 가벼워지고 따뜻해질 수
있다. 북극에 사는 백곰의 털이 바로 천연 중공사이다. 이로써 완벽에 가
까운 방한 소재가 완성되었다. 단 하나의 소재를 기획하기 위하여 동원
된 과학은 물리 · 화학 · 수학뿐만 아니라 생물학과 분자생물학이 동원된
다. 소재는 꼭 아는 만큼만 보인다.

Heat Reflective 보온 소재

Malthus

인류는 지난 수백만 년 동안 이토록 장수한 적이 없다. 미국인의 평균 수명은 불과 150년 전, 40세였다. 머지않아 평균 수명 100세의 시대가 올 것이다. 이에 따른 자원 부족의 시대가 도래하게 될 것이다. 과거의 자원 부족은 생산량의 부족에 기인했으며 주로 식량에 국한된 것이었지만, 앞으로 다가올 자원 부족은 그 형태가 지금까지와는 판이하게 다른 것이다.

"식량은 산술급수적으로, 인구는 기하급수적으로 늘어나기 때문에 인류는 결국 파국에 이를 것이다."라고 했던 맬서스 Melthus의 저주는 아직 일어나지 않았다. 그 이유는 기술의 발달에 의한 생산성의 향상에도 있지만 자원의 지독한 불균형 배분 때문이기도 하다. 지구 전체 인구의 5%도 안 되는 3억의 미국은 지구 전체 자원의 4분의 1을 잠식하고 있다. 반면에 지구인의 절반은 하루에 2불로 살아가고 있는 빈민들이다.

문제는 중국과 인도이다. 인류 최초의 문명국이었던 그들은 암흑기였던 지난 150년간, 거의 자원을 사용하지 않고 살았다. 만약 그들이 이전처럼 다시 문명 부국으로 돌아간다면? 그리고 그것은 점차 현실이 되어가고 있다. 그들의 인구는 합쳐서 30억이 된다. 만약 중국, 인도인이 현재의 미국인처럼 소비한다면 지구 자원은 순식간에 고갈에 이르게 될 것이

마라톤의 피니시 라인

다. 따라서 인류는 지금까지 한 번도 겪어보지 못했던 무시무시한 자원 부족에 직면하게 될 것이다. 가장 먼저 고갈될 자원은 언제 공급이 멈출지 알 수 없는 석유이다. 2015년으로 예언된 'Peak oil'은 이미 한참 지났는지도 모른다. 아직 적절한 대체자원(원천적인)이 개발되지 않은 지금, 우리는 가장 혹독한 겨울을 맞게 될 지도 모른다. 따라서 패션 역사상 가장 중요한 소재로 발열 · 보온 원단이 급부상하게 될 것이다. 지금까지 많은 발열 또는 축열 소재가 개발되었지만 이론상으로만 가능했을 뿐 실제로 추위를 막아줄 수 있는 사실상 효과는 미미하였다. 현재, 가장 저렴한 비용으로 가장 높은 실제 효과를 볼 수 있는 소재가 바로 Heat radiation Reflective, 적외선 복사 반사 소재이다.

항온동물인 인체는 24시간, 37도의 체온을 유지해야 하며 획득한 에너지의 거의 3분의 1을 이에 투입하고 있다. 인체가 추위를 느끼는 생화학적 반응은 외기와의 온도 차이로 빠져 나가는 인체의 열을 보충하라는 뇌의 경고 메시지이다. 그렇다면 열은 인체에서 어떤 경로로 빠져나가고 있을까?

열의 이동경로는 전도, 대류 그리고 복사이다. 전도 Conduction)는 반드시 접촉이 있어야 일어난다.

Figure 2—Conduction, Convection and Radiation

전도
Energy is transferred by direct contact.

대류
Energy is transferred by the mass motion of molecules.

Cool

Warm

Warm

Hot

Hot

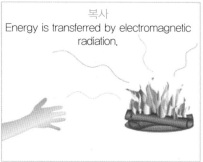

복사
Energy is transferred by electromagnetic radiation.

열의 이동경로

기겁할 정도로 뜨거운 알루미늄 냄비 손잡이는 냄비의 열이 전도 형태로 급속하게 손으로 이동했기 때문이다. 전도는 접촉이 없으면 일어나지 않는다. 대류 Convection는 매질을 통해서만이 일어날 수 있다. 보통 그 매질은 공기가 된다. 따라서 공기를 차단하면 대류에 의한 열 손실을 막을 수 있다.

그렇다면 지구에서 1억5천만km나 떨어져 있는 태양의 열이 지구까지 전해지는 경로는 뭘까? 지구와 태양 사이의 공간에는 어마어마한 진공이 펼쳐져 있다. 따라서 전도나 대류 형태로는 태양열이 아무리 뜨거워도 지구까지 올 수 없다.

지구 전체, 5천만 종의 생물이 생존할 수 있는 이유는 태양열의 복사

Radiation때문이다. 복사열은 매질이나 접촉이 없이도 전해진다. 난로의 뜨거운 온기를 느낄 수 있는 이유가 바로 복사열 때문이다.

보온병은 10시간 넘도록 뜨거운 커피를 식지 않게 보관할 수 있는 실로 놀라운 기능을 가지고 있다. 어떻게 그럴 수 있을까? 얼핏 평범해 보이는 보온병은 놀라운 과학의 산물이다. 그것은 앞서 말한 전도·대류·복사열을 효과적으로 차단한다. 전도를 막기 위해 보온병은 중간에 진공의 벽이 있는 2중 병으로 되어있으며, 대류를 막기 위해 3중 캡으로 무장하고 있다. 그렇다면 보온병이 복사로 빠져 나가는 열을 차단하기 위해 사용하고 있는 장비는 무엇일까? 그것은 바로 거울이다. 매질도 접촉도 없이 유령처럼 빠져나가는 복사열을 차단할 수 있는 가장 효과적인 장비가 바로 거울인 것이다. 난로를 자세히 보면 어떤 형태의 것이든 거울이 달려있다. 복사열을 원하는 방향으로 보내기 위해서이다. 거울이 없으면 난로는 거의 따뜻하지 않다. 만약 보온병과 같은 정도의 효과를 낼 수 있는 옷을 만들 수 있다면?

그야말로 획기적인 방한 장비가 될 것이다. 지금까지 상용되고 있는 가장 효과적인 방한 장비가 아마도 오리털 파카일 것이다. 유명한 Canada Goose가 극한의 북극에서도 입을 수 있도록 개발했다는 이른바 'TEI 5'의 중무장 방한 장비도 Down Jacket이다. Down Jacket은 인체에서 빠져나가는 전도열을 막기 위해 보온병처럼 외기와 피부 사이에 접촉을 막기 위한 단열재를 사용한다. 그 단열재는 오리털이 아니라 바로 공기이다. 오리털은 온기를 제공하기 위해 있는 것이 아니라 단열재인 공기층을 형성하기 위해서 존재한다. 대류를 막기 위해 동원된 장비는 무엇일까? 바로 코팅이다. 코팅 또는 라미네이팅은 공기가 내·외부로 쉽게 유통되는 것을 막는다. 따라서 공기라는 매질을 통해 열이 빠져나가는 것을 방해하는 것이다. 그렇다면 복사를 막기 위한 장비는 어떤 것일까? 놀랍게도 복사로 빠져나가는 체열이 전도나 대류로 잃는 열을 합한 것보다 더 많다.

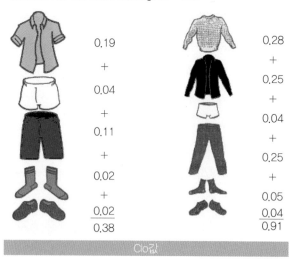

Insulation for the entire clothing: $I_{cl} = \sum I_{cu}$

0.19
+
0.04
+
0.11
+
0.02
+
0.02
―――
0.38

0.28
+
0.25
+
0.04
+
0.25
+
0.05
0.04
―――
0.91

Clo값

그것은 무려 60%나 된다. 따라서 이 부분이 방한 장비의 가장 중요한 핵심이 될 것이다. 하지만 놀랍게도 현존하는 그 어떤 Down Jacket도 이를 위한 조치가 되어있지 않다. 즉, 보온병의 거울에 해당하는 가장 중요한 기능이 현재의 방한 장비에 빠져 있는 것이다. 여기서 보온병의 거울에 해당하는 소재가 바로 Heat Reflective 원단이다.

우주선 내부

Heat Reflective 소재는 NASA가 1974년에 방열 장비로 사용하던 알루미늄 반사 소재를 거꾸로 사용하면 보온 장비로 사용될 수 있다는 사실을 깨닫고 개발하였으며, 현재에도 우주인의 보온을 위해 우주선에서 사용되고 있다(Space Blanket). 이 소재는 어느 정도 효과가 있을까? 결과는 놀라울 정도이다.

직접 테스트해 본 객관적인 수치로는 각각 보온 소재를 사용한 안감과 일반 안감이 적용된 6oz Polyester padding이 들어간 290t 나일론 패딩 자켓 둘을 비교해 보았을 때 각각은 무려 2Clo*의 차이를 보여준다는 사실이다(Thermal Transmittance test ASTM D 1518).

나는 가장 평범하고 값싼 소재인 Polyester 190t 안감에 알루미늄 포일을 증착시킨 원단을 개발하면 매우 값싸고 훌륭한 보온 안감을 만들 수 있다는 것을 알았다. 하지만 이 소재는 몇 가지 문제가 있다.

첫째는 알루미늄 포일이 세탁이나 마찰에 매우 약하다는 것이다. 둘째는 통기성의 확보이다.

그런데 시중에는 이미 이런 소재가 개발되어있다. 바로 컬럼비아의 옴니히트이다. 옴니히트는 같은 이론을 적용하여 만든 소재인데 통기성 확보를 위해 Dot pattern으로 알루미늄을 증착시켜 놓았다. 하지만 효과는 절반으로 반감될 것이다. 그리고 알루미늄 포일이 그대로 노출되어 있어서 세탁이나 마찰에 무방비 상태이다. 이들은 이를 해결하기 위해 아주 내구성이 좋은 알루미늄 포일을 적용하였는데, 그 때문에 이 안감은 가격이 3.90/y이나 나간다. 사실상 안감으로는 대중화하기에 너무 비싼 가격이다. 그럼에도 불구하고 근본적인 문제는 아직 해결되지 않고 있다.

나는 이의 해결을 위해 알루미늄 포일이 직접 몸에 닿지 않는 구조로

---

* Clo값: 사람이 입는 의복의 열저항 단위. 1Clo(클로)의 의복의 기준은 온도가 21.2℃, 상대 습도가 50%, 기류 속도가 0.1m/sec의 조건하에서 좌정 안정 상태의 사람이 쾌적하게 느끼는 의복이다. 0Clo는 아무런 옷도 입지 않은 상태를 말한다. 여름옷의 기준은 0.6Clo이다.

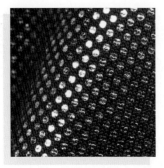

옴니히트

만들어 보려고 했다.

그리고 세탁 내구성을 강화하기 위해 뒷면의 드러난 포일 부분을 Non Woven 으로 감싸서 보호하는 방법을 사용하였 다. 이를 위해 알루미늄 포일의 앞면은 반사체가 드러날 수 있도록 투명한 Tricot 원단으로 덮어 Bonding하였다. 이렇게 되면 이 원단은 3Layer가 된다. 또 통기성 확보를 위하여 Grid pattern으로 포일을 증착하였다. 이렇게 하여 두 가지 의 문제점을 해결하였고 1불대의 낮은 가격으로 생산이 가능한 구조가 만들어졌다.

하지만 이에 따른 새로운 형태의 문제가 두가지 발생하였다.

원단이 너무 두꺼워진 것이다. 사실상 안감으로서는 너무 두껍다. 패션 상품으로서는 치명적이다.

또 다른 문제는 Tricot가 신축성이 있어 잡아당기면 포일이 찢어진다는 사실이다. 새로운 두 가지 문제를 해결하기 위해 가격이 조금 높더라도 Tricot 대신 신축성이 없는 Polyester 75d chiffon을 적용하였다. 이로써 가격은 약간 높아져서 2불 초반이 되었지만 두껍고 찢어지는 두 가지 문제가 동시에 해결되었다. 과학은 제대로 이해하면 새로운 소재를 개발할 수 있다.

Recycled Polyester라니?

We began making recycled Polyester from plastic soda bottles in 1993-the first outdoor clothing manufacturer to transform trash into fleece. Today, we recycle used soda bottles, unusable manufacturing waste and worn-out garments (including our own) into Polyester fibers to produce clothing. And we offer recycled Polyester in a lot more garments, including Capilene® baselayers, shell jackets, board shorts and fleece.

파타고니아의 재생 Polyester 사용 선언

Recycled Polyester는 사실 비논리적인 물건이다.

Recycled Wool은 들어봤지만 Recycled Polyester은 생소할 수밖에 없다. 뭔가를 재생한다고 했을 때는 이미 사용된 것을 재생해 쓸 만큼 고가이고 원료가 희귀하거나 공급이 제한적이라는 뜻일 것이다. 그래서 Wool이나 Silk는 재생하여 쓰는 것이 지극히 당연하다. 물론 Wool이나 Silk의 재생은 단어의 의미대로 한번 사용했던 것을 재생하는 것만이 아니라 방적 과정 중에 섬유장이 짧아서 실의 일부로 사용되지 못하고 방적기 아래로 떨어진, 이른바 낙

Recycled Wool

27

물(Noil)을 수거하여 사용하는 과정도 포함된다. 따라서 엄밀하게 재생이라는 표현은 정확하지 않다.

그런데 '재생'이라는 단어가 함축하고 있는 또 다른 의미는 최근에 불고 있는 환경친화 Eco-Friendly의 바람과 무관하지 않은 듯 보인다. 우리의 하나밖에 없는 따스한 대지, 어머니 지구를 위한 환경 개선 운동이 서구 선진국을 중심으로 전개되고 있고 따라서 규모가 크고 인지도가 있는 회사, 예컨대 Global 회사로 분류되는 대기업일수록 그 운동에 동참해야 하는 의무감을 가지는 것이다. 18세기 런던의 밤거리를 휘황하게 밝혔던 가스등은 보기에는 아름답고 낭만적이었지만 그로 인한 부산물이 인간의 환경에 심각한 해악을 끼친다는 사실을 깨닫기에는 당시 사람들의 지적 수준이 너무 열악했다. 템스 강에 버려진 석탄가스의 폐기물들이 아직도 강의 밑바닥에 잠자고 있는 한, 그러한 무지를 늦게나마 깨달은 선진국들이 과거의 과오를 되풀이하지 않기 위하여 노력하는 것은 당연하다고 할 것이다.

환경을 해치는 많은 물질 중 오존층을 파괴하는 불소화합물인 프레온가스는 이제 사용이 금지되어 오존층이 뒤늦게나마 원래의 모습을 찾아가고 있는 것은 다행이라고 할 것이다. 토마스 미즐리가 발명한 4에틸납으로 인하여 대기 중에 축적된 납 Pb은 사용이 금지된 지 25년이 지난 이래 지속적으로 줄어들고 있기는 하지만 오염된 대기는 아직도 100년 전의 순결한 그것보다 무려 6배나 납 농도가 높은 수준이라는 사실이다. 스위스의 뮐러는 DDT를 발견한 공로로 노벨상까지 받았지만 오늘날 사람의 몸속에서까지 DDT가 발견되고 있다. 이 놀라운 발명품이 지금은 인류의 건강에 심각한

유연 휘발유

위협이 되고 있다는 사실을 그가 알았다면 무덤을 차고 나왔을 것이다. 전 세계 농약의 4분의 1이 면화 밭을 경작하는 데 사용되고 있으며 작년 한해 동안 미국의 면화 밭에 뿌려진 농약은 무려 2천5백만kg이나 된다.

Organic Cotton은 바로 그런 이유로 나타난 상품이다. 비록 Organic cotton 자체가 일반 유기농 식품처럼 인체의 건강상에 직접적인 영향을 미치지는 못한다고 하더라도 오염되어 가는 지구를 위하여(사실은 지구가 아니라 인간을 위하여) 반드시 필요한 농법이라고 할 수 있다.

합성 고분자 물질로 인하여 더럽혀지는 지구환경을 위하여 인류가 할 수 있는 일은 대체로 2가지이다.

첫째는 박테리아가 먹지 않아 분해되는 데 수만 년이 걸리는 합성 Polymer를 수년 내에 썩도록 하는 것이고, 두 번째는 합성 Polymer를 되도록 쓰지 않는 것이다. 그에 따라 플라스틱에 녹말을 삽입하여 박테리아가 분해할 수 있도록 유도하는 생분해성 플라스틱이 나오게 되었다.

재생 Polyester는 그 두 번째의 일환으로 개발된 기술이다.

이미 개발된 합성섬유의 사용제한이 어렵고 따라서 폐기물이라도 줄이자는 취지이다. 3대 합성섬유 중 하나인 Polyester는 수많은 용도로 사용되고 있지만 가장 많은 수요는 PET병이다. 따라서 PET병을 재생하여 다시 Polyester 원사로 되돌리는 것이 대부분의 재생 Polyester이다. 사실 PET병은 오래 전부터 잘 재생되어 활용되고 있지만 그것을 Polyester 원사로 재생하는 것은 새로운 시도이다. PET병이 되었던 이미 옷으로 사용되었던 Polyester 옷이든 그것들을 재생하는 방법은 두 가지이다. 첫째는 화학적, 둘째는 물리적인 방법이다. 짐작하다시피 화학적 재생은 폐기물을 완벽하게 중합되기 전, 원료인 EG와 TPA로 되돌리는 것이다. 이렇게 만든 재생 Polyester는 원래의 Polyester와 구분할 수 없다. 완벽한 재생이 되는 것이다. 우리가 점심으로 불고기를 맛있게 먹으면 고기를 이루고 있는 단백질은 그대로 인체에 흡수하는 것이 아니라 원래의 재료였던 20

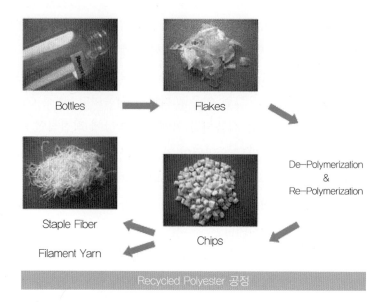

Bottles → Flakes

De-Polymerization
&
Re-Polymerization

Staple Fiber

Filament Yarn

Chips

Recycled Polyester 공정

여 가지 아미노산으로 분해한 다음, 흡수된다. 그래야 다른 단백질로 다시 합성하여 다른 용도로의 재사용이 가능하게 되는 거다. 예컨대 지난주에 술안주로 먹은 삼겹살은 오늘, 내 혈관 속에 표표히 흐르고 있는 단백질인 알부민의 일부를 이루고 있을지도 모른다는 것이다.

　PET의 화학적 재생은 아직은 우리나라에서는 개발되지 못했고 일본의 Teijin이나 Asai Kasai에서만 기술을 보유하고 있다. 이 방법의 문제점은 아이러니하게도 원래의 Polyester와 구분할 수 없기 때문에 생긴다. 일반 면과 실험실에서조차 구분이 불가능한 Organic cotton처럼 그것들은 원천적으로 구분이 불가능하다. 최근에 새롭게 돋아난 내 피부가 일주일 전에 먹은 삼겹살에서 비롯된 것이라도 그것은 돼지의 피부가 아닌 나의 소중한 피부이다. 따라서 별도의 인증서 같은 것이 없는 한, Recycled Polyester로 인정되기가 어렵다는 문제가 있다. 실제로 재생되어 나온 Chip에 오리지널 Chip을 섞어서 쓴다는 얘기도 있을 정도이다. 그래도 아무도 알 수 없다. 하지만 왜 그런 짓을 하냐고? 물론 재생 Chip이 오리지널보다 3배 이상 비싸기 때문이다. 사실 터무니가 없다.

물리적 방법은 그들을 녹이고 정제하는 단순한 과정이다. 따라서 완벽한 정제가 따르지 않는 한, 원래의 그것보다 순도 또는 백도나 투명도가 떨어질 것이다. 그런 결과로 용도의 제한도 생긴다. 예컨대 이렇게 만든 재생 PET로는 50d 원사까지만 뽑을 수 있다. 그보다 더 가는 실은 뽑기 어려운 것이다. 또 컬러가 약간(알아볼 수 없을

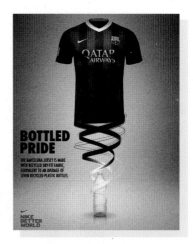

Nike의 Recycled Polyester 유니폼

정도로) 탁하기 때문에 염색의 결과물이 그다지 좋지는 않을 것이다. 이 경우는 Chemical base와는 달리 이론적으로 오리지널의 Polyester와 구분이 가능하지만 확인 비용이 얼마나 될지는 알아봐야 한다.

그래서 미국의 SCS Scientific Certification Systems라는 회사에서 인증서를 주고 있다. 이 경우 Input과 Output을 관리해야 하는데 얼마나 정교하게 모니터링하는지는 알 수 없지만 일단 Wal-mart는 SCS의 Certi를 인정해 주고 있다.

문제는 그나마 그렇게 만들어진 원사의 가격도 원래보다 2-3배나 더 비싸다는 것이다. 사실 이것은 경제 원칙에 위배되는 것이다. 재생이라는 말이 들어가면 그 물건은 더 싸야 하는 것이 당연하다. 만약 더 비싸다면 그것은 환경 부담금이라는 일종의 세금이 되는 것이다. 누가 그 세금을 기꺼이 지불하려고 할까? 따라서 가격 저항이 나타나는 것은 당연한 일인 것 같다. 그러다 보니 100%가 아닌 30%나 50%짜리 Recycled poly가 나온다. 이 경우는 경사·위사를 각각 Recycled와 오리지널, 별도로 사용하는 교직이라는 방법을 쓰고 있다.

리바이스의 재생 Polyester 사용 광고

최근의 가격 오퍼는 일반 Polyester보다 30% 정도 더 비싼 제품으로 나오고 있는 것 같다. 대개는 Physical base의 원사를 사용하고 원단의 일부에만 채택하기 때문일 것이다. Wal-Mart는 Recycled Polyester로 만든 티셔츠를 대량으로 매입하여 판매하고 있다. 그에 따라 다른 대기업들도 신경 쓰지 않을 수 없게 되었다.

Wal-Mart에서는 Knit 셔츠에 대량으로 재생 Polyester를 도입하고 있고 H & M에서는 Woven에도 대대적인 적용을 실행 중이다. Gap이나 Nike, J C Penney에서는 관심을 보이고 있는 정도지만 조만간 제품화가 멀지 않을 것으로 생각된다. Polyester를 별로 사용하지 않는 리바이스에서도 쓰레기로 만든 청바지라는 광고를 내보내고 8개의 PET병으로 만들었다는 청바지를 팔고 있다.

미국의 원사는 'UNIFI'(http://www.unifi-inc.com)라는 회사에서 'Repreve'

라는 브랜드로 생산하고 있고 그 외에 'Ecopoly'라는 브랜드도 자주 눈에 뜨인다. 우리나라는 효성과 휴비스에서 물리적인 방법으로 생산을 시작했다.

Stainless 원단

오랜만에 일요일에 나왔다.

어제는 친구들과 곤지암에 있는 East Valley에서 골프를 쳤다. 나는 골프를 별로 좋아하지 않지만 이 골프장의 조경은 정말 탄복할 만하다. 마치 활활 불타고 있는 듯한 홍단풍의 숨막힐 듯 아름다운 빨간색은 잎의 엽록소가 당분의 축적으로 안토시안 Anthocyan을 생성했기 때문이다. 나는 가슴 시리게 하는 이 멋진 광경들을 여유롭게 보면서 즐기는 대신, 종일 땀을 뻘뻘 흘리며 나이키 로고가 그려있는 작은 곰보딱지 공을 쫓아다니다 귀중한 하루를 다 보내고 말았다.

Stainless 원단이라니 듣기에도 황당한 이름이다. 이 이름을 처음 접하는 사람은 더더욱 그럴 것이다. 혹시 이 이름에서 금속성의 번쩍이는 외관을 생각한 사람이 있다면 제대로 상상한 것이 아니다.

내가 이 원단에 그런 이름을 붙이게 된 이유가 있다. 이 원단은 지금까지 우리가 알고 있었던 그냥 Metal사가 들어간 원단 또는 Metallic 원단과는 전혀 다른 것이기 때문이다. 이 원단에서 Metal 부분은 보여주기 위한 것이 아니며 오히려 감춰져 있다.

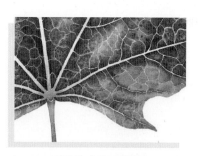

단풍잎의 안토시아닌

05년 SS PV에서 최초로 구김을 이용한 Vintage look이 강력한 트렌드로 부상하였다. 이 트렌드는 10년 역사를 자랑한다. 마치 빨래를 쥐어 짜놓은 듯한 옷들이 Outerwear는 물론

이고 Blouse 종류까지 시장 전체를 도배하고 있었다. 사실 구김은 옷의 가장 큰 단점이다. Resilience라는 단어가 나올 정도로 구김은 옷을 입는 모든 인간의 짜증과 불편함을 대표하는 적이었다. 그런데 반대로 구김 그 자체가 트렌드로 등장한 것이다. 이런 유행은 한때 일본에서도 맹위를 떨친 적이 있었던 그로테스크 Grotesque의 미학에서 비롯된 히피나 그런지 Grunge 풍조와 맥을 같이한다. 따라서 온갖 원단을 심하게 구기려는 후가공이 모든 아이템에서 개발되었다. 천덕꾸러기였던 Resilience가 나쁜 소재도 빛을 볼 날이 있다.

천연섬유는 결정화도가 높고 탄성회복률이 적기 때문에 이런 구김가공이 별로 어렵지 않으나 결정화도가 낮고 탄성회복률이 높은 합성섬유에서는 상당한 어려움이 있다. 따라서 합성섬유로 Permanent한 구김을 만들기 위해서는 반드시 유리 전이점 이상의 열처리가 필요한데 Synthetic은 열경화성으로 인하여 Hand feel이 딱딱해지기 때문에 물리적인 한계에 부딪히고 있었던 것이다. 하지만 한계를 극복하려는 호모사피엔스 특유의 불굴의 의지는 어떤 고난이나 역경도 막을 수 없다. 유럽의(아마도 이탈리아일 것이다) 어떤 섬유인이 창조성을 발휘하여 기발한 아이디어를 착안한 것이다. 그가 누군지 나는 알지 못하지만 간단하고도 놀랄만한 이 아이디어를 생각해낸 사람을 존경한다.

이 번득이는 아이디어의 논리는 아주 간단하다.

탄성회복률 제로인 금속을 원단에 집어넣자는 것이다. 형상기억합금과는 정반대의 아이디어이다. 따라서 이 원단을 Memory라고 부르는 대개의 사람들은 틀렸다. 1969년 7월 20일 닐 암스트롱이 인류 최초로 달 표면에 착륙했을 때, 대기가 전혀 없는 달의 표면에 꽂힌 성조기는 마치 바람에 나부끼는 듯한 모양을 하고 있었다. 이것을 보고 많은 사람들이 달 착륙이 조작된 것이라고 거세게 논란을 일으키기도 하였다. 하지만 이 나부끼는 성조기는 바람이 없어 축 늘어진 성조기가 싫었던 NASA의 어떤 과학자

Stainless 원사

가 낸 아이디어에서 비롯된 것이다. 이 아이디어의 핵심은 바로 Wire, 즉 철사이다. 철사를 성조기의 테두리에 넣어 바람에 나부끼는 듯한 모양으로 구부린 것이다. Stainless 원단도 같은 원리로 만들어졌다. 즉, 철사가 들어간 실이 마술을 부린 것이다.

이 놀라운 발명품은 Stainless Steel, 이름 그대로 녹슬지 않는 철인 스테인리스를 사용하여 원단을 제직한 것이다. 우리가 기존에 알고 있었던 Metallic yarn은 금속을 흉내만 낸, Polyester Film에 얇은 금속박을 입힌 가짜다. 하지만 지금 얘기하고 있는 물건은 진짜 쇠인 것이다. 스테인리스나 강철은 자동차나 기차를 만드는 금속소재이다. 따라서 강하고 딱딱한 이미지가 연상되지만 무쇠도 가늘게 섬유형태로 뽑으면 Nylon사처럼 부드러울 수 있음을 보여주고 있다. 실제로 강철의 인장강도는 같은 굵기의 나일론에 비해 겨우 2.8배이다. 방탄조끼를 만드는 데 사용하는 아라미드 Aramid 섬유인 Kevlar(3.4배)보다는 오히려 인장강도가 낮고, 심지어 거미줄보다는 5배나 더 작다. 물론 거꾸로 얘기하면 단백질이 주성분인 거미줄의 인장강도가 강한 것이지만, 어쨌든 강철도 가늘어지면 Soft해질 수 있다는 것이다. 따라서 충분히 Garment용 원단을 제직할 수 있다.

그런데 왜 하필 스테인리스인가? 이유는 간단하다. 녹이 슬지 않기 때문이다. 스테인리스 강은 철에 18%의 크롬과 니켈을 보강하여 부식을 막은 합금이다. 요즘의 스테인리스는 추가로 구리, 망간, 몰리브덴 등을 조금씩 넣어 합금한다. 크롬은 공기 중의 산소와 반응하여 표면에 강력한 산화막을 형성하므로 철이 녹슬지 않게 만들어준다. 크롬은 그 자체로도 백금처럼 빛나지만 에메랄드나 루비 안에서 아름다운 초록색과 붉은 빛을 만들어 낸다. 크롬은 우리의 패션욕구를 충족시켜주는, 없어서는 안 될 금속이다. 크롬이 18% 이상 섞여 있으므로 이 섬유는 내부로부터 빛나는 광택이 은은하게 올라온다. 가죽의 태닝에 쓰이는 독성이 있는 크롬은 5가 크롬으로 스테인리스와는 다르다.

이 Metal사의 굵기는 35미크론 정도이다. 직경이 0.035mm라는 얘기이다. 거미줄보다 더 가는 굵기이지만 육안으로 볼 수는 있다. Denier로는 얼마나 될까? 그것은 알 수 없다. Denier는 단위 길이당 중량으로 나타내는 굵기의 표시이다. 그런데 금속사는 비중이 일반 화섬보다 훨씬 더 많이 나가므로 같은 번수라도 실제는 훨씬 가늘다. 따라서 비교가 어렵다. 만약 비중이 10배라면 실제의 굵기도 10배가 가늘어지기 때문이다. 철의 비중은 8 정도 된다. 누군가 계산을 해 봤는데 대략 70d 정도 된다고 한다. 따라서 Polyester 9d와 같다. 물론 여러 가닥이 아닌 한 가닥으로 만 된 Mono filament사이다. 확대경으로 보면 1가닥의 철사가 수십 가닥의 두툼한 섬유를 나선으로 돌아가면서 꼬아 놓은 것처럼 보인다.

이 실은 물론 효성이나 코오롱 같은 화학섬유 공장에서 생산되지 않는다. 철 제품이므로 당연히 철강회사에서 생산되는 것이다. 따라서 애초의 용도도 Garment용으로 개발된 것 일리가 없다. 원래 용도는 정수기의 Filter이다. Stainless를 이처럼 가늘게 뽑는 것은 일종의 첨단공학이다. 현재 국내 최고 수준이 30미크론 정도라고 하며 국내에서도 고려제강 외는 이런 원사를 뽑지 못한다. 따라서 Capacity도 아주 제한적인데, 1달 내내 돌려봐야 겨우 2ton을 생산할 수 있을 뿐이다. 경제적인 측면으로 보자면 Full로 쉬지 않고 돌려봐야 1달 매출이 2억 원도 안되므로 제강회사에서 관심을 가질만한 아이템도 아니다.

가격은 얼마나 할까?

가장 많이 쓰이는 중국산이 kg당 65불 정도 한다. 국산은 90불 이상이다. 독일제나 벨기에제는 140불까지도 간다고 한다. Spandex 원사 가격이 겨우 8불 정도이며 Lycra라고 하더라도 12~3불이면 충분하므로 10배 정도 비싼 셈이다. 오라지게 비싼 실이다. 이런 비싼 원사를 Heavy한 Outerwear용으로 쓰려고 한다면 아마도 6불대가 넘을 것이다. 이 끔찍한 가격을 시장에서 수용 가능 Affordable하게 만들기 위해 위사 3개당 하나, 4개당 하나, 심지어는 5×1으로 띄엄띄엄 넣어 제직하고 있으나 그래도 비싼 편이고 중국에서 생산을 늘리지 않는 한, 제한된 생산량 때문에 수요가 많아지더라도 당장 Metal사의 가격이 내려가기는 힘들 것 같다.

원산지별 품질은 무슨 차이가 날까? 중국산을 써도 좋을까?

원산지별 기술 차이는 아마도 Evenness일 것이다. 원래 이 Metal사의 용도는 정밀기계에 들어가는 부품이다. 이를테면 자동차의 연료 Filter는 바로 이 금속사로 제직되어 있다. 따라서 고도의 정밀도를 요한다. 만약, 균제도가 나쁘면 연료통 안에 불순물이 들어갈 수 있기 때문이다. 하지만 원단에서는 정밀한 균제도를 유지할 필요가 없다. 금속 특유의, 구부러진 채 그 모양을 그대로 유지하는 탄성률 제로의 성질만 가지고 있으면 족하다. 결국 Garment 용도의 Metal사는 중국 제품이 장악할 수밖에 없다.

성분은 어떨까?

어차피 Stainless를 만드는 합금은 세계 어디나 비슷한 성분이고 크롬, 니켈, 몰리브덴, 망간 등이 있다고 해도 먹는 음식이 아니므로 문제가 될 것은 없다. 스테인리스는 주변에 널려 있는 매일 만지고 있는 없어서는 안 될 금속이다.

이 원단의 문제점은 어떤 것일까?

면사와 금속사의 수축률이 차이가 있는데도 불구하고 아직까지 큰 문제점은 발견되지 않고 있다. 다만, 원사를 푸는 해사과정에서 매듭 때문에 잘 풀리지 않아 못쓰게 되는 불량이 꽤 있는 모양이다. 하지만 이건 원사단계의 문제이므로 MR들은 잊어버려도 된다. 물론 그 때문에 발생하는 비용은 부담해야겠지만.

가공 후에 끊어짐이 발생하지 않을까?

당연히 발생할 것이다. 그때는 문제가 심각하다. Stainless가 피부를 찌르게 될 수도 있다. 따라서 알러지 이슈가 나올 수도 있다. 요즘 미국의 PL보상법 Product Liability은 자못 심각하다. 맥도날드는 뜨거운 커피 때문에 어떤 할머니에게 수백만 불을 물어준 적도 있다. 따라서 이런 문제를 피하기 위해 원단의 안쪽에 Coating을 하는 것

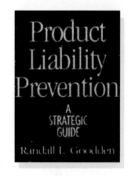

도 방법이 될 것이다. 사실 이 문제는 이 원단의 골칫거리로 Coating으로도 완벽하게 해결되지 않고 있어서 스테인리스 원단의 미래가 이 문제의 해결에 달려있다고 해도 과언이 아니다. 물론 다른 옷 위에 입는 Outerwear일 경우는 크게 문제될 것은 없다.

그런데 이 끊어짐의 문제는 혹시 먼저 나왔던 균제도와 관련이 있지 않을까? 만약 원단이 장력을 받아 Metal사가 끊어진다면 가장 가는 부분이 먼저 끊어질 것이다. 그렇다면 중국산처럼 Evenness가 나쁜 원사에서 상대적으로 그런 일이 발생하기가 더 쉬울 것이다. 따라서 중국산 원사를 사용한 원단은 확실히 이런 문제가 더 많이 발생될 수 있다. 하지만 아직은 추측이다. 확실히 중국산의 끊어짐이 더 많이 발생된다고 확인해 주는 데이터는 아직 없다. 중국에서 생산되는 원단이 원사는 독일제를 쓰고 있다는 사실이 이것을 입증해 주지도 않는다.

이 금속사에 일반 면사를 같이 꼬아 연사하면(Spandex를 집어넣는

Covering과는 다르다.) Stainless 합사가 만들어지고 이것을 위사로 원단을 제작하면 탄성이 전혀 없는 금속사가 원단이 구겨진 상태 그대로 고정될 수 있다. 따라서 의도한 바대로 원단을 Vertical방향으로 주름지게 만들 수 있어 멋진 Grunge 분위기를 연출할 수 있다. 면직물에 적용할 수도 있으며 당연히 교직에도 가능하다. 하지만 메탈섬유의 분위기상 Bright한 Nylon직물이나 Nylon이 들어간 교직물에 넣는 것이 현재로서는 가장 멋들어진 연출인 것 같다. 한편 이 원사를 여름용의 얇은 Voile지나 Lawn에 적용하면 환상적인 쭈글이를 만들 수도 있다. 이런 원단의 가격은 53/4"로 2불대에서도 공급이 가능하다. 또 Stainless사를 다른 원사와 합사하지 않고 그 자체 그대로(알몸으로) 사용하여 제직하는 경우도 있다. 소위 Monoray라고 부르는 분사물 종류에 이것을 적용할 수도 있다는 것이다. 이 원단을 현미경으로 들여다보면 원단 사이에 강철 심지가 들어가 있는 것처럼 보인다. 으스스한 광경이다.

이 원단이 중국에서도 생산될까?

Stainless사가 중국에서도 제조 가능하므로 당연히 생산되고 있다. 아마도 Know how는 다른 원단들처럼 우리나라가 제공하였을 것이다.

금속사가 들어간 원사를 어떻게 구분할까?

우리처럼 고배율의 현미경이 있다면 300배 정도로 확대해서 보면 확인이 가능하다. 하지만 그런 장비가 없다면 1회용 라이터로도 확인할 수 있다. 실을 태우면 면사 부분인 셀룰로오스는 금방 불꽃을 내면서 화르르 타버리지만 철사는 금방 타버리지 않고 빨갛게 달아오르며 동그랗게 말리는 것을 볼 수 있다.

이 원단을 우리는 Metal직물이라고 부르지만 Lycra처럼 성분은 겨우 3~6% 정도에 지나지 않으므로 잘못하면 사기꾼 소리를 들을 수도 있다. Wool을 3% 넣고 모직물이라고 주장한다면 얄미울 정도를 떠나 사기꾼이 된다.

Metal사가 끊어지는 사고로 인한 PL법이 두려운 바이어들을 위해 Metal사가 없이도 비슷한 효과를 만들어내는 원단이 이탈리아에서 개발 되어 팔리고 있다. 이 원단의 성분은 100% Polyester라고 한다. 이 원단의 비밀은 2부인 Memory 원단에서 확인하면 된다.

기적의 천연 방수원단 Ventile

1963년, 미국의 에베레스트 원정대는 폴리에스터나 나일론이 아닌 100% 면 방수 원단으로 만든 Anorak을 입고 세계에서 가장 높은 산을 정복하는 데 성공하였다. 이 원단은 완벽한 방수가 가능했지만 전혀 코팅 가공은 되어있지 않다. 코팅은 원단의 통기성을 박탈한다.

불변의 물리 법칙을 거역하는 듯 보이는 신기한 천연 소재가 있다. 이름하여 벤타일 Ventile이다.

Ventile®은 제2차 세계대전 당시, 영국의 Manchester에 있는 The Shirley Institute의 과학자들이 윈스턴 처칠의 요청에 의해 만든 천연 투습

미국의 1963년 에베레스트 원정대도 벤타일을 입었다.

방수 원단이다. 코팅기술이 없던 당시, 비행기의 추락으로 조종사들이 바다에 빠지면 구조대가 채 도착하기도 전에 차가운 대서양의 바닷물은 단, 몇 분만에 저온충격*으로 조종사들의 놀란 심장을 멈추게 하였으므로 구조에 실패하는 경우가 많았다. 그래서 영국 공군은 파일럿복으로 물에 빠졌을 때도 물이 스며들어오지 않는 방수 원단이 절실했다. 방수 원단을 만들기 좋은 합섬인 Nylon은 그즈음인 1937년에 미국에서 출시되기는 했지만 겨우 칫솔이나 여자들의 스타킹으로 사용되고 있었으므로 질 좋은 나일론 방수 점퍼가 나오려면 한참 더 기다려야 했다. 따라서 천연섬유인 면으로 코팅이나 여타의 가공 없이 투습방수 원단을 만들어야 했으며, 결국 Ventile 제조의 성공으로 2차 세계대전 중, 많은 영국의 전투기 조종사들이 목숨을 구할 수 있었다.

현재도 면직물의 방수를 위해서는 PA나 PU coating이 반드시 필요하며 원단의 조직에 따라 다르기는 하지만 대개 재킷용 원단에 600mm 정도의 내수압을 실현하기 위해서는 원단의 정상적인 Hand feel을 포기해야 할 정도로 상당한 양의 PU를 발라야 한다. 더구나 친수성 Hydrophilic인 면직물의 경우는 더 많은 양의 코팅액이 필요하다. 그런데 여기 아무런 코팅도 라미네이팅도 없이 방수는 물론, 통기성을 갖추고 습기를 외부로 배출하기까지 하는 투습방수 원단의 기능을 구현할 수 있는 기적 같은 면직물이 나타난 것이다. 다른 코팅이나 라미네이팅 투습방수 원단이 갖지 못하는 이 원단의 특징은 옷이 스치거나 구겨질 때 나는 거슬리는 마찰음이 나지 않는다는 것이다. 마찰음은 코팅이나 라미네이팅이 원인이며 물론 이 경이로운 기능이 코팅이나 라미네이팅으로부터 비롯된 것이 아니기 때문이다.

---

* 저온충격(低溫衝擊): 갑자기 찬 기운에 접촉하여 일어나는 생리적 쇼크. 근육 경련, 심장 마비 따위를 일으킨다.

여기서의 통기성 Air Permeability은 'Goretex'의 그것과 비할 바가 아니다. 'Goretex'의 통기성은 사실 열악하다. 땀이 외부로 나갈 수 있는 작은 미세공이 존재하기는 하지만 기본적으로 화섬은 물을 밀어내는 소수성 Hydrophobic이며 친수성인 면의 그것처럼 빨아들이지 않기 때문에 끊임없이 몸에서 증발되는 수증기를 능동적으로 배출하지는 못한다. 그 결과 높은 습도 때문에 쾌적하지 못하다는 것이다.

그 놀라운 비밀은 면직물의 구조에 있다.

필자가 근무하던 1980년대 육군에서 병사들에게 지급하던 1인용 A텐트는 면으로 되어있었다. 면 캔버스로 되어있는 이 텐트는 아무런 코팅이나 가공이 없는데도 방수가 되는 놀라운 기능을 가진 텐트이다. 나일

Nike에서 사용한 Ventile 소재

론 텐트는 가볍고 방수가 잘 되기는 했지만 통기성이 없어서 바람이 불면 도저히 텐트가 서 있을 수가 없고 습기가 차기 쉽다. 그런데 면 텐트는 공기가 잘 통하기 때문에 상당히 쾌적하다. 그렇다면 기본적으로 면직물인 이 텐트가 아무런 가공도 없이 어떻게 방수가 될 수 있을까? 그건 면의 미세구조에 숨겨져 있는 비밀

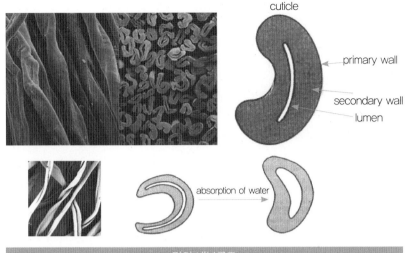

때문이다. 면섬유는 내부에 루멘 Lumen이라는 빈 공간을 가지고 있는 중공섬유인데 평소에는 이 부분이 찌그러져 있어 마치 꼬인 소방호스처럼 보인다.

그런데 면이 물을 만나면 친수성인 면이 물과 수소결합하기 위해 물을 끌어당긴다. 결과적으로 면의 내부는 물로 들어차게 되고 면은 부풀게 된다. 이것을 팽윤 膨潤, Swelling이라고 한다. 면은 자체적으로 20%의 수증기를 흡수하고도 내부에 물을 간직하여 피부에는 아무런 습기를 느끼지 않게 할 수도 있고, 자체 무게의 65%에 해당하는 물을 흡수해도 물을 흘리지 않고 담고 있을 수도 있다. 이것이 의미하는 바는, 면은 물을 만나면 팽창한다는 것이다. 수건이 면 100%인 직접적인 이유이다.

이런 현상을 이용하여 고밀도로 상당히 치밀한 면직물을 제직하면 젖었을 때 개개 섬유와 섬유의 틈, 각 실과 실 사이의 간격을 팽창한 Lumen이 막아주어 방수를 실현할 수 있다. 실과 실 사이의 틈은 저밀도일 때 많아지고 굵은 원사일수록 커지고 고밀도일 때 적어지고 가는 원사일 때 작

아지는 구조이므로 고밀도 세번수를 사용하면 되나 강도 등을 생각하여 적정 번수와 밀도를 설계하면 된다. 장섬유인 고급면을 사용하여 원사를 만들면 더 많은 수분을 함유할 수 있다.

Ventile에서는 번수는 공개하고 있지 않지만 밀도와 중량은 공개하고 있으므로 그로부터 번수를 추정해볼 수 있다. Ventile 제품은 4가지 Grade가 생산되고 있는데 각각 번수와 밀도가 다르다. 그 중 가장 가볍고 밀도가 많은 L34는 경사 밀도가 241, 위사 밀도가 89인 직물이다. 이 직물의 중량이 165~180sm이기 때문에 그로부터 번수를 추정해보면 45수 정도가 나온다. 물론 경사와 위사가 달라질 수 있고 위사가 적은 걸로 보아 경위사가 다를 것으로 생각된다. 예컨대 70's×30's일 수도 60's×40's일 수도 있을 것이다. 어쨌든 45수라 치더라도 경위사 밀도의 합이 330이다. Down proof로 사용할 수 있는 면직물이 평직 40수 120×110이므로 이보다도 무려 30%나 더 많은, 믿을 수 없을 정도로 높은 밀도를 가진 직물이라는 사실을 알 수 있다. 그를 위해 Ventile은 전 세계 면 생산 중, 2% 내에 드는 Long staple 면 ELS를 사용하고 Oxford 조직으로 직물을 제직했다고 밝히고 있다. Oxford는 경위사가 Parallel 평행로 각 경사와 위사가 만나는 조직점이 평직의 절반밖에 되지 않아 밀도를 최대한 많이 넣을 수 있는 장점이 있다. 이 직물은 내수압을 무려 750mm나 실현할 수 있는 놀라운 방수 원단이다. 방수가 가능한 코팅된 일반 Outerwear의 내수압이 300~400 정도임을 감안할 때 대단하다고 할 수 있다.

가장 두꺼운 직물은 L28로 중량이 300g/sm 정도 나가는 직물이며 밀도는 180×66으로 20수 정도를 썼을 거라고 생각된다(실제로는 40/2을 썼을 것

Stone Island 1200파운드짜리 벤타일 재킷

이다.). 20수 직물의 적정 밀도가 150 정도임을 감안하면 무려 40%나 더 많은 밀도가 들어간 직물이다. 이 직물의 내수압은 무려 900mm나 된다. 파일럿이 비행기의 추락으로 물에 빠졌을 때의 극한 상황을 위한 특수복의 제작에 사용된다.

　　장점을 계속 늘어놓았는데 이제 단점을 얘기할 차례이다.

　　이 원단이 나온 지 70년 가까이 되었지만 대중화되는 데 실패한 이유는 당연히 Nylon의 발명 때문이다. 따라서 반드시 천연섬유가 필요한 특수복인 경우 외에는 수요가 따르지 않았기 때문에 화학섬유에 밀려 범용성을 갖추는 데는 실패하였다. 사실 벤타일은 방수가 훌륭하게 잘 되기는 하지만 비를 맞으면 물을 튕겨내는 화섬에 비해 물을 흡수하는 구조로 되어있어서 자체 무게의 2배 가까이 무거워진다. 물이 직접 들어오지는 않지만 표면이 축축한 것은 말할 것도 없다. 따라서 도시 생활자들이 입기에는 매우 불편한 옷이다. 또 젖은 후 마르는 데 걸리는 시간도 'Goretex' 같은 화섬보다 몇 배나 더 걸리게 된다. 비를 맞고 나면 옷이 2배 가까이 무거워지는 것도 감안해야 한다. 이 원단은 방풍기능도 있지만, 만약 방수를 위해 이 원단을 사용한 옷을 산다면 그런 불편을 감수해야 한다. 혹독하게 비싼 가격은 말할 것도 없다.

기능성 섬유의 뉴 패러다임

지금까지의 패션역사를 보더라도 옷의 스타일은 편리성을 추구하며 진화하기는커녕 그에 반하는 방향으로 발전한 것 같다는 생각이 든다. 기능뿐만 아니라 편의성과 패션의 경쟁에서도 패션이 승리를 거둔 것이다.

2001년, DuPont에서 개발한 경이로운 흡한속건 섬유인 'Coolmax'가 등장하였다. 쿨맥스는 면보다 흡습성이 더 뛰어나고, 특히 믿을 수 없을 정도로 땀이 빨리 마른다는 신기한 특성 때문에 등산복으로는 최강의 기능을 갖추었으며 실제로 고어텍스 이후 최대의 인기를 끌었다. 폭발적인 인기는 등산복이라는 특수 Garment의 한계를 넘어 일반 캐주얼로서의 용도로도 막대한 판매고를 달성하기에 이른다. 여름에는 등산을 가지 않아도 땀을 많이 흘리므로 기능성 여름옷이라는 새로운 장르로 조명받게 된 것이다. 대박을 터뜨릴 요건, 즉 범용성을 갖추게 된 것이다. 하지만

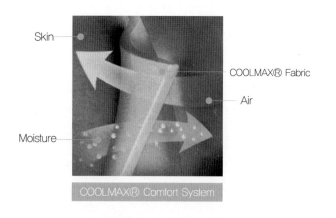

TEXTILE SCIENCE

사실 Coolmax는 그보다 20년 전인 1980년에 개발된 원사이다. 발명된 지 20년 동안이나 빛을 보지 못하고 있었다. 때가 되지 않아서다.

최초의 항생제인 페니실린도 1928년에 플레밍에 의해 발견되었지만 실제로 분말로 만들어 상용화한 사람은 플로리와 체인이며 그 놀라운 가치를 깨닫게 되기까지 12년 동안이나 실험실에 묻혀 있었다.

나는 이 놀라운 성공을 목격하며 문득, 쿨맥스로 Woven 원단을 개발하면 어떨까 하는 생각이 들었다. 그때까지 나온 쿨맥스 원단은 모두 니트였기 때문이다. 야심차게 개발하여 내놓은 Woven 쿨맥스 10종은 그러나 철저하게 외면받았다. 가격이 그다지 비싸지도 않았는데 불구하고 이 놀라운 기능의 원단을 미국 디자이너들은 거들떠도 보지 않았다. 자신들의 브랜드에 불필요한 기능을 보태기 위해서는 단돈 1센트라도 지불하고 싶지 않다는 실용주의자들의 무언의 응답이었다.

사람들은 종종 착각에 빠질 때가 있다. 미국인들은 실용과 합리주의가 지배하고 있는 사회이다. 아무리 좋은 기능이라도 그것이 자신에게 필요한 용도가 아니면 무자비하게 관심의 영역에서 배제해 버리는 것이다. 기능성 섬유를 연구 개발하는 공학자들이 반드시 귀 기울여야 할 이야기이다. 연구소에서 일하는 공학자들은 '새로운 소재=기능성'이라는 공식에 익숙하다. 하지만 기능성 소재는 매우 제한적인 용도만을 가진다. 옷의 목적이 패션인 경우가 대부분이기 때문이다. 따라서 기능만 있고 패션이 없는 옷은, 기능이 없고 패션만 있는 옷보다 상품가치가 떨어질 수밖에 없다. 기능성이 패션성보다 가치가 떨어지는 이유는 바로 용도의 한계 때문이다. 그리고 기능성 원단의 범용성이 떨어지는 이유는 해당 기능을 필요로 하는 제한된 소비자만을 가지기 때문이다. 즉, 쿨맥스는 막강한 기능을 보유하고 있지만 '땀을 흘리는 사람'이라는 일부 소비자들에게만 어필하는 특성을 가졌다. 따라서 범용성 있는 기능을 개발하면 그것은 곧 패션을 능가할 수 있다. 그 대표적인 예가 바로 Spandex이다.

신체에 관절을 가지고 있는 모든 사람들에게, 물론 말에게도 Spandex는 유용하다. Gender 성별의 제한도 없다. 스타일의 제한도 받지 않는다. Spandex는 현재 세상에서 가장 많이 사용되는 기능성 소재이다. Spandex는 기능뿐만 아니라 패션성도 가지고 있다. 그 때문에 많은 소비자들이 '옷에 탄성이 있다는 사실'보다는 Spandex가 들어간 원단의 '태 態'가 좋기 때문에 Spandex 원단을 선택하는 경우가 많다.

사실 Spandex 같은 경우는 극히 드문 예에 해당한다. 대부분의 소비자에게 모두 적용되는 범용성이 있는 기능성을 찾는 것은 쉽지 않다. 하지만 기분 꿀꿀한 잿빛 '월요일 아침'에 내가 한 가지를 제안해 보려고 하다.

Dress shirts는 남성들이 즐겨 입는, 아니 입어야 하는 옷이다. 어떤 사람들은 매일 입어야 한다. 그런데 드레스 셔츠는 대개 얇고 대부분 면직물이기 때문에 하루밖에 입을 수 없다. 아침에 아무리 빳빳하게 다려 입은 셔츠라도 퇴근 때는 후줄근해져 버린다. 다른 옷과 달리 셔츠는 매일 빨아야 하므로 옷 중 가장 많은 스트레스를 받는다. '빨래'라는 행위는 당하는 옷이나 소재의 입장에서는 목욕이 아니라 지속적인 폭력이나 마찬가지이다. 무시무시한 물리적 마찰과 염료의 가수분해를 촉진하는 물에 의한 화학적 타격이 가해지기 때문이다. 따라서 드레스 셔츠는 다른 옷보다 빨리 상하고 쉽게 퇴색된다. 면을 염색하는 반응성 염료는 물에 닿을 때마다 가수분해되어 탈락되기 때문이다. 흰색은 Yellowish, Grayish해진다.

또 빨래하고 다림질하는 소비자의 노고도 결코 무시할 수 있는 성질의 것이 아니다. 따라서 셔츠를 한번이 아닌, 여러 번 입을 수 있다면 옷 자신과 그것을 입는 양자 간에 매우 즐거운 일이 될 것이다. 80년대 초만 해도 때가 잘 타지 않고 금방 후줄근해지지 않는 T/C 65/35% 원단이 드레스 셔츠용 소재로 많이 쓰였다. 하지만 T/C 원단은 결정적으로 패션성이 떨어진다. 즉, 고급스러운 태를 가지지 못했으므로 기능성의 측면에서 면 직물보다 훨씬 뛰어남에도 불구하고 소비자들의 소득이 높아감에 따라 저절로 도태되어 사라졌다. 그리고 이후 30년이 넘도록 새로운 소재는 나타나지 않고 있다.

지금까지의 패션 역사를 보더라도 옷의 스타일은 편리성을 추구하며 진화하기는커녕 그에 반하는 방향으로 발전한 것 같다는 생각이 든다. 편의성과 패션의 경쟁에서도 패션이 승리를 거둔 것이다.

코스트코에 가면 면 100수로 만든 드레스 셔츠를 3만 원 정도에 파는데 Non-Iron finish라는 Wrinkle free 가공이 되어있다. 일주일을 계속 입어도 구김이 생기지 않는 놀라운 셔츠이다. 만약 목이 새카맣게 되지만 않는다면 한 달도 입을 수 있을 것이다. 100수로 만든 셔츠치고는 가격도 매우 착하다. 문제는 이 셔츠가 약간 뻣뻣하고 입었을 때 간지가 좀 떨어지며 통풍이 잘 되지 않아 여름에는 무척 덥다는 것이다. 하지만 소비자가 그 정도만 감수한다면 매우 편리한 셔츠가 될 것이다.

그리고 여기 또 다른 대안이 있다. 면 셔츠를 매일 빨고 다림질하느라 지친 현대인들에게, 만약 면직물처럼 고급스러우면서도 쉽게 더러워지지 않으며 탄성까지 갖춘, 잘 구겨지지 않는 소재가 있다면 가격이 약간 비싸더라도 수용할 수 있을 것이다. 그 놀라운 이름은 바로 'XTC'이다. 이 경이로운 소재로 만든 셔츠는 코스트코의 Wrinkle free 셔츠의 단점을 모두 커버하면서도 무려 일주일을 입어도 때도 타지 않고 구겨지지도 않으며

절대로 후줄근해지지 않는 특성을 가지고 있다. 늘 빳빳한 칼라를 유지하고 있기 때문에 단정해 보이는 것은 물론 Stretch성이 있기 때문에 편하기까지 하다. 또 한 가지의 보너스는 은은하게 보이는 광택이다. XTC는 일정 방향의 광원에 대하여 광택을 발산하기 때문에 신비롭기까지 하다. 다만 관건은 가격이다. 소비자가 Shirts를 구매할 때 고려할 수 있는 Budget의 한계는 매우 제한적이다. 얼마면 이런 셔츠를 사겠는가?

대나무 섬유의 정체

대나무(원래 식물학에서는 나무가 아닌 풀로 분류되지만 우리의 직관에 따라 나무로 부르기로 한다.)는 세상에서 가장 키가 큰 풀이다. 다만 그 줄기가 단단한 목질이라는 점이 다르다. 실제로 대나무의 줄기는 저탄소강만큼이나 단단하다. 제곱센티미터당 무려 3.6톤의 압력을 견딜 수 있는데 이 정도면 돌을 으깰 수 있다. 따라서 대나무는 세상에서 가장 단단한 식물이다.

대나무 섬유는 천연섬유일까?

대나무 섬유는 친환경적이고 천연 항균 방취기능이 살아있으며 냉감은 물론 Wicking 기능이 있어서 흡습작용이 매우 탁월한 천연섬유라고 소비자들은 알고 있을 것이다. 과연 그 말이 사실일까? 지독한 거짓말은 아니지만 어쨌든 그렇게 떠드는 사람들의 대부분은 진실을 말하고 있지 않다(자신이 모르고 그랬든 알고 그랬든.).

대나무는 천연섬유이기도 하고 아니기도 하다. 왜냐하면 대나무를 가공하여 섬유로 만드는 제조공법이 전혀 다른 두 가지로 존재하기 때문이다. 첫째는 Mechanical 또는 물리적인 그리고 다른 하나는 Chemical한 가

공으로 대나무 섬유를 얻을 수 있다. 시중에서 볼 수 있는 대부분의(아마도 95% 이상) 대나무 섬유는 Chemical 쪽으로 분류된다. 이 과정을 이해하기 위하여 우리는 먼저 Rayon이 뭔지 알아야 한다.

Rayon은 나무 섬유이다. 나무로부터 Cellulose를 얻은 다음, 이를 녹여 섬유로 뽑아낸 것이 바로 Rayon이다. Cellulose는 지구 상의 모든 식물들이 태양에너지를 광합성이라는 화학적 과정을 거쳐 합성한 포도당의 중합체인 천연고분자이다. 즉, 셀룰로오스는 태양에너지를 비축한 통조림이다. 가장 좋은 예가 면이다. 면은 98%의 Cellulose로 되어있는 매우 순도 높은 Cellulose 덩어리이다. 알다시피 면은 쾌적성, 편리성, 인체 친화성 등으로 인하여 Apparel 소재로 아주 적합하다. 전체 Apparel 소재의 50%가 넘을 정도로 사랑받고 있는 직접적인 이유가 된다. 하지만 면은 키우기가 매우 까다로운 1년생 관목으로 천연 소재임에도 불구하고 지독하게 반환경적으로 경작된다.

Organic cotton이 존재하는 이유는 우리의 생각과 달리 몸에 좋은 면을 생산하기 위한 것이 아니라 철저하게 친환경이 목적이다. 단지 무농약으로 재배된 Organic cotton Organically grown은 일반 면과 전혀 차이가 없다.

반면에 나무는 면처럼 농약이나 비료를 줄 필요도 없이 자연상태에서 저절로 자라는 Cellulose 덩어리이다. 둘의 물리적 차이는 강성 剛性인데 나무는 큰 덩치와 높은 키를 유지하기 위하여 내부에 딱딱한 골재를 가지고 있다(인체가 걸어 다니는 물통을 유지하기 위해 내부에 뼈를 가지고 있는 것과 마찬가지이다.). 그것을 수지 Resin라고

한다. 원단을 Hard하게 만들기 위해(주로 Men's wear인 경우) 필요한 가공제이기도 하다. 특별히 나무의 천연수지를 리그닌 Lignin이라고 하는데 이 부분을 나무에서 분리해 내면 순수한 Cellulose 덩어리만 남게 된다(물론 리그닌 말고도 헤미셀룰로오스나 펙틴 등 다른 성분들도 포함한다.). 이것을 아황산펄프라고 한다. 이름에서 짐작되듯이 나무를 분쇄하여 불순물들을 녹이기 위하여 아황산이 동원된다. 아황산은 황산에서 산소원자가 하나 빠져있는 분자이다. 아황산 가스가 녹으면 생긴다. 와인에도 소량 들어있다. 여기까지는 그럭저럭 수월하다. 문제는 셀룰로오스를 녹이기가 매우 어렵다는 것이다. 따라서 우회적인 방법을 써야 하는데 다음과 같다. 펄프를 가성소다에 재워서 노성(老成, Ageing)시키면 알칼리 셀룰로오스가 되고 이를 이황화탄소를 사용하여 녹일 수 있다. 이렇게 만든 레이온을 Viscose Rayon이라고 한다. 그냥 레이온이라고 하면 비스코스 레이온을 말하며 다른 레이온은 아세테이트 혹은 큐프라 등 앞부분의 이름을 붙여야 한다. 문제는 이황화탄소이다.

우리나라에 최초로 존재했던 레이온 공장인 원진레이온이 문을 닫게 된 것도 바로 작업자들이 이황화탄소 중독을 일으켰기 때문이다. 이황화탄소는 인간의 신경계에 작용하여 무력화시키기 때문에 이황화탄소에 장기간 지속적으로 노출되면 마치 중풍을 앓는 사람처럼 될 수도 있다(일본의 'Toray'로부터 수입되었던 원진레이온의 시설들은 이후, 중국으로 이전된다. 가난한 나라 국민들은 그래서 우울하다.). 레이온의 원료인 나무는 대개 전나무가 사용되는데 아마도 경제성 때문일 것이다.

이때 원료로 대나무를 사용하면 이 레이온은 대나무 섬유가 된다. 하지만 레이온은 천연소재인 나무의 셀룰로오스로부터 비롯되었고 이후의 결과물도 셀룰로오스이지만(단지 중합도가 낮은) 천연섬유라고 분류하지 않는다. 매우 혹독한 화학적 과정을 거쳤고 물성도 처음과 달라졌기 때문이다. 이로부터 천연섬유도 아니고 화학섬유도 아닌 어중간한 '재생섬유'라는 분류가 만들어지게 되었다(나는 개인적으로 이 분류가 마음에 들지 않는다. 사람들이 레이온의 실체를 잘 모르고 있는 가장 큰 이유가 과학자들의 이런 건조한 그들만의 언어 때문이다. 차라리 나무섬유라고 했으면 좋았을 것이다.). 시중에 팔리는 대나무 섬유의 95%가 바로 이 과정을 거친 레이온이다.

100% Bamboo라고 Content label에 표기할 수 있을까?

한편, 대나무의 줄기로부터 인피[Bast: 인피의 인(靭)은 질기다는 뜻이다.]를 뽑아 마 麻와 같은 방법으로 섬유를 채취할 수도 있다. 스위스의 'Litrax'에서는 대나무를 이런 방식으로 제조하고 있다. 이렇게 만든 대나무 섬유를 'Bamboo Linen'이라고 하는데 다른 마섬유와 마찬가지로 천연섬유로 분류할 수 있다. 학술적으로도 정당하다. 예상하다시피 Bamboo Linen은 레이온에 비해 매우 비싸다. 문제는 학계에서 뭐라고 분류하든 미국의 FTC Federal Trade Commission는 소재의 성분명 Generic name으로 사용할 수 있는 천연섬유를 오직 6가지로만 정해 놓았고(궁금한 사람을 위해…… 면, 모, 견, 아마, 대마, 저마) 대나무는 이에 포함되지 않으므로 이렇게 만든 대나무 섬유조차도 Content label에 Bamboo라고 쓸 수 없다.

물론 레이온으로 만든 대나무도 레이온 또는 Viscose라고 표기해야 한다. FTC의 Generic name은 1997년에 Lyocell이 추가되고 2002년 PLA가 등록된 이후, 새롭게 등록된 섬유는 아직 없다. 2009년 FTC는 Bamboo라는 소재명을 사용한 몇 개 업체에 벌금을 부과하였고 미국의 78개 Major 브랜드에 이에 대한 주의사항을 통보하였다. 하지만 이후 'Rayon from Bamboo' 정도는 허용하는 수준으로 한 발 물러섰다(원래 Rayon에 어느 나무로부터 유래하였는지는 표기하지 않는다. 의미가 없기 때문이다. 하지만 이나마도 반드시 원료가 대나무로부터 유래

미국 FTC

했다는 사실을 증명해야 한다.). 우리나라 도 대나무라는 성분명이 없어서 표기가 불가능한 것으로 안다.

몸에 좋다는 대나무 섬유의 천연 기능은 살아있을까?

　대나무의 특징 중 항균기능이 있다고 한다. 대나무만이 가지고 있는 항박테리아 성분인 'Bamboo kun'이라는 것이 그것인데 일본의 한 학자가 발견하였다고 주장한다(나는 일본에서 뭔가 했다고 하면 별로 믿어지지 않는다. 따라서 이 부분도 확실하지 않으므로 주장한다라고 썼다.). 대나무는 바로 그것 때문에 농약이나 제초제가 없어도 잘 자란다고 주장한다. 이 부분에 대하여 한번 짚어보면, 첫째 Bamboo kun의 존재는 아직 학계에서 인정되지 않았다. 둘째, 그런 항생물질이 대나무에 있다고 하더라도 레이온을 만드는 혹독한 과정을 거치면서 그런 성분이 잔존할 개연성이 거의 없다. 물론 이 논란은 시험기관을 통해 테스트해보면 바로 확인 가능하다(2주가 걸린다.). 나는 해보나마나 100% 확실하다고 생각한다. 나머지 기능인 쾌적성, Wicking 등은 다른 레이온의 기능에도 공통으로 해당하므로 대나무만이 특별하다고 할 수 없다.

　셋째, 레이온이라는 결과물은 어떤 나무로부터 유래했더라도 모두 같다. 즉, 구분할 수 없다. 시험기관에서도 구분이 불가능하다. 수종은 오로지 DNA로만 분류될 수 있기 때문이다. 목재가 펄프로 되는 과정에서 세포가 파괴되며 셀룰로오스를 제외한 모든 다른 성분은 제거된다. 따라서 대나무 섬유가 어떤 기능을 갖고 있다면 그건 모든 다른 레이온도 마찬가지여야 한다. Lenzing은 자신들의 제품인 Modal이 오스트리아산 너도밤나무로부터, Tencel은 유칼립투스 Eucalyptus 나무로부터 유래했다고 광고하고 있지만 역시 수종은 제조과정의 효율에 관계될 뿐, 최종 제품에

유칼립투스

전혀 영향을 미치지 않는다. 물론 항균성 같은 흔한 기능은 후가공으로 얼마든지 이식할 수도 있으며 그것이 천연이냐 후가공이냐 하는 것은 여기서는 논외이다. 다만 레이온의 제조만큼 혹독한 공정을 거치지 않는 스위스 Litrax의 Bamboo Linen 조차도 천연 항균기능이 있다고 소개하지 않고 있다. Organic cotton도 3년 동안 밭에 농약을 주지 않은 면화를 사용하였지만 소비자의 손에 들어오는 최종 면제품에서 일반 면제품과 농약 잔류량에서 전혀 차이가 없다. 마찬가지로 전처리, 염색, 가공 등을 거치는 동안 농약이 모두 제거되었기 때문이다. 광고에서 많이 언급되고 있는 냉감기능은 어떨까? 확실히 여름 침구나 파자마 등으로 사용되는 레이온은 시원한 것 같다. 하지만 광고에서처럼 대나무 혹은 레이온의 온도가 1도든 2도든 더 낮기 때문이 아니다. 에어컨처럼 별도의 에너지가 투입되지 않는 한, 어떤 물질이 주위보다 온도가 더 높거나 더 낮을 수 없다. 그런 일은 열역학 제2법칙에 위배되므로 불가능하다. 다만 열전도율이 높은 섬유에 꼬임수를 많이 주어 열전도율+피부접촉면적의 최소화가 빚어낸 마술인 것이다. 만약 은으로 섬유를 만들었다면 기절할 정도로 차가운 느낌을 받을 수도 있다. 하지만 그조차도 결코 은 섬유가 주위보다 온도가 더 낮기 때문은 아니다. 은이 세상에서 열전도율이 두 번째로 높은 물질이기 때문이다.

대나무는 친환경 섬유인가?

알다시피 Viscose rayon은 '친환경'과 대척점에 서 있는 대표적인 반환경 섬유이다. 공해를 유발하는 이황화탄소 때문이다. 비스코스의 제조과정 중 이황화탄소는 50% 정도밖에 회수되지 않는다. 나머지는 어디로 갈까? 당연히 대기로 배출될 것이다. 물론 Viscose 공법이 아닌 Lyocell 공법으로 제조하면 친환경이라고 할 수 있다. 왜냐하면 Lyocell은 이황화탄소를 쓰지 않고 NMMO N–Methylmorpholine N–Oxide를 용제로 사용하여 셀룰로오스를 직접 녹인 섬유이기 때문이다. 하지만 아직 Lyocell의 원료로 대나무를 사용한 적은 없다(유칼립투스 나무가 원료이다.). 오스트리아의 Lenzing은 Modal을 제조하면서 Closed Loop system 폐쇄 공법이라는 인증받은 제조공법으로 이황화탄소를 100% 회수한다고 알려져 있어서 Lenzing의 Modal은 친환경이라고 할 수는 없어도 반환경적이지는 않다. 하지만 대나무는 Closed Loop system으로 인증받은 제조업체가 아직 존재하지 않는다. 다만 대나무는 다른 식물에 비해 빨리 자라고(하루에 1m가 자라는 경우도 있다) 농약이나 제초제를 쓰지 않아도 잘 생장하며 숲을 해치지 않고 수확 후 다시 심을 필요가 없다는 점 등으로 친환경적이라고 주장하는 경우도 있으나 사실 밀림에 있는 다른 대부분의 나무들도 이런 점에서 큰 차이가 없다. 과실나무 외는 농약이나 제초제를 사용하는 경우가 없기 때문이다.

면과 녹말(Cotton and Starch)

물론 지금 얘기하려는 면은 국수가 아닌 '섬유의 제왕', 'Cotton'이다. 그런데 면이 국수가 아니라면 녹말과 무슨 관계가 있을까? 두 물질은 누가 봐도 전혀 다른 생면부지의 관계인 것처럼 보인다. 하지만 둘은 사실 같은 물질이다. 아니 같은 물질이었다.

자동차의 연료는 휘발유이다. 가끔 가스도 있고 경유도 있지만. 어쨌든 그것들은 모두 땅속에서 나온 탄화수소 계열로, 같은 가족이다. 자동차는 연료 없이는 단 1m도 가지 못한다. 그렇다면 사람의 연료는 무엇일까?

사람을 먹고 자고 방귀 뀌고 달리게 하는 연료는 바로 밥이다. 어떤 사람들은 빵이나 국수를 먹기도 하지만 역시 밥이나 빵이나 탄수화물이 주성분으로, 화학적으로는 같은 성분인 당 糖이라고 한다. 다른 동물들도 마찬가지이며 심지어 식물의 연료도 바로 당이다. 식물은 태양에너지를 이용하여 당을 자체로 합성한다. 일종의 당을 제조하는 화학공장이라고 할 수 있다. 그렇게 만든 당으로 자신을 구성하고 있는 세포도 만든다.

움직이지 않는 식물은 차라리 연료라기보다는 영양분이라고 하는 것이 좋겠다. 동물들은 식물들이 비축해 놓은 영양분을 자신의 연료로 사용하기 위해서 약탈한다. 채취라는 말은 세상을 지극히 인간적인 관점으로만 본 이기적인 미사여구이다. 결론적으로 사람을 움직이는 연료는 당이다.

그렇다면 '설탕도 당인데 밥도 당이냐?'

라는 의문이 들것이다. 사실 둘은 같은 것이다. 다만 종류가 다른 당이다. 설탕은 이당류로 자당이라고 하고, 밥은 탄수화물로서 다당류에 속한다. 즉, 설탕은 2분자의 당이고 탄수화물은 수백 개 이상 분자의 당이라는 것이다. 단당류와 이당류는 단맛이 나지만 다당류는 단맛이 나지 않는 것이 차이점이다. 인체는 대개 단당류나 이당류만 흡수할 수 있기 때문에 다당류인 밥을 먹으면 그것을 분해하여 단당류로 만들어야 한다. 고기 따위의 단백질을 먹어도 소화계는 단백질 자체를 흡수하지는 못한다. 단백질을 이루는 작은 구성 성분인 아미노산으로 분해시켜야 소화할 수 있다.

레고로 만들어진 기린은 소화하지 못하지만 분해되어 레고 블록 조각이 된 것은 소화시킬 수 있다는 것이다. 인체는 이렇게 소화시킨 아미노산을 재합성하여 다른 단백질을 만들어낸다. 흡수한 레고 블록들을 가지고 코끼리나 호랑이도 만들 수 있다는 뜻이다.

단백질 얘기가 나온 김에 흥미로운 사실을 하나만 언급하고 넘어가는 것이 좋겠다.

밀가루는 100% 탄수화물로만 이루어진 것이 아니라는 것을 요리를 해본 사람이라면 잘 안다. 밀가루에 들어있는 탄수화물 외의 물질, 그것이 바로 글루텐 Gluten이라고 불리는 단백질이다(서양에는 이에 대한 알러지를 가진 사람들이 종종 있다. 죽을 맛일 것이다. 밥에 알러지를 가진 우리나라 사람을 상상해 보라.).

밀가루에 끈기가 있고 그런 이유로 빵이나 스파게티를 만들 수 있는 것은 바로 글루텐 때문이다. 글루텐이 35% 이상 들어있는 밀가루를 강력분이라고 한다. 상대적으로 20%만 들어간 박력분으로는 수타면을 만들 수 없다.

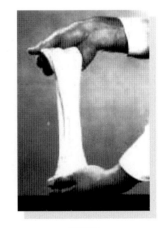

강력분

단백질은 레고처럼 3차원 형상을 이루고 있는데, 그 형상이 변하면 성질도 변해버린다. 달걀 흰자를 삶으면 하얀 고체가 되어 버리는 것도 그래서이다. 단백질을 변성시키는 가장 큰 인자는 온도인데 섭씨 40도만 넘어도 단백질은 변성이 시작된다.

이는 대단히 중요한 사실인데 사람을 구성하고 있는 살이나 근육 등이 모조리 단백질이므로 40도가 넘으면 변성이 시작될 것이다. 체온이 40도가 넘으면 위험하다는 지적이 바로 그 이유 때문이다. 몸에서 열이 나면 위험해진다는데, 그렇다면 몸에서 열은 왜 나는 것일까?

외부 균의 침범으로 몸이 아프면 면역계에서는 불법 침입자를 물리치기 위해 각종 방어체계를 작동시킨다. 싸울 수 있는 병력을 생산하는 항체의 생산이나 히스타민의 활성화 같은 것이 그것인데 박테리아가 생각보다 강력하여 할 수 없이 고육지책으로 펼치는 방어체계가 바로 체온을 올리는 것이다. 바로 '너 죽고 나 죽자' 식의 방어시스템인 것이다. 체온이 올라가면 단백질로 구성되어 있는 박테리아의 껍질을 파괴시킬 수 있기 때문이다. 박테리아들은 대부분 이런 극단의 조처로 초기 진압된다.

단백질 얘기가 나왔는데 여성들에게 관심 많은 콜라겐 Collagen을 언급하지 않을 수 없다. 피부가 노화되면 콜라겐이 부족하여 탄성을 잃고 주름이 생기기 시작한다. 그래서 잃은 콜라겐을 보충하기 위해 콜라겐을 먹어야 한다고 화장품 업자들이 주장한다. 과연 도움이 될까? 콜라겐 역시 단백질이다. 대개 피부와 힘줄을 구성하고 있다. 도가니를 상상하면 이해하기 쉽다.

콜라겐은 3중 나선의 아주 강한 결합을 하고 있지만 끓이면 70도 이상에서 역시 변성이 일어나

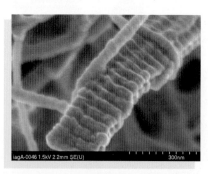

콜라겐 단백질

먹을 수 있게 된다. 하지만 인체가 소화하는 것은 콜라겐 그 자체가 아니라, 3가닥의 단백질인 콜라겐을 한 가닥의 단백질로 그리고 최종적으로 단백질이 분해되어 원래의 구성물질인 아미노산이다. 결국 콜라겐이든 고기이든 단백질은 아미노산이라는 단순한 구성 성분으로 돌아와야 하므로 피부가 탱탱해지기 위해 콜라겐을 먹는 것은 도움이 될 수 없다는 사실을 알 수 있을 것이다. 인체에서 합성하는 단백질의 종류는 10만 가지나 된다. 콜라겐은 그 중 하나이다.

그렇다면 면은? 면도 다당류의 일종으로 녹말과 화학 분자식은 똑같다.

하지만 녹말은 소화가 잘 되기 때문에, 즉 단당류로 쉽게 변하기 때문에 많은 동식물의 연료 · 영양분으로 사용된다. 그런데 화학식이 똑같다는 면은 왜 먹을 수 없는 것일까? 왜 면은 소화가 되지 않는 것일까? 면은 98% 셀룰로오스로 되어 있다. 면은 다른 식물 섬유에 비해 불순물이 없는 거의 순수한 셀룰로오스로 되어있다. 다른 식물들, 예컨대 마직물인 Linen의 경우 셀룰로오스 외에 펙틴이 20%나 포함되어 있다. 나무는 리그닌이라는 수지 성분을 20% 이상 가지고 있다. 모든 식물의 세포벽이 바로 셀룰로오스와 리그닌이다. 동물은 세포벽이 없고 세포막만 존재한다.

식물 세포벽의 구성 성분은 식물을 지탱해야 하고 외부의 기후 조건을 견뎌내야 하므로 녹말처럼 쉽게 물에 녹아서도 안 되고 동물들이 분비하는 효소에 반응해도 안 된다.

효소란 우리의 침 성분인 프티알린 같은 것을 말한다. 그것이 녹말을 단당류로 바꾼다. 그래서 밥을 씹다 보면 단맛이 나는 것이다. 만약 셀룰로오스가 효소에 반응한다면 우리는 쌀과 함께 짚단도 먹을 수 있게 된다. 나무도 먹을 수 있을 것이다. 그렇게 되

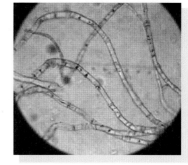

리그닌

면 식량 공급에 일대 혁명이 일어나겠지만 유감스럽게도 현실은 그렇지 못하다. 식물도 자신을 지켜야 하기 때문이다. 그래서 동물들의 효소와 반응하지 않는 성분으로 자신을 변화시키고 그렇게 진화했다. 그런 변화에 실패한 식물은 모두 멸종했을 것이다. 동물들이 그 식물만 찾아서 먹었을 것이기 때문이다.

　물론 풀을 먹고 소화시키는 반추 동물인 소나 염소의 경우는 예외에 속한다. 식물의 진화에 대항하여 자신의 식량을 확보하기 위해 농사를 지을 수 없는 소나 염소도 다른 방법으로 진화하였다. 그들은 자신의 위 속에 셀룰로오스를 분해하여 단당류로 만들 수 있는 트리코데르마라는 박테리아를 키우고 있기 때문이다. 생존이란 참으로 위대한 자연의 경이이다.

Trichoderma

　녹말과 면은 완전히 다른 물질인 것 같지만, 결국 동일한 포도당으로 근본이 같은 물질이다. 다만 면을 이루는 Cellulose는 베타-포도당으로 분자 간 결합이 촘촘하여 아주 강하게 결합하고 있고(포도당 분자가 교대로 거꾸로 배치되어 있다.) 녹말은 알파-포도당으로 결합 구조가 나선형으로 풀려있고 결합의 수도 적기 때문에 물에도 녹기 쉬우며 효소에 의해 쉽게 분해된다는 차이가 있을 뿐이다.

물이 필요 없는 염색 Dry dye

설탕을 한꺼번에 많이 먹을 수 있는 가장 좋은 방법은 무엇일까? 또 소금을 많이 먹을 수 있는 가장 효과적인 방법은 어떤 것일까? 그런 얼빠진 상상을 하는 사람은 물론 없겠지만 이 문제의 정답은 바로 물이다. 물에 타서 먹으면 평소에는 도저히 먹을 수 없는 양의 설탕이나 소금을 한꺼번에, 끔찍하리만큼 많이 먹을 수 있다. 누가 그런 짓을 할까 싶지만 우리는 거의 매일 그렇게 살고 있다. 350cc 콜라 1캔에는 무려 10개의 각설탕이 들어간다. 미치지 않은 다음에야 그냥은 도저히 먹을 수 없는 양이다. 그렇다면 1.5L PET병에 든 설탕은 얼마나 될까? 놀라지 마시라. 무려 28개의 각설탕이 들어간다.

콜라의 각설탕

이처럼 물은 매우 소비적이며 낭비의 근원이다. 물은 모든 것을 녹일 수 있으므로 입자를 운반할 수 있다. 물의 그런 성질은 많은 것들을 가능하게 한다. 따라서 물을 이용한 많은 산업공정들이 존재한다. 콜라에 그토록 많은 설탕을 넣어야 하는 이유는 오직 콜라를 충분히 달게 하기 위해서이다. 콜라의 90%는 물이기 때문에 설탕을 그만큼 많이 넣어야 한다.

물은 염색을 하는 데 없어서는 안 되는 존재이다. 염료입자를 섬유에 골고루 침투, 확산시키려면 물이 필요하다. 이때 물은 염료의 운반체 Vehicle 역할을 하며 온도와 pH만 잘 조절해 주면 매우 효과적으로 염료를 운반 및 확산시킨다. 물은 염료를 섬유에 골고루 운송한 다음, 염색을 도와주는 매염제와 함께 적당히 온도를 올려주면 염료만 남기고 조용히 그 자리를 떠난다. 문제는 물이 거의 모든 것을 녹인다는 사실이다. 따라서 섬유에 결합되어야 하는 염료 그 자체도 물에 의해 가수분해된다. 염색에 사용되어야 할 귀중한 염료가 물에 의해 사용되지 못하고 버려진다는 뜻이다. 때로는 버려지는 염료가 섬유에 결합되는 양보다 더 많을 때도 있다. 또 이렇게 버려진 물은 환경오염의 주범이 된다.

컬러에 따라 다르지만 1kg의 섬유를 염색하는 데 물이 100L 이상 필요하다. 섬유 자체 무게의 100배가 필요하다는 말이다. 대략 1년에 280억kg의 섬유가 염색되므로 여기에 필요한 물은 3조kg 가까이 된다. 그것도 아주 깨끗한 물이라야 한다. 이처럼 물을 통한 가공은 어마어마하게 낭비적이다. 실제로 염색공장에서 물을 조달하거나 버리는 용수관리는 공장을 운영하는 가장 중요한 포인트가 된다. 따라서 지금까지 염색은 환경을 해치기 쉬운 매우 반환경적인 산업이었다.

최근 네덜란드의 한 회사가 물을 사용하지 않는 염색기를 개발하여 상용화하였다. 어떻게 물을 사용하지 않고 염색을 할 수 있을까? 그들은 염료를 운반하는 수단인 용매로 액체가 아닌 기체를 이용한다. 만약 용매로

네덜란드 Dyecoo의 태국 공장

써 기체를 이용할 수 있다면 물보다 훨씬 빨리 염색이 가능하고 물에 녹지 않는 소수성 염료도 녹일 수 있으며 염색 후 가수분해되어 버려지는 염료도 없다. 게다가 원단이 젖지 않으므로 마지막에 건조과정을 거칠 필요도 없다.

하지만 기체는 알다시피 염료를 운반하지 못한다. 염색을 하려면 염료를 녹이고 확산하는 2가지 과정이 필요하다. 기체는 확산이 가능하지만 염료를 녹이지 못한다. 그런데 만약 액체의 성질을 가진 기체가 있다면? 그것이 바로 초임계유체 Supercritical fluid이다. 초임계유체는 특정 온도와 압력에서 액체와 기체 둘의 성질을 동시에 가질 수 있는 두 얼굴을 가진 야누스이다. 충분한 온도와 압력을 가하면 물도 이런 초임계유체로 만들

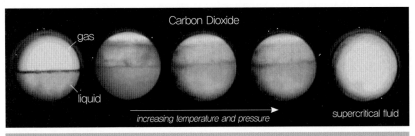

초임계유체 이산화탄소

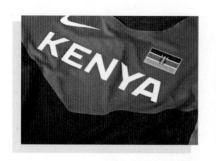

Nike와 Adidas의 물 없는 염색 제품

수 있다. 초임계 상내의 물은 금도 녹일 수 있나. 이 염색에 사용되는 초임계유체는 바로 이산화탄소이다.

25년 전, 독일의 한 과학자가 발명하였지만 비용 문제로 상용화되지 못했다. 이 기술은 커피에서 카페인을 제거할 때도 사용된다. 디카페인 커피는 그렇게 탄생하였다. 같은 방법으로 압력과 온도만 잘 조절하면 작은 에너지로 물을 사용하지 않고 훌륭하게 염색을 수행할 수 있다. 물을 사용한 염색보다 2배나 빠르게 염색이 가능하며 매염제를 비롯한 어떤 Chemical도 사용되지 않는다. 물보다 점도가 낮아서 빠르고 잘 침투된다. 따라서 Saturation이 좋아 심색의 발현과 균염이 가능하다. 잉여 염료는 물론 염색에 사용된 이산화탄소도 90% 회수되어 재사용된다. 친환경적이라는 말이다. 현재는 분산염료의 염색이 가능하여 Polyester를 염색하고 있다. 발 빠르게 Nike와 Adidas가 이 제품으로 이미 수만 장의 티셔츠를 출시하고 있다. 곧 면을 비롯한 셀룰로오스계 섬유의 염색도 가능하게 될 전망이다.

미래 소재는 이런 것이다.

1985년에 개봉된 로버트 저메키스 감독의 SF영화 Back to the Future를 보면 30년 후 미래가 나오는데 2015년이다. 날아다니는 자동차는 물론, 중력을 극복할 수 있는 아이들의 보드도 등장하는 등 제법 흥미로운데 미래의 패션에 대한 저메키스 감독의 상상력은 참혹할 정도이다. 패션산업의 정체된 기술발달의 현실을 극명하게 보여 준다. 오죽하면 Google이 패션산업을 일컬어 천 년 동안 아무도 발을 들이지 않은 천 년 미답의 경지라고 했을까?

소재는 7천 년이 넘는 장구한 역사를 가졌지만 불과 150년 전 까지만 해도 이집트가 피라미드를 건설하던 시대의 그것과 크게 다르지 않았다는 사실이 놀랍다. 하지만 패션 소재는 인류 역사에 거대한 획을 그은 두 도약 -19세기, 윌리엄 퍼킨 경 Sir William Perkin에 의한 합성염료의 발명 그

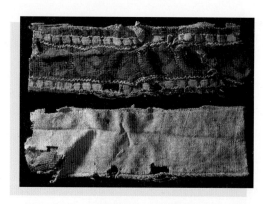

7,000년 된 Linen 직물

퍼킨 경

캐러더스

리고 20세기, 위대한 캐러더스 Wallace. H. Carothers의 나일론의 발명에 힘입어 현재에 이르고 있다. 그리고 21세기 이후에는 어떤 새로운 도약이 준비되고 있을까? 미래를 예측하는 것은 누구라도 쉽지 않은 일이다. 하물며 패션 소재라는 명제에 이르면 더욱 그렇다.

세계는 격변하고 있으며 우리가 앞으로 만나게 될 새로운 소재는 차세대의 새로운 패러다임을 기반으로 출현하게 될 것이다. 따라서 미래의 소재를 4가지 각각 다른 측면으로 예측해 볼 수 있다.

첫째는 마케팅 측면이다. 실제로는 전혀 새로울 것이 없는데 오로지

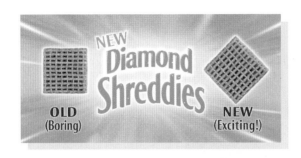

마케팅으로 그것이 마치 새로운 것인 양 위장되는 것들이다. 캐나다의 'Diamond Shreddies'라는 놀라운 시리얼 광고는 마케팅의 이러한 위력을 코믹하지만 명쾌하게 보여준다. 이런 마케팅은 광고와 사기의 경계선에 존재하면서 사실상 소비자를 기만하는 것 이상, 새로운 가치를 지니지 않지만 척박한 신제품 출현의 환경에서는 매우 중요한 위치를 차지하고 있어서 간과하기 어렵다.

둘째는 Technology적인 측면이다.

현대 과학 기술의 진보는 눈부시지만 그것이 지금까지 섬유에 기여한 바는 거의 전무하였다. 최근의 스마트 섬유라 불리는 신소재들은 참혹한 상상력의 빈곤이 초래한 비루한 결과물이 대부분이다. 탄소나노튜브와 그래핀을 이용한 전자공학과 나노 재료공학의 융합기술을 이용하여 제2의 피부라고 할만한 Underwear의 등장과 전선이 필요 없는 Bluetooth를 이용하여 전기를 공급받는 첨단 발열·냉감섬유의 발명이 세상을 바꾸게 될 것이다. 최근에 발명된 놀라운 3D 프린터와 증강현실 기술이 융합하면 패션에 어떤 혁명을 가져올지 상상만해도 즐겁다.

3D Printer로 만든 원단

Stone Island의 Liquid Reflective Jacket

셋째는 미학적인 측면이다.

패션은 결국 아름다움이며 따라서 기능보다는 감성적인 면을 추구하는 것이 지상의 목표가 된다. 초극세사의 발명은 'Powdery touch'라는 역사상 존재하지 않았던 완전히 새로운 감성을 만들어 낸 하나의 좋은 예이다. Metal이나 Memory 또한 기능을 철저히 무시한 감성적인 소재이다. 하지만 Spandex는 기능과 아름다움이라는 두 마리 토끼를 잡는 데 성공했으며 그 결과로 세상에서 가장 Long run 하는 기능성 소재가 되었다. 차세대의 감성 소재는 어떤 것이 될까? 지금까지 등장한 모든 감성 소재는 천연의 것을 모방하거나 심지어 더 발전시킨 Biomimetics 형태였다. 이에 기반하여 지금까지 볼 수 없었던 새로운 컬러의 혁명이 일어날 것이다. 가장 가까운 한 예로 Stone Island가 근래에 소재로 채택한 재귀반사 Retro Reflective 원단이다. 재귀반사 원단은 고양이 눈을 모방한 소재로 스스로 빛을 내지는 못하지만 광원이 있는 곳에서는 환상적인 아름다움을 연출할 수 있다.

마지막으로 사회적인 측면을 통찰해 본다.

결국 모든 소재의 발전 방향은 다가올 새로운 패러다임을 주축으로 수렴하게 될 것이며, 따라서 사회적인 측면은 소재가 나아가야 할 가장 중대한 지표가 된다. 금세기에 출현할 가장 가깝고도 중요한 패러다임은 '자원 고갈'과 '전 세계적인 인구의 고령화'라는 두 중요한 트렌드이다. 이러한 새로운 사회현상은 곧 패션 트렌드와 직결하게 될 것이다.

고령화와 관련한 테마는 어떤 것이 될까? 그것은 Comfort, Outdoor, Active, Travelling이라는 테마에 Anti-bacterial과 Natural이라는 두 중요한

측면이 교집합을 이루는 형태로 나타나게 될 것이다. 끝을 알 수 없는 Outdoor 시장의 팽창은 누구도 예측하지 못하였다. Outdoor 시장이 포화에 이르면 Casual Outdoor라는 신개념의 Concept이 출현하게 될 것이다. 그에 맞는 소재는 기능과 패션이 융·복합된 지금까지 보지 못했던 놀라운 것이 될 수도 있다.

자원 고갈 때문에 나타나게 될 중요한 테마는 Recycled, Heat & Cool, DWR, Wrinkle free 소재이다. 수자원의 부족은 특히 심각한 문제이다. 앞으로는 빨래에 대한 세계적인 표준이 바뀌게 될 것이다. 오염을 방지하는 방오 Soil Release 가공은 미래의 가장 중요한 가공이 될 전망이다. Nano 기술과 방오 기술의 발전으로 앞으로는 세차가 전혀 필요 없는, Lotus Effect를 완벽하게 모방한 자동차의 도막이 실현될 것이다.

패션 소재는 7천 년 동안, 결코 인간 상상력의 범위를 뛰어넘지 못했다. 다음 세기에는 그렇게 될 것이다.

신개념 수륙양용 의류(Amphibious wear)와 소재

2007년, 시애틀 출장을 갔을 때 본 놀라운 광경이 지금도 잊혀지지 않는다. 별로 멋져 보이지 않는, 싸구려 스포츠카처럼 생긴 노란 자동차 하나가 갑자기 호수를 향해 뛰어들 듯 달려가는 것이 아닌가? 무슨 일일까? 영화라도 찍는 것일까? 하지만 잠시 후, 그 차는 아니 배는 하얀 포말을 남기며 미끄러지듯이 레이크 워싱턴 위를 유영해 나가고 있었다.

그 차는 뉴질랜드의 Allan Gibbs가 개발한 'Gibbs Aquada'라는 수륙양용차이다. 호수가 많은 시애틀 같은 도시에서 심심치 않게 볼 수 있는 광경이다. 나는 잠시 골치 아픈 일상사를 잊어버린 채 망연자실하게 그 배가 멀리 사라지는 모습을 바라보고 있었다. 그때! 전광석화처럼 머리를 스쳐 지나가는 한 가지 아이디어가 있었다. 물속에서도 입고 밖에서도 입을 수 있는 수륙양용의 기능을 가진 옷을 만들 수 있을까? 여름에 해수욕장을 가려면 비치에 도착해서 로커에 가서 옷을 갈아입고 놀다가 돌아갈 때는 또 로커에 간 다음 옷을 갈아입어야 하는 번거로움을 피할 수 없다. 비치에 도착해서 옷을 입은 채로 풍덩, 그리고 집에 돌아갈 때는 옷을 입은 채로 샤워하고 그대로 가면 되는 옷을 만들 수 없을까? 하지만 그 혁명적인 아이디어는 당시에는 소재의 한계로 실현되기 어려운 한여름 밤의 꿈에 불과하였다.

그리고 2013년, 상상은 마침내 현실로 이루어지게 되었다. 혁명적인 새로운 소재의 출현 덕분이다. 그런 수륙양용 기능이 가능한 의류를 만들려면 최대한 빨리 마르는 기능을 가진 소재를 선택해야 할 것이다. 우리는 오래 전에 그런 소재가 존재하고 있음을 알고 있다. 그것은 바로 폴리프로펠렌 섬유이다. 모든 섬유는 고유의 공정수분율 Moisture Regain을 가진다. 즉, 모든 섬유에는 일정량의 물이 포함되어 있는 것이다. 사람도 굳이 따지자면 공정수분율이 대략 남자 60%, 여자 55% 정도 된다. 만약 호주에서 양모 Wool를 1만 톤 구입하면 그 중 1,300톤이 물이다. 맹물을 양모값으로 치러야 하는 것이다. 상당히 비싼 물값인 셈이다. 하지만 폴리프로필렌을 구입하면 물값을 지불할 필요가 없다. 폴리프로필렌의 공정수분율은 0이기 때문이다. 즉, 이 소재는 물을 전혀 포함하지 않는다.

따라서 다른 소재와 달리 물에 젖지 않으며 젖어도 완전히 건조된다. 섬유 자체는 물을 포함하지 않으므로 이 소재가 젖으려면 물이 원단 상태에서 섬유와 섬유 사이의 모세관력 Capillary force에 의존해야 한다. 하지만 중력 또는 원심력이 더 커지면 물은 즉시 원단을 떠난다. 그 결과는 원단의 건조이다. 이 원단은 실제로 젖은 후에 다른 원단처럼 증발에 의해서 마르기보다는 물이 중력에 의해 아래로 떨어짐으로써 마른다. 증발은 표면에서만 일어나는 현상이며 습도에 좌우되지만 내·외부에 작용하는 중력은 지표면에 언제나 일정하므로 이 원단은 잠깐 사이에 물을 아래로 떨구어 버리고 급속하게 건조된다. 물론 이 원단을 손으로 털면 원심력이 모세관력보다 더 크므로 중력+원심력이 추가되어 훨씬 더 빨리 마른다.

이 원단으로 만든 바지와 셔츠를 입은 피서객은 바다에서 물놀이를 즐

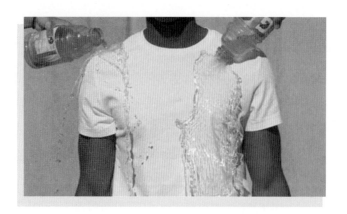

긴 후, 옷을 입은 채로 샤워하고 주차장으로 가면 된다. 그가 자동차의 좌석에 앉기 전에 옷은 이미 말라있을 것이다. 물론 소지품을 보관할 수 있는 방수주머니가 옷에 달려있으면 좋을 것이다. 그리고 속옷 역시 같은 소재로 된 것으로 집에서 입고 나오면 된다.

폴리프로필렌은 노벨상을 받은 이탈리아의 화학자 Giulio Natta에 의해 이미 60년 전에 합성되었지만 지금까지 의류에 본격적으로 사용되지 못하였다. 그 이유가 바로 물에 젖지 않는 이 섬유의 특성 때문이다.

물에 젖지 않으니 염색이 될 리가 없다. 따라서 염색이 필요 없는 흰 내의로 개발되는 경우가 많았다. 폴리프로필렌은 열전도율이 양모보다 더 낮아 겨울에는 가장 따뜻한 소재로 사용될 수 있다. 이런 이유로 언더 아머 Under Armour 등에 의해 개발된 폴리프로필렌 보온 내의가 에베레스트를 등정하는 등반가들의 필수장비가 된지는 이미 오래되었다.

작년부터 염색이 가능한 폴리프로필렌이 개발되었고 중견 교직 제조업체인 모사에서 세계 최초로 50여 가지의 다양한 Woven 원단을 개발하여 이미 판매하고 있다. H & M은 폴리프로필렌으로 제조된 수영복 오더를 이미 이 제조업체에 발주하였으며 이번 여름에 처음 대중에 선보일 예

폴리프로필렌 방한 내의

정이다. 이 장점 많은 섬유는 계속 새로운 용도를 개척하고 있으며 세상을 바꾸는 혁명적인 소재의 하나로 우리 미래의 일부가 될 것이다.

재귀반사 소재

자동차 엔진의 파워를 나타내는 척도는 마력 Horse Power이다(클수록 좋은 것이다.). 반사물질에서는 반사성능의 파워를 양초력 Candle Power으로 나타낸다. 마력이 말의 마리 수인 것처럼 밝기를 양초의 개수로 나타내는 것이다. 3M에 의하면 흰색 원단의 양초력은 0.1~0.3, 자동차의 번호판은 50 그리고 전형적인 재귀반사 원단의 양초력은 500이다.

재귀반사 소재가 꿈틀거리고 있다. 2010년, 스톤아일랜드는 그동안 의류의 극히 일부분에만 사용되어 왔던 재귀반사 소재를 겉감 전체로 확대한 Outer Jacket을 선보인 이래 시즌마다 새로운 제품을 내놓고 있다. 문제는 이 소재가 너무 비싸다는 것이다. 3M에서 판매하고 있는 이 소재는 야드당 무려 50불이나 한다. 하지만 새로운 소재에 목마른 패션업계는 높은 가격에도 불구하고 이 소재를 적용한 의류를 디자인하고 싶어한다. 많은 디자이너들을 유혹하는 독특한 빛과 컬러의 마술을 빚어내는 재귀반사는 어떤 원리로 그렇게 높은 휘도의 빛을 반사할 수 있는 것일까?

빛의 속성에는 투과 Transmission, 반사 Reflection, 흡수 Absorption 세 가지 성질이 있다. 이 중 반사는 빛이 물체에 입사했을 때 물체의 내부에는 영향을 주지 않고 표면으로부터 빛이 되돌아오거나 다른 방향으로 진로를 바꾸는 과정을 의미하며 일반적으로 난반사, 거울반사, 재귀반사로 구분된다.

난반사 Diffuse Reflection는 빛이 거친 표면에 입사했을 때 여러 방향으로 흩어져 광원으로 돌아오는 빛의 양이 매우 적어 낮에는 잘 보이지만 야간

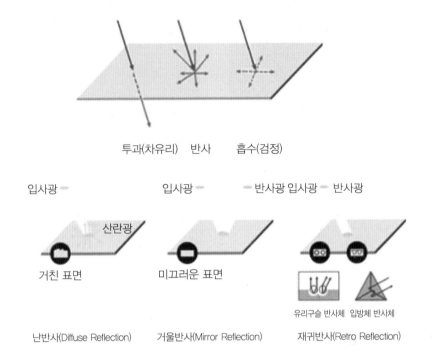

투과(차유리)   반사   흡수(검정)

입사광 ▬   입사광 ▬   ▬ 반사광 입사광 ▬ 반사광

거친 표면   미끄러운 표면

유리구슬 반사체 입방체 반사체

난반사(Diffuse Reflection)   거울반사(Mirror Reflection)   재귀반사(Retro Reflection)

에는 물체를 식별하기 어렵게 된 반사이다. 즉, 야간에 잘 보이지 않는 모든 물체는 빛을 비췄을 때 난반사가 일어난 것이다. 거울반사 Specular Reflection 또는 정반사는 빛이 매끄러운 표면을 비추었을 때 일어나며 물체의 표면에 입사하는 빛의 각도와 반대되는 방향으로 모든 빛이 흩어지지 않고 반사된다. 예컨대 물체의 표면에 30° 각도로 입사된 빛은 150° 각도로 모두 반사된다. 재귀반사 Retro Reflection는 광원으로부터 온 빛이 물체의 표면에서 반사되어 다시 광원으로 모두 돌아가는 반사이다. 어떠한 각도로 빛을 비추어도 광원 방향으로 빛을 되돌린다. 자동차의 헤드라이트나 플래시 빛을 재귀반사 소재에 비추면 광원에서 나온 빛이 산란되지 않고 거의 모두 빛을 비춘 방향으로 되돌아가 광원 쪽에 있는 사람이 뚜렷하게 볼 수 있다. 스포츠웨어, 야간 도로공사 현장이나 경비원, 경찰관 및 소방관의 옷 등에서 이런 재귀반사의 특성을 이용하여 일상생활과 산

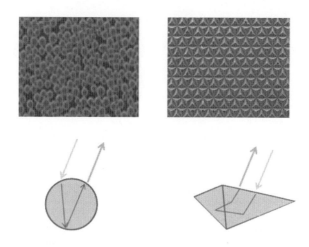

Beads와 Prism 형태

업현장에서 발생할 수 있는 각종 안전사고로부터 생명과 재산을 보호하기 위한 응용기술이 적용되고 있다.

재귀반사 원리를 이용하는 재귀반사 시트는 크게 유리구슬을 이용하는 형태 Bead Type와 마이크로 프리즘을 이용하는 형태 Micro-prismatic Type로 분류된다. 유리구슬에 의한 재귀반사는 미세한 유리구슬을 직물이나 필름 위에 균일하게 도포하여(1제곱인치당 13만 개) 만든다. 유리구슬의 뒷면은 거울 처리되어있다. 각각의 유리구슬 표면에 입사된 빛은 구슬 뒷면에서 굴절된 후 빛이 들어온 방향과 같은 방향으로 반사된다. 즉, 수십만 개의 작은 거울이 모여있다고 할 수 있다.

마이크로 프리즘에 의한 재귀반사는 삼각뿔 모양의 렌즈가 유리구슬과 똑같은 역할을 하며, 입사된 빛은 프리즘 내부의 경사면에서 차례로 굴절되어 광원과 평행한 빛으로 되돌아 나온다.

위의 그림에서 각각에 대한 재귀반사 원리를 나타내었다. 일정 면적의 반사소재에 광원으로부터 일정량의 조도에 해당하는 빛을 공급하는 경우 반사되는 빛의 세기, 즉 재귀반사율 Retro Reflectivity: cd/lx. m²에 따라 재귀반사지는 일반 반사지 Engineering Grade Reflective Sheet, 고휘도 반사지 High Intensity Reflective Sheet, 초고휘도 반사지 Diamond Grade Reflective Sheet로 분류할 수 있다.

재귀반사 소재의 패션 적용 사례

재귀반사를 응용한 패션 소재는 그동안 주로 테이프 형태의 '트림'이나 로고 등을 강조할 때, 정도로 매우 제한적으로 사용되었다. 가장 큰 이유는 재귀반사 소재의 광학적 특성으로 인하여 뛰어난 심미성과 발군의 개성을 나타낼 수 있는 혁신적인 의류 원자재임에도 불구하고 야드당 30불에서 50불 정도로 일반 패션 소재 가격의 10배 이상 되는 초고가의 가격을 형성하고 있기 때문이다. 따라서 대중성 있는 글로벌 브랜드 의류에서의 원자재 적용은 불가능한 상황이었다. 마침내 2010년, 'Fall/Winter' 신제품 발표에서 이탈리아의 스톤아일랜드는 재귀반사 소재를 '아우터 재킷'의 겉감(Out shell)으로 전면 사용하는 파격을 선보였다. 산업 자재나 부자재로 주로 사용되던 소재를 의류의 겉감으로 사용하기 위해서는 다양한 여러 가지 문제를 해결해야만 한다. 최초로 그들이 부딪힌 가장 큰 외관상의 문제는 Clean한 단색 Solid color이었는데 Solid는 아무리 파격적인 콘셉트의 스톤아일랜드라도 일상복으로는 너무 화려하고 또 구김 Crease mark이 생길 경우, 제거하기 까다롭다는 것이었다. 이에 스톤아일랜드에서는 두 가지 문제를 한꺼번에 해결하는 묘책을 개발하였는데 Garment가 완성된 상태에서 유성의 'Black Pigment'를 의류 표면에 분사하여 빈티지 효과를 낸 것이다. 그들의 다음 당면 과제는 이 소재에 색상을 부여하는 일이다.

재귀반사 그라운드 Ground 직물은 염색되지 않은 100% 폴리에스터 'Taffeta Boiled off' 상태의 것을 사용하였다. 왜냐하면 염색된 직물을 사용하여도 색상이 유리구슬을 도포한 후, 가려져 보이지 않기 때문이다.

Liguid Reflective Jacket

심지어 블랙컬러를 사용하였어도 마찬가지이다. 따라서 구태여 염색으로 가격 상승을 초래하거나 염색 견뢰도 등의 문제를 일으키는 위험을 추가할 필요가 없다. 문제는 모든 패션 브랜드들은 하나의 컬러로 된 어패럴의 기획을 원하지 않으며 적어도 3가지 이상의 컬러 'Assortment' 상품구색를 요구한다. 또 다른 브랜드는 Solid뿐만 아니라 프린트 버전 Print Version 또는 선염 패턴도 구성되기를 희망하였다. 재귀반사 직물에 사용된 유리구슬의 뒷면이 거울처럼 알루미늄으로 도포되어 뒷면 컬러를 완벽하게 차단하므로 어떤 컬러라도 뒷면에서 컬러를 구현하는 것은 불가능한 것으로 판명되었다. 처음부터 'Face'가 아닌 'Back'면을 고려한 이유는 앞면이 거의 유리이기 때문이다. 앞면의 유리구슬이 차지하는 면적은 95% 이상으로 각 유리구슬 사이에 컬러를 이식할 수 있더라도 5% 미만의 '커버리지 Coverage'로는 제대로 된 컬러 구현이 불가능하다. 유리면은 매끄럽고 일반적인 입자의 염료나 안료가 침투·고착될 수 있는 굴곡이 거의 없으므로 유리면 위에 일반 프린트를 적용하는 것은 불가능하다. 따라서 유리면에 적용 가능한 'Porcelain Pigment'나 알루미늄 포일의 컬러를 바꾸는 방법을 사용해야 한다. 포셀린 안료 또는 세라믹 안료는 유리나 도자기 같은 매끄러운 표면 위에 원하는 패턴을 구현하고 150도 정도의 열처리를 통해 거의 영구적인 결과물을 얻을 수 있다는 점에서 좋은 재료가 된다. 다만 이 안료를 사용한 프린트는 안료 자체의 높은 비용이 문제가 될 뿐만 아니라 디지털 프린트를 이용하여 찍어야 하므로 더욱더 높은 비용을 요구한다. 따라서 패션의류에서는 제한적으로만 사용 가능하다. 다른 방법은 알루미늄 포일 자체의 착색이다. 알루미늄 포일도 착색이 가능하며 상당히 다양한 컬러의 구현이 가능하다. 유럽산의 재귀반사 직물은 이미 컬러를 다양하게 구현한 제품들이 출시되고 있으나 어떤 방법을 사용했는지는 확실치 않다. 재귀반사 직물을 어패럴 소재에 최초로 적용한 스톤아일랜드의 경우는 이미 착색된 컬러가 출시되고 있으며 초기의 제품인 'Hand spray'를 사용하여 빈티지 효과를 낸 제품도 계속 등장하고 있다. 단점은 수작업이 동반되어 기인하는 매우 높은 비용이다.

패션 소재 적용에서의 문제점

재귀반사 소재를 어패럴에 적용함에 있어서 당면한 심각한 첫 번째 문제는 'Crease Mark'이다. 직물의 특성상 한 번 발생한 주름은 절대로 원상회복되지 않으며 이는 패션의류의 상품 가치면에서 치명적인 것이다. 따라서 이의 해결은 불가피하다. 가장 용이한 해결책은 주름을 미리 직물 위에 다량으로 형성하여 이후, 사용 중 혹은 세탁 시에 새로운 주름이 발생해도 인지하기 어렵도록 직물 또는 완성 의류 상태에서 후가공하는 것이다. 대표적인 방법이 'Garment Washing'으로 미리 자연스러운 구김을 형성함과 동시에 직물을 부드럽게 만드는 일석이조의 장점이 있다. 봉제 전 직물에 이런 가공을 하면 'Lot' 차가 발생할 우려가 있으므로 봉제 후 실시하는 것이 비용은 더 많이 들어가지만 더 안전한 선택이다. 이보다 더 적극적인 방법은 스톤아일랜드가 개발한 방식으로 Garment 완성후 포셀린 Porcelain 안료를 사용하여 의류 위에 'Hand Spray'하는 방법이다. 이 또한 이후의 세탁이나 새롭게 발생하는 사용상의 구김을 인지하기 어렵다는 점에서 매우 효과적인 방법이 된다.

재귀반사 직물은 유리구슬을 직물 위에 도포할 때 접착제 바인더를 사용해야 한다. 이 과정에서 바인더의 'Stiffness'를 잘 맞추지 못하면 직물 전체의 촉감이 나빠짐은 물론, 최종 결과물의 인열강도 Tearing Strength가 매우 열악한 결과를 보인다. 실제로 100% 폴리에스터 190t 'Taffeta' 평직물 위에 조성한 재귀반사 직물은 원래의 190t 인열강도의 절반도 되지 않는 결과를 나타내었다. 따라서 사용하는 바인더의 종류와 질이 매우 중요하다고 할 수 있다. 하지만 바인더의 조정으로는 인열강도의 증진에 한계가 있을 때도 있다. 이 경우 밀도가 더 높거나 애초에 인열강도가 높은 직물을 적용해도 결과는 마찬가지이다. 평균 1파운드 미만의 인열강도로는 'Gap Inc.' 같은 대중 브랜드에서 요구하는 수준을 만족시킬 수 없다. 더 중량감 있는 직물이나 밀도가 높은 직물을 그라운드로 사용하는 방법은 강도의 증진효과는 미진하나 결과물을 너무 두껍게 만들거나 가격을 상승시키는 요인이 너무 중대하여 좋은 방법이 아니다. 가장 확실하고도 효과가 있는 방법은 결국 인터록 Interlock 니트 같은 저가의 'Backing'을 보강 Support 하는 방법이다. 결과물이 두꺼워지는 단점이 있지만 인열강도의 증진은 탁월한 수준이었고 상승되는 Cost도 그다지 높지 않아 범용성을 고려한 가장 훌륭한 차선책이 된다. 이후, 재귀반사 소재를 선염 직물로 개발하는 아이디어가 제시되었고 많은 직물 공급업체들이 개발을 시작하였다. 그러나 재귀반사 소재는 그 자체가 코팅이나 라미네이팅으로 구현한 효과이기 때문에 실 상태에 코팅이나 라미네이팅이 가능한 기술이 개발되지 않은 한, 선염은 불가능하다는 것이 문제다. 재귀반사 기능을 가진 실을 제조하는 것은 현존하는 기술로는 거의 불가능에 가까우나 다른 우회 방법이 있다. 그것은 직물을 극미하게 가늘게 커팅하여 필름 형태의 실을 만드는 것이다. 'Metallic' 원사와 같은 제조방법이다. 이 아이디어는

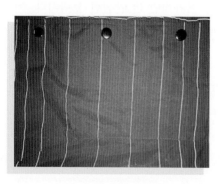

Puma의 Jacket 소재

그렇게 제조된 원사가 가능한 세 번수를 유지하면서도 제직에서 요구하는 강한 장력에 견딜만한 일정 인장강도를 가져야 함으로써 매우 어려운 과제이지만 결국 성공하였다. 이 원사를 이용하여 제직한 선염재귀반사 직물을 최초로 의류에 응용한 제품은 그림

재귀반사 프린트

과 같은 'Puma'의 'Active Jacket'이었으며 경사가 요구하는 장력을 견딜 수 있는 적합한 인장강도를 갖추지 못하여 위사로 사용 가능한 패턴을 개발하여 출시하였다.

이외에도 재귀반사 소재를 안료로 제작하여 프린트의 안료로 베이스 직물 위에 프린트하는 기법이 개발되었는데 매우 고도로 정밀한 작업 과정이 요구되는 까다로운 공정이다. 미국의 'K'사는 재귀반사 안료를 개발하고 이를 스크린 프린트 방법을 통하여 프린트하는 데 성공하여 안정적인 재귀반사 프린트를 공급할 수 있는 시설을 갖추고 시장에 공급하고 있는데, 아웃도어 브랜드들의 재귀반사 직물의 수요가 폭발적으로 증가하고 있어서 급성장하고 있는 중이다. 단점은 가격이 10불 정도로 너무 높다는 것이며 안료를 사용하였으므로 세탁 견뢰도가 일반 염료에 비해 한두 급 정도 더 낮다. 따라서 이 역시 '부자재 Trim' 등 매우 제한적으로 사용 가능하다고 볼 수 있다. 다만 이 안료는 휘도값을 용이하게 조절할 수 있어서 용도에 따라 200부터 500까지 초고휘도 안료를 제작하고 의류에 적용할 수 있다. 하지만 프린트의 모티프에 들어가는 안료의 '커버리지 Coverage'에 따라 저렴한 3불대부터 커버리지가 50%를 상회하면 20불까지 가격대가 상승한다는 것이 최대의 약점으로 꼽는다. 위 그림에 있는 K사의 재귀반사 프린트는 약 휘도값 200 정도의 안료에 10% 정도 커

버리지인데도 가격이 5불이 넘게 형성되고 있어서 실제로 아웃도어 의류의 어깨 부분에만 '부자재(Trim)'로 사용되고 있는 패턴이다.

재귀반사 소재의 새로운 용도 적용 연구

재귀반사 직물을 패션용 또는 보온용도 같은 기존의 용도 외에 범용성을 넓히기 위하여 새로운 용도로 확장하는 것이 시장에 진입하는 매우 중요한 포인트가 된다. 이미 'Nike'에서 적용하여 시장 확대에 나선 스포츠 안전에 대한 용도가 좋은 예이다.

나이키는 조깅복을 재귀반사 소재로 제작하여 밤에 조깅하는 사람들이 자동차 윤화사고를 당할 수 있는 가능성을 줄이고자 하였다. 기존의 안전 용도로 사용되던 재귀반사 소재는 대부분 부자재 Trim로 사용되어 매우 적은 부분만 적용되었고 야간 작업자용 특수 작업복조차도 X자형 밴드 등의 형식으로 제조되었으므로 이를 패션에 적용하기에는 무리가 있었다. 유일한 이유는 재귀반사 소재가 매우 고가이기 때문이다. 하지만 재귀반사 소재의 가격이 시장에서 수용 가능 Affordable한 수준으로 내려가면 전면 All Over 재귀반사 소재로 된 조깅복 또는 운동복의 제작이 가능하고 거의 100% 안전 소재로서의 기능을 구현할 수 있다.

Nike의 재귀반사 조깅복

커피 섬유

"나는 원단을 애무하고 그 냄새를 맡고 원단이 스치는 소리에 귀를 기울인다. 그러면 한 장의 원단이 여러 가지 방법으로 내게 말을 걸어온다." 천재 디자이너 엠마누엘 웅가로가 한 말이다. 또 미우치아 프라다는 '소재 그 자체가 옷이다.'라고 하였다. 그들이 누누이 강조하지 않아도 소재가 의류에 미치는 비중은 상상을 초월한다. 아무리 좋은 디자인의 옷이라도 그것이 소재와 조화되는 데 실패하면 결코 좋은 옷이 될 수 없다. 패션의류에 있어서 소재의 중요성은 자동차의 엔진에 해당한다. 시속 406km를 달릴 수 있는 부가티 베이론의 강력한 아름다움은 16기통 8000cc라는 어마어마한 배기량을 가진 미드십 엔진을 탑재함으로써 비로소 가치를 발할 수 있다.

하지만 의류 소재의 다양성은 20만 년이라는 긴, 현생 인류 역사에 비해 처참할 정도로 빈약하다. 인류 역사를 하루 24시간으로 축소했을 때 오후 11시 53분경인 1937년, 캐러더스가 나일론을 발명하기까지, 인류는 오로지 20종류가 채 되지 않는 천연 섬유 소재에 의존해 왔다. "거미줄보다 가늘고 강철보다 강한 나일론은 명주실보다도 가볍고 아름다운 광택이 나며 물에 잘 젖지도 않는 특성을 지닌 합성섬유로 공기와 물, 석탄으로 만들어진다." 1937년 2월 어느 날 미국의 '뉴욕 타임스'에 크게 활자화된 '나일론'이라는 단어 밑에 실렸던 기사이다. 캐러더스의 놀라운 발명을 기폭제로 폴리에스터를 비롯한 다양하고 화려한 합성 소재들이 속속 개발되어 오늘날에 이르렀다. 그러나 여성들의 반짝이는 호기심의 배를 타고 패션 어패럴의 바다를 폭풍처럼 휩몰아쳐 기록적인 성장을 누려온 편리한 비분해성 화학섬유는 Eco-Friendly라는 새로운 패러다임의 확

대로 인하여 자칫 역사 속으로 사라질 위기에 처해 있다.

건강한 노후가 최대의 관심사가 된 요즘의 소비자들은 점점 더 건강한 의식주를 추구하고 있으며, 그를 위해서라면 얄팍한 지갑이라도 기꺼이 열 준비가 되어있다. 따라서 환경친화적이지 못한 비분해성 합성 소재들은 이제 소비자들의 외면 속에 점점 퇴출의 길을 걷고 있는 중이다. 하지만 그렇다고 해서 인류가 다시 예전의 면, 모, 견, 마의 시대로 돌아갈 수는 없는 법, 소비자는 신 패러다임에 부응하는 새로운 소재를 갈망하고 있다. 이에 대한 응답으로 천연섬유는 최근 가장 강력한 트렌드로 등장하였으며 이를 반영하여 옥수수, 콩, 대나무, 우유섬유를 비롯하여 심지어 코코넛 섬유에 이르기까지 다양한 종류의 천연섬유들이 속속 개발되고 있다. 하지만 옥수수나 콩, 우유 같은 천연 재료들은 인간의 주요한 식량자원으로 이들을 패션 섬유화하는 것은 아직도 기아에 허덕이는 지구상의 인류가 수억이나 된다는 관점에서 윤리성의 문제가 따를 수 있다. 이런 갖가지 정치 도덕적인 난제들로 말미암아 의욕적인 개발과 눈부신 기술의 진보에도 불구하고 소비자들을 강력하게 흡인하는 새로운 '캐러

더스의 나일론'은 아직 발명되지
않았다. 맨해튼의 7th Ave에서
기꺼이 치마를 걷어 스타킹을 신
어보던 캐러더스의 열광적인 충
성 소비자의 딸들은 제2의 나일
론이 나오기를 애타게 기다리고
있다. 생분해성의······

길에서 나일론 스타킹을 신어보는 뉴욕 여성

왜 하필 커피인가?

이 같은 신 패러다임을 배경으로 천연물질이면서 친환경적이고 버려
지면 1년 이내에 썩는 생분해성이며 소중한 인류의 식량자원을 축내지도
않고 쾌적하고 부드럽고 매력적인 동시에 가격도 저렴한 소재가 지척에
존재한다. 그 기적적인 소재의 이름은 바로 '커피'이다.

후각세포를 자극하여 도파민을 분비하게 하는 Magic Flavor, 견고한 후
각기억의 바위 위에 각인된 도저히 멈출 수 없는 매혹적인 사이렌의 중
독, 카페인. 우리의 정신세계를 맑고 고요하게 정화하며 숱한 예술적인
영감 뒤에 거룩한 배경으로 존재하는 커피. 좋든 나쁘든 그 모든 것들이
커피가 지니고 있는 영원한 마력이다. 신기하게도 아라비카 커피의 염색
체는 44개로 46개인 인간과 48개인 침팬지와 매우 가깝다. '親人性'이라
고나 할까? 커피는 최근의 트렌드이며 와인이 기호식품의 성장세를 견인
하는 강력한 문화 아이콘으로 등장한 배경 뒤에 와인보다 접근이 용이하
다는 막강한 장점을 등에 업고 폭발적인 성장세를 이루어 인류 역사상 가
장 거대한 소비를 창출하고 있다. 현재 커피는 아열대 벨트를 따라 전 지
구적으로 생산되고 있으며 석유 다음으로 교역량이 많은 아이템이다.

그렇다면 커피 콩으로 섬유를 만들 수 있는가?

새로운 천연섬유를 갈망하는 열화 같은 소비자의 압력은 자연스럽게
커피 섬유의 탄생을 자극하기에 이르렀다. 커피 섬유는 '커피'와 '천연'

이라는 두 강력한 트렌드를 등에 업고, 광적으로 팽창하고 있는 커피 소비라는 동력과 맞물려 동반 성장할 수 있는 엔진과 인프라를 이미 갖추고 있는 매력적인 비즈니스 모델이다. 즉, 만들 수만 있다면 마케팅은 이미 보장된 것이나 마찬가지라고 할 수 있다!

아라비카 커피 콩 Green Bean을 구성하는 물질은 무려 2,000가지나 된다. 그 중 약 750가지의 지방, 카페인과 Aroma를 비롯한 갖가지 화학물질을 추출해서 마시는 것이 커피이다. 놀라운 사실은 커피 콩에는 탄수화물이 58%나 들어있으며 커피 빈으로부터 액상 에스프레소를 추출하는 드리핑의 과정에서 커피 콩에 함유된 탄수화물이 우리가 마시는 커피 성분 속에 전혀 포함되지 않는다는 사실이다.

- 탄수화물 29.57%
- 수분 55.52%
- 회분 0.7%
- 조 단백질 7.06%
- 조 지방 7.15%
- 수분을 제거한 탄수화물 양: 58%(한국식품연구소 시험성적서)

우리가 마시는 커피는 그 안에 영양분이 될 수 있는 포도당, 즉 탄수화물은 들어있지 않다. 그렇지 않으면 커피를 많이 마시는 사람은 비만해질 것이다. 즉, 다시 말해서 커피 찌꺼기는 커피 콩의 탄수화물을 그대로 간직하고 있으며 따라서 우리는 커피 찌꺼기 Coffee Grounds에서 섬유를 만들 수 있다는 것이다. 이
른바 쓰레기에서 섬유를 창
출한다는 것이다. 그것도 세
상에서 가장 향기로운 쓰레
기로부터.

　근간에 대만의 한 회사가
커피 섬유를 출시했다는 얘기가 들려온다. 하지만 그 섬유의 성분을 한
번 확인해 보라. '99% Polyester, 1% coffee' 아무리 장난이라도 이 정도면
수준이 의심스럽다. 필자가 얘기하고 있는 커피 섬유의 원료는 100%
coffee이다.

2

Textile Science

Jet Black이란?

세상에서 가장 까만색은 Vanta black이라는 나노물질이다. 영국의 Surrey Nanosystem가 제조한 Vanta black은 99.96%라는 경이로운 빛 흡수율을 기록하여 기존에 가장 검은 물질이었던 CNT Carbon Nano Tube로 제조한 SWNT Forest라는 카본 나노 튜브를 물리치고 세상에서 가장 검은 물질로 등극하게 되었다. SWNT Forest의 빛 흡수율은 99.95%였다. 이 물질은 검은색으로 보이는 게 아니라 마치 구멍이 뚫려있는 듯이 보인다. Vanta black은 접어도 구분이 가지 않는다. 어떤 것을 접으면 그림자 때문에 접혔다는 것을 알 수 있는데, 밴타블랙은 그림자조차도 이보다 더 검을 수 없기 때문이다.

Jet black이 어떤 의미를 가지고 있는지 모르는 사람은 아무도 없다. 세상에서 가장 까만색일 것이다 정도로 이해하고 있지만 왜 그런 이름으로 불리는지, 또 정확히 Jet Black이 어떤 색을 의미하는지 아는 사람은 별로

Vanta Black

없을 것이다. 우리가 늘 사용하고 있는 컬러의 이름이지만 정확한 정의를 모르고 있었던 Jet Black에 대해 얘기해 보기로 하겠다.

이 이야기를 하기 위해 도대체 색이란 무엇인지에 대한 간략한 개념을 이해해야 한다. 색이란 어떤 광원(예컨대 태양 같은)이 포함하고 있는 다양한 전자 복사파 중 인간이 볼 수 있는 범위의 파장, 즉 가시광선을 눈의 망막세포가 인식하는 감각을 말하는 것이다. 가시광선은 대략 400~700 나노미터의 범위를 가지고 있는데 400 쪽에 가까운 파장을 보라색, 700 쪽에 가까운 파장을 붉은색으로 인식한다.

가시광선은 여러 가지 색이 있지만 그것들이 모두 합쳐지면 하얀색으로 보이기 때문에 태양광 자체는 색이 없는 것 같다. 그것들이 몇몇은 반사, 몇몇은 흡수됨으로써 비로소 각각의 색을 인식할 수 있게 되는 것이다. 아래 그림처럼 여러 색이 파장별로 나누어져 있는 상태를 스펙트럼이라고 부른다. 우리는 단순히 7가지의 색을 보고 있는 것 같지만 실제로 이 안에 포함된 색은 200가지가 넘는다. 여기에 500가지의 명도 그리고 20가지 정도의 채도를 더하면 가시광선의 색은 최소 2백만 가지나 된다(실제로는 천만 가지도 가능). 그걸 모두 사람이 인식할 수 있느냐는 별도로.

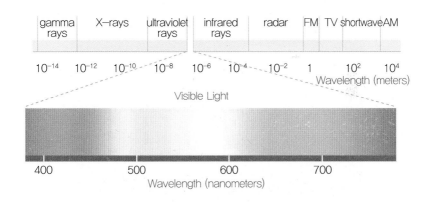

가시광선의 영역

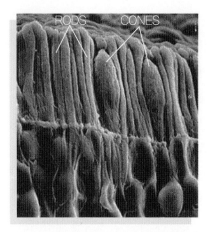

망막의 원추세포(Cone)와 간상세포(Rod)

우리가 보고 있는 색의 정확한 의미는 어떤 물체가 가시광선 중, 특정 파장을 흡수하고 또 어떤 파장은 반사하므로, 반사하는 파장을 눈의 망막에 있는 원추세포 Cone cell가 감지하는 것이다. 따라서 염료란 어떤 분자가 특정한 파장의 색을 흡수할 수 있는 능력을 가진 분자이다.

그런데 어떤 물체의 색은 단색광만을 가지고 있는 경우는 없다. 빛의 3원색은 단색광인 빨강 R과 초록 G 그리고 파랑 B인데 색의 3원색은 Cyan, Magenta, Yellow으로 이들은 단색광이 아니다. 따라서 우리가 빨간색으로 인식하는 색이라도 셋 중, 어느 정도는 조금씩이라도 가지고 있다. 아래 그림은 채도가 매우 높은 스쿨버스에 도색된 노란색의 스펙트럼과 빛의 반사율이다. 이 노란색은 마치 단색광으로 보인다. 하지만 실제로 노란색이라는 단색광은 없다. 그

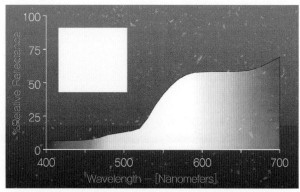

노란 스쿨버스의 각 파장별 반사율 그래프
(노란 사각형이 우리가 보는 색상)

림에서 보는 바와 같이 노란색이 반사하는 각 파장을 보면 붉은색 계통부터 초록색까지 골고루 있고 심지어 적지만 푸른색이 나오는 파장도 존재하고 빛의 흡수율도 붉은색이 가장 많다. 따라서 직관적으로는 주황색 정도로 보여야 할 것 같다. 하지만 이 색은 망막에 의해 노란색으로 인식된다. 이유는 망막의 원추세포가 500과 600nm 사이에서 가장 민감하기 때문이다. 즉, 반사율의 크기와 일치하지 않는다.

빛의 삼원색과 색의 삼원색

둘의 의미가 다르다는 것을 우리는 잘 알고 있다. 즉, 빛의 삼원색은 위에서 설명한 RGB이며 색의 삼원색은 빨파노 CMY이다. 사실 단색의 컬러는 있을 수 없지만, 있다고 가정하고 단색에 가장 가까운 Cyan, Magenta, Yellow를 삼원색으로 하기로 한 것이다(우리는 빨파노인데 서양사람들은 파빨노이다.). 둘의 차이는 광원이냐 물체냐이다. 즉, 빛을 발산하는 광원이냐 아니면 빛을 받아서 반사하는 물체냐 하는 것이다.

둘의 차이는 단색을 각각 보탰을 때 반대로 나타난다. 즉, 빛은 보태면 더 밝아지고 결국 삼원색을 모두 보태면 흰색이 된다. 그리고 반대로 반사하는 물체의 색은 보탤수록 더 어두워지고 삼원색을 다 보태면 검은색이 되는 것이다.

광원의 단색광을 보탤수록 더 밝아지는 이유는 자명하다. 그건 프리즘

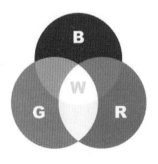
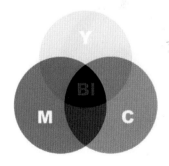

이 태양빛을 스펙트럼으로 나누어 놓은 것을 다시 모두 합치면 원래의 태양빛으로 돌아가듯 각각의 파장을 합치면 우리 눈에는 흰색으로 인식하는 것이다. 하지만 물체에서 나오는 색은 특정 파장을 흡수하고 나머지는 반사하는 과정이므로 각 3원색을 모두 합치면 모든 파장의 색을 흡수하는 결과가 되어 검은색이 되는 것이다. 반대로 흰색으로 보이는 물체는 어떤 파장의 빛도 흡수하지 않고 태양빛을 그대로 돌려보내게 되므로 원래의 색인 흰색으로 보인다.

따라서 염색공장에서 원단을 염색할 때 Black color는 맨 나중에 염색하는 이유가 여기에 있다. 만약 염색이 잘못되어 컬러가 다르게 나오면 다른 색의 염료를 더 보태어 검은색으로는 얼마든지 만들 수 있기 때문이다. 반대로 흰색은 한 번 잘못 나오면 절대로 돌이킬 수가 없게 된다(탈색을 하더라도 완벽한 탈색은 불가능하기 때문이다.).

따라서 색의 삼원색을 모두 보태서 염색을 하면 위에서처럼 이론적으로는 Black이 나와야 한다. 그런데 어떤 물체이든 모든 가시광선의 파장을 100% 흡수하는 것은 불가능하며 일부는 반사한다. 조금이라도 반사하는 색이 있으면 이 물체의 색은 진한 회색이 되어버린다. 잉크젯 컬러 프린터의 색은 CMY의 삼원색 잉크로 되어있는데, 각 물체의 색에 따라 삼원색이 각각 조합을 이루어 수백만 가지 색을 만들어낼 수 있다(이론적으로 256×256×256=16,777,216). 그런데 Black을 찍어야 할 때가 되면 CMY를 모두 합쳐서 만들어야 하는데 이론과 실제의 괴리처럼, 이때 약간의 가시광선이 반사되어 검은색 대신 진한 회색을 만들어낸다. 따라서 컬러 프린터는 이 문제를 해결하기 위해 Black color 잉크를 별도로 준비해야 한다. 이 Black은 삼원색을 섞어서 만든 것이 아닌, 애초에 아무 파장도 흡수하지 않는 까

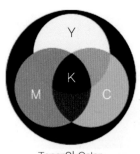

Toner의 Color

베이비부머들의 동복

만 물체(흑체에 가까운)로부터 비롯된 색이므로 까만색으로 나타난다. 그래서 잉크젯 프린터의 잉크는 그림처럼 CMYK의 4색으로 이루어진다.

실제로 염색공장에서 재염을 통해 만들어낸 Black은 균형이 깨지면 어느 쪽이든 3원색 중 한쪽으로 기울어 붉어지거나 푸르게 되는데 이런 현상은 Black을 세탁한 후에도 일어난다. 세 염료 중 어느 하나, 또는 둘이 탈색하여 밸런스가 깨지면 일정 파장을 반사하면서 특정 색이 나타나게 되는 것이다. 베이비부머 세대는 중·고등학교 때 동복으로 까만 T/R 제일합섬 엘리트이나 Polyester 선경 스마트로 된 교복을 입었는데 세탁을 하고 나면 점점 색이 바래 제일합섬에서 나온 T/R원단은 붉게, 선경합섬의 Poly는 푸르게 변해갔다. 선경 원단의 견뢰도가 훨씬 더 나빴다. 당시에는 그런 현상이 불량인지도 모르던 시절이다.

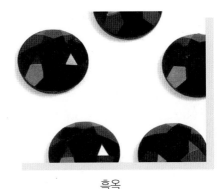

흑옥

이제 답이 저절로 나왔다. 여러 파장의 색이 합쳐져 만들어진 짬뽕의 블랙이 아닌 단색상의 블랙을 Jet Black이라고 한다.

서양 사람들은 왜 알기 쉽게 Pure Black이라는 좋은 이름을 두고 Jet Black이라는 어울리지 않는 이름을 붙였을까? 도대체 세상에서 가장 까만색이 제트 비행기와 무슨 상관이 있는 것일까? 상관이 있다. Jet는 원래 흑옥 黑玉이라는 광석의 이름이다. 아주 새까맣다. Colorist들이 이 이름을 지을 당시에는 Jet 비행기가 아직 발명되지 않을 때이다.

세상에서 가장 까만색은 Vanta black이라는 나노물질이다. 영국의 Surrey Nanosystem가 제조한 Vanta black은 99.96%라는 경이로운 빛 흡수율을 기록하여 기존에 가장 검은 물질이었던 CNT Carbon Nano Tube로 제조한 SWNT Forest라는 카본 나노 튜브를 물리치고 세상에서 가장 검은 물질로 등극하게 되었다. SWNT Forest의 빛 흡수율은 99.95%였다. 이 물질은 검은색으로 보이는 게 아니라 마치 구멍이 뚫려있는 듯이 보인다. Vanta black은 접어도 구분이 가지 않는다. 어떤 것을 접으면 그림자 때문에 접혔다는 것을 알 수 있는데, 밴타블랙은 그림자조차도 이보다 더 검을 수 없기 때문이다. 원단에서 가장 까만색은 어떤 것일까? 그것은 Velvet이다. Velvet은 솟아나온 Pile이 빛의 반사를 방해하여 매우 까맣게 보인다.

Moire는 왜 생기는가?

　무아레는 왜 생기는 것일까? 그것은 파동의 간섭 때문이다. 간섭은 일정한 주파수를 가진 모든 파동에서 발생한다. 파동에서 비슷한 주파수가 부딪혔을 때 두 파동의 산과 산이 만나면 그 주파수는 2배로 커진다. 반대로 골과 산이 만나면 상쇄되어 없어져 버린다. 이렇게 해서 물결무늬가 생겨나는 것이다.

　2011년 여름, LE에 50만y를 판매한 주력 아이템 중 하나인 미국 시장용 저가 버전 Polyester fake memory 원단을 봉제하는 Y 무역에서 다급한 연락이 왔다. 원단 전체에서 무아레가 발생했다는 것이다.

　평소에도 나일론이나 폴리에스터의 평직물에 가끔 무아레가 나타나고는 했다. 이건 상당히 심각했다. 일부가 아닌 전체에 그리고 상당히 선명하게 나타났다. 그대로는 도저히 원단을 쓸 수 없는 상태임이 분명했다. 나는 공장 담당자에게 격한 비난을 쏟아 부었다. 어떻게 저토록 심한 무아레가 있는 원단을 출고할 수 있느냐? 그런데 담당의 대답은 놀라운 것이었다. 출고할 때는 결코 저런 상태가 아니었다는 것이었다. 담당은 분명히 깨끗한 물건을 선적했다고 주장하였다.

　대체 이 무아레는 왜 생겼을까? 지금까지의 단서를 살펴보면 다음과 같다.

실제로 나타난 무아레

- 화섬에만 생긴다. 면에서는 저런 걸 본적이 없었다.
- 평직에만 생긴다. 주로 다후다 같은 평직물에 발생한다.
- 처음에는 없다가 나중에 발생된다. 즉, 시간과 관계가 있다.
- Rolling된 원단에서 주로 발생된다. 즉, Folding된 원단에서는 생기지 않는다.
- Rolling시의 장력과 관계가 있다. 장력이 강하면 잘 발생된다.
- Chalk mark와 관련이 있다. 초크 마크가 잘 생기는 원단에 무아레가 자주 발생된다.
- Roll을 떨어뜨리면 생긴다고 한다. 좀 황당하게 들리는 진술이다.

이 희한한 현상의 정체는 바로 Moire라고 하는 무늬이다.

중국에서 수입한 Silk 원단에서 이런 형태의 물결무늬가 자주 발견되어 프랑스 사람들이 붙인 이름이다. 그런데 무아레는 왜 생기는 것일까? 그것은 파동의 간섭 때문이다. 간섭은 일정한 주파수를 가진 모든 파동에서 발생한다. 파동에서 비슷한 주파수가 부딪혔을 때 두 파동의 산과 산이 만나면 그 주파수는 2배로 커진다. 반대로 골과 산이 만나면 상쇄되어 없어져 버린다. 이렇게 해서 물결무늬가 생겨나는 것이다. 물가에 서서 돌을 던져 파문을 만들어 보자. 그리고 그 옆에 다시 비슷한 파문을 일으켜서 두 파문이 부딪히게 만들면 두 파동은 부딪히면서 간섭현상을 일으켜 무아레를 발생시킨다. 소리도 파동이기 때문에 한쪽에서 종을 울리면서 바로 옆에서 또 다른 종을 울리면 음파가 중첩과 소멸현상을 일으키면서 와우와우 하는 소리가 들린다. 그것이 바로 소리로 들을 수 있는 무아레이다. 에밀레종에서 '웅웅' 하는 신비한 소리가 나는 것도 같은 현상을 이용한 것이다. 먼저 친 종소리가 밖으로 빠져 나가지 못하고 종 안을 돌아다니다가 나중에 친 종소리와 간섭을 일으켜서 만들어낸 소리이다. 기타를 만져본 사람들은 잘 알겠지만 기타 줄을 Tuning할 때도 이런 현상을 이용한다. 두 개의 기타 줄을 튕겼는데, 만약 두 줄의 진동수가 다르면 '웅웅' 하는 소리가 들린다. 그것이 공명이다. 그 소리를 들으며 기타 줄을 죄거나 풀면서 그런 소리가 나지 않도록 조정하면 소리가 없어지면서 기타 줄의 진동수는 같아지게 된다. 우리가 디지털 카메라로 줄무늬의 옷을 입은 사람의 사진을 찍으면 나중에 인화했을 때 옷 위로 무아레가 나타나는 것을 볼 수 있다. 이것도 카메라가 갖고 있는 어쩔 수 없는 취약점이다. 빛도 파동의 일종이기 때문이다. 이 현상은 회절과 함께 빛이 바로 파동이라는 사실을 증명한 현상 중의 하나이다. 물론 오늘날 빛은 파동으로도 또는 입자로도 행동한다는 사실이 알려져 있다. 사실 무아레는 스크린에 생기는 것이 아니고 망막이 만들어낸 착시요 허상이다. 눈이 대뇌피질로 보내는 정보가 잘못 입력되어서 생기는 일이다. 따라서 이런 현상이 보이는 사람의 눈은 지극히 정상이다.

그런데 간섭은 두 가지의 파동이 만나야 생긴다고 했는데 일부 원단에서는 어떻게 무아레가 생기는 걸까? 그것은 줄무늬 Pattern과 원단 자체의 경사 줄이 중첩되어 간섭을 일으켰기 때문이다. 줄무늬의 간격과 원단 경사의 간격이 각각 파동으로 작용하여 간섭현상을 일으킨 것이다. 이런 현상을 이용해서 만든 물건이 우리가 매일 사용하고 있는 덴시미터 Densimeter이다. 덴시미터의 간격과 원사의 간격이 일치하면 그 부분에서 또는 2배나 3배가 되는 지점에서 간섭을 일으켜 무아레가 발생한다.

지금 당장 시험해 볼 수 있다. 지금 데스크 앞에 놓인 모니터는 눈에는 잘 보이지 않지만 미세하고 가느다란 화소를 구성하는 경사 줄이 있다. 이제 화면 앞에 바짝 덴시미터를 대 보자. 어느 부분에 물결 모양의 무아레가 생기는 것을 볼 수 있을 것이다. 덴시미터가 없으면 빗이라도 대 보자. TV에서도 똑같은 현상을 볼 수 있다.

결국, 무아레가 생기는 원리는 두 개의 격자무늬가 중첩되어 발생하는 빛의 간섭 때문이다. 이로써 원래보다 더 큰 주기를 갖는 물결무늬가 생

긴다. 이것은 마치 파장의 중첩으로 인해 사이렌 소리가 왜곡되어 들리는 도플러 효과와 비슷하다. 호수에 던져진 두 개의 돌로 인한 파동이 만나도 마찬가지 현상이 생긴다.

그런데 문제는 무아레의 정의가 '두 개의 격자무늬'를 전제로 한다는 것이다. 원단에 Densimeter를 대면 같은 밀도 부분에서 무아레가 생긴다. 이 역시 2개의 격자가 만나야 한다. 그런데 이 경우는 오로지 한 개의 격자밖에 없다는 것이 특이하다.

결국 그렇다면 우리가 보는 이 원단은 원래의 경사나 위사라는 격자 말고 또 다른 제3의 격자가 존재해야 한다. 그것이 경사 또는 위사와 중첩을 일으키고 있는 것이다. 나는 단서들을 살펴보고 있다가 문득 그 제3의 격자는 바로 원단 위에 발생한 마찰로 인한 약한 Cire일지도 모른다는 생각이 들었다. 그 설명이 위에 나온 단서들을 모두 만족시키는 단 하나의 결과이다.

롤링된 원단은 롤의 지름이 한 번 지나갈 때마다 한 번씩 만난다. 만약 어떤 이유로 인하여 만나는 두 원단에 마찰이 발생하면 더구나 손톱으로도 초크 마크가 생길 정도로 마찰에 약한 원단이라면 롤 안에서 원단끼리의 마찰로 줄무늬가 생길 충분한 개연성이 있는 것이다.

마찰이나 열로 발생하는 광택 효과는 대개 화섬에만 생긴다. 이유는 장섬유인 화섬이 표면을 평활하게 만들기 쉽기 때문이며 열가소성 때문에 원 상태로 복구되기 어렵다는 점이다. 만약 초크 마크가 쉽게 생기는 화섬이라면 롤링 후 겹쳐지는 원단 간의 마찰로 인하여 원단 위에 위사나 경사 밀도 그대로 Cire 줄무늬가 생기며, 그것이 원래의 위사 밀도와 중첩되어 무아레로 나타나는 것이다.

　만약 이 이론이 성립한다면 무아레는 표면의 줄무늬 Cire를 없애주면 자연스럽게 사라질 것이다.

　그렇다면 표면의 줄무늬 Cire를 어떻게 하면 없앨 수 있을까? 원단에 약한 Cire 또는 냉Cire를 해주면 된다. 그 사실을 미리 확인하려면 다림질을 해보면 된다. 실제로 Cire를 다시 하기 어려운 봉제공장의 라인 위에서는 스팀다리미가 가장 효과적인 해결책이 될 것이다.

Nylon에 들어가는 6의 정체

중합이란 단위체가 2개 이상 결합하여 큰 분자량의 화합물이 되는 일. 동일 분자를 2개 이상 결합하여 분자량이 큰 화합물을 생성하는 반응이다. 중합에 의하여 생성된 화합물을 중합체 또는 Polymer 고분자라고 한다.

- 네이버 지식백과 -

고분자라는 것이 대체 무엇인가?

합섬 원단들 앞에 붙는 'Poly'는 무슨 의미일까? 별로 재미있는 주제는 아니지만 마음에 걸리는 그 단어들 때문에 꺼림직했던 MR들을 위해 숙원사업 차원으로 몇 가지 골 아픈 단어들을 정리해 보기로 하겠다. 얘기를 전개하다 보니 화학식이 등장하고 골치 아프게 생긴 단어들도 나온다. 하지만 그것들은 패션 비즈니스를 하고 있는 한, 바이어들은 다 알고 있는 기본지식이며 따라서 담당자들도 반드시 알고 있어야 할 필수 단어들이다. 피하지 말고 용감하게 부딪히기 바란다.

물질의 최소 단위를 이루는 원자가 모여서 된 분자는 크기에 따라 분자량이 1,000 이하이면 저분자, 그 10배 크기인 10,000 이상이면 고분자라고 한다. 가장 작은 분자인 H_2 수소분자의 분자량은 2이다. 자연계에서 가장 무거운 원소인 U_{238} 우라늄의 원자량은 238이다. 그런데 우라늄의 동위원소인 U_{235} 원자량 235는 무시무시한 핵폭탄의 원료가 된다. 개개의 분자들은 작지만 그것들이 결합하면 큰 분자가 된다. 따라서 사실상 살아있는 모든 유기체는 여러 분자들이 결합되어 형성되었으므로 천연 고분자이다.

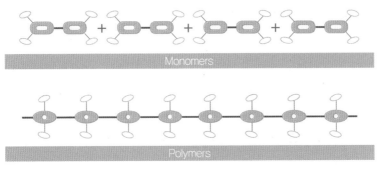

중합(Polymerization)

우리가 접하고 있는 대개의 합성섬유들은 사람이 만든, 즉 '인공' 고분자이다. 그런 인공 고분자 Polymer는 '單量體 단량체'라고 부르는 'Monomer'라는 작은 분자를 수백에서 수천씩 결합하여 만든다. 이와 같이 한 개의 분자인 Monomer들이 결합하여 다수의 분자인 Polymer가 되는 과정을 중합 Polymerization이라고 한다.

위의 그림을 참조하면 된다. 이로써 'Poly'라는 개념을 확실하게 이해할 수 있게 되었다. 이런 식으로 중합과정을 거친 고분자는 모두 다 'Poly'라는 접두사가 앞에 붙게 된다. 나일론도 폴리아미드 Polyamid의 한 종류이고 폴리에스터 Polyester는 에스테르 Ester를 중합한 고분자라는 것을 이름만 봐도 이해할 수 있을 것이다. 아크릴도 폴리아크릴로니트릴 Polyacrylonitrile이라는 긴 이름으로부터 나왔다.

일부에서는 지금은 식상해버린 이름인 Nylon을 새로운 소재인 것처럼 보이게 하기 위해 또는 Nylon이라는 싸구려 이미지를 불식시키기 위해, 화학명인 'Polyamide'라고 부르기도 하는데 이는 Amide기가 중합되어 고분자가 되었다는 뜻으로, Nylon을 이렇게 부를 수도 있으며 FTC의 Generic Term으로 등록된 이름이다. 흔해 빠진 물을 '일산화이수소'라고 부를 수 있는 것과 마찬가지이다. 마케팅의 일환이지만 엄밀히 말하면 사기라고도 할 수 있다.

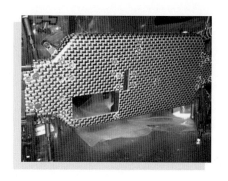
케블라

사실 제대로 따지자면 원래 '폴리아미드=나일론'의 등식은 성립하지 않는다. 왜냐하면 폴리아미드 중 주로 '지방족' Monomer로 이루어진 것만을 Nylon이라고 부르며 아미드기 중 최소한 85% 이상이 직접 '방향족'기와 연결된 Polyamide는 'Aramid' 아라미드라고 부르는 아주 비싼 고강도 고탄성 섬유가 된다. 대표적인 아라미드 섬유는 그 유명한 방탄복 제조에 쓰이는 DuPont에서 만든 '케블라' Kevlar가 있고 불에 타지 않는 방염원단인 'Nomex'가 유명하다. 케블라는 하키 스케이트나 인라인 스케이트처럼 극도의 내마모성이 필요한 용도로도 널리 쓰이는데 가격은 상상을 초월할 정도로 비싸다. 케블라는 일반 나일론에 비해 강도는 4배(20g/d), 탄성률은 10배에서 20배까지도 나온다(500g/d). 몇 가지 골치 아픈 단어들을 풀기 위해 여기까지 왔는데 더 어려운 단어들이 쏟아져 나왔다. 하지만 여기까지 온 거, 이해를 돕기 위해 간단하게나마 그것들을 해결하고 지나가겠다. '지방족'이 뭐냐? 그리고 '방향족'은 또 뭘까?

'지방족'은 단일 결합된 탄화수소(탄소와 수소로 된 물질)로 '메탄', '에탄', '부탄', '프로판' 같은 것이다. 대개 부엌에서 연료로 쓰이는 것들이다. 방향족은 탄소가 6각형으로 결합된 탄화수소로 대개는 사람 몸에 좋지 않다고 알려진 '벤젠'이나 '나프탈렌', '페놀', '다이옥신' 등과 같은 물질이다.

탄소가 들어간 물질을 유기물이라고 한다. 탄화수소란 탄소와 수소가 결합된 물질을 말한다. 사람도 탄화수소의 화합물이다. 하지만 둘 다 에너지원인 포도당과 친척 간인 것들이다. 석유와 같은 종류라고 생각하면 된다.

Nylon은 DuPont이 처음 발명한 고분자이다. 이것은 세계 최초의 합성섬유이기도 하다. DuPont은 좋은 일을 참 많이 한 회사이다(물론 자신의 이익을 위해서지만). '갑상선 기능항진증'으로 몸 상태도 별로 좋지 않던 까칠한 캐러더스 Carothers를 하버드에서 끌어내어 연구실에 처박아 기적을 만들어 낸 것이다. 불쌍한 캐러더스는 나일론의 발표 후, 돈방석 대신에 모텔에서 청산가리를 탄

Carothers 박사

오렌지 주스를 마시고 자살한다. 덕분에 DuPont은 그에게 거액을 주지 않아도 되었다. 물론 토머스 미즐리를 시켜 냉장고에 들어가는 프레온 가스를 만들어 오존층을 파괴한 주범이기도 하지만 섬유 역사상 중요한 발명을 가장 많이 한 회사이다.

Nylon은 여러 종류가 있으며 그 중 최초로 상업화된 것이 인류가 개발한 최초의 진정한 의미에서의 합성섬유인 Nylon 66이다.

'DuPont'의 Carothers는 1935년(특허등록 기준) 2가지 Monomer를 결합하여 이른바 Nylon 66을 만들었다. 이는 두 개의 카르복실산인 아디프산 Adipic acid과 두 개의 아민기를 가진 헥사메틸렌디아민 Hexa–methylene di-amine을 반응시킨 경우이다. 메틸아민은 3개가 되면 생선이 부패하면서 만들어지는, 냄새가 지독한 화합물이 된다. 따라서 싱싱한 생선에서는 절대로 비린내가 나지 않는다. 생선 비린내는 바로 이 아민화합물의 냄새이다. 쉽게 말하면 미숫가루에 우유를 탄 물질을 굳힌 것이라고 이해하면 된다. 즉, 헥메-아딥산-헥메-아딥산-헥메-아딥산……… 하는 식으로 연결을 하여 인공의 고분자를 만들어 낸 것이다. 다음의 그림을 참조하면 훨씬 더 이해가 쉬울 것이다.

이렇게 두 가지 다른 Monomer를 결합시킨 경우를 Nylon mn이라고 부른다. 그런데 이후 독일에서 개발한 Nylon 6은 위의 고분자와 달리 앞에

Adipic acid   Hexamethylene diamine

Nylon 6,6

서 얘기한 두 가지, '카르복실산'과 '디아민'을 동시에 가진 Monomer인 카프로락탐 Caprolactam이라는 한 가지 화합물을 사용했으며, 하나의 Monomer로 생성되었다 해서 Nylon m이라 부른 것이다. 따라서 이 고분자는 카탐-카탐-카탐-카탐-······하는 식으로 되어 있다.

따라서 m과 n은 각각 Monomer의 탄소 수를 나타낸다.

무슨 개뼈다귀 같은 소리냐?(실제로 이런 표현을 한 사람이 있다.) 아디프산에도 6개의 탄소가 들어 있고 길디 긴 이름을 가진 헥사메틸렌디아민에도 6개의 탄소가 들어갔기 때문에 66이라는 것이다. 공교롭게도 카프로락탐에도 탄소가 6개 들어갔다. 그래서 Nylon 6가 된 것이다.

Caprolactam이 공업적으로 쉽게 생산될 수 있다는 점과 Monomer가 하나만 있어도 된다는 유리한 점 때문에 시중에 주로 유통되고 있는 것은 Nylon 6이다. Nylon 6은 1937년 유럽에서 Schlack 슈렉(그 유명한 초록색 괴물인 슈렉은 아니다.)이 개발하였고 상품명을 Perlon L이라고 명명하였다.

Nylon 6은 비중이 1.14로 가벼우면서 강도가 크고(4.5g/d) 내마모성과 탄성이 우수하다. 합섬 중에서는 수분율도 3.5~5% 정도로 큰 편이며 산성염료와 친화력이 있어서 산성염료나 분산염료로 염색할 수 있다. 그밖에 내화학약품성, 내항균성, 전기절연성이 있어서 산업용으로도 널리 쓰인다(Nylon과 단백질 섬유인 Wool은 전혀 다른 물질인 것 같아도 같은 아민기를

가졌다는 공통점을 갖고 있어서 같은 종류의 염료로 염색된
다는 사실이 신기하다.). 용도에 따라서 고강력사도 만
들 수 있는데 평소의 2배의 강도로 만들 수도 있다.

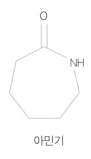

아민기

두 Nylon의 차이점은 66 쪽의 융점이 260도로 220
도인 6보다 높기 때문에 고온에서 열처리가 가능하
고 열고정성이 우수해 가연사의 경우 신축성이 좋다
는 장점이 있다. 이 장점을 이용해 여성의 스타킹을
만든다. 이외 별도로 둘 사이의 차이점을 소비자 수준으로 알 수 있는 성
질은 없으며, 특히 외관도 똑같지만 DuPont에서는 Hand feel이 다르다고
주장한다. 나는 도저히 확인할 수 없는 차이였다. 따라서 둘을 실험실에
서 분류하려면 고온에 노출시키면 된다. 먼저 녹는 쪽이 6이 된다.

세계적으로 나일론 섬유 시장은 크게 이 Nylon 66과 Nylon 6으로 반분
되어 있는데 전체적으로는 66이 약 40%를 점하고 있다. 국내에서는 효성
과 코오롱이 Nylon 66 중합체를 생산할 수 있는 설비를 갖추고 있다. 하
지만 국내 주 생산품은 Nylon 6이다.

특히 DuPont에서 개발한 'Taslan'(Nylon을 천연섬유와 비슷한 Hand feel과
온기를 갖출 수 있게 연신한 ATY 원사를 사용한 Nylon의 획기적인 발명품)을 '
Tactel'이라고 부른다. 그 이후 개발된 새로운 버전의 'Supplex'가 있으며
둘 다 2불이 넘는 고가이다. 우리나라에 비해 대만에서는 Nylon 66이 많
이 생산되고 있으며 가격도 그다지 차이 나지 않는다. 일반 Taslan의 경
우 대폭이 USD 1.20~1.40 정도이다. 최근의 의류용으로는 마케팅 면에서
강한 DuPont의 영향으로 상대적으로 Hand feel이 우수하다고 주장하는
바에 따라 66이 많이 쓰이며 차별화를 위해 Semi dull이나 Bright보다는
Full dull이 대세이다. 참고로 기타의 Nylon mn은 Nylon 46, 610, 612 등이
있고 Nylon n은 7, 12, 11 등이 있으며 모두 실제로 상업화된 것들이다.

pH가 무엇이냐?

Jones에서 다음과 같은 메일이 왔다.

Jones Apparel Group have established requirement / standard for pH value 5.5~7.5 for all the white natural fibers.

존스어패럴 소재의 모든 흰색 천연섬유의 pH는 5.5~7.5 사이가 표준이다.

pH가 뭘까? pH는 '산성도'를 나타내는 지수이다. 어렵게 말해서 수소이온의 농도를 말한다. 더 정확하게 얘기하자면 용액 1L에 녹아있는 수소이온의 그램 수이다. 수소이온이란 수소가 플러스의 전기를 띠고 녹아있는 것을 말한다. 이렇게 쓴다. H^+

논란이 있지만 pH는 Power of Hydrogen을 의미한다고 한다. P는 반드시 소문자 H는 대문자로 써야 한다(독일어이므로 '페하'라고 읽어야 한다.).

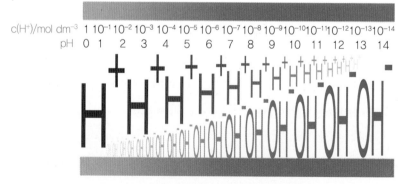

수소이온 농도와 수산이온의 농도

예를 한번 들어보자.

플러스 극성을 띤 수소이온이 마이너스 전기를 띤 Cl⁻ 염소와 만나면 HCl, 즉 염산이 된다. 수소이온 농도가 많으면 많을수록 그 액체는 산성을 띠고 적을수록 알칼리성을 띠게 되는 것이라고 규정한다. 반대는 수산이온의 농도이다. 그리고 이를 숫자로 나타낸 것이 pH이다. 여기서 pH의 범위는 1에서 14까지이다. 그래서 7이 되면 산성도 알칼리성도 아닌 중성이 되고 따라서 순수한 물의 pH는 7이 되는 것이다. 그런데 pH의 숫자가 의미하는 것은 로그함수이다. 난데없이 튀어나오는 그리운 수학에 주눅들 필요 없다. 절대로 어려운 개념이 아니다. 로그함수는 지수함수의 역함수이고 지수란 제곱을 말한다. 즉, 로그는 제곱근이다. 숫자의 오른쪽 머리 위에 붙는 작은 숫자. 10^2은 100, 10^3은 1,000이다. 즉, pH가 7이면 수소이온 농도가 10^{-7}을 의미한다. 즉, 0.0000001이다. 따라서 pH가 5라면 7보다 산성도가 100배 높다. 오렌지 주스의 pH가 2이다. 식초는 3 정도이다. 이것이 의미하는 바는 오렌지 주스가 식초보다도 10배나 산성도가 강하다는 말이다.

살아 숨쉬는 사람의 pH는 어떻게 될까? 살아있는 생물체의 pH는 끊임없이 조절된다. 우리가 크게 잘못 알고 있는 상식 중 하나가 '산성 체질은 나쁘고 알칼리성 체질은 좋은 것이다.' 라는 것이다. 결론부터 말해서 인간을 산성과 알칼리성으로 구분한다는 것 자체가 말이 안 되는 비과학이며 의학적 근거가 전혀 없다. 이건 누군가 약을 팔기

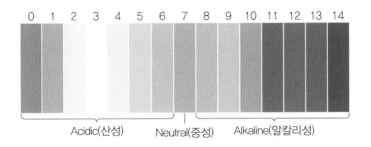

pH 미터로 물의 산성도를 측정하고 있다.

위해 지어낸 이야기일 뿐이다.

인체는 생리적으로 평균 pH가 중성인 7.4로 정밀하게 유지되고 있어서 알칼리성이나 산성 체질이 따로 있을 수 없다. 만약 그렇다면 그건 정상이 아닌 것이다. 인체의 pH를 조절하는 곳이 바로 신장이다. 신장이 혈액 속의 pH를 감시해 항상 전체적으로 7.4 정도로 유지할 수 있도록 조절한다. 그렇기 때문에 식초를 먹는다고 해서 몸이 갑자기 산성이 되는 일은 없다. 콩팥이 정상이라면 바로 조절에 들어가기 때문이다. 따라서 산성 식품은 몸에 나쁘고 알칼리성은 좋다는 말은 근거가 전혀 없다.

그렇다면 우리 몸에 잘 맞는다는 TV에서 광고하는 pH 5.5인 화장품은 어떻게 된 걸까?

인체는 비록 전체적으로 중성을 유지하고 있지만(엄밀히 말하면 약알칼리) 피부는 다르다. 피부는 외부의 더러움과 자극으로부터 인체를 보호해야 하는 1차 방어벽 역할을 하기 때문에 산성을 띤다. 박테리아들은 대개 산에 약하기 때문이다. 그래서 피부의 pH는 약산성인 5.5를 유지하고 있다. 마찬가지로 위 속의 pH는 1이다. 그곳이 인체를 방어할 수 있는 마지막 장벽에 해당하기 때문이다.

그런데 소위 말하는 산성비라고 하는 것은 pH가 5.6 정도인 상태이다. 그것은 빗물 속에 녹아 들어갈 수 있는 최대한의 이산화탄소 농도 때문이다. 빗물에는 이산화탄소가 녹아있다. 사이다에 녹아있는 탄산과 마찬가지다. 탄산이기 때문에 당연히 산성을 띤다. pH가 5.6 이하로 내려가면 그것이 산성비가 된다. 대기에 이산화탄소가 많아지면 비가 산성으로 변할 것이다. 이런 빗물 속의 탄산이 나중에 지상으로 내려와서 지상의 암석 위에 존재하는 칼슘이나 마그네슘과 결합하여 물속에 녹아있으면 우리는 이런 물을 비누가 잘 풀리지 않는 경수라고 한다.

염색을 할 때는 pH가 어떤 영향을 미치게 될까? 염색할 때 pH는 매우 중요한 인자가 된다. pH에 따라 염료의 확산속도가 1,000배, 10,000배씩이나 달라지기 때문이다. 천 배, 만 배라니 놀랍지 않은가?

예를 들어보겠다.

면의 반응성 염색과 같은 경우는 pH가 10~12인 상태에서 염색한다. 즉, 알칼리 상태에서 염색을 한다는 말이다. 이것은 pH가 7인 중성인 때보다 반응속도가 무려 10만 배나 빠르다는 것을 의미한다. 물론 염색 후의 원단은 반드시 중성을 유지해야 할 것이다. 원단이 지나치게 산성이거나 알칼리성이 되면 인체의 악영향을 떠나 그 원단을 취화시키게 되므로 반드시 중화해야 한다.

이제는 Jones에서 얘기하는 5.5에서 7.5까지의 범위가 이해가 될 것이다.

pH가 5.5 미만이면 산성비의 수준으로 되는 것이고, 7.4를 넘으면 인체의 pH 수준을 넘는 것이므로 안 된다고 하는 것이다. 그럼 왜 하필이면 Jones에서는 White color에 국한하여 얘기하는 것일까? 면직물을 비롯한 천연섬유들은 지나치게 알칼리성이거나 산성이 되면 황변할 우려가 있다. 누렇게 된다는 것이다. Jones는 바로 그점을 우려하고 있다.

스펙트로포토미터에 대하여

색이란 광원으로부터 발생한 전자복사파 중, 사람의 눈이 인지할 수 있는 400~700 나노미터의 파장을 가진 가시광선을 특정한 물체가 반사한 색 또는 흡수한 색의 보색을 인간의 대뇌피질이 인식한 결과이다.

간결하고 명쾌한 정의지만 쉽게 이해되기는 어려울 것 같다.

태양광선에는 여러 종류의 전자복사파가 있는데 가시광선을 제외한 자외선, 적외선, X선 그리고 감마선 등은 우리 눈으로 볼 수 없다. 눈은 매우 한정된 영역만 볼 수 있다. 뱀이 적외선 영역을 볼 수 있다는 사실은 잘 알려져 있다. 살아있는 생물은 예외 없이 몸에서 적외선을 발산하므로 깜깜한 밤에는 뱀을 만나지 않기를 기도하는 것이 좋다. 꿀벌은 놀랍게도 자외선을 볼 수 있다.

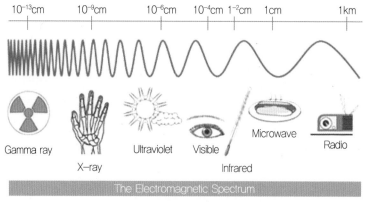

태양전자복사파의 구성

색은 어떤 물체에 반사되어 눈에 들어와 망막에 있는 700만 개의 원추세포가 각 색의 파장을 감지한 신호를 대뇌피질로 보내어 인식한 결과로 나타난다. 모든 사람이 가지고 있는 원추세포나 간상세포의 구성은 사람마다 다르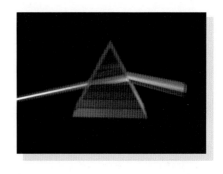
기 때문에 같은 색을 보더라도 똑같은 색으로 인지하기는 힘들다. 따라서 색은 느낌이고 매우 주관적인 개념이라고 할 수 있다. 결국 아날로그에 속한다고 할 수 있는 것이다.

따라서 이런 아날로그적인 요소를 디지털화하여 객관적인 데이터로 만들면 바이어가 구현하고자 하는 색의 Variance를 줄이고 컬러리스트마다 가지고 있는 통일되기 어려운 색의 판별에 대한 기준을 최소화할 수 있다는 생각을 가지게 된 것은 극히 당연한 착상이라고 하겠다. 또 컬러를 Approve할 때마다 색차의 허용한계가 명확하지 않아 벌어지는 수많은 혼란도 잠재울 수 있다. 매번 컬러를 보고 판정하는 번거로운 절차를 생략할 수 있어서 절약할 수 있는 비용과 시간의 절감은 보너스이다.

그렇지만 도대체 어떻게 아날로그인 색을 숫자로 나타낼 수 있다는 것일까?

인간의 능력은 끝이 없는 것 같다. 하지만 이 일은 어렵기도 하고 동시에 간단하기도 하다. 모든 색상은 여러 색의 조합으로 이루어져 있다. 즉, 단일 색상은 존재하기 어렵다. 색의 삼원색인 시안 Cyan이나 마젠타 Magenta 일지라도 다른 색이 조금은 섞여있기 때문이다. 즉, 모든 색은 삼원색이 얼마간이라도 섞여서 구성되어 있다는 것이다. 모든 출력된 색들은 각자 고유의 삼원색 비율을 가지며 그 섞인 색들을 분광이라는 방법으로 분리해낼 수 있고, 그걸 해낼 수 있는 기계가 바로 분광기 Spectrophotometer이다.

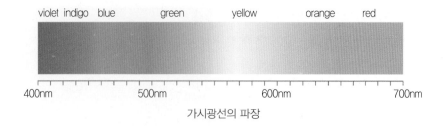

violet indigo blue green yellow orange red

400nm 500nm 600nm 700nm

가시광선의 파장

Spectrophotometer는 어떤 물체가 약 10도의 시야각(이른바 얼짱 각도)으로 반사하는 색을 잡아서 분광한 다음, 그 결과를 숫자로 보여준다. 따라서 특정한 색을 숫자화할 수 있다. 사람이 보는 색은 해당 물체에서 반사하는 색이기 때문이다. 방법은 가시광선의 영역인 400~700나노미터 사이에 10나노미터씩 반사율을 확인하는 것이다. 이를테면 빨간색은 400~600나노미터의 영역에서는 아주 낮은 반사율을 보이지만 700 부근에서는 급격하게 높은 반사율을 나타낸다. 그런 식으로 일정 색을 각각의 색이 섞인 숫자로 나타낼 수 있다. 여기에 명도나 채도까지 반영하면 실제 색과 제법 근접한 데이터가 만들어진다.

우리가 필요한 것은 색차의 객관화이다. 오리지널과 Lab dip 또는 Approved된 Lab dip과 Bulk를 인간의 눈으로 비교하는 일은 너무도 주관적이기 때문에 많은 혼란과 분쟁이 따르지만 수치화된 색차는 바이어와 Mill 쌍방에게 객관적인 자료를 제공함으로써 분규를 잠재울 수 있다.

색은 3차원의 방향성을 가진다. Green과 Red 계열에서 어느 쪽으로 치우치는지에 대한 데이터와 Blue와 Yellow 사이에서의 방향성 그리고 마지막으로 Light와 Dark로 구분되는 명암이 그것이다. 이 3가지 정보로 고유의 색을 수치화할 수 있으며 다른 색과의 색차를 계산할 수 있다.

L은 명도 Lightness를 의미하여 순수한 검은색은 0 그리고 순백의 White는 100으로 표시된다. A는 Red와 Green의 방향성을 의미한다. 이 수치는 -30부터 +30까지 범위인데 -30은 완전한 green, +30은 완전한 red 계열이 된다. 즉, 노란색은 +20 정도로 나타난다. B값은 Blue와 Yellow의 방향성

이다. 이 값의 범위는 -40에서 +40으로 나타난다.

이 세 값의 데이터로 모든 컬러의 아이덴티티를 부여할 수 있다. 따라서 각 방향의 차이를 종합하여 단 하나의 수치인 D E Delta E값으로 표현할 수 있는데 Hunter와 CIE의 표준이 약간씩 다르게 나타난다. 최근은 CIE값을 사용하는 것이 일반적이다.

색차를 의미하는 ΔE값은 대략 0부터 10까지 정도로 계수화할 수 있는데 실제로 2 이상은 패션의류에서는 무의미한 숫자가 된다. 너무 먼 색차를 의미하기 때문이다. 예컨대 Gap은 허용되는 ΔE값을 0.8로 정하고 있다. 따라서 0.8 이내로 들어오는 ΔE값은 컬러리스트가 보지 않아도 그대로 Approved가 되는 것이다. 하지만 0.8이 의미하는 것은 매우 근소한 색차이다.

우리는 Grey Scale에 의한 색차에 매우 익숙하므로 ΔE값과 그레이 스케일을 대조한 데이터는 이해를 구하는 데 좋은 지표가 될 것이다. 그레이 스케일에 의한 색차일 때 4~5급은 가장 좋은 등급에 해당한다. 그리고 4급일 때는 Fail이거나 때로는 Marginally⋯⋯라는 꼬리가 붙을 때가 많다. 그런데 4~5급에 해당하는 ΔE값은 0.8이다. 물론 Tolerance가 플러스 마이너스 0.2이긴 하지만 0.5라는 숫자는 그레이 스케일의 4~5급보다 상회하는 정도의 색차임에는 틀림없다. 따라서 ΔE값 0.5라는 기준은 상당히 가혹하다고 볼 수 있다.

문제는 ΔE값이 눈이 인식하는 색차와 항상 동일한 결과를 보여주는가 하는 것이다. 결과가 늘 동일하다면 ΔE값을 신뢰하고 그에 따라 모든 컬러의 판정을 Spectrophotometer에게 위임할 수 있다. 이는 바이어는 물론 Mill에게도 시간과 비용의 절감을 포함하여 상당히 좋은 일이 된다. 하지만 결과치는 가끔, 아니 상당히 자주 돌연변이를 나타낸다. 눈으로 볼 때는 아무런 색차가 없는 데도 때로 2~3 같은 높은 ΔE값을 나타낼 때가 많다는 것이다. 따라서 결과치를 항상 신뢰하기 어렵다.

왜 그런 일이 생길까?

Spectrophotometer가 전자복사파를 받아 분광작업을 할 때 가장 일관성 Continuity 있는 결과치를 얻을 수 있는 조건은 평활한 평면이다. 이유는 일정한 반사각 때문이다. 따라서 매끄러운 플라스틱 표면은 수치에서 높은 일관성을 보여준다. 하지만 표면이 울퉁불퉁하면 반사각이 일정하지 않아 산란이 일어나고 오차가 발생한다. 문제는 모든 원단이, 평직조차도 울퉁불퉁한 표면, 즉 Texture한 표면을 가졌다는 것이다. 따라서 원본은 평직인데 Lab dip은 Twill이나 Satin이라면 같은 염욕에서 같은 조건으로 똑같은 염료로 염색한 원단이라도 ΔE 값을 한계 내에서 맞추기 어려워지는 것이다. 앞뒤가 다른 원단인 경우, 앞뒤에서 다른 결과치가 나오게 되므로 반드시 Face를 지정해줘야 한다. 원단이 코듀로이나 벨벳 또는 자카드나 2tone 염색인 경우는 더 말할 것도 없다. 또 Bright yarn을 쓴 경우도 빛의 반사량이 많아 매우 다른 결과치를 보일 수 있으므로 따로 취급되어야 한다.

심지어는 동일한 원단 내에서도 표면 상태에 따라 다른 결과치가 나올 때가 있다. Spectrophotometer는 습도나 온도에도 민감한 반응을 보이며 빛이 일정량 원단을 투과하면 (반사나 흡수되지 않고) 전혀 엉뚱한 결과를 나타내기도 하므로 원단을 4겹으로 겹쳐서 시험해야 한다. 하지만 그렇다고 하더라도 이런 허술한 대처로 수많은 돌연변이 요인을 제거하기는 역부족이다. 또 렌즈를 4시간마다 순수한 검은색과 흰색에 영점조정하지 않으면 편차가 발생하고 형광염료가 들어간 원단은 자외선으로 인하여 엉뚱한 결과를 보여주기도 한다. 그 외에도 수없이 존재하는 Factor들 때문에 결과치를 그대로 신뢰하기에는 무리인 것이 사실이다.

이러한 문제점은 지금도 끊임없이 개선을 거듭하고 있지만 완전히 신뢰할 만한 결과치를 만들기에는 아직도 많은 기술적인 문제들이 남아있다. 최근에는 디지털 카메라로 사진을 찍은 다음 각 삼원색의 요소가 차지하는 색의 비율%를 따져서 색차를 수치화하는 기계가 연구되고 있으며, 곧 출시를 앞두고 있지만 어느 정도의 Continuity를 보일지는 모른다.

Spectrophotometer는 현재 수십가지 기종이 있고 가격도 천만 원짜리에서부터 1억 원이 넘는 것까

Spectrophotometer

지 종류가 다양하다. 하지만 같은 기종이라도 모델이 다르면 ΔE값이 다르게 나올 수 있으므로 서로 다른 기종이라면 커뮤니케이션이 되기 어렵다.

시스템의 전설 Gap의 경우 측색을 시도하기 전에 이 같이 예상되는 모든 조건을 규격에 맞추기 위해 30분간 Conditioning을 해야 할 정도로 까다롭게 취급한다. 조건을 예민하게 맞추기만 한다면 이론적으로는 이 방식을 어느 정도 신뢰할 수 있을 것이다. 하지만 공장들이 모든 조건들을 완벽하게 맞추기가 쉽지 않고, 다만 한 군데에서만 조건이 미세하게 틀려지더라도 나비 효과 Butterfly Effect로 인해 결과가 엉뚱하게 나와버리는 경우가 많다. 실제로 이 방식을 채택한 모든 바이어들에게서 너무 많은 문제점이 발생하여 이미 7~8년 전에 이 시스템은 폐기되었다. 그들은 ΔE값을 너무 신뢰하여 그 값에 모든 기준을 어거지로 맞추려고 시도하여 많은 충돌을 야기하였으며, 이는 염색공장을 학대하는 시스템으로 변질되고 말았다. 애초에 까다로운 컨디셔닝 조건을, 열악한 시설을 갖추고 있는 염색공장들이 매건 일일이 맞추는 것 자체가 불가능한 일이었기 때문이다. 다만 이 시스템을 눈으로 색차를 계측하는 고전적인 방식과 Combine하여 융통성 있게 운영하면 효율적인 결과를 얻을 수도 있으리라 생각된다.

색 이론

전편에서 대략의 개념정리를 해 보았지만, 워낙 상당한 내용의 물리학·생물학에 대한 이해가 요구되므로 개념정리만도 몇 페이지가 소요되었다. 나는 이 정도에서 어물쩍 넘어가려고 생각했다. 어차피 이해를 구하기 어려운 물리학이나 생물학 개념들이 빈번하게 나오는 데다 사람들이 끔찍하게 싫어하는 수학까지 등장하다 보니 누가 이 개념을 충실히 이해하려고 하겠느냐 하고 속단하게 되었다. 하지만 예상과는 달리 수많은 질문들이 현재까지도 빗발치듯 쇄도하고 있으므로 한 차원 더 수준 높은 디테일에 대한 정리를 하고 넘어갈 수밖에 없게 되었다. 놀라운 과학의 세계에 들어온 것을 환영한다. 조금 어렵다. 각오하고 즐기자.

시각과 색 그리고 광원의 개념

광원(Light Source)

그런데 빛을 만들어내는 광원이 어떤 것이냐에 따라 빛이 조성하는 에너지 분배가 달라지고 (SPD 스펙트럼 에너지 분포) 그에 따라 색이 다르게 나타나므로 광원에 대한 표준이 반드시 필요하다. [광원이야기 참조] 예컨대 Outerwear에 많이 쓰이는 D65 같은 광원은 북유럽 흐린 날 정오의 광원이다. 전 세계의 표준 시간인 GMT가 그렇듯이 이것 또한 런던이 표준일 것이다. A는 백열전구를 기준으로 한 것이다. F2는 형광등 광원 중의 하나이고 F12까지 있다.

물체(Object)

어떤 물체에 광원을 비추면 물체는 특정 파장의 스펙트럼만을 선택적

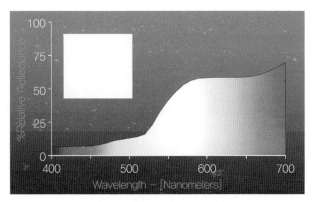

노란색의 구성

으로 흡수하고 나머지는 반사해버리는 성질을 가지고 있다. 그것이 눈에
는 물체 고유의 색으로 나타나게 되는 것이다. 염료 분자가 하는 역할이
그것이다. 예를 들어 노란색 염료는 푸른색 계통의 파장을 흡수하고 노
란색이나 붉은 계열을 반사한다. 그런 특성을 가진 분자를 염료라고 하
는 것이다. 자주 인용되는 다음 그림을 보면 노란색이 반사하는 각 파장

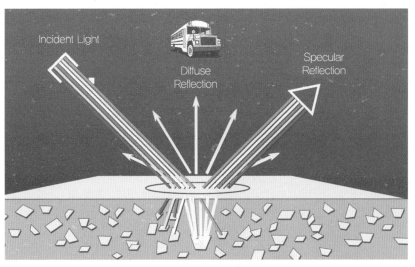

노란색 버스의 입사, 반사, 산란, 정반사

의 색을 알 수 있다. 빨간색과 노란색 계통을 주로 반사하니 주황색이 되어야 하지 않냐고? 그건 우리 눈의 능력 때문인데, 색을 구분하는 눈의 원추세포는 노란색 계통에 더 예민하기 때문이다.

반사된 빛에 대해 좀 더 자세히 얘기하자면 어떤 물체에 입사되어 반사된 빛은 일부는 정반사하고 일부는 분산 Diffuse되는데 정반사되는 빛은 모든 파장의 스펙트럼을 반사하므로 흰색으로 보이며, 매끈한 물체의 광택 나는 부분이 바로 정반사된 흰색이다. 이렇게 반사된 파장의 빛으로부터 각 파장이 얼마나 반사되었는지에 대한 반사율을 측정함으로써 우리는 이 색을 정량화·수치화할 수 있다.

눈

눈은 물체의 표면에서 반사된 파장들을 받아들여 정리한 다음, 뇌로 보내 이미지를 영상화하는 작업을 하는 고도로 복잡한 시스템으로 되어있다. 망막에는 빛을 받아들이는 두 종류의 시각 수용체가 있는데, 하나는 명암을 판단하는 간상세포 (Rod cell, 막대세포라고 했으면 얼마나 좋았을까?) 그리고 다른 하나는 색을 판단하는 원추세포(Cone cell, 실제로 꼬깔콘처럼 생기지는 않았다.)이다. 원추세포는 어두울 때는 작동하지 못하므로 우리는 밤에 색을 분간할 수 없게 된다. 밤에 뭔가를 볼 수 있는 것은 간상세포 덕이다. 원추세포에는 3종류의 수용체가 있는데 빨간색, 초록색 그리고 파란색이다. 인간이 실제로 볼 수 있는 3가지 컬러이다. 각 수용체는 자신의 코드에 맞는 파장의

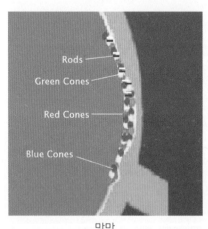

망막

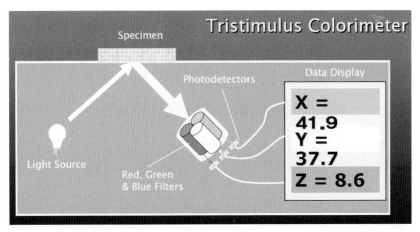

3자극치 컬러미터

빛이 들어오면 즉각 활동하여 망막에서 하나의 완성된 색을 만들어낸다. 이것이 1802년에 영과 헬름홀츠가 주창한 '삼원색설' Trichromatic Theory 이다.

눈의 망막 조직에는 빨강, 초록, 파랑의 색각세포가 있고 색광을 감지하는 분광감도(分光感度) 시신경 섬유가 있어 이 세포들의 혼합이 시신경을 통해 뇌에 전달됨으로써 색 지각을 할 수 있다는 가설. 영국의 영(Young)과 독일의 헬름홀츠(Helmholtz)가 주장한 가설로, 즉 세 가지 색의 조합으로 모든 색을 만들어 낼 수 있으며, 망막에 있는 세 가지(R, G, B) 색각세포와 세 가지 종류의 신경선의 흥분과 혼합에 의해 다양한 색이 발생한다는 것이다.
영-헬름홀츠의 삼원색설[trichromatic theory] (색채용어사전, 2007., 도서출판 예림)

눈의 각 수용체가 받아들이는 R, G, B 각 파장의 양의 측정하기 위해 2도의 시야각을 가진 가느다란 틈 Slit을 통하여 투영된 색을 보고 각 파장의 정도를 정량화 Quantify할 수 있다. 그것이 x, y, z의 값으로 나타나는 것이다. xyz는 각각 RGB의 값을 나타낸다. 이것을 CIE 2도 Colorimetric

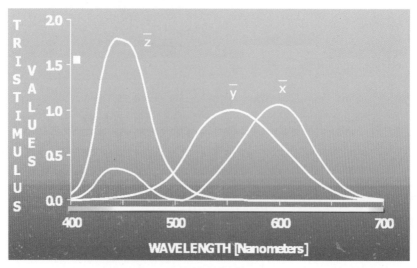

파장별 눈의 3자극치

standard라고 하고 각 xyz의 값을 3자극치 Tristimulus value라고 한다. 여기서 CIE는 국제조명기구 International Commission on Illumination이다. 이 스탠더드는 1931년에 만들어졌는데 인간의 원추세포가 망막의 중심와(황반)에만 있다고 생각한 2도 Slit에 문제가 있음이 밝혀져 1964년에 이를 10도로 교정한 새로운 정의가 나오게 된다(그림 참조).

이로써 지극히 주관적이고 아날로그적인 특정 색깔을 수치로 정량화하여 객관적인 고유의 아이덴티티로 나타낼 수 있는 방법이 고안되었다. 예컨대 어떤 색이 x=41.9, y=37.7, z=8.6이라는 값이 주어졌다면 이 수치가 의미하는 것은 대략 이 컬러가 노란색이라는 것이라는 것이 된다. 다음의 Tristimulus Colorimeter는 xyz의 값을 다이오드를 통해 전자적으로 나타낼 수 있는 기계이다.

하지만 유감스럽게도 xyz의 값은 이해하기도 힘들 뿐 아니라 조건에 따라 예상치 못한 돌발 변수도 나타나는 등 안정하지 못하다. 따라서 일관성 있게 컬러의 특성과 지오메트리를 정확하게 분석해내지는 못한다.

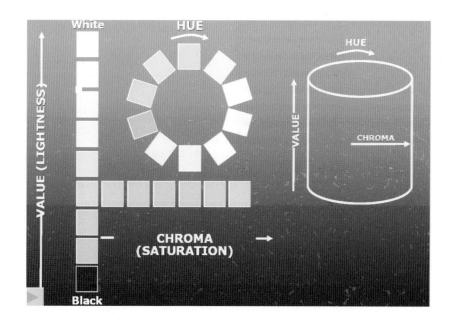

색은 명도나 채도에 따라서 각각 다르게 보이기 때문이다. 결국 보다 명확하고 이해하기 쉬운 데이터가 필요해졌다.

색측(Color Scale)

색의 3요소는 색상 Hue, 명도 Lightness, 채도 Chroma이다. 다음 그림을 참고하자. 색을 정확하게 나타내려면 명도라는 요소가 포함되어야 한다. 그리고 정확한 색상의 측정이 필요한데, 이를 이해하기 위해서는 헤링의 보색이론을 이해해야만 한다.

보색이론

보색이론은 1872년, 독일의 심리학자이자 생리학자인 E. Hering의 이론으로 그는 인간의 망막에 3종의 광화학 물질인 흑백체 White-black substance, 적록체 Red-green substance, 황청체 Yellow-blue substance가 존

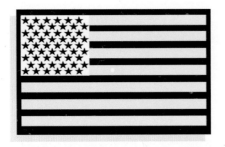

재한다고 가정하고 망막에 빛이 들어올 때 분해와 합성이라고 하는 반대의 반응이 동시에 일어나 그 반응의 비율에 따라 여러 가지 색이 보이는 것이라고 설명하였다. 예를 들어 Red-green substance는 Red광을 받을 때 분해되고 Green광을 받을 때 합성된다는 것이다. 그에 따라 혼색은 이들 물질의 동시분해, 동시합성에 의해 일어나는 것으로 설명하고, 각 물질이 보색 반대색 관계에 있다는 특성에 따라 '보색설'이라고 칭하였다.

그런데 보색설과 삼원색설은 각기 장단점을 갖고 있어서 혼색과 색각 이상 등은 삼원색설로 잘 설명되지만 대비와 잔상 등의 현상은 보색설로만 설명이 가능하다. 1964년 미국의 Edward F. Mc Nichol연구팀에 의해 두 가지 색각 이론을 모두 받아들이는 혼합설이 발표되어 지금까지 널리 인정받고 있다. 혼합설에 따르면 망막의 수용기 수준, 즉 원추세포에서는 삼원색설과 일치하며, 신경계와 뇌에서는 보색설과 일치하는 두 단계 과정에 의해 색각이 일어난다고 한다. 즉, 삼원색이라는 정보는 망막에서 특정한 정보로 가공되어 하나하나의 신경세포에 의해 2색의 On-Off 신호로 부호화되어 뇌에 전달된다는 것이다. 결국 색이란 망막에서 일어나는 신경자극이 뇌의 재해석에 의해 일어나는 반응인 것이다. 실제로 뇌를 다치면 색맹이 되는 경우가 있는데 이는 그것을 증명하는 근거이다.

다음의 보색설을 뒷받침하는 예를 한번 보자.

위 그림은 흰색과 초록색 그리고 노란색으로만 이루어진 성조기이다. 이 그림의 가운데 흰점을 20초간 응시하다 갑자기 하얀 바탕을 보게 되면 하얀 스크린 위에 까만색과 파란색 그리고 붉은색, 즉 보색으로 된 성조기의 잔상이 나타난다. 이런 신기한 현상이 일어나는 이유는 망막에 있는 각각의 보색 수용체가 한쪽 색만 받아들이다 갑자기 그것을 제거하면 한쪽으로만 활성화되어 있던 각 수용체들이 밸런스를 찾기 위해 다른 쪽을 활성화시키기 때문에 일어난다.

Hunter L,a,b color space

보색원리를 이용하여 Hunter 에서는 다음과 같은 3차원 육면체 색체계를 만들었다. 수직으로 나타나는 L은 언제나처럼 명도 축이며 White와 Black 사이를 100으로 나눈다. 물론 정수비가 아니고 소수점 한 자리까지 존재한다. 아래로부터 Black 이며 0으로 시작하고 위로 올라

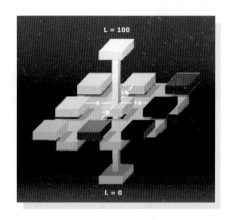

갈수록 밝아지며 따라서 White는 100이 된다.

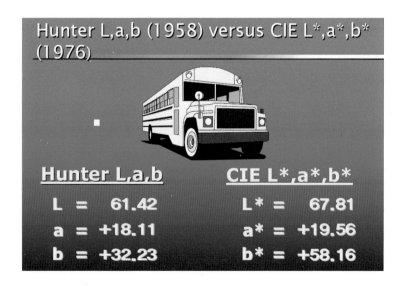

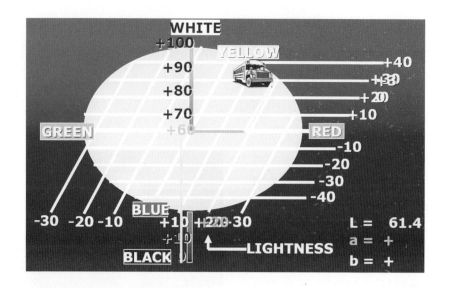

a는 red-green 축이 되며 역시 100단계로 나눈다. +는 red, -는 green이 된다. 즉, +30은 순수한 빨강이며, -30은 순수한 초록이 된다. b는 blue-yellow 축이고 -40에서 +40에 이르는 80단계로 나눈다. +는 yellow, -는 blue가 된다.

이와 같은 기준으로 스쿨 버스의 Lab값을 나타내보면 L=61.4, a=+18.1, b=+32.2가 된다. 즉, 버스 색깔의 명도는 좀 밝은 편에 속하고 레드 계열과 노랑 계열로 되어있다는 사실을 알 수 있다. Lab 색체계는 CIE와 Hunter에서 설정하였으며, 최근은 CIE의 값 CIE L* a* b*를 쓰는 추세에 있다. 두 Lab값은 일치하지 않으며 Hunter는 blue 지역이 넓고 CIE는 yellow 지역을 넓게 설정한 것이 다르다. 따라서 특히 b값에서 많은 차이를 보이게 된다. 두 값의 차이를 구하는 공식이 나와 있으니 어느 쪽으로 결과치가 나와도 환산이 가능하다.

Polar CIE L*c*h* 체계

Polar CIE L*c*h*는 Lab 입체 모형을 이해하기 쉽도록 색의 3요소인 명

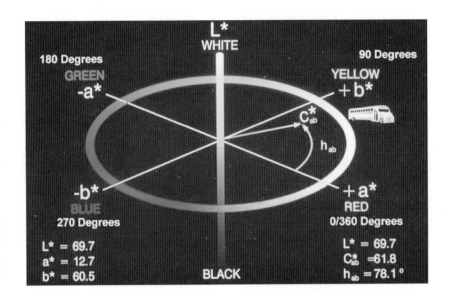

도와 채도 그리고 색상의 데이터로 변환하여 입체적으로 보여주는 체계
이다. L은 그대로 높이 축으로 이해하면 되며 채도 Chroma는 원통의 깊이
로 이해하면 된다. 그리고 각도에 따라서 색이 변해가는 입체구조를 생
각하면 된다. 이해가 쉽도록 원통형 구조물을 떠올려 본다. 이 원통은 수
천 개의 색색 레고로 되어있으며 레고는 아래에서 위로 올라갈수록 밝은
색으로, 즉 명도가 올라가고 안쪽에서 바깥쪽으로 나올수록 채도가 높게
되어있다. 각 컬러는 빨간색을 기준으로 90도 각도에 노란색, 180도 각도
에 보색인 초록색 그리고 270도 각도에 푸른색이 배치되어있다. 따라서
각도에 따라 색상을 추정할 수 있게 된다. 예컨대 노란색 스쿨버스의 h값
은 78.1도가 된다. c값은 61.8이며 L값은 69.7이다.

이제 컬러의 정량화가 완성되었다. 이 작업을 이토록 까다롭게 만든
까닭은 결국 오리지널과 비교 Sample의 차이를 명확하게 규정하기 위해
서이다. 따라서 지금까지의 체계를 바탕으로 Sample과 오리지널의 컬러
차이를 수치화하는 작업이 필요하다.

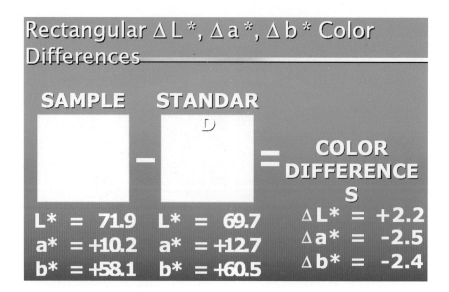

Rectangular ΔL^*, Δa^*, Δb^* Color Differences

SAMPLE − STANDARD = COLOR DIFFERENCES

SAMPLE	STANDARD	COLOR DIFFERENCES
L* = 71.9	L* = 69.7	ΔL* = +2.2
a* = +10.2	a* = +12.7	Δa* = -2.5
b* = +58.1	b* = +60.5	Δb* = -2.4

ΔL, Δa, Δb 그리고 ΔE

L이 +로 나오면 컬러가 Lighter하다는 뜻이 되고 a가 +로 나오면 Reddish하다는 뜻 그리고 -로 나오면 Greenish하며 b가 +로 나오면 Yellowish하고 -로 나오면 Bluish하다는 의미가 된다. 단 이 값들은 Light한 컬러에서는 L값의 Tolerance가 크고 채도가 높은 컬러에서는 a와 b값의 Tolerance가 크다는 사실을 알아야 한다.

따라서 각각의 Color tone 차이를 쉽게 비교할 수 있으며 Lab dip의 수정지시가 객관적으로 가능하게 된다. 이 세 수치를 종합하여, 단 하나의 숫자로 나타내어 생산된 원단의 컬러가 오리지널에 얼마나 벗어나 있는지 종합 판단할 수 있으며, 이를 기초로 Reject냐 아니냐를 결정할 수 있는 살생부를 만들 수 있다. 수학은 싫겠지만 각각을 제곱하여 더한 다음, 그 숫자에 제곱근, 즉 루트를 씌우면 이 숫자 ΔE가 나온다.

하지만 이 수치는 언제나 신뢰할 수는 없다는 문제를 안고 있다.

각 3요소에 제곱한 뒤 일률적으로 더해서 다시 제곱근했기 때문에 골

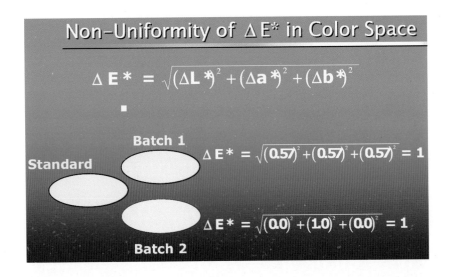

고루 비슷한 차이를 보이는 값은 정확하게 차이를 산출할 수 있지만 어느
한 부분, 예컨대 a가 크게 다르고 다른 두 요소는 Perfect하다고 했을 때,
ΔE값은 동일하게 나오지만 그림의 Batch2처럼 실제로 보는 Visual은 그
렇지 않다. 따라서 무한 신뢰할 수만은 없는 값이 된다. 그리고 마침내
ΔL* Δc* Δh*가 필요할 때가 왔다.

ΔL* Δc* Δh*값 그리고 ΔE$_{cmc}$

　여기서의 c는 채도 값이다. h는 물론 hue, 즉 색상을 의미한다. 따라서
+ΔL은 Lighter하고 -Δc는 채도가 나쁘므로 어둡다는 뜻이고 Δh는 색상
값이 틀리다는 뜻이다. 즉, Tone이 다르다는 의미이다. Δh값은 ΔE^{2}에서
Δc^2, ΔL^{2}를 뺀 숫자를 루트하여 산출한 값이다. 따라서 두 노란색의 차
이를 다음과 같이 보여준다.

　이 세 값의 합을 종합적인 하나의 숫자로 나타낸 것이 바로 ΔE$_{cmc}$값이
다. 이 값을 3차원 타원체 모양으로 나타내면 구에 가깝게 될수록 명도와
채도의 차이가 적다는 뜻이 된다.

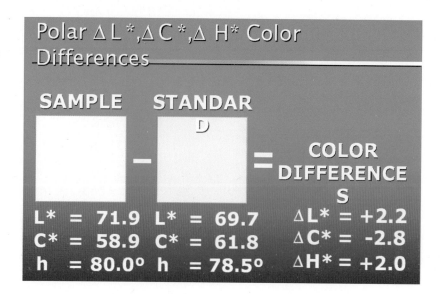

Polar ΔL*, ΔC*, ΔH* Color Differences

SAMPLE	STANDARD	COLOR DIFFERENCES
L* = 71.9	L* = 69.7	ΔL* = +2.2
C* = 58.9	C* = 61.8	ΔC* = -2.8
h = 80.0°	h = 78.5°	ΔH* = +2.0

표면효과의 문제

문제는 이렇게 산출한 값이 물체의 표면에 따라 다른 값으로 나타나 버린다는 것이다. 어떤 불투명한 물체의 표면에 빛이 입사하면 정반사와 난반사가 일어나는데, 정반사에 많은 빛이 들어있기는 하지만 정반사에는 오로지 4%의 색만이 포함되어있고 대개의 색은 난반사하는 빛에 포함되어있다. 즉, 우리가 보는 색의 96%는 난반사한 빛이다.

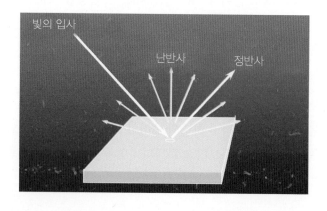

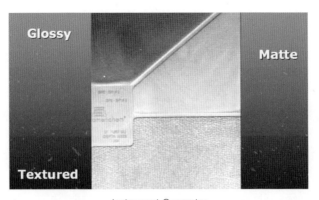

Instrument Geometry

이런 이유로 완벽하게 같은 색이라도 표면이 매끄러운 Glossy 물체는 전체적으로 난반사가 고르게 일어나고 정반사는 오로지 일정 각도에서만 나타나기 때문에(그래서 일부만 하얗게 보이는 현상이 일어난다.) 색이 어둡고 채도가 높아 진하게 보이며, 한편 표면에 요철이 많은 Textured 또는 Matte한 물체는 울퉁불퉁한 표면에서 조그만 정반사가(흰색을 의미한다.) 제각각 수없이 일어나 위의 사진처럼 전체적으로 하얗게 보이게 되므로 색이 연해지고 채도도 낮아진다.

따라서 이런 편차를 줄이기 위해 어떤 조정이 필요하게 되고 그것을 스펙트로포토미터의 지오메트리에 반영해야 한다. 그에 따라 다음과 같은 두 가지 지오메트리가 있을 수 있다.

각도형(Directional)과 Sphere형(Diffuse)

각도형은 빛의 입사와 시료의 각을 45도로 조정하여 정반사가 일어나지 않게 하도록 기하학적으로 기구를 만든 것이다. 그리고 Sphere형은 구형의 내부에 흰색의 불투명 코팅을 하여 빛이 전체적으로 분산되게 만든 다음, 8도의 각도로 시료를 관찰하는 방법으로 정반사를 포함할 수도 뺄수도 있다. 다만 결과는 정반사를 포함한 결과가 표면효과를 제거한 결

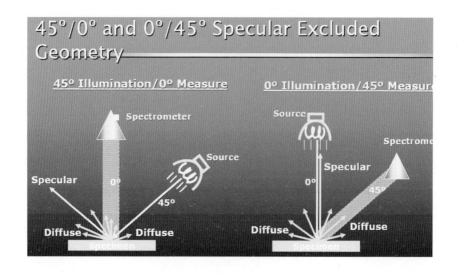

45°/0° and 0°/45° Specular Excluded Geometry

45° Illumination/0° Measure

Spectrometer

Source

Specular

0°

45°

Diffuse Diffuse

Specimen

0° Illumination/45° Measure

Source

Spectrome

Specular

0°

45°

Diffuse Diffuse

Specimen

과를 보여주며 정반사를 빼면 각도형 결과와 비슷한 데이터가 나오게 된다.

각도형은 그러나 똑같은 컬러인 두 개의 물체가 다른 표면효과를 가졌을 때 같은 값을 내주지 못한다(그림 참조).

하지만 Sphere형은 표면의 차이를 효과적으로 제거하여 두 컬러가 같은 색이라는 것을 보여준다. 따라서 원래는 같은 컬러로 Recipe했는데 육안으로는 다른 컬러로 보이게 되어 바이어로부터 염색물이 Reject당하는

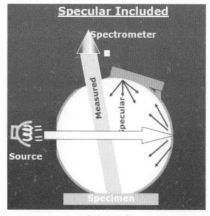

정반사 포함

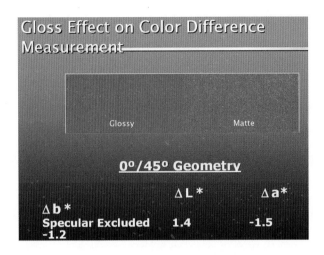

불합리한 일을 방지할 수 있다. Sphere형은 정반사를 포함하는 옵션을 선택하여 각도형에서 보여주는 결과를 나타낼 수도 있다. Recipe가 아닌 육안으로 보이는 컬러의 차이를 나타내야 할 때도 있기 때문이다.

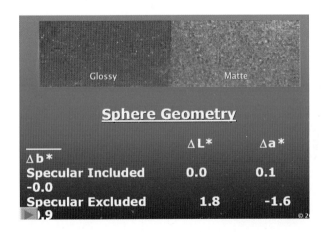

이 글은 Hunter Lab의 'The basics of Color Conception and measurement'의 내용을 줄거리로 필자가 각색, 첨삭 및 보완한 것이다.

면직물의 이염 방지제와 고착제

면 원단의 이염방지제가 무엇인지 알기 위해서는 먼저 면의 염색을 이해해야만 한다.

면의 염색에 가장 빈번하게 사용되는 염료는 반응성 염료이다. 반응성 염료는 흡착, 확산, 반응 고착의 3단계 과정으로 염색이 진행된다. 여기서 흡착, 확산은 물리적인 것이며 반응은 화학적인 단계이다.

염료가 직접적으로 흡착에 관여하는 곳은 면섬유의 비결정영역으로 염료가 들어가는 구멍의 폭 직경이 중요하다. 용적이 클지라도 입구의 직경이 작으면 염료가 들어갈 수 없다. 면섬유에서 건조 상태의 구멍은 5Å 정도로 작으나 물로 팽윤시키면 20~30Å로 커진다. 보통 염료의 크기는 14~27Å 정도이므로 이로써 흡착이 가능해진다.

A자 위에 작은 동그라미가 뭘까? 그것은 옹스트롬이라는 단위이다. 1 옹스트롬은 10의 마이너스 10승M이다. 즉 100억 분의 1M이다. 나노미터는 10의 마이너스 9승M 이다. 즉, 옹스트롬보다 10배가 큰 단위이다. 다시 말하면 10옹스트롬은 1나노미터이다. 요즘은 옹스트롬이라는 단위를 잘 쓰지 않고 나노미터를 많이 쓴다. 이런 것도 유행을 탄다. 그런데 100억 분의 1m 라는 것이 어떤 크기일지 감이 안 잡힌다. 그것은 수소 원자 하나의 반지름이다. 즉, 원자의 지름은 2옹스트롬 정도 된다. 0.1CC 물방울 하나에 원자가 10의 22승 개, 즉 10,000,000,000,000,000,000,000개가 있다.

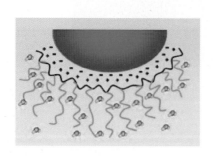

그런데 섬유의 비결정영역은 온도 변화에 따라 크기가 달라진다. 그래서 염색할 때의 온도가 중요한 것이다. 확산은 염료가 면섬유에 고루 퍼지는 것을 의미한다. 확산이 잘못되면 불균염의 원인이 될 것이다. 따라서 확산이 잘 일어나도록 관리해야 한다.

　이제 염착이 일어날 시간이다. 일단 염료가 섬유에 침투해 들어가면, 즉 흡착이 일어나면 섬유의 특정한 관능기(주요 기능을 하는 원자단)와 염료는 화학반응에 해당하는 염착이 일어나게 된다. 면을 이루는 Cellulose분자는 수산기 OH라는 관능기를 가지고 있다 이 수산기와 염료를 화학적으로 결합시키는 것이 반응성 염료의 원리이다. 그런데 반응성 염료는 우리 생각과는 달리 대체로 면과의 친화성이 떨어져 고착율이 낮은 경향이 있고, 특히 염색농도가 높아지면 염료의 고착률이 급속도로 떨어진다. 따라서 반응성 염료는 알칼리 상태에서 섬유와 반응시켜야 하며, 이때 동시에 물과도 반응하게 된다. 물에도 수산기가 있기 때문이다. 이 과정에서 면이 아닌 물과 반응한 염료는 다시 공유결합에 의하여 섬유와의 반응은 불가능하게 되어버린다. 즉, 버려지게 된다. 이것이 가수분해이다. 염색 과정에서 약 25% 정도의 염료가 Cellulose의 수산기와 결합하지 못하고 물과 결합하여 가수분해를 일으킨다. 이렇게 버려진 염료는 폐수가 되어 공해를 유발하고 염료를 낭비하게 되어 이중으로 문제가 된다. 최근에는 2관능기를 가진 염료가 출시되었는데, 가수분해된 25%를 다시 염료에 75%만큼 흡착시키고 나머지 25%만이 재차 가수분해로 빠져나가게 하여 최종적으로 6%의 염료 손실만을 가져오는 복합적인 염료이다. 반응성 염색은 소비자의 세탁과정에서도 이미 섬유에 결합된 염료 분자가 다시 물과 결합하여 빠져 나오는 가수분해가 지속적으로 일어나므로 완벽한 염색이 되지 못하고 오래 입을수록 색이 바래는 현상이 나타난다. 여름에 많이 입는 반팔 피케 셔츠를 입어 본 사람들은 이에 동의할 것이다.

연속염색에서는 염욕 Dyeing bath 안에 염료를 넣고 염욕 안에 있는 롤러 사이를 원단이 통과한다. 만약 면이 아니고 T/C인 경우는 반응성 염료와 분산염료를 같이 넣고 돌린다. 놀랄 필요는 없다. 두 염료

연속 염색기

는 서로 반응하지 않는 불활성이므로 전혀 섞이지 않는다. 마지막으로 원단을 건조시킨다. 이 과정을 통틀어 Pad dry라고 한다. Pad and Dry인 것이다. 여기까지가 흡착과정이다.

다음은 섬유와 결합한 염료를 고착해야 하는 과정이다. 즉, 염착과정이다. 앞의 Pad dry 상태에서는 염료가 그냥 묻어만 있는 상태이다. 그것을 흡착이라고 한다. 이 상태에서 원단을 빨면 물이 그냥 줄줄 빠져버린다. 만약 T/C라면 먼저 Poly부분을 고착시킨다. 이 과정을 Thermosol 써모졸이라고 하는데 Poly분자는 상온(보통의 온도)에서는 거의 염착되지 않는 물성을 가졌으므로 고온(섭씨 약 215도)과 고압으로 Poly분자에 비결정 영역을 키워서 분산염료를 밀어 넣는다. 이 상태에서도 면은 전혀 고착이 되지 않고 남아있다. 면은 따로 염착시켜야 한다. 면은 반응성 염료를 면의 Cellulose분자와 화학반응시켜서 공유결합으로 고착시키기 때문에 다수의 화학반응과 Chemical이 필요하다. 이 과정을 Chemical pad steamer 또는 줄여서 Pad steamer 또는 그냥 Steamer라고도 한다. 이 과정에서 사용되는 주요 케미컬은 위에서 언급했듯이 알칼리, 즉 수산화나트륨이다. 따라서 만약 면 원단이라면 서모졸 과정은 생략되고 Steamer만 하게 된다. 여기까지가 면의 염색과정이다. 이후 후가공과 Tenter과정이 뒤따르게 된다.

염색 시 염욕 내의 pH는 상당히 중요하다. pH가 높을수록 반응이 급속히 빠르게 일어나기 때문이다. 대체로 pH가 1 올라갈 때마다 반응속도는 10배씩 올라간다. 그래서 대부분의 염색은 pH가 10~12 정도에서 진행되며 이때의 반응 속도는 중성일 때보다

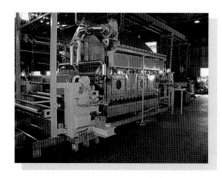

1,000배에서 10만 배까지 높게 된다. 이렇게 되는 이유는 pH의 1은 10의 지수를 나타내기 때문이다. 그러므로 pH 2는 100배를 의미하는 것이다.

여기까지 면의 염색과정을 설명함으로써 이염 방지제란 무엇인가 하는 답이 저절로 나오게 되었다. 이염이란 면섬유에 미고착된 염료가 빠져 나와 다른 면섬유에 흡착되는 것이다. 고착이 아니고 흡착이다. 왜냐하면 이 과정에서 필수적으로 일어나야 하는 화학반응이 결여되었기 때문이다. 화학반응, 즉 공유결합이 일어나려면 적당한 온도와 알칼리가 필요하다. 하지만 흡착만으로도 흰색이나 파스텔 컬러의 섬유는 오염시키기 충분하다. 진흙이나 김칫국물은 결코 염료가 아니고 염색되지도 않지만 하얀 원단을 거의 영구히 오염시킨다.

따라서 이염 방지제란 염색 후 빠져 나온 잉여 염료가 다른 섬유에 흡착되는 것을 방해하는 물질이다. 그런 일을 할 수 있는 물질이 바로 비누, 즉 계면활성제이다. 이런 비누를 통칭하여 'Fix'제라고 하는데 빠져 나온 염료와 Fix제가 결합하여 물에 녹지 않는 불용성 염을 형성하여 침전된다. 이런 이염 방지제를 고착제라고도 하는 모양이다. 혹은 고착제가 다른 물질인지도 모르겠으나 내가 가진 정보의 한계는 여기까지이다.

나는 어디까지나 모든 원리를 과학적으로 이해하려고 하는 이론가이며, 실제로 염색공장의 현장에서 일해본 경험이 없기 때문에 현장 지식이 필요한 이에게는 별로 도움이 되지 않을 수도 있다.

면직물이 세탁 후 딱딱해지는 이유

전에 썼던 글에서 이에 대해 면섬유의 내부 공간인 루멘 때문에 생기는 작용에 대한 얘기를 한 적이 있었다. 무릇 모든 일의 발생 원인이 단 한가지 이유만 존재하는 것은 아니다. 체질적으로 나쁜 몸의 원인을 유전자의 탓으로, 그것도 한 가지의 유전자 탓으로 돌리는 경우가 많은데 우리가 저지르기 쉬운 대표적인 오류이다. 담배에는 니코틴과 타르만 들어있는 것이 아니고 약 2천 가지 화합물이 들어있다. 그 한 예로써 충분하리라 생각한다.

오늘 아침 샤워를 하다가 문득 생각이 떠올랐다. 내게는 100수로 되어 있는 면 메리야스 Medias가 있는데 굉장히 소프트하고 섬세하다는 것이 특징이다. 어찌나 곱고 얇은지 속이 다 들여다 보일 정도이다. 아침에 그

Berthe Mosisot(1841~1895)의
Pleasant hanging out the washing

걸 입고 피트니스에 가면서 땀이 나는 바람에 메리야스를 선풍기에 널어 놓았다. 30분 뒤에 와서 보니 아주 바싹 말라있었다. 그 부드럽던 것이 까슬한 느낌이 날 정도로 잘 말라있었다. 그때! 나는 놀라운 사실을 깨달았다.

모든 섬유에는 공정수분율이라는 것이 있다. 모든 천연섬유는 세포이고 따라서 적정하게 수분을 함유하고 있어야 제 모습을 갖추게 된다. 면의 공정수분율은 8.5%이다. 모든 물을 포함하고 있는 물질은 습도가 더 낮은 환경인 대기에 물을 빼앗기려는 압력을 받는다. 피부도 마찬가지이다. 만약 사람의 피부에 피지라는 기름 성분이 없다면 피부 세포는 금세 물을 빼앗겨 건조되고 만다. 여성들에게는 재앙이다. 그런 일이 쉽게 일어나는 체질을 우리는 건성 피부라고 말한다. 그런 불상사가 일어나는 것을 막기 위해 인위적으로 하는 일이 바로 로션, 즉 보습화장품을 바르는 것이다. 로션은 증발되기 어려운 성분이 섞여 있다. 그것이 바로 글리세린이다. 지방의 주요 성분이기도 하다. 글리세린은 증기압이 매우 낮기 때문에 세포에 바르면 물의 증발을 차단하게 된다.

그런데 원단에도 이런 보습로션이 있다. 그것이 바로 유연제이다. 유연제는 비싼 글리세린 대신에 실리콘 성분으로 대신한다. 글리세린은 3가의 알코올로 제법 비싸기 때문에 중국 사람들이, 비슷하게 생겼지만 저렴한 성분인 2가 알코올, 즉 EG Ethylene Glycol를 아이들의 시럽 감기약에 넣어 물의를 일으킨 적이 있었다. 이들은 모두 사형당했다. 중국인들은 보기보다 쿨하다.

유연제는 보습의 역할도 하면서 섬유 간의 마찰을 줄여주는 윤활유 역할을 동시에 하고 또한 약간 젖은 듯한 느낌을 주어 색이 진해지는 효과도 본

세탁 전후의 Modal Kint

다. 그림은 세탁 전후의 Modal 원단이다. 유연제가 빠져나간 원단은 광택이 없고 색깔도 연해지면서 부스스해진다. 차이를 분명하게 느낄 수 있다.

슬슬 결론을 낼 시간이다.

건성 피부를 가진 사람들이 세안 후에 얼굴이 더 건조해지고 당기는 듯한 느낌을 받는 이유는 얼굴의 피지를 비누로 제거해 버렸기 때문이다. 그 때문에 피부의 수분이 더 빨리 증발하게 되고 피부는 아우성을 치게 되는 것이다. 그 아우성이 바로 당기는 피부이다.

같은 원리로 면직물이 또는 면 원단이 세탁 후 딱딱해지는 이유는 과도하게 건조되어 Over dried 적정 수분율 이하의 물을 함유하고 있기 때문이다. 즉, 너무 건조해서이다. 세탁을 하면 비누의 작용으로 원단의 보습제인 실리콘이 씻겨나가게 되고 따라서 건조 후에는 태양에 말리든 건조기를 쓰든 적정의 수분율보다 더 많이 마르게 되어 딱딱해지는 것이다. 하지만 시간이 지나면 면은 주위의 습기를 빨아들여 저절로 적정 수분율을 갖추게 된다. 그래서 다시 부드러워진다. 면 내부의 빈 공간인 루멘이 적정 수분을 찾아오기 쉽게 만든다.

AEO나 A & F에서 볼 수 있는 구멍이 뻥뻥 뚫려있는 Blasted cotton bottom은 강력하게 세탁한 물건이지만 그렇게 부드러운 이유는 순전히 실리콘 유연제의 덕이다. 한 번 만져보면 미끌거린다. 그래도 잘 모르겠으면 손가락으로 한번 옷을 비벼 보자. 표면이 미끌거리기는 하지만 실제로 손에 묻어 나오는 것은 없는 것 같다고? 그렇다면? ……100프로다.

A & F · Blasted 면바지

방수의 과학

1960년대에 초등학교를 다녔던 한국 사람들은 누구나 교과서 한 귀퉁이가 두툼한 주황색이었던 사실을 기억할 것이다. 그 이유는 점심 도시락의 필수 반찬인 김칫국물 때문이다. 그것은 아이들에게는 재앙이었으며 본의 아니게 죄인인 어머니들은 그때마다 등에 식은 땀을 흘려야 했다. 모친도 당신 아들의 소중한 교과서를 지키기 위해 갖은 방법을 동원했지만 당시의 기술로는 백약이 무효였다. 방수가 그토록 어려웠던 이유는 물 분자의 크기가 겨우 0.2nm(나노미터)이기 때문이다. 따라서 불과 30년 전만해도 생활용품에 대한 방수는 매우 어려운 기술이었다.

방수는 Water Proof 또는 Water Resistant라고 한다. 둘은 같은 말이다. W/R(발수; Water Repellent)를 Water Resistant라고 잘못 생각하는 경우가 있으므로 구분하여 사용해야 한다. 그래서 보통 발수는 W/R, 방수는 W/P라고 하여 혼동을 피하고 있다.

내수압(Water Pressure)

다이버들의 방수시계가 잠수 가능한 수심에 따라 100m, 200m 등 여러 가지 있듯이 원단의 방수에도 레벨이 있다. 그것이 내수압이다. 일정 직경의 실린더 바닥을 원단으로 막고 위에서 물을 부으면 수위가 올라감에 따라 수압이 높아지고 결국 한계에 이르면 원단의 틈새로 물이 배어 나오는데, 바로 이 때의 수위가 내수압이다. 예컨대 이슬비를 막을 수 있는 내수압은 300~400mm 정도이고 세찬 소나기를 막을 수 있는 내수압은

	🚰	🌧️	🚿	🚿	🛁	🏊	🤿	🤸
Water Resistant	✔	✔	✖	✖	✖	✖	✖	✖
Resistant to 50M/165'	✔	✔	✔	✔	✔	✔	✖	✖
Resistant to 100M/330'	✔	✔	✔	✔	✔	✔	✔	✖
Resistant to 200-300M/660'	✔	✔	✔	✔	✔	✔	✔	✔

방수시계의 내수압에 따른 활동 범위

1,000mm 이상 되어야 한다. 밤새 내리는 비를 막아야 하는 방수텐트의
내수압은 표준이 1,500mm 정도 된다.

코팅(Coating)

의류 소재인 원단의 방수는 까다로운 편에 속한다. 건축자재처럼 틈새
를 충전재로 밀폐하는 단순작업과는 거리가 멀다. Hand feel을 고려해야
하고 잦은 세탁에도 견뎌야 하기 때문이다. 원단에 방수기능을 부여하는
작업은 코팅과 라미네이팅 2가지 방법이 있다. Coating은 액상의 충전재
를 원단 위에 펴 바르는 작업이다. 가장 많이 사용되는 충전재는 PU Poly
Urethane인데 PU는 방수력이 매우 좋은 자재이지만 문제는 Hand feel이
나쁘다는 것이다. 따라서 아크릴 Poly Acrylate을 첨가한다. 이것이 PA이
다. 사실 PU coating이든 PA coating이든 한 가지 자재만 사용할 수는 없
다. 둘을 섞어 사용해야 한다. 높은 방수력을 요구하면 PU가 많이 들어가
야 한다. Hand feel이 중요하면 PA를 많이 넣으면 된다. 그렇다고 PA만
사용하면 아무리 많은 양을 써도 내수압이 나오지 않는다. 따라서 바이
어의 성향에 따라 적절히 배합하여 사용하면 될 것이다. 미국용으로 관

세 절약 때문에 (Duty saving) Raintest를 Pass하기 위한 용도라면 대개 PA coating으로 충분하다. 때로, PU coating을 했는데 테스트에서 PA로 나오는 경우가 있는데 이는 테스트가 둘 중, 더 많은 성분만 인지하기 때문이다.

라미네이팅(Laminating)

이름 그대로 필름을 원단 뒷면에 접착하는 방법이다. 원단의 밀도에 관계없이 코팅보다 훨씬 더 높은 방수력을 확보할 수 있다. 원단의 기존 Hand feel을 손상하지 않으면서 투습방수 Breathable 필름을 쓰면 통기성도 확보 가능하다. 물론 코팅보다 훨씬 고가이다. 이 기술의 발전으로 니트 같은 형태가 불안정하고 치밀하지 않은 원단도 방수기능을 부여할 수 있게 되어 니트를 Outerwear나 Outdoor 소재로 사용 가능한 혁신을 이루게 되었다. 심지어 Moncler에서는 Knit로 된 Down Jacket을 세계 최초로 선보여 신축성이 있는 Stretch Down jacket이라는 신기원을 이룩한바 있다.

방수에 적합한 소재

당연히 친수성 Hydrophilic 소재보다는 소수성 Hydrophobic 소재가 더 유리하다. 따라서 주로 소수성인 Polyester나 Nylon 같은 합섬 Synthetic 소재

가 적합하다. 물을 전혀 흡수하지 않는 Polypropylene도 고려해 볼만 하다. 'Ventile' 같은 100% 면 소재도 있기는 하다. 영국에서 개발한 Ventile은 코팅이나 라미네이팅 가공이 전혀 없이 방수가 가능한 소재이다.

구두 재봉사의 마술

고가의 이탈리아 구두에 사용되는 재봉사는 Linen이다. 이유는 Linen이 물에 젖으면 팽윤하기 때문이다. 따라서 맑은 날은 약간 헐렁한 상태로 구두에 통기성을 제공하고, 비가 오면 구멍을 완벽하게 닫아 방수기능을 한다.

세탁의 원리와 계면활성제

종이클립을 물에 띄워보았는가?

클립은 물 위에 쉽게 떠 있을 수 있다. 클립이 물에 뜨는 이유는 물의 표면장력 때문이다. 물의 표면장력은 물이 마치 견고한 껍질을 갖고 있는 것처럼 보이게 한다. 표면장력이 깨지면 클립은 즉시 물 속으로 가라앉는다.

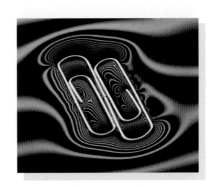

아무 생각 없이 세탁기에 합성세제를 붓고 돌리면 더럽혀진 옷들이 빨래되는 상황에 우리는 익숙하기 때문에 어떤 경로로 때가 제거되는지에 대한 생각은 해보지 않았을 것이다. 대체 비누는 어떻게 해서 때를 제거할 수 있을까?

이 원리를 깨닫기 위해 때란 무엇일까를 먼저 생각해 봐야 한다. 때(오구; 汚垢)는 미세한 먼지 같은 것으로 가느다란 틈새에 들어가거나 습기와 함께 붙어있다. 이것들은 물로 씻어내거나 비벼주면 쉽게 없어진다. 비누는 필요가 없다. 그러나 표면이 기름으로 코팅되어 있는 기름때는 다르다. 사실 대개의 때는 기름때라고 할 수 있다. 이것들은 그냥 물로는 제거되지 않는다. 왜냐하면 기름은 물처럼 증발해서 마르는 일이 없기 때문이다. 또 기름은 물과 전혀 섞이지 않는다. 따라서 물로 기름을 제거하려는 시도는 이미 짠 치약을 도로 집어넣으려고 하는 시도처럼 불가능하

다. 오리 등에 물을 뿌려 본적이 있는가? 오리의 깃털은 기름으로 Coating되어 있어서 전혀 물이 묻지 않는다.

그렇다면 어떻게 기름을 제거할 수 있을까? 쉬운 발상으로 휘발유나 알코올 같은 용제들은 기름을 잘 녹이니까 이것으로 닦으면 되지 않을까? 빙고! 바로 그렇게 하는 세탁이 Dry cleaning이다. Dry cleaning은 더럽혀진 옷을 기름을 잘 녹이는 유기용제 속에 풍덩 담그고 휘젓는 것이다(풍덩 담그는데 왜 Dry라고 할까? 물이 아니기 때문에? 젖는다라는 의미는 반드시 '물'이라는 전제가 붙어있다.). 그런데 물이 사용된 세탁은 원단 입장에서는 상당한 물리적 충격과 함께 무엇이든지 잘 녹이는 용매인 물과의 화학반응이 동반되는 심각한 스트레스이다. 따라서 어느 소재이든 드라이클리닝을 하면 이상적이다. 그러나 우리 모두는 부자가 아니므로 모든 옷을 매일 그렇게 할 수는 없다. 비용이 덜 드는 차선책을 생각해 봐야 한다. 그 차선책이 비누이다.

비누는 유기용제와 같은 방식으로 기름을 녹일까? 전혀 그렇지 않다. 비누는 물과 섞이지 않는 기름을 물과 섞일 수 있도록 유인해내는 놀라운 일을 한다. 비누는 물을 좋아하는 친수성기와 기름을 좋아하는 친유성기를 동시에 갖고 있는 박쥐 같은 놈이다. 비누는 긴 꼬리를 갖고 있는 남자의 생식세포인 정자와 비슷하게 생겼다. 긴 꼬리 부분은 친유성이다. 그리고 머리 부분은 친수성으로 되어 있다(정자의 머리도 가수분해를 일으키는 효소가 들어있다.).

꼬리 부분은 기름분자들과 똑같기 때문에 기름과 잘 섞인다. 비누는 물속을 헤엄치다 기름을 만나면 친유성인 꼬리가 기름을 붙잡는다. 동시에 머리 부분은 물을 잡아당기기 때문에 기름때를 붙들어 물속에 끌려들어 오게 만든다. 따라서 꼬리에 붙들린 기름 때는 옷에서 떨어져 나와 물과 함께 하수도로 나갈 수 있다. 물론 이 과정을 촉진하기 위하여 물리적인 힘이 필요하기 때문에 세탁 통을 돌리는 것이다.

비누는 로마시대에도 있었다. 2,000년도 더 되었다는 것이다. 비누가 친유성과 친수성 두 가지 모두를 갖고 있는 이유는 비누를 지방산과 알칼리로 만들기 때문이다. 즉, 유기물과 무기물로 만들어진 것이다. 지방산과 알칼리는 기름과 양잿물 정도로 생각하면 된다. 지방은 소나 염소의 기름 또는 식물성 기름인 야자유나 올리브 기름으로부터 얻을 수 있었다. 알칼리는 요즘은 양잿물인 수산화나트륨을 쓰지만 옛날에는 석회나 불에 타고난 재를 사용했다.

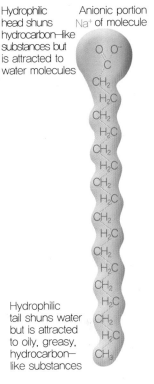

Hydrophilic head shuns hydrocarbon–like substances but is attracted to water molecules

Anionic portion Na⁺ of molecule

Hydrophilic tail shuns water but is attracted to oily, greasy, hydrocarbon–like substances

비누분자

옛날에 비누를 만드는 방법은 석회를 적셔서 뜨거운 재 위에 뿌려주고 잘 섞은 다음에 이 반죽을 뜨거운 물속에 넣고 염소나 소의 기름을 넣어 끓이는 것이다. 몇 시간 후 흉칙하게 생긴 갈색 반죽이 수면 위로 떠올라 층을 만드는데, 이것을 식혀서 작게 자르면 비누가 된다.

요즘의 고도로 정제된 비누를 사보면 라벨에 스테아르산나트륨, 올레산나트륨, 팔미틴산나트륨, 코코아산나트륨 등과 같은 이름들이 적혀 있다. 여기서 앞부분의…… 산은 지방산의 종류이고 뒤의 나트륨이나 칼륨 등은 알칼리를 나타낸 것이다. 나트륨으로 끝나는 것들은 모두 양잿물로 만들어진 것들이다. 칼륨으로 끝나는 것들은 수산화칼륨으로 만들어져서 부드러운 것들이다.

계면활성제는 비누의 다른 말이다. 이런 말을 쓰는 이유는 비누가 세탁 말고도 다른 여러 용도로 쓰이기 때문이다. 특히 염색에 있어서 계면활성제는 아주 중요한 일들을 많이 수행해 낸다. 세탁 기능 외에도 대전방지제, 균염제, 발염제, 습윤제, 심지어는 염료 고착제와 이염 방지제의 용도로도 사용된다. 만능, 만병통치약이 이런 것이다. 세탁을 하면서 합성세제를 넣으면 세탁 견뢰도가 약한 어느 옷에서 탈색이 일어나 염료가 빠져 나와도 비누가, 이렇게 빠진 염료가 다른 옷으로 이염되는 것을 막아주는 역할도 한다.

비누의 기능 중 중요한 것이 또 하나 있다. 그것은 옷이나 원단을 더 잘 적시는 일이다. 비누가 있으면 옷은 물에 더 잘 적셔진다. 물은 표면장력이라는 성질을 가지고 있다. 표면장력은 물이 되도록이면 작은 체적을 유지하려고 하는 힘이다. 표면장력이 생기는 이유는 물 분자는 서로 수소결합으로 강하게 결합을 하기 때문이다. 따라서 물은 가장 적은 체적을 이루는 공 모양으로 되려고 한다. 그런 성질은 물의 유연성을 떨어뜨려 섬유의 작은 틈새로 물이 스며들기 어렵게 된다. 왜냐하면 표면장력

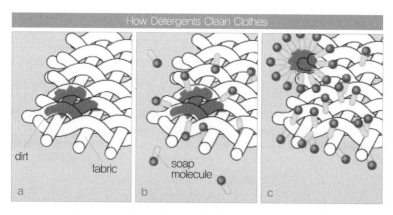

비누의 세정작용

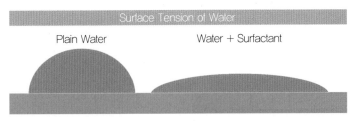

물과 계면활성제

이라는 힘은 물의 표면을 팽팽하게 만들어 줘서 마치 긴장된 물의 가죽으로 둘러싸고 있는 듯한 모양을 만들기 때문이다. 따라서 표면의 물과 속의 물은 어떤 의미에서 달라진다. 이 팽팽한 물의 가죽 위에 살며시 바늘을 올려놓으면 바늘이 뜰 것이다. 이것이 표면장력이다. 비누는 표면장력을 없애준다.

이 기능은 중대한 의미가 있다. 원단을 염색할 때 염료가 섬유의 내부까지 잘 침투되어야 염색이 잘 되고(Saturation이 좋다고 한다.), 따라서 세탁견뢰도가 높아진다. 계면활성제 Surfactant가 바로 그런 일을 수행한다.

물과 친한 머리를 물 쪽으로 두고 기름과 친한 꼬리 부분을 밖으로 향한 채, 비누는 물의 표면으로 와서 표면장력을 깨뜨려버린다. 표면장력이 깨지면 물은 섬유의 내부로 침투하게 된다. 물 위에 떠 있는 바늘 주위로 비누 가루를 뿌려보자. 표면장력이 작아지면서 바늘은 조용히 물속으로 가라앉게 될 것이다.

발수제인 Teflon은 물의 이런 표면장력이 아주 강하게 작용할 수 있도록 하는 기능을 한다. 비누와 반대의 일을 하는 것이다. 따라서 물은 섬유의 내부로 잘 침투하지 못하게 된다.

셀룰로오스 섬유의 비밀

자동차가 달리려면 연료가 필요하다.

마찬가지로 동물이든 식물이든 살아남으려면 연료에 해당하는 에너지가 필요한 것은 두말할 나위가 없다. 사람도 살기 위한 연료를 확보하기 위해 세끼 밥을 먹는다. 소는 엄청난 몸무게를 유지하기 위해 종일 쉬지 않고 먹어야 한다. 우리에게 필요한 연료는 바로 당 糖이다. 포도당이라고 부르는 '그것'이 바로 인체의 연료이며 살아있는 모든 동물이나 식물의 공통된 연료이기도 하다. 그런데 그 연료는 어디로부터 올까?

모든 것은 태양으로부터 시작하였다.

태양은 1초에 5억9천7백만 톤의 수소를 5억9천3백만 톤의 헬륨으로 바꾸는 핵융합 반응을 통해 발생하는 400만 톤의 질량 손실 에너지로 1억5천만km나 떨어져 있는 지구 전체의 생물을 먹여 살리고 있다. 지구 상에 존재하는 5천만 종의 생물들이 살아가는 에너지의 원천은 바로 태양에너지이다. 20세기에 들어서야 인간은 태양에너지를 이용해 전기를 발생시키고 자동차를 움직여보려고 하지만 식물들은 이미 36억 년 전, 광합성이라는 정교한 태양에너지 변환장치를 개발하였다. 물론 그것은 진화의 힘이다. 에너지뿐만 아니라 지구 상에 존재하는 92개의 원소와 동·식물을 이루고 있는 유기물의 원소인 탄소와 수소·산소 등은 모두 태양과 같은 항성으로부터 비롯된 것이다.

종일 내리쬐는 소중한 태양에너지는 언뜻 낭비되고 버려지고 있는 것 같지만 지구 상의 수많은 식물들이 그 에너지를 쉴 새 없이 비축하고, 우리가 쓸 수 있도록 통조림을 만들어서 저장하고 있다. 식물은 태양으로부터 비롯된 688kcal의 에너지와, 6몰의 이산화탄소 분자 그리고 6몰의 물 분자로 포도당 180g을 생산해낼 수 있다. 그리고 부산물로 6몰의 산소를 내뱉는다. (몰은 아보가드로 수: $6×10^{23}$) 포도당은 탄소·수소 그리고 산소로 이루어져 있고, 따라서 이런 물질을 우리는 탄수화물이라고 한다.

식물이 만들어낸 포도당의 일부는 바로 쓸 수 있는 상태의 영양분인 전분으로, 그리고 나머지는 오랫동안 저장하기 위해서 쉽게 녹거나 끊어지지 않는 질긴 상태로 만들게 된다. 그런 목적을 위해 포도당 분자를 일렬로 쇠사슬처럼 길게 연결하면 물에 녹지 않고 질긴 새로운 분자가 된다.

섬유상을 이루고 있는 길고 가는 형태의 물질들은 작은 분자들이 길게 연결된 것이다.

따라서 그것들은 고분자 Polymer이다. 그것을 우리는 섬유라고 부른다. 작은 분자들을 길게 연결하는 화학적 변환을 중합 Polymerization이라고 한다. 이처럼 포도당 한 가지 분자만을 길게 연결하는 경우도 있지만 여러 가지 분자를 연결하는 중합도 있다. 예컨대 인간의 유전자를 담고 있는 설계도인 DNA는 아데닌 Adenine·티민 Thymine·구아닌 Guanine·시토신 Cytosine의 네 분자가 연결된 중합체이다. 단백질의 경우는 20종류의 아미노산이 연결된 중합체이다.

식물들이 에너지인 포도당 분자를 중합하여 만든 고분자를 셀룰로오스 Cellulose라고 부른다. 셀룰로오스는 식물의 몸체를 이루는 대부분의 물질이 된다. 목화의 솜은 거의 98%가 셀룰로오스로 이루어져 있다. 이것이 면이다. 즉, 면은 에너지의 저장고이자 통조림인 것이다.

사람과 같은 '동물'의 연료도 포도당이다. 그런데 동물이나 사람은 광합성을 할 수 없으므로 식물이 생산한 포도당을 약탈하여야 한다. 하지만 동물은 전분 같은 부드러운 형태는 소화시킬 수 있지만 딱딱하고 질긴 셀룰로오스를 소화시킬 수 없다(소나 염소도 예외가 아니다. 그들도 미생물이 없으면 셀룰로오스를 소화시키지 못한다.). 식물이 자신을 지키기 위한 진화의 결과일 것이다. 식물이 만든 포도당은 식물의 몸체를 이루는 셀룰로오스 외에도 전분이라는 형태로 저장된다. 그것 역시 포도당 그 자체가 아닌, 포도당들이 쇠사슬처럼 연결된 고분자이지만 셀룰로오스와 달리 분자가 쉽게 끊어질 수 있는 구조이므로 장에서 소화시킬 수 있다. 전분은 입 속에서 침의 효소인 프티알린에 의해 쇠사슬들이 일부 끊어져서 이당류인 엿당으로 변하고 위 속에서 완전히 끊어져 단당류인 포도당이 된다. 셀룰로오스는 포도당 분자가 무려 2,500개에서 10,000개까지 연결된 고분자이다. 그래서 이러한 물질을 다당류라고 부른다. 다당류는 같은 당이라도 단맛이 없으며 과당이나 자당처럼 당의 개수가 2개 이하가 되어야 단맛이 날 수 있다.

즉, 셀룰로오스나 녹말은 같은 포도당의 집합체이다. 다만 분자의 결합상태만 다른 것이다. 따라서 면은 포도당과 똑같은 탄소와 수소 그리고 산소로 되어있는 탄수화물이라고 할 수 있다. 면을 태우면 종이 타는 냄새가 난다. 그리고 끝에 까만, 탄 자국을 남긴다. 그것이 타고 남은 탄소이다. 셀룰로오스는 연결 과정에서 결정영역과 비결정영역이 생기는데 비결정영역이 많으면 잘 구겨지는 원인이 된다. Polyester 같은 합성섬유가 잘 구겨지지 않는 이유는 결정영역이 많기 때문이다.

마는 포도당이 3,000개에서 36,000개나 모여 이루어진 셀룰로오스와 펙틴의 중합체이다. 면보다 중합도가 더 높은 고분자이므로 면보다 2배나 더 질기지만 비결정영역이 면보다 더 많아 더 잘 구겨진다. 마의 특징은 열전도율이 높다는 것이다(금속이 바로 그렇다.). 따라서 시원하여 여름용 소재에 적합하다. 면이나 마처럼 식물로부터 유래한 모든 섬유는 셀룰로오스가 주성분이므로 모두 반응성 염료로 염색된다.

적외선으로 보기(군복의 IR 가공)

태양광에서 나온 가시광선의 영역에 해당하는 빛은 안구를 통해 망막에 있는 7백만 개의 원추세포와 그 20배 정도에 해당하는 간상세포에 닿게 된다. 그 중, 원추세포는 색을 인지하는 세포이고 간상세포는 명암을 인지한다. 동물 중 사람과 원숭이 같은 영장류 외는 거의 원추세포를 가지고 있지 않거나 조금밖에 없으므로 대부분의 동물들은 색맹이다. 흑백의 세상을 보는 것이다. 실제로 개의 눈은 심한 근시인데다가 색맹이다(잘 안 보이는 눈을 개 눈깔이라고 경시해서 부르는 것이 이 때문이다. 농담이다.). 그래서 개는 후각이 대신 발달한 것이다.

개의 후각세포는 사람의 20배 정도이지만 실제로 후각능력은 사람의 천 배에서 백만 배나 된다. 그것으로 눈 밝은 사람보다 수천만 가지 냄새로 가득 찬 이 세상을 훨씬 더 명료한 세계로 살아간다. 그에 비해 사람은 후각적으로는 장님이나 다름없다. 사람은 아둔한 화학적 귀머거리인 셈이다. 사람이 똥 냄새를 맡게 되는 기전이 똥의 작은 분자가 후각세포에 닿아 작동되는 시스템이라면 냄새는 얼마나 더러운 것일까? 실제로 냄새를 느끼려면 어떤 물질의 분자가 후각세포를 자극해야만 한다. 따라서 똥 분자가 코에 들어오는 것이 맞기는 하다. 그러나 다행히 똥 냄

새는 똥 그 자체는 아니다. 다만 일부분이라고 할 수 있다. 왜냐하면 똥에서 가장 휘발이 잘 되는 성분, 즉 증기압이 가장 높은 부분이 먼저 코를 자극하는 것이기 때문이다. 마찬가지로 꽃은 꽃 그 자체의 냄새가 아니고 꽃을 이루는 분자 중 휘발이 잘 되는 성분의 냄새를 후각세포가 인지하는 것이다. 좋은 꽃 얘기 놔두고 똥 얘기를 먼저 해서 미안하게 되었다.

명암을 인식하는 간상세포의 숫자가 많으면 적은 빛으로도 세상을 볼 수 있게 된다. 색을 감지하는 원추세포는 감각이 무뎌 조금만 빛이 어두워도 기능 부전에 빠진다. 그래서 밤에 보는 세상은 컬러가 아니고 흑백인 것이다. 밤에도 컬러를 본다고 생각하는 것은 착각이다. 낮에 봤던 색의 기억이 남아 그렇게 보이는 것일 뿐이다. 매는 원추세포가 사람보다 5배나 더 많다. 그래서 사람보다 월등히 선명한 세상을 볼 수 있다. 만약 매의 눈을 사람에게 이식할 수 있다면 눈매만 매서워지는 게 아니라 마치 HDTV를 보는 듯한 고해상도로 세상을 볼 수 있을 것이다.

원추세포는 각 색의 진동수에 따라 반응하는데 그 중 빨간색에 해당하는 진동수에 반응하는 세포가 있고 또는 파란색과 초록색에 반응하는 세포가 있어서 일단 색이 들어오면 그 쪽으로 해당되는 세포만 반응하여 대뇌피질에 신호를 보낸다. 따라서 삼원색에 해당하는 각각의 원추세포를 통해 인간은 350,000컬러를 볼 수 있게 된다. 예를 들어 우리가 주황색을 보고 있을 때는 빨간색과 노란색을 인지하는 원추세포가 반응을 일으켜

합쳐진 신호를 뇌로 전달하기 때문이다. TV 화면도 같은 원리이다. TV 화면을 자세히 보면 아주 작은 빨간색과 파란색 그리고 초록색의 작은 입자들 RGB로 구성되어 있다. 이것들이 서로 섞여 수십만 가지 색을 내는 것이다.

하지만 사람은 가시광선만 볼 수 있도록 진화되었다. 그렇다면 적외선이나 자외선을 볼 수 있는 동물은 없는 것일까?

아놀드 슈왈제네거가 주연한 프레데터라는 영화가 있었는데 주인공인 외계전사가 적외선을 감지하는 눈을 가졌다. 덕분에 우리는 실제로 적외선으로 보는 세상이 어떤 것인지 이 영화를 통해 확인할 수 있다. 가시광선은 볼 수 없는데 적외선만 볼 수 있다는 것은 사실 대단한 의미가 될 수 있다. 사람의 경우 알몸을 볼 수 있다는 것이다. 모든 생물, 특히 열을 발산하는 동물은 적외선을 대량으로 발산한다. 적외선은 그 자체가 열은 아니지만 어떤 물체가 흡수하면 바로 열이 된다. 적외선을 감지할 수 있게 되면 옷을 입었어도 옷을 뚫고 나온 적외선을 통해 그 사람의 윤곽을 볼 수 있다. 이것이 투시 카메라의 원리이다. 다만 이것으로 컬러를 볼 수는 없다. 컬러는 가시광선의 영역에서만 존재하는 것이기 때문이다. 그런데 동물의 세계에는 적외선을 볼 수 있는 동물들이 많다. 가장 친숙한 동물이 바로 뱀이다. 뱀은 옷을 입고 있는 사람의 알몸을 본다. 적외선으로 보면 밤에도 볼 수 있다.

이 영화에서 아놀드는 밤에도 볼 수 있는 적외선의 눈을 가진 외계인을 피하기 위해 온몸에 진흙을 뒤집어 쓴다. 과연 그런 방법으로 적외선을 볼 수 있는 눈을 피할 수 있을까? 진흙을 뒤집어 쓰면 3가지 작용이 일어날 수 있다. 첫째로 진흙은 적외선을 흡수, 차단한다. 둘째로 진흙의 미세한 입자가 채 흡수하지 못하고 빠져 나오는 일부 적외선을 산란시켜 버린다. 셋째로 진흙 속에 있는 물의 입자가 적외선을 흡수한다. 물은 가시광선만 투과하고 나머지 적

적외선으로 보는 인간의 모습

외선이나 자외선은 흡수해버린다. 그래서 태초 막대한 양의 자외선이 지구 위로 쏟아지는 혹독한 환경에서도 물속의 동물들은 문제가 없었다. 따라서 영화의 그 대목은 상당히 과학적이라는 것을 알 수 있다. 어떤 영화에서는 벽을 뚫고 사람을 보는 장면이 나오는데 그렇게 하려면 X선이나 감마선 정도의 파장이 짧은 광선이 필요한데, X선을 볼 수 있는 눈이 있다고 하더라도 이것은 불가능하다. 왜냐하면 반사되는 X선을 눈이 감지해야 하는데 유감스럽게도 X선은 잘 반사하지 않기 때문이다.

그런데 빛의 삼원색과 색의 삼원색은 같은 색일까?
왜 빛의 삼원색은 섞으면 흰색이 되고 색의 삼원색은 검은색이 될까? 색의 삼원색과 빛의 삼원색은 같은 색이 아니다. 빛의 삼원색이야말로 순수한 단일광이고 색의 삼원색은 반사되어 나온 빛이므로 다르다. 예컨대 색의 삼원색인 빨간색은 Magenta라는 컬러로 빨간색의 빛과 파란색의 빛이 섞인 색이다. 파란색은 약간의 초록색과 섞인 색으로 Cyan이라는 컬러이다. 인간의 힘으로는 순수한 단일광의 삼원색을 만들 수 없기 때문에 단일광에 가장 가까운 컬러를 색의 3원색으로 정해놓은 것이다. 색은 섞을수록 명도와 채도가 어두워지는 반면에 빛은 그 반대이다. 물감의 색은 섞을수록 반사하는 색이 그만큼 적어지고 흡수하는 쪽의 색이 많아지게 된다. 결국 모든 색을 모두 다 흡수하면 검은색이 되어 버린다. 색은 섞을수록 색을 흡수하는 물질을 더 많이 가지게 되기 때문이다. 반대로 빛은 7가지의 스펙트럼에서 나오는 모든 색을 다 합친 색이 우리가 보는 흰색이다. 햇빛이 백색광인 이유가 바로 그것이다. 그 중에서 일부의 색을 제거하면 그 색만 볼 수 있다.

화가들은 요리사들의 요리 레시피처럼 자신만의 고유한 색을 만든다. 수십 종류의 물감을 섞어서 수십만 종류의 색을 만들 수 있지만 문제는 물감이 다양하게 섞일수록 표현한 그림은 어둡고 탁한 느낌이 날 수밖에 없는, 즉 채도가 낮아지는 구조적인 단점을 안고 있다. 그런데 프랑스의 화가인 쇠라가 이런 문제를 해결한 그림을 그렸는데 '그랑드 자트 섬의 일

그랑드 자트 섬의 일요일 오후

요일 오후'라는 유명한 그림이다. 그는 화가이면서도 광학을 공부한 놀라운 인물이었는데 사람의 눈은 그리 정교하지 않아서 각각 다른 색의 작은 점이 섞인 것을 각각의 별도 색으로 구분하지 못하고 섞어서 본다는 사실을 발견하였다. 즉, 작은 점을 찍어 그림을 그리면 우리 눈은 그것들이 섞였다고 판단하고 섞인 색상으로 보게 된다. 따라서 원색에서 채도와 명도가 떨어지지 않고 오히려 높아진다. 이것이 바로 점묘화이다.

이해를 돕기 위해 흰색에 대해 얘기해 보자.

흰색의 웃옷을 입고 파란색 바지를 입고 있는 사람에게 보통의 조명을 비춘다. 백열전구처럼 모든 색을 다 갖추고 있는 색이다. 당연히 이 사람은 우리가 보는 것처럼 흰 티에 파란색 바지를 입은 것으로 보인다. 다음은 보통의 조명 대신 다른 모든 색을 제거하고 빨간색으로만 구성되어 있는 조명을 비춰보자. 어떻게 될까? 흰 티는 빨간색으로 빛난다. 왜냐하면 흰 티는 모든 색을 다 반사하는 색인데, 그 중 빨간색만 입사되므로 반사하는 모든 색 중에는 빨간색밖에 없다. 즉, 빨간색만 반사한다. 그래서 빨간색으로 보인다. 그렇다면 파란색 바지는 어떻게 될까? 바지는 파란 색만 반사하고 나머지 색은 다 흡수한다. 따라서 빨간색은 흡수되지만 바지가 반사할 수 있는 파란색은 조명 안에 존재하지 않는다. 이 바지는 아무 색도 반사하지 못한다. 따라서 이 바지는 검은색으로 보인다. 나트륨 등이 켜있는 터널 안으로 들어가면 사물들이 다른 색으로 보인다. 나트륨등은 주황색만 방사하기 때문에 그 밖의 색은 보이지 않는다. 주황색을 반사하는 물질은 주황색으로, 주황색을 흡수하는 물질은 검은색으로 보인다. 그 외 다른 색은 없다. 주황색과 검은색의 세상이 된다.

투명인간까지 가보자. 어떤 물체가 투명하다는 것이 의미하는 것은 뭘까? 투명하다는 것은 빛의 굴절률이 공기와 같다는 것이고 아무 빛도 흡수 또는 반사하지 않는다는 것이다. 즉, 투과만 일어난다. 유리가 투명하다는 것은 유리를 이루는 주성분인 이산화규소라는 물질이(어렵게 말했지만 이것이 모래이다.) 빛의 가시광선의 영역을 굴절 또는 흡수나 반사시키지 않고 아무 것도 없는 것처럼 통과시킨다는 말이다. 가시광선의 영역이라고 한 것은 유리는 자외선의 일부분인 자외선 B는 흡수하기 때문이다. 따라서 유리를 통과한 빛은 자외선 B가 없는 자외선 A를 가진 빛이다. 그러나 몸을 멋지게 구릿빛으로 태우는 것은 자외선 A이므로 유리 밑에서 일광욕을 하더라도 까맣게 그을릴 수 있다. 그러나 자외선 A는 Polyester를 광분해하여 상하게 만들기 때문에 유리 뒤에 숨어있는 Polyester는 도움이 될 것이다. 그래서 유리 창문 뒤에 설치된 Polyester로 된 커튼은 일광에 삭지 않고 오래갈 수 있다. 만약 유리가 없는 창문이라면 금방 삭아 걸레가 되어 버린다.

그런데 사람이 유리처럼 투명하게 되려면 피부 조직의 대부분인 단백질과 뼈를 이루는 칼슘 그리고 가장 중요한 피를 해결해야 한다. 피는 헤모글로빈 때문에 빨간데, 이는 산소를 운반하는 데 철이 필요하기 때문이다. 철 대신에 이산화규소 같은 물질이 산소를 운반할 수만 있다면 피도 투명해질 수 있다. 규소는 아니지만 철 대신 구리를 쓰는 동물이 있다. 녹색 피를 흘리는 가재나 게 같은 갑각류이다. 이 단백질은 헤모시아닌이다. 그런데 그렇다고 하더라도 필연적으로 발생하는 몇 가지 문제가 있다. 예컨대 눈을 이루는 수정체나 시신경 정도는 투명해져도 상관없지만 망막이 투명하다면 어떻게 될까? 이는 우리가 영화를 보는 데 스크린이 흰 천이 아닌 유리처럼 투명한 화면으로 되어 있는 것과 마찬가지이다. 당연히 아무것도 볼 수 없다. 눈도 마찬가지이다. 투명인간이 되면 사람들이 그를 못 보는 것처럼 그도 사람들을 볼 수 없다. 이래서야 투명인간이 되어 봐야 소용이 없다. 또 몸을 이루는 주성분을 투명하게 만들 수는 있다고 하더라도 외부로부터 끊임없이 받아들이는 음식물 같은 물질들은 몸속에 들어가면 어항 속의 물고기처럼 훤히 들여다보일 것이다. 이 것은 어떻게 할까? 그러나 무엇보다도 투명인간이 되면 눈꺼풀이 투명하게 변해버려서 항상 눈을 뜨고 있는 것처럼 되어 잠들기가 무척 어렵게 될 것이다.

그런데 물은 투명한데 그 물이 얼어서 생긴 눈은 왜 투명하지 않고 하얗게 보일까? 그것은 전반사와 관계가 있다. 전반사란 물로 입사되는 빛이 임계각을 넘어서면 물속으로 들어가지 못하고 다시 물 밖으로 반사되어 버리는 것을 말한다. 물에 비치는 햇빛이 비스듬해지면 물은 햇빛을 그대로 반사해 버린다. 그래서 해가 질 때쯤의 호숫물은 눈이 부시다. 낮이라도 호수의 물이 일렁이면 눈이 부시게 보일 때가 있다. 시계를 차고 물속에 들어가 시계의 유리를 보면 물론 속이 잘 보인다. 그런데 시계를 물 가까이로 접근시켜 어느 각도에 이르면 갑자기 시계 유리 속의 바늘과 다이얼이 하나도 보이지 않고 거울처럼 하얗게 변해버리는 순간이 있다. 그것이 바로 전반사이다. 빛이 시계의 다이얼에 반사되어 그 빛을 눈으로 전해주지 못하고 그냥 물 위에서 다이얼까지 도달하지 못한 상태에서 바로 반사되어 버리기 때문에 그 빛에는 시계의 영상이 없다.

눈은 투명한 결정으로 되어있으므로 색이 있으면 안 된다. 그러나 그 결정들이 여러 각도로 모든 방향을 향해 있다. 마치 시계의 유리와 같은 것이 무수하게 많은 상태라고 보면 된다. 그 많은 작은 투명한 유리들이 전반사를 일으키기 때문에 하얗게 보이는 것이다. 전반사를 일으킬 때는 어느 빛은 반사하고 어느 빛은 선택적으로 흡수하지 않고 모든 색을 그대로 반사하기 때문에 흰색으로 보인다.

체표면적의 과학

- 릴리퍼트 사람들보다 키가 12배 큰 걸리버는 12×12×12, 즉 소인들의 1,728배나 되는 음식을 먹어야 한다고 어느 학습지가 주장한다. 사실일까?
- 추운 곳에 사는 동물들은 인간을 포함하여 더운 곳에 사는 동물보다 대개 체격이 크다.
- 개미는 높은 곳에서 떨어져도 절대 죽는 일이 없다. 당연한 일인 것 같지만 설명해 보라.
- 일본 청주는 뜨겁게 데워 마셔야 하는데 작은 잔에 따라놓은 술은 주전자에 있는 술보다 훨씬 빨리 식어 버린다. 왜 그럴까?
- 마이크로 원단의 견뢰도가 나쁜 이유를 설명해보라.
- 벙어리 장갑이 손가락 장갑보다 더 따뜻한 이유는 무엇인가?

세상에서 가장 유용한 과학의 예를 들라고 한다면 나는 주저 없이 체표면적에 대한 이론을 꼽을 것이다. 소재와 패션에서도 그렇다. 가장 단순하면서도 직관을 벗어난다는 이유로 사람들이 어렵게 생각하는 체표면적에 대한 놀라운 비밀을 벗겨 보려고 한다. 위에서 제기한 모든 의문을 체표면적의 과학, 단 하나의 이론으로 명쾌하게 설명할 수 있다.

체표면적 Body Surface Area. 이하 BSA이란 말 그대로 3차원 물체의 표면을 둘러싼 면적이다.

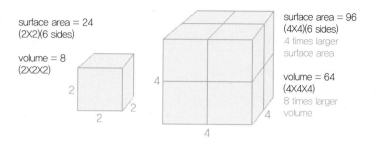

surface area = 24
(2X2)(6 sides)

volume = 8
(2X2X2)

2

2

2

surface area = 96
(4X4)(6 sides)
4 times larger
surface area

volume = 64
(4X4X4)
8 times larger
volume

4

4

4

위 그림을 한번 보자. 한 변이 2m인 새끼 정육면체의 부피는 8이다(단위 생략). 그런 정육면체 8개를 오른쪽 그림과 같이 쌓았다. 이 어른 정육면체의 부피는 당연히 8×8=64이다. 그런데 만약 BSA를 따져보면 새끼의 BSA는 한 변이 2×2=4라는 면이 6개이므로 24가 된다. 그렇다면 어른의 BSA는 8배가 될까? 그렇지가 않다. 실제로 계산을 해보면 16×6=96, 즉 4배가 된다.

이 예로써 부피는 8배이지만 BSA는 4배가 되어 어떤 물체의 크기가 커질수록 부피 대비 BSA가 작아진다는 것을 알 수 있다. 여기서 부피대비 표면의 크기를 비표면적(Specific Surface Area 이하 SSA)라고 한다. 이 사실은 물리적으로뿐만 아니라 생물학적으로도 매우 중대한 결과를 가져온다.

베르크만의 규칙(Bergmann's Rule)

인간은 항온동물이다. 항온동물은 체온을 언제나 일정하게 유지하며 따라 체온이 변하는 변온동물에 비해 더 많은 에너지를 필요로 한다. 하지만 체온이 낮아지면 활동이 불가능한 변온동물에 비해 항온동물은 전천후로 활동이 가능하다는 장점이 있다. 항온동물이 더 많은 에너지를 필요로 하는 이유는 끊임없이 외부로 체온을 빼앗기고 있기 때문이다. 체온은 아주 더운 곳을 제외하고는 대개 주변의 외기보다 높기 때문에 평형을 유지하기 위한 물리법칙이 작용한다. 그로 인해 항온동물이 체온을 유지하기 위해 투자하는 에너지 비용은 막대하다. 단지 체온을 유지하기 위해 하루에 필요한 에너지의 25% 이상을 이에 투입해야 한다. 따라서 항온동물은 이를 절약하려는 전략을 진화시켰을 것이다.

그런데 비표면적(SSA)이 큰 동물과 작은 동물 중 어느 쪽이 체온을 덜 뺏기게 될까? 체온은 피부를 통해 빠져나간다. 따라서 피부가 부피에 비해 상대적으로 넓은 쪽이 불리하다. 답은 SSA가 작은 쪽이다. 그러므로 SSA가 작은, 즉 체구

어마어마한 크기의 북극곰

가 큰 동물이 추운 지방에 살기에 더 적합하다는 결론이 된다. 그에 대한 가장 멋진 사례가 바로 북극곰이다.

인간의 경우도 적도에 가까운 남부 지방에 사는 사람들보다 북부의 추운 지방에 사는 사람들이 체격이 더 크다는 사실을 생각해 보면 된다(세상에서 가장 키가 큰 사람들은 네덜란드 사람들이다.).

알렌의 규칙(Allen's Rule)

그런데 베르크만의 규칙을 확대 적용하여 크기가 같은 동물일 때 어떤 모양이 표면적이 더 작은 형태일까? 극히 더운지방에 사는 동물들은 더위를 이기기 위하여 되도록 체표면적이 커지는 쪽으로 적응이 일어났을 것이라는 예측을 해볼 수 있다. 아래 그림을 한번 보자.

다음의 두 육면체는 부피가 같다. 하지만 BSA는 다르다. 오른쪽의 길쭉한 모양이 17%나 BSA가 더 크다. 따라서 동물들의 팔다리가 긴 쪽으로 적응이 일어났을까?

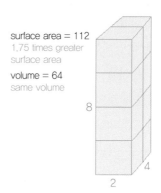

surface area = 96
volume = 64

surface area = 112
1.75 times greater
surface area

volume = 64
same volume

8

4

4

4

2

4

Allen의 규칙

Azelouan과 뾰족뒤쥐

위 그림은 Azelouan이라는 적도에 사는 개의 한 종류이다. 알렌의 규칙에 대한 사례를 훌륭하게 보여주고 있다. 이 개는 적도의 더운 날씨에서도 잘 활동할 것이라는 예상을 할 수 있다. 표면적이 가장 작은 입체는 공모양이다. 날씬하고 굴곡이 많을수록 BSA가 커진다.

극단적인 예를 들어보자.

크기가 작은 동물일수록 체온을 빨리 그리고 많이 빼앗긴다면 작은 동물일수록 상대적으로 더 많은 에너지가 필요할 것이다. 따라서 항온동물의 크기는 한계가 있을 것이다. 너무 크기가 작은 항온동물은 종일 먹어도 필요한 에너지를 감당할 수 없다는 결론이 나온다. 따라서 곤충 같은 작은 동물들은 변온동물일 것이다. 항온동물 중 가장 크기가 작은 동물은 손가락 한 마디 크기에 불과한 뾰족뒤쥐이다. 이놈은 그야말로 종일 먹어야 산다. 가끔 낮잠을 오래 자는 사고로 아사餓死할 수도 있다.

아이들이 목욕탕에서 나오면 어른보다 더 추위를 타는 이유는 엄살이 아니라, 아이들의 비표면적이 어른들보다 상대적으로 크기 때문이다. 이의 연장선상에서 보면 마른 사람들은 더 많은 에너지를 소모하며 반대로 뚱뚱한 사람들은 상대적으로 에너지를 덜 사용하여 비만이 가속화될 수 있다. 조그만 잔 속의 술이 주전자에 담긴 그것보다 더 빨리 식는 이유도 역시 SSA가 크기 때문인 것으로 설명된다. 마찬가지로 겨울에 벙어리 장갑이, 손가락이 있는 장갑보다 더 따뜻한 이유는 벙어리 장갑의 SSA가 손가락 장갑의 SSA보다 훨씬 더 작기 때문이다.

걸리버의 의문으로 돌아가보자. 걸리버는 릴리퍼트 사람들보다 1,728배나 더 큰 부피를 가졌지만 그렇다고 해서 그들보다 1,728배나 먹어야 하는 것은 아니다. 바로 BSA 때문이다. 이 오류는 명백하게 생물학적인 것이 아니라 물리적인 것이다. 실제로 걸리버보다 릴리퍼트 같은 작은 사람들이 상대적으로 많은 양의 음식을 먹어야 살 수 있다. 그들이 변온 동물이 아니라면 종일 먹어야 살 수 있다. 그래서 그렇게 작은 인간은 존재할 수 없다.

종단속도(Terminal Velocity)

갈릴레오는 모든 물체의 무게와 상관없이 낙하속도는 같다는 것을 증명하였다. 하지만 이런 물리의 법칙은 직관적으로 와 닿지 않는다. 왜냐하면 이 법칙은 '진공일 경우'라는 전제가 깔려있기 때문이다. 우리는 진공 속에 살지 않는다. 만약 지구에 대기가 없다면 갈릴레오의 법칙에 의해 비에 맞아 죽을 수도 있다. 높은 곳에서 떨어지는 모든 물체는 중력 가속도에 의해 매초 9.8m씩 빨라진다. 10초면 98m, 20초면 196m가 되는데 초속 196m라는 속도는 무려 시속 700km에 해당한다. 점보 제트기의 속

종단속도를 높이는 방법은 공기저항을 줄이는 것이다.

도와 비슷하다. 35초 후에는 음속을 돌파하게 된다. 5분 후에는 시속 10,000km가 된다. 문제는 아무리 작은 물체라도 속도가 빠르면 막대한 파괴력을 가질 수 있다는 사실이다. 운동에너지는 속도의 제곱에 비례하기 때문이다. M16 탄환의 운동에너지가 1,700줄이라고 하니, 만약 빗방울이 1g 정도라면 5분 후의 빗방울의 운동에너지는 M16 탄환의 절반 정도가 된다. 그야말로 하늘에서 총알이 날아오는 것과 같다. 하지만 현실에서 그런 일은 일어나지 않는다. 그것은 바로 공기저항 때문이다. 그리고 공기저항은 곧바로 체표면적과 직접적인 관계에 놓여 있다. 물체의 자유낙하 속도는 공기저항으로 인해 감속된다. 공기와의 마찰 면적이 큰 쪽은 공기저항이 크다. 즉, 비표면적이 큰, 작은 크기인 물체의 공기저항이 크다는 말이 된다. 따라서 크기가 작은 빗방울은 SSA가 매우 크므로 그렇게 빠른 속도에 도달할 수 없다.

다른 모든 물체에도 이 논리가 적용되는데, 따라서 어떤 물체의 공기저항에 따라 자유낙하 속도는 한계를 가지게 된다. 최대 자유낙하 속도는 공기저항과 중력가속도가 같아지는 시점이 되며, 이후 물체는 가속을 멈

---

* 우주 공간은 거의 진공이기 때문에 실제로 이런 일이 일어난다.

추고 등속도 운동을 하게 된다. 이 지점을 종단속도라고 한다. 스카이다이버의 종단속도는 대략 시속 220km 정도이다. 빗방울은 2mm 정도의 크기가 겨우 시속 25km이다. 걱정할 필요는 없을 것 같다. 낙하산은 BSA를 극단적으로 크게 하여 종단속도를 낮추는 역할을 한다. 개미는 크기가 작으므로 SSA가 매우 큰 동물이다. 따라서 아무리 높은 곳에서 떨어져도 종단속도가 느려 그만큼 충격이 작다.

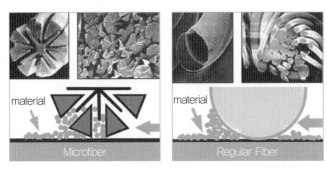

Micro fiber와 일반섬유의 마찰 비교

Micro fiber와 BSA

Micro fiber는 굵기가 0.1d 미만으로 천연섬유 중 가장 가는 섬도를 가진 실크(1d)보다 훨씬 더 가늘다. 따라서 체표면적이 매우 크다. 그런데 체표면적이 크면 그만큼 투입되는 염료의 양이 많아진다. 만약 어느 두 원단의 세탁 견뢰도가 같은 수준이라고 했을 때 염료가 1.5배 들어간 원단은 보통 원단에 비해 염료도 1.5배 탈락하여 견뢰도 점수를 나쁘게 한다. 따라서 마이크로에는 상대적으로 더 좋은 견뢰도를 가진 염료를 써야 한다. 하지만 이는 결코 쉬운 일이 아니어서 일본의 기술 정도로만 이를 해결할 수 있다. Micro fiber 원단의 견뢰도를 높이는 방법은 Dark한 Color를 오더하지 않는 것이다.

마약김밥의 비밀

서울의 광장시장에 가면 마약김밥이라는 기묘한 이름의 김밥이 있다. 매우 맛있다는 뜻이거나 너무 맛있어서 중독성이 있다는 의미를 강조하기 위해 그런 이름을 붙였을 것이다. 마약김밥은 다른 김밥에 비해 확실히 맛있을까? 확실히 그렇다고 생각한다. 더 맛있는지는 모르겠지만 다른 김밥보다 맛이 더 강하다. 그 이유는 바로 마약김밥의 크기이다.

그림에서 보다시피 마약김밥은 손가락 굵기로 일반 김밥보다 더 가늘다. 즉, 더 사이즈가 작다. 비표면적은 말할 것도 없이 일반 김밥보다 더 크다. 실제로 이런 김밥을 만들어보면 일반 김밥보다 김이 훨씬 더 많이 필요하다는 사실을 알게 될 것이다. 김밥은 사이즈가 커질수록 김은 점점 더 적어지고 대신 밥이 더 많이 들어간다. 어느 쪽이 더 맛있을지는 굳이 먹어보지 않아도 알 것이다.

Decanting

와인의 맛을 조금 더 순하게 하고 싶을 때 디켄팅을 하는데 두가지 효과가 있다. 더 많은 산소와의 접촉, 그리고 찌꺼기의 제거이다. 대기에는

21%의 산소가 있다. 와인에 더 많은 산소를 녹이려고 하면 더 많은 산소와의 접촉이 필요하다. 따라서 Decanter는 최대한 산소와 접촉할 수 있도록 체표면적이 커지는 방향으로 설계되어 있다.

고양이도 아는 체표면적의 과학

고양이는 추울 때는 몸을 움츠려 체표면적을 작게 하고 더울 때는 체온을 발산하기 위해 몸을 길게 늘여 뜨려 최대한 체표면적을 크게 한다. 사람은 할 수 없는 동작이다.

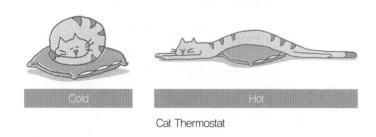

Cat Thermostat

진화와 체표면적

진화는 체표면적의 과학을 어떻게 이용하고 있을까? 진화는 지난 35억년동안 자연도태라는 도구를 이용하여 모든 생물을 제한된 자원의 낭비를 최소화 하여 가장 효과적으로 작동하도록 압력을 행사하고 있다. 따라서 동식물의 기관에서 체표면적의 과학을 확인할 수 있다. 폐는 제한된 공간 안에서 흡입한 최대한의 산소를 포획해야 하는 기관이다. 따라서 산소와의 접촉을 최대화하기 위해 체표면적이 극대화할 수 있도록 진화되었을 것이다. 소장은 제한된 시간 동안 마치 컨베이어 벨트위에 놓인 부품을 정해진 시간 내에 조립해야 하는 공장과 마찬가지로 흘러내려가는 음식물로부터 영양분을 최대한 흡수해야 하며 제때에 포획하지 못한 열량이나 영양분은 그대로 배설될 수 밖에 없다. 그러므로 소장은 음식물과의 접촉을 최대화해야 하며 따라서 제한된 사이즈로 최대한 체표면적을 늘린 형태로 진화되었다.

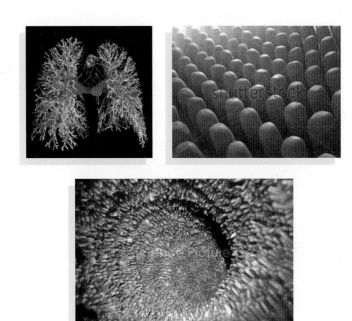

시즌 별 의류소재의 선택

동절기에는 체온을 쉽게 빼앗기지 않도록 체표면적이 최소화하는 방향으로 의류소재가 설계되어야 하며 반대로 하절기에는 체표면적을 크게 해야 시원한 의류소재가 될 수 있다. 물론 안쪽이 아닌 외기와 접촉하는 부분인 소재의 Face부분에 적용해야 하며 피부 쪽에 해당하는 소재의 Back 부분은 안감이 없는 경우 반대로 설계해야 하는 경우도 있다.

형광색이란?

　삼파장 램프는 독일의 오스람에서 발명된 것으로 알고들 있지만 실제로는 네덜란드의 필립스가 발명한 물건이다. 기존의 형광등이 너무 크고 불편해 전구 사이즈로 축소한 것이다. 삼파장 램프가 꽈배기처럼 꼬인 이유는 형광등에 요구되는 기본적인 길이가 있기 때문이다. 일정 길이를 최소 공간에 넣기 위한 이상적인 모양이 꽈배기이다. 삼파장 램프는 기존 형광등이 파란색과 초록색 가시광선만 방출하는 것과는 달리, 태양광처럼 붉은색도 나온다.

　형광색은 세상에서 가장 채도가 높은 색이다. 사물의 색상은 빛으로부터 가시광선 영역인 380~770nm의 파장을 물질이 선택적으로 흡수 또는 반사하여 흡수하는 파장에 대한 보색을 뇌가 인지하는 결과이다. 채도는 색의 순도를 말한다. 즉, 다른 색과 섞이지 않은 반사되는 빛 중 보색의 세기가 적은 척도를 말한다. 따라서 채도가 높은 색은 밝게 보이며 채도가 낮은 색은 어둡게 보인다. 물론 명도의 개념과는 다르다. 물감에서도 삼원색이 가장 채도가 높고 이들에 다른 색을 섞어 만든 색들은 채도가 낮아진다. 다양하게 색을 더 섞을수록 채도는 더 낮아진다. 인간이 볼 수 있는 35만 가지 색은 여러 색들을 섞어서 만들어 낼 수

있다. 그러나 삼원색은 단색이다. 섞어서 낼 수 있는 색이 아닌 그 자체로 단색이라는 말이다. 즉, 채도가 가장 높은 색이다. 색의 삼원색은 마젠타 Magenta, 시안 Cyan 그리고 Yellow이지만 실제로 색의 삼원색은 단색이 아닌 단색에 가장 가까운 색이다. 빛의 삼원색이야말로 아무것도 섞이지 않은 단색이다. 그런데 삼원색보다 더 채도가 높은, 눈이 부실 정도로 채도가 높은 형광색이 있다.

형광색은 어떻게 그렇게 환하게 빛날 수 있을까? 마치 스스로 빛을 내는 것처럼 보인다. 실제로 형광색은 스스로 빛을 낸다고 봐도 무방하다. 형광색은 에너지가 높은 짧은 파장의 빛을 흡수해 그보다 긴 파장의 빛으로 재복사하기 때문에 색상이 선명해진다. 이해하기 쉬운 얘기는 아니다. 형광색소나 일반색소나 빛으로부터 원하는 파장의 빛은 흡수하고 나머지는 반사한다는 면에서는 차이가 없다. 하지만 일반색소는 빛을 흡수해서 받은 에너지를 전부 색소 분자가 진동하는 데 쓰거나 주위의 다른 전자와 충돌하면서 빼앗기게 된다. 하지만 형광색소는 흡수한 에너지를 일부만 진동하는 데 쓰고 나머지는 파장이 더 긴 빛의 형태로 방출하기 때문에 낭비하는 빛 에너지가 없어져서 더 밝게 보인다. 일부를 진동하는 데 에너지를 빼앗기게 되므로 재반사되는 빛은 들어올 때의 입사광선의 파장에 비해 원래보다 파장이 더 길어지게 된다. 조금만 더 쉽게 설명해 보겠다.

예를 들어, 눈에 보이지 않는 자외선을 흡수해 눈에 보이는 파란색을 재 복사하는 경우, 이 색채는 물체에 비춰진 빛 중, 파란색 파장대의 빛에 대한 물체의 분광반사(일반적인 색채)에 자외선의 형광효과에 의한 파란색 대의 빛의 재복사(형광색채)가 합해져서 훨씬 선명하게 보인다. 분광이란 빛을 스펙트럼으로 나눠서 빨주노초파남보로 나눠 놓은 각각의 빛이다. 투명한 빛은 모든 색들이 합쳐져서 그렇게 보인다. 파란색은 파란색과 초록색 대의 파장을 많이 반사하고 노란색이나 빨간색 대의 파장은 아주 조금만 반사한다.

햇빛에는 여러 종류의 빛이 섞여있다. 그래서 전자복사파라고 한다. 그것은 라디오나 TV에 쓰이는 장파·단파·초단파를 비롯하여 레이더나 전자레인지에 쓰이는 극초단파 같은 전파를 포함하는 적외선·자외선·가시광선 그리고 X선, 감마선 같은 것들이다. 그 중 사람의 눈에 보이는 것은 가시광선뿐이다. 나머지 광선은 어떤 물체에 부딪혀서 반사되든 흡수되든 사람의 눈에는 보이지 않으므로 상관없다. 사실 자외선은 상관이 많다. 그런데 어떤 물질은 자외선을 받아서 다시 반사하는 과정에서 약간의 에너지를 잃고 자외선의 파장이 약간 더 길어진 상태로 반사한다. 그렇게 됨으로써 이 자외선은 가시광선 대역으로 에너지가 떨어져 사람 눈에 보일 수 있게 된다. 가시광선 중 파란색의 파장/에너지가 자외선과 가장 근접하므로 에너지가 떨어지면 자외선은 푸른 빛을 내게 된다. 분명히 말하지만 형광등은 자외선의 색이 아니다. 자외선은 눈에 보이지 않는다. 다만, 파란색으로 보이게 될 수도 있다는 것이지만 파란색으로 보일 때는 이미 자외선이 아니다.

이런 이유로 형광색은 기존의 색상과 자외선이 결합하여 원래보다 더 밝은 빛을 내게 되는 것이다. 여기서 말하는 어떤 것이란 형광물질이다. 일반 색상이 빛을 반사하는 반사율은 많아야 70~80% 정도에 불과하지만, 파란 형광색의 반사율은 150% 또는 200% 이상이 될 수도 있다. 이는 보통 70~80%의 반사율을 보이는 일반 색채보다 두 배나 더 밝아 보인다는 것을 의미한다. 너무 밝아서 사람의 눈을 상하게 할 수 있는 방금 내린 새하얀 눈의 반사율도 75% 정도이다(섬유지식 I. '색에 대하여'). 따라서 채도가 100보다 더 높아지면 어떤 경우는 비춰진 파란색 파장대의 입사량보다 더 많은 재복사가 이루어져 마치 물체가 광원처럼 특정한 색채로 빛나는 경우를 볼 수 있다. 이렇게 해서 최대 4배까지 밝기가 증폭될 수 있다.

이처럼 주로 자외선을 많이 포함한 빛을 물질에 조사하면 특정 물질들이 이런 형광색을 보이게 된다. 자외선을 포함한 빛에 대하여 이런 반응을 보이는 물질이 형광물질이다. 물론 태양광선에도 자외선이 포함되어 있기 때문에 태양광에 의하여 형광색을 보면 매우 밝은 색으로 보이는 것이다. 자외선을 많이 발산하는 자외선 램프도 마찬가지이다. 나이트클럽에 가면 흰색 옷이 푸르게 빛나는 것을 볼 수 있다. 나이트클럽의 자외선 조명등이 옷에 묻어있는 형광염료를 만나서 그렇게 되는 것이다. 반대로 자외선을 거의 내놓지 않는 일반 전구 밑에서는 형광색이라도 아무 소용 없다.

그런데 흰색 옷에는 누가 형광물질을 칠해 놓았을까? 흰색의 원단은 예외 없이 형광염료를 바른다. 이것이 B/W 원단과 Optical white 원단의 색상이 다른 이유이다. 흰색은 더 희게 보이게 하기 위해 염색공장에서 형광염료를 첨가한다 그러므로 같은 흰색이라도 형광염료가 없는 옷은 클럽에서 푸르게 빛나지 않는다. 또 집에서 쓰는 세제에도 형광염료가 들어있다. 이 형광염료는 원단의 흰색인 부분에 들어가면 파르스름하게 빛을 낸다. 따라서 흰색 빨래를 더욱 희게 보이도록 만든다. 청바지도 빨고 나면 희게 색이 바랜 곳에는 형광염료가 묻어 있다가 나이트클럽에 가면 빛을 발하기도 한다. 이런 형광염료를 만드는 회사는 미국의 Dayglo 라는 회사이다(http://www.dayglo.com).

몇 년 전만 해도 이 회사가 전 세계에서 형광물질을 만드는 유일한 회사였다. 처음은 몇 가지밖에 없던 형광 컬러들이 이제는 수십 가지 정도로 다양해졌다.

형광등도 같은 원리를 이용한 것이다. 형광등은 내부에 전극을 설치하여 수은으로부터 수은 증기를 만들어 자외선을 발생하게 만든다. 그러면 자외선을 받은 형광등 내부에 칠해진 형광물질이 푸른색과 녹색의 가시광선으로 바뀌면서 푸르스름한 빛을 내게 한다. 만약, 형광물질이 발라져 있지 않으면 아무런 색도 내지 못할 것이다. 이것을 Black Light라고

한다. 형광색이 프린트된 티셔츠를 입고 블랙라이트 앞에 서면 형광물질
이 파르스름하게 빛나는 것을 볼 수 있다.

그런데 형광등은 1초에 120번을 깜박인다. 하지만 우리는 그것을 느끼지 못한다.
이것은 영화를 볼 때 잔상을 이용해서 필름이 1초에 24프레임을 지나가게 하여 눈에
는 사진이 움직이는 것처럼 보이게 하는 것과 마찬가지 원리이다. 형광등이 1초에 120
번이나 깜박거리는 이유는 형광등이 60Hz인 교류를 사용하기 때문이다. 60Hz의 교류
란 1초에 전기의 극성(플러스 마이너스)이 60번씩이나 바뀐다는 뜻이다. 즉, 형광등은
전기가 1초에 60번을 왕복해야 하기 때문에 120번 깜박거린다. 필자가 즐겨 듣는
MBC FM라디오는 95.9Mhz이다 이 숫자가 의미하는 것은 MBC 라디오의 전파가 1초
동안에 95,900,000번 플러스와 마이너스가 바뀌는 전파라는 뜻이다.

이처럼 사람의 눈은 쉽게 속일 수 있기 때문에 형광등 같은 물건은 직
류가 아닌 교류를 써도 문제가 없다. 그런데 라디오나 TV 같은 전자제품
은 속일 수 없다. 전기의 방향이 이처럼 자주 바뀌면 전자제품들은 스트
레스를 받게 된다. 그래서 이것들은 같은 가정에서의 전기를 써도 반드
시 직류로 바꿔 쓰는 것이다. 물론 배터리는 모두 직류이기 때문에 문제
없다. 교류를 직류로 바꾸는 기계를 정류기 또는 컨버터 Converter라고 한

다. 이 컨버터가 전자제품 안에 내장되어 있는 것이다. 전기가 처음 발명되었을 당시 에디슨은 직류를, 그의 영원한 적수인 공학자 니콜라 테슬라는 교류를 지지했다. 전기를 멀리 보내도 손실이 적다는 교류의 장점 때문에 결국 이 싸움은 테슬라의 승리로 끝이 난다.

스탠드에 많이 쓰이는 인버터 Inverter는 어떤 것일까? 그것은 컨버터와 반대로 직류로 바꾼 전기를 다시 교류로 바꾸는 장치인데 이렇게 해서 주파수를 조정할 수 있게 된다. 형광등은 주파수가 60hz이기 때문에 매초 120번 깜박인다. 우리 눈은 잘 느끼지는 못하지만 오래 쓰면 그래도 이것 때문에 눈이 상당히 피로해 지게 된다. 그런데 인버터가 하는 일은 형광등의 주파수를 60에서 무려 44,000Hz로 증폭시켜주는 것이다. 그렇게 되면 형광등은 1초에 88,000번 깜박이게 되고, 따라서 눈은 전혀 깜박임을 느낄 수 없기 때문에 피로하지 않게 된다. 그것이 바로 인버터 스탠드이다.

여름에 에어컨을 많이 쓰게 되면 전압이 떨어져서 에어컨이 불안해진다. 이때 인버터를 내장한 에어컨을 쓰면 전압이 떨어지지 않고 일정하게 유지시킬 수 있으므로 불안해하지 않고 쓸 수 있다. 그런데 모든 집에서 다 이런 식으로 인버터 에어컨을 쓰게 되면 전체적으로 과부하가 걸리게 되고 결국 정전사태가 생길 것이다.

전류는 뭐고 또 전압은 무엇인가? 왜 미국이나 일본은 110V를 쓰는데, 우리나라는 220V를 쓸까? 전류는 전기의 양이다. 전압은 이를테면 전기를 어느 한쪽 방향으로 밀어대는 힘이다. 높은 곳에 서 있는 사람이 있다고 했을 때 언덕이 높을수록 전류가 많은 것이다. 떨어지면 많이 다친다. 이 사람을 떠미는 힘이 전압이다. 사람의 크기는 저항이다. 전압은 아무리 높아도 전류가 적으면 사람은 감전되어 죽지 않는다. 즉, 아무리 떠미는 힘이 세더라도 낮은 곳으로 떨어지면 다치지 않는 것과 마찬가지다. 반대로 아무리 높은 곳에 서 있어도 떠미는 힘이 충분하지 않으면 떨어지지 않는다. 그리고 저항이 크다면, 즉 서 있는 사람이 너무 크다면 전압이 높아도 절벽으로 떠밀 수가 없다. 상대적으로 그만큼 전압이 더 높아져야 한다. 이를테면 배터리 같은 것은 아무리 전압이 높아도 전류의 양이 적어서 사람이라는 큰 저항을 감전시키지 못한다. 정전기도 마찬가지이다. 정전기는 수천 볼트의 고전압이지만 그것 때문에 사람이 죽는 일은 없다. 전류의 양이 적기 때문이다.

전류는 전자의 흐름이다. 전자가 흐름으로써 전기가 통하게 되고 전자제품이라는 저항을 움직인다. 그런데 가만히 있는 전류를 움직이게 만들려면 전압이 필요하다. 멀리 보내거나 저항이 큰 물건에 전류를 흐르게 하려면 전압이 높아야 한다. 가정용의 전류는 발전소로부터 오는 것이기 때문에 그 양은 사람을 충분히 죽일 수 있을 정도로 많다. 전류는 보통 1암페어이면 매우 큰 단위이다. 그것보다 1,000배가 적은 것이 1밀리 암페어인데 20밀리 암페어만 되어도 인체의 근육이 경련되고 마비가 온다. 그래서 높은 전기가 통하면 전기를 잡은 손을 놓을 수가 없게 된다. 200mA 정도면 심장이 멎는다. 자동차의 배터리의 전류는 100mA 정도가 되는데 이 정도의 전류면 사람에게는 상당히 위험하다. 그런데도 자동차 배터리에 감전되어서 사람이 죽었다는 소리는 못 들어 봤다. 왜일까? 그 것은 전압이 낮기 때문이다. 자동차의 배터리는 덩치는 크지만 다른 작은 배터리와 마찬가지로 전압이 겨우 12V에 불과하다. 왜냐하면 자동차에 쓰이는 전기들은 저항이 적기 때문에 아주 적은 힘으로도 전류를 흐르게 할 수 있기 때문이다.

그런데 110V와 220V의 차이는 어떤 것일까? 쉽게 말해서, 110V의 전기로는 사람이라는 큰 저항에 전류를 통하게 만들 수 있을 정도로 충분하지 않다. 그래서 감전이 되어서 충격을 받기는 하지만 죽지는 않는다. 그럼 220V는 어떨까? 이것은 충분히 사람이라는 큰 저항을 통과해서 전류가 땅으로 흐르게 한다. 그러면 사람은 감전되어 죽는다. 그럼 안전한 110V를 쓰지 왜 굳이 위험한 220V를 쓸까? 그것은 전류를 보내는 효율과 관계가 있다. 전압이 높을수록 전류를 보낼 때의 손실이 적기 때문이다. 그러나 부자나라는 그런 것보다는 사람의 안전에 더 신경을 쓰기 때문에 손실이 있더라도 안전한 110V를 사용한다. 따라서 220V를 쓰는 우리는 위험한 전기를 쓰고 있는 것이다. 일반 전구는 텅스텐을 뜨겁게 달구어서 그 뜨거운 열에서 나오는 복사광선을 사용하는 것이다. 그런데 그 열이 가시광선으로 바뀌는 에너지의 변환이 겨우 5%이다. 따라서 나머지 95%는 우리가 원하지 않았던 적외선의 형태, 즉 열로 모조리 방출되어 사라지는 것이다. 거꾸로 이비인후과에서 사용하는 뜨거운 붉은 전등은 이 95%의 Loss를 손실이 아닌 효율로 적절하게 사용한다.

이에 비해 형광등은 위의 작용에 따라 작동되므로 효율이 더 좋을 것이다. 그렇지만 아무리 형광등이라도 열로 인한 손실은 어쩔 수 없다. 형광등을 만져보면 형광등도 약간은 뜨겁다는 것을 알 수 있다. 이렇게 도망가는 에너지가 형광등이라도 75%나 된다. 따라서 형광등은 효율이 25%에 달한다. 그래도 전구보다 5배나 더 효율이 좋은 조명기구이다.

3

All that Textile

Memory 원단

세상의 모든 동물은 단맛을 좋아한다.

그 이유는 단순하다. 살아 움직이는 모든 생물은 심지어는 사람이 만든 기계도 삶을 영위하기 위하여 에너지가 필요하다. 에너지가 있으므로 생물이라는 조직이 또는 기계가 활동할 수 있는 것이다. 그 에너지원은 대개 식물이 태양의 힘을 빌어 제조한 것으로 단맛이 난다. 그것이 단당류인 포도당이다. 물론 식물은 자신의 에너지를 동물에게 약탈당하지 않기 위해 단맛이 나는 분자를 집합하여 단맛이 나지 않는 강한 분자가 되는 놀라운 화학적 변화를 일으킬 수 있다. 그것이 셀룰로오스라는 다당류이다. 셀룰로오스가 땅에 묻혀 오래되면 석탄이나 석유가 됨으로써 에너지를 수백 만년 이상 저장할 수도 있다. 위대한 자연의 힘이다.

동물이라는 본성이 단맛을 좋아하는 이유는 끊임없이 섭취해야 하는 에너지원이 대부분 달기 때문이다. 반대로 쓴맛이 나는 물질은 대개 독이거나 건강을 해치는 것이 많다. 인삼에도 독이 있다. 그래서 홍삼이 나왔다. 그런 이유로 동물 종의 하나인 사람에게 뭔가를 팔아먹으려고 시도하는 모든 장사꾼들은 인간의 본성에 호소해야 한다. 본능에 반하는 물건은 팔아먹기 힘들다. 따라서 대부분의 먹을 수 있는 물건은 단맛을 가지게 되었다.

그런데 20세기 일본에서 쓴맛이 나는 음식이 개발되어 폭발적

인 인기를 끌었다. 우리나라에도 유행하고 있는 카카오72를 생각해 보면 된다. 본능에 저항하는 이러한 마케팅이 성공한 이유가 뭘까? 그건 사람의 감각이 지루한 것을 싫어하는 또 다른 본능 때문이다. 시상하부* Hypothalamus에서 새로운 것을 추구하는 사람들은 지겨운 단맛에 대한 일종의 저항으로 쓴 맛을 찾게 된 것이다. 사람의 오감 중, 특히 시각은 지루한 것을 싫어한다. 그에 비해 청각은 지루한 것을 잘 참을 수 있으며 또 익숙해 한다. 우리가 생소한 음악보다는 오래된 음악을 즐겨 듣는 이유가 그것이다.

눈은 특히 지루한 것을 매우 싫어하며 그로 인해 패션산업이라는 것이 번성하고 있다.

그런데 옷을 입은 지 일정 시간이 경과했음을 알리는 퇴적물인 구김이라는 현상은 단정하고 새것을 좋아하는 사람의 본성에 반한다. 따라서 옷의 구김을 펴기 위한 다양한 노력이 수세기 동안 계속되어 왔다. 하지만 아직 아무도 구김을 완전히 막을 수 있는 방법을 개발하지 못했다. 다만 구김을 펼 수 있는 기구가 있을 뿐이지만 그나마 이백 년 전의 방법을 그대로 답습하고 있다.

구김은 원단이 완벽한 탄성체가 아니기 때문에 발생한다. 한번 힘이 가해진 원단은 얼마간의 탄성으로 다시 원상태로 복원되기는 하지만 완벽하게 원래대로 돌아오지는 못한다. 오직 고무 같은 완벽한 탄성체만이 그렇게 할 수 있을 뿐이다. 모든 금속은 탄성체이지만 탄성 한계를 가지고 있다. 탄성 한계 내의 힘이 가해지면 금속은 원래대로 돌아온다. 그러나 탄성 한계보다 더 큰 응력을 가하면 영구적인 변형이 일어난다. 이것을 소성변형이라고 하는데 금속재료를 구부려서 뭔가를 만들 수 있는 이유가 바로 이것 때문이다. 매일 사용하는 서랍 안의 종이클립도 소성변형 때문에 존재하는 것이다.

---

* 시상하부: 체온과 생체리듬, 배고픔, 갈증 그리고 번식과 기쁨을 느끼는 부위

형상기억합금 Shape Memory Alloy이라는 금속이 있다.

이 금속은 응력에 의해 일단 소성변형이 일어났다가도 일정한 온도가 되면 다시 원상태로 돌아오는 희한한 성질을 가지고 있다. 마치 금속이 자신의 원래 모습을 기억하는 것 같은 착각을 일으킨다. 니켈과 티타늄의 합금인 니티놀 Nitinol이 대표적인 형상기억합금으로 무려 백만 번이나 변형과 회복을 반복해도 끄떡없는 막강한 강성을 가지고 있다. 형상기억합금은 1938년에 발견되었지만 적당한 용도를 찾지 못하다가 90년대에 들어와 여성들의 브래지어에 들어가는 와이어에 응용하게 되면서 널리 알려지게 되었다. 강철 스프링과 같은 초탄성합금과 구분되는 것은 초탄성합금은 고무처럼 아예 변형이 일어나지 않는다는 것이다. 니티놀의 단점은 가격이 너무 비싸다는 것인데 단가가 은의 3배에 이르는 고가이므로 아직도 광범위하게 사용되지는 못하고 있다.

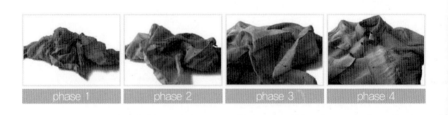

phase 1 phase 2 phase 3 phase 4

대개의 직물도 어느 정도 탄성체이기는 하지만 외부의 응력에 의해 변형이 생긴다. 특히, 면이나 레이온 같은 셀룰로오스 원단은 탄성률이 70% 이하이므로 쉽게 변형된다. 반면에 Polyester나 나일론은 탄성률이 100%이다. 구김에 관여하는 또 하나의 인자는 결정영역과 비결정영역이다. 금속은 대개 결정영역으로만 이루어져 있는데 섬유는 둘이 혼재되어 있다. 말할 것도 없이 구김은 비결정영역에서 발생한다. 따라서 비결정영역이 많은 면직물은 구김이 심하다. 결정영역이 많은 폴리나 나일론 같은 화섬은 귀찮은 다림질이 그다지 필요하지 않으므로 기능적으로는 우수한 소재이다.

그런데 언젠가 "다림질이 잘 된 쭉 빠진 원단은 이제 지겹다."라고 외치는 트렌드가 광야에서 나타난 것이다. 그에 따라 화섬처럼 변형이 일어나기 어려운 원단에 일부러 주름을 만들어 구김을 만드는 유행이 전 세계적인 반향을 불러일으켰다. 2차원 평면상의 기하인 유클리드 기하학이 3차원 곡면상의 기하학인 리만 기하학으로 이어진 것처럼 2차원 평면상의 디자인 변화만으로 만족하지 못하는 시각의 지겨움을 3차원의 불규칙한 입체변화를 통해 해소하려는 시도가 일어난 것이다. '아그리파'상이 보여주는 극적인 음영이나 입체감이 피카소를 관통하는 모티베이션을 불러일으킨 것이다.

여기에 형상기억합금이 동원된 것일까?

그 반대이다. 형상기억합금은 거꾸로 구김이 생기지 않게 하는 원단을 개발하기 위해 필요하다. 구김은 일정한 모양을 유지할 필요가 없기 때문에 그냥 구겨져 있기만 하면 된다. 따라서 원사의 탄성을 없애거나 비결정영역을 늘리면 된다. 물론 그렇게 하면 비용이 많이 든다. 그래서 이탈리아 친구들은 아주 손쉬운 아이디어를 생각해냈다. 형상기억합금의 반대되는 개념을 생각해낸 것이다. 합성섬유의 사이에 탄성률과 탄성 한계가 낮은 물질을 같이 제직하여 변형 후 원래대로 돌아가려는 탄성체의 성질을 방해하는 원리를 사용한 것이다.

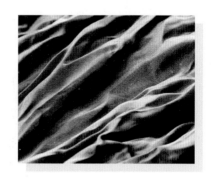

그런데 탄성률이 아주 낮은 물질

로는 가느다란 금속이 제격이다. 그들은 Stainless를 실과 비슷한 굵기로 뽑아서 사용하였다. 스테인리스라면 녹도 슬지 않고 적정한 강도를 가졌으므로 아주 유용했지만 문제가 있다. 스테인리스는 니켈과 크롬을 18%나 포함하고 있다. 그런데 니켈은 알레르기를 유발하는 금속으로 잘 알려져 있다. 전 세계 인구의 16%가 금속 알레르기가 있다는데 물론 이런 허황된 숫자는 허풍일 가능성이 크다. 이 때문에 요즘에는 길거리에서도 Nickel free 액세서리를 어렵지 않게 볼 수 있다. 알레르기는 인체의 면역세포가 스스로를 공격하는 자가면역 질환의 일종이므로, 이 원사가 끊어져 피부를 찌르기라도 하면 문제는 심각해진다.

스테인리스 원단은 원하는 효과를 극적으로 발휘하였고 몇몇을 부자로 만들었으며 한때 대유행을 일으켰지만 결국 알레르기 문제로 퇴출 위기에 처해있다. 문제는 다시 원점으로 돌아오게 되었다. 즉, 아예 탄성이 없는 원사를 개발하는 쪽으로 소비자들이 압력을 행사하게 된 것이다. 그렇게 해서 나타난 것이 바로 PTT Memory원사이다. 이 원사는 이름과는 반대로 Polyester 특유의 탄성률을 제거한 것이므로 극단적으로 낮은 탄성회복률과 탄성 한계를 가지고 있다. 따라서 아주 작은 응력으로도 영구적인 변형이 일어난다. 마치 진흙과 같은 성질을 가지고 있다. 이 원단은 이름은 Memory이지만 실제로는 Anti-memory라고 해야 옳다. PTT는 일반 Polyester가 PET Poly Ethylene Terephthalate인 것과 약간 다른 메틸

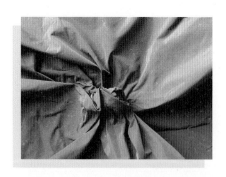

계의 폴리에스터로 Poly Trimethyl Terephthalate이다. PTT는 원래 다른 기능으로 유명한데 Mechanical Stretch인 T400의 원료이기도 하다. 이 원사를 DuPont에서 원래의 석유 원료에서 옥수수로 원료를 바꿔 'Sorona'라는 브랜드를

붙여서 팔고 있다. 현재 시중에 있는 대부분의 PTT memory는 'Sorona'이다. PTT는 일반 PET보다 비싸기 때문에 PTT와 유사한 효과를 내는 가짜 Memory가 나오게 되었는데, PET에 일정량의 Twist를 가해 만든다. 효과는 10~20% 정도에 불과하지만 외관은 상당히 비슷하다. 영국의 버버리도 이 원단을 Trench Coat에 적용하고 있다.

Metamerism 현상이란?

Metamerism이란 말은 원래 구조 이성질체라는 말로서 화학식, 즉 분자식은 똑같은데 3차원으로 표시했을 때는 그 모양이 달라지는 두 가지 이상의 물질을 말한다. 다시 말하면 2차원 평면상에서는 같은 분자식이지만 입체적으로 다른 모양을 함으로써 다른 성질을 나타내는 물건이다. 예를 들면 손 같은 것이 이에 해당한다. 왼손과 오른손은 (거의)같은 동물의 기관이지만 입체적으로는 완전히 반대방향을 보이고 있다. 한 손은 좌선성, 다른 한 손은 우선성이다. 그런데 한 손은 식사를 하고 다른 한 손은 화장실에서 사용한다. 몸을 이루는 아미노산의 분자 구조나 지구상의 모든 물질은 좌선성 또는 우선성이 될 확률이 정확하게 50%인데도 불구하고 희한하게도 대부분이 둘 중 좌선성을 보인다. 그래서 외계의 생물체들도 이와 같은지 아니면 우선성을 띤 생물체도 있는지 연구 대상이기도 하다. 이런 물질들은 화학적으로 같은 물질임에도 불구하고 표면적의 차이로 각각의 비등점이 달라지기도 하고 각종 물리적 화학적 성질이 다르게 나타나는 경우가 많다.

색채광학에서 얘기하는 섬유 쪽에서의 'Metamerism'은 조금은 다른 의미가 되겠다. 이 경우는 광학 이성체라고 하면 될 것이다. 어떤 색이 같다고 하는 의미는 두 가지 개념이 있는데, 두 색의 분광반사율이 정확하게 같음을 의미하는 절대등색이라는 개념이 있고 어떤 조건에서만 같게 보이는 조건등색이라는 개념이 있다.

자…… 분광반사율이라니. 이건 또 무슨 바퀴벌레가 하품하는 소리인가? 섬유 나부랭이 좀 하는데 이렇게 까다로운 말을 써야만 설명이 되나? 꼭 그렇지만은 않을 것이다. 먼저 분광을 설명하기 전에 반사율이 뭔지부터 정확한 의미를 알아보자. 반사율이란 어떤 물체의 입사광에 대한 반사광의 비율을 말한다. 섬유지식 I편에서 '색 이야기'를 읽어봤다면 사람이 망막에 있는 시세포 중 원추세포 Cone Cell를 이용하여 350,000가지의 컬러를 보는 원리를 이해했을 것이다. 어떤 물질의 색이란 그 물질에 입사하는 광의 보색, 즉 반사하는 광을 망막의 원추세포가 붉은색과 초록색 그리고 파란색을 각각 다른 신호로 인식하여 그것을 대뇌피질로 보내면 뇌는 그것들을 합성하여 각각 다른 색깔로 느끼는 것을 의미한다.

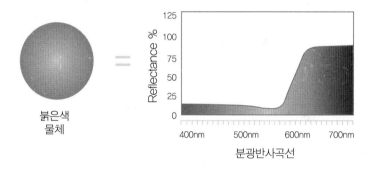

따라서 어떤 색이 흡수되고 어떤 색이 반사하는 색이 되는지에 대한 차이와 얼마만한 양이 반사되고 흡수되느냐의 척도에 따라 색이 다르게 보이는 요인이 된다. 그리고 그 차이가 해당 물체의 색을 결정하게 되는 것이다. 그 중 분광반사율이란 빛을 분광시켜서, 즉 Spectrum으로 쪼개 그중 단색 광만의 반사율을 나타낸 것을 말한다.

이번에는 '분광'이란 어느 무료한 과학자가 만들어 낸 쓸데없는 말인지 알아볼 차례이다. 사실 그 무료한 과학자는 뉴턴이다. 전자복사파인 태양광에는 장파, 중파, 단파 같은 전파와 자외선, 가시광선, 자외선 그리고 X선, 감마선, 우주선 같은 여러 종류의 복사파들이 있다. 태양광이 우리 생각처럼 단 한 종류로 된 것이 아니라는 것이다. 어깨 위에 따스하게 내리

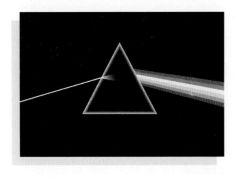

쬐는 봄볕은 그저 무색인 것 같지만 그 안에 파장에 따라 위에 열거한 것들 외에도 눈으로 인식할 수 있는 가시광선만 빨주노초파남보의 단색 광들이 섞여있다는 것이다. 이것들은 햇빛을 프리즘에 통과시켜 보면 확인할 수 있는데, 각 단색 광들은 평소 공기를 뚫고 지나갈 때는 별 차이 없이 모든 색이(파장이) 같은 속도로 함께 진행했었지만 빛이 유리로 만들어진 프리즘에 들어가는 순간, 각 Color의 파장 길이에 따라 (380~750nm)유리를 통과하는 굴절률이 다르기 때문에 각각 다른 각도로 꺾여져 *7가지 색깔로 나눠지게 된다. 즉, 각 단색파장에 해당하는 빛의 속도가 각각 달라져 많이 꺾이는 놈, 덜 꺾이는 놈의 차이가 생긴다. 이 현상이 7가지 무지개색으로 한 줄로 나타나게 되는데, 이것을 'Spectrum'이라고 한다.

왜 빛이 물속이나 유리 속에 들어가면 꺾일까? 신기하다고? 요즘의 중학교 1학년이라면 아리스토텔레스보다 더 많은 것을 알고 있다. 그러니 요즘의 아이들과 부모들이 논쟁이 잘 되지 않는 타당한 이유가 있는 것이다. 아이들에게 뒤떨어지지 않으려면 어른들도 아이들이 배우는 것을 관심 있게 보고 공부해야 한다. 아니면 그냥 무식한 부모로 남을 수밖에 없다.

사실 빛이 꺾이는 이유는 간단하다. 그림을 그릴 수 없으니 이런 상상을 한번 해 보자.

4명씩 팔짱을 끼고 줄을 선 군대가 행진을 하고 있다. 그러다 맨 왼쪽 군인이 진창에 빠져 갑자기 속도가 느려졌다. 이 군인이 속도가 느려졌을 때, 다른 군인들의 속도는 변함이 없으므로 앞으로 빨리 나가려고 한

---

* 7가지 색: 실제로는 수백만 컬러이다.

다. 그러나 팔짱을 끼고 있기 때문에 진창에 빠지지 않은 군인들은 앞으로 갈 수 없다. 이 때문에 진창에 빠진 군인 쪽으로 대열이 꺾이게 될 것이다. 빛이 물속에 들어갈 때도 비슷한 일이 일어난다. 그리고 그것이 분자구조가 느슨한 물이 아니고 분자가 훨씬 더 밀집된 유리일 때는 빛의 진행이 더욱 더 느려져 더 심하게 꺾일 것이다. 그 꺾이는 정도를 수치화한 것이 바로 굴절률이다. 굴절률이 크면 클수록 그에 해당되는 파장의 빛 속도는 더 느려진다. 음파는 반대로 고체가 매질인 경우 훨씬 더 빠르게 진행한다(음파는 종파이기 때문이다).

"왜 빛의 속도가 불변하지 않고 다르냐?"라고 하는 사람이 있어야 당연하다. 그렇다. 빛의 속도는 항상 30만km는 아니다. 그것은 진공 속에서 그렇다는 것이다. 빛의 속도가 항상성을 보인다는 것은 아주 이상한 현상인데 간단한 물리 문제를 한번 내 보겠다. 시속 100km로 달리는 열차 안에서 기차의 진행 방향으로 시속 50km의 속도로 공을 던졌다. 이때 공의 속도는? 150km이다. 만약 기차의 진행 방향과 반대의 방향으로 공을 던졌다면 공의 속도는? 당연히 50km가 된다. 물론 이 공의 속도는 기차 밖에서 서 있는 사람이 느끼는 속도이다. 기차 안에 있는 사람이 느끼는 속도는 그저 어느 방향으로 던지든 똑같이 50km일 뿐이다. 이런 것을 상대성원리라고 한다.

그렇다면 다음 문제를 풀어 보자. 빛의 속도는 진공 중에서 초속 30만km라고 했다. 그렇다면 초속 30km로 달리는 우주선에서 같은 진행 방향으로 빛을 보내면 그 빛의 속도는 얼마가 될까? 30만30km라고? 아니다. 빛은 그래도 여전히 30만km이다. 이것이 빛이 가진 희한한 성질이다. 이것을 설명하려면 글이 너무 길어져서 지루해지므로 이 이야기는 나중에 따로 하기로 하겠다.

그런 빛이라도 매질이 달라지면 매질에 따라서 진행에 방해를 받기 때문에 물속이나 유리 속에서는 다른 속도이다. 빛의 속도는 물속에서는 225,000km이다. 유리 속에서는 그보다 늦은 20만km이다. 당연히 더 단단한 고체 안에서의 진행 속도가 느릴 것이다. 그것이 굴절률의 차이로 나타난다. 여기에서 세상에서 가장 단단하고도 투명한 물질인, 모오스 Mohs경도계로 '10'의 값을 가진 다이아몬드라는 물질이 떠오르는 것

물질명	광속[만km/초]	굴절률
진공	30.0	1.00
물	22.5	1.33
에탄올	22.0	1.36
석영 유리	20.5	1.46
수정	19.4	1.54
사파이어	17.0	1.77
다이아몬드	12.4	2.42

은 극히 자연스러운 일일 것이다. 잔소리: 참고로 석고는 모오스 경도 2이다. 경도 1은 어린 시절 '사방'이라는 놀이를 할 때 땅바닥에 금을 긋던 부드러운, 손톱으로도 긁히는, 옥석이라고 부르던 활석이다. 이것을 탈크 Talc 라고도 부른다. 다이아몬드 속에서는 얼마나 느려질까? 다이아몬드의 굴절률은 2.4 정도이기 때문에 그 안에서의 빛의 속도는 겨우 123,000km이다. 그래서 다이아몬드를 통해 우리의 모습을 비춰보려는 시도는 당연히 실패할 수밖에 없다. 너무 많이 꺾이기 때문이다. 이 현상을 이용해 진짜와 가짜를 구분하기도 한다. 다이아몬드가 화려하고 영원히 반짝이는 이유는 굴절률 때문이다.

그래서 각 물체의 색을 정확하게 분석하고 색측, 즉 색을 수치화하려면 그 물체가 가지고 있는 색들의 고유 반사율을 각각 정확하게 측정하면 되는 것이다. 예를 들면, 빨간 사과가 있는데 이 사과는 붉은색을 75% 반사시키고 주황색을 70% 반사한다. 그리고 노란색은 35% 반사한다면 나머지 색은 다 흡수해버린다. 각 단색의 반사율이 분광반사율이며 이 3가지 수치가 사과와 정확하게 일치하는 색이 있다면 그 물체는 사과와 절대적으로 같은 색이 된다. 이런 식으로 색을 맞추는 것을 Isomeric Match라고 한다. 그러나 분광반사율이 같지 않은데도 특정한 광원 밑에서만 두 물체가 같은 색으로 보일 때가 있다. 이것을 조건등색 Conditional match이라고 한다.

이쯤에서 등색(같은 색)이라는 개념을 한번 생각해 보자. 사실 같은 색이라고 하는 것은 눈이 같은 신호로 받아들여서 대뇌피질이 그렇다고 인식하는 과정이다. 그러나 때로는 절대적으로 같은 색이 아닌데도 몇 가지 조건이 일치하게 되어 뇌가 같은 색으로 인지할 때도 있다. 따라서 이런 판단은 다분히 주관적이게 된다. 사실 엄밀하게 같은 색이라고 하는 것은 분광반사율이 같아야 절대적·객관적으로 같은 색이라고 할 수 있을 것이다. 이런 경우는 광원이나 다른 조건이 바뀌더라도 항상 같은 색으로 보인다.

그런데 조건등색은 광원이나 관측자의 시감에 따라 어떤 때는 같은 색으로 보이다가도 어떤 때는 다른 색으로 보이는 경우라고 했다. 여기에서 언급하는 것 같은 '조건등색'의 개념을 Metamerism이라고 한다. 분광반사율이 다른데도 같은 색으로 보이는 이유는 여러 가지가 있지만 그 중에서는 시야의 차이나 관찰자의 차이 또는 원단 자체의 특성에 의한 차이 그리고 광원에 의한 차이가 있을 수 있다. 따라서 같은 종류의 염료로 염색하지 않은 두 원단은 요행히 Color matching에 성공했다고 하더라도 이런 방식으로 두 컬러를 일치시키는 경우는 분광반사율이 다르게 되고 이런 조건하에서는 Metamerism을 일으킬 수밖에 없다. 따라서 이런 현상이 나타나지 않게 하려면 반드시 같은 종류(같은 brand)의 염료로 염색해야만 한다.

그런데 우리가 바이어로부터 받은 Original swatch에 염색되어 있는 염료의 분광반사율과 우리 염색공장에 있는 염료의 분광반사율이 같을 수 있을까? 염색공장에서 전 세계에서 나오는 모든 브랜드의 염료를 구비하

조명이 달라지면 다른 색으로 보인다.

고 있지 않는 한, 아마 대부분 다를 것이다. 서로 다른 분광반사율을 가진 염료로 염색해서 컬러를 매칭시켰을 경우는 Metamerism 현상이 나타날 것이다.

그렇다면 바이어의 Original swatch에 사용된 염료의 분광반사율 정보가 없이는 Lab dip을 할 때마다 Metameric match가 되어 Metamerism 현상을 피할 수 없다는 얘기가 된다. 그래서 CCM Computer Color Matching의 중요성이 최근 부각되고 있는 것이다. 만약 수십 년 된 너덜너덜한 공책에 손으로 적혀있는 처방과 바가지로 떠서 염료를 배합하는 전통적인, 경험에 의한 Color matching법을 쓴다면 항상 Metameric match를 벗어나지 못한다. 이런 방식은 통상적인 처방에서 벗어나기가 힘들기 때문이다. 또 다른 처방으로는 Color를 조합해 본 경험이 없어서 축적해 놓은 데이터도 없고 새로운 조합이 있다고 하더라도 그에 대한 신뢰가 부족해서 사용할 수가 없다.

그러나 CCM의 경우는 하나의 컬러를 매치하는 데 한 가지가 아닌, 여러 가지 염료를 이용한 여러 가지 염료의 조합이 가능하다는 것을 보여준다. 따라서 Original에 가장 가까운 염료 조합이 가능하다. 다만, 현실은 염색공장이 여러 염료회사의 염료를 모두 다 구비하고 있기는 어렵기 때문에 Isomeric Match가 근본적으로 어렵다는 것이다. 대신 CCM은 Metamerism Index MI라는 것을 알려준다. MI란 어떤 색상에 대하여 다른 조명으로 광원을 바꿨을 때 얼마나 컬러 차이가 나느냐에 대한 척도를 나타내는 지수이므로 상당히 편리하다. 이 지수는 작을수록 좋으며 3을 넘어서면 문제가 된다. 그러면 CCM이 현존하는 최고의 컬러 매칭

CCM

TEXTILE SCIENCE

방법일까? 이는 쉽게 대답하기 어려운 문제이다. 때로는 노련한 할아버지 배합사의 경험적인 바가지 배합이 CCM보다 더 나은 컬러 매칭을 할 수도 있기 때문이다.

이론적으로 Isomeric match를 할 수는 있지만 현실적으로 모든 염료를 다 구비하고 있을 수는 없기 때문에 Metameric match를 할 수밖에 없고 그런 조건으로 컴퓨터와 바가지가 대결을 벌일 때에는 항상 컴퓨터가 이기는 것은 아니다. 지금은 사실 바가지가 이기고 있다. 그러나 컴퓨터가 데이터를 더 많이 축적하게 되면, 즉 바가지보다 데이터에서 앞서게 되면 그때부터는 컴퓨터가 더 나은 컬러 매칭을 하게 될 것이다.

분광반사율을 이용하여 특정 컬러를 수치화할 수 있다면 컬러의 차이도 수치화하여 나타낼 수 있을 것이다. 그렇다면 컬러가 틀리네 맞네 하는 언쟁을 잠재울 수 있다. 사실 지금 Lab 기관에서 컬러를 계측하는 도구는 오로지 Grey scale밖에는 없기 때문이다. 어차피 사람이 보는 컬러는 모두 다 다르기 때문에 아무리 Grey scale이라고 해도 보는 사람에 따라서 다른 결과를 나타낼 수도 있다. 주관적인 판단이 개입된다. 그런데 만약 Spectrophotometer를 사용하여 측색을 한다면 객관적인 자료를 얻을 수 있을 것이다. 이 기계를 이용하여 측색을 하면 두 시료의 컬러차이로 delta E값을 얻게 된다. 이 값이 각 색의 분광반사율의 차이이다. 만약 delta E값이 크면 색차가 크다는 것을 의미한다. 그렇다면 delta E값과 Grey scale의 색차와의 상관관계를 규정하는 데이터가 있을까? 다행스럽게도 그런 자료가 있다. 4.5급은 0.8, 4급은 1.7, 3.5급은 2.5이고 각 Tolerance는 0.2이다. 물론 오염을 판정하는 것은 다르다. 오염을 판정하는 부분은 4.5급이 2.2, 4급이 4.3, 3.5급이 6으로 훨씬 더 큰 수가 나온다. Tolerance도 0.3으로 더 크다. 다만 이 방법이 만능은 아니라는 사실을 'Spectrophotometer에 대하여'라는 글에서 확인할 수 있다.

Micro Fiber의 분할도

  Micro Fiber의 개념은 개개의 Filament가 1d˚보다 더 가는 굵기의 원사를 의미한다. Silk의 굵기가 대략 1d 정도가 되므로 Silk보다 더 가는 섬유를 마이크로라고 생각할 수 있다. Micro Fiber의 세조는 기존의 섬유보다 더 가는 섬유를 노즐에서 뽑아내는 것이 아니라, 기존 굵기의 섬유를 더 작은 크기로 쪼개는 것이다. Micro Fiber는 쪼개는 방법에 따라서 2가지 종류가 있다.

  첫째는 분할사이다.

  분할사는 이름 그대로 섬유 한 가닥을 6조각 또는 8조각으로 쪼개는 것을 의미한다. 그런데 한 가닥의 섬유를 여러 개로 쪼개기 위해서는 섬유의 구성을 달리할 필요가 있다. 즉, Polyester 한 가닥에 Nylon으로 된 심사 Core를 넣는 것이다. 이런 섬유를 복합사 Conjugate yarn라고 하는데, 나중 가공할 때 가성소다 같은 알칼리 용매로 처리하면 수축 차이로

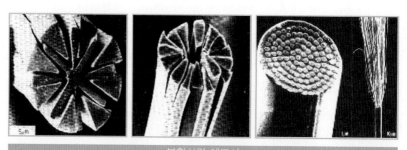

분할사와 해도사

---

* 1denier: 9,000m의 섬유가 1g일 때의 굵기

T E X T I L E   S C I E N C E

Polyester는 저절로 쪼개지게 된다. 이때 나일론은 녹아 없어지는 것이 아니고 Polyester가 경계선만 약간 녹아 분리되는 정도이다.

그림을 보면 가운데 나일론이 8개의 방을 가지고 있는 것이 확인된다. 그것들이 제대로 분할되면 위의 섬유는 가운데 심을 포함하여 9가닥으로 쪼개지게 된다. Polyester 8가닥과 Nylon 1가닥이다. 그런데 분할이 더 심하게 일어나면 나일론의 각 날개들(첫 번째 그림의 가느다란 부분)까지 분할이 일어나서 17조각으로 나뉘게 된다. 이를 각 9분할 17분할이라고 한다. 물론 상황에 따라 중간형태인 12분할 15분할이 일어날 수도 있다. 그래서 가공 후 분할이 완전하게 일어났다 또는 분할이 덜 되었다는 얘기가 있을 수 있는 것이다. 이렇게 9분할이 일어나면 기존의 섬유는 9분의 1로 가늘어진다. 즉, 원래의 원사가 160d/72F라면 이 원사의 섬도는 원래 약 2d였던 것이 분할 이후, 약 0.2d까지 가늘어지게 되는 것이다. 물론 17분할이 된다면 0.1d까지 될 수도 있다.

이렇게 쪼개지는 분할도는 내·외부 상황에 따라 영향을 받게 되는데, 다음과 같은 요인이 있다.

- Nylon과 Polyester의 혼용률: Conjugate yarn을 만들 때 둘의 혼용률이 비슷할수록 분할이 더 잘 일어난다. 즉, 80/20보다는 70/30이, 그보다는 50/50이 더 분할이 잘 일어난다.
- 두 번째는 공정상의 분할이다. 즉, 마찰과 수축·압력에 의해 분할이 더 용이하게 일어난다. 예컨대 가연공정에서 Yarn guide roller를 거치면서 일부 분할이 일어나는데, 이를 '조분할'이라고 한다. 또 전처리에서의 수축에 의하여 분할이 일어나기 쉽게 되며 Peach 가공 시에도 마찰에 의해서 분할이 발생할 수 있다.

분할사는 NP30d/24f, 50d/25f, 75d/36f, 150d/52f, 160d/72f 등이 있다.

아래는 영텍스타일의 이웅섭 상무가 직접 쓴 글이다.

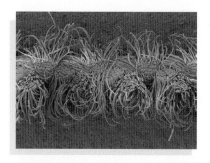

분할사로 제직한 원단의 SEM사진이다. 분할이 잘된 부분과 잘되지 않은 부분이 보인다.

정련/감량이 잘된 부위는 NP의 분할도가 좋아, 작은 사이즈로 쪼개져 있고 분할이 잘 안 된 부위는 NP가 뭉쳐져 있는 형태로 보인다. 이는 전처리 조건이 부족함으로써 나타나는 현상인데 경사가 이런 상태로 작업이 되면 다음과 같은 문제가 일어난다.

위 분할사의 더 확대된 사진이다.

− 경사줄

분할이 안된 부위는 진하게 염착된 상태로 나타나며 분할이 잘된 부위는 상대적으로 컬러가 라이트하게 보이기 때문이다. NP복합사를 위사로 사용 시에도 전처리가 부족하면 빨래판처럼 위근 현상이 나타난다.

− 그러므로 NP마이크로 직물(특히 경사 사용 시)은, 특히 전처리 조건이 원단의 품질을 좌우하는 데 따라서 균일한 분할이 일어나도록 컨트롤하는 것이 중요하다.

− NP복합사 분할의 원리

수축에 의해 NP복합사 분할이 이루어지는데 이에 영향을 주는 요인은

1. 온도/케미칼(전처리, 염색)

2. 마찰(가연, Peach)

3. 압력(염색)

두 번째는 해도사 Sea Island이다.

해도사는 앞의 3번째 그림처럼 바다와 섬의 형태로 이루어진 섬유이다. 바다를 녹이면 섬만 남게 된다. 해도사는 분할사에 비해 훨씬 더 가는 섬도를 만들 수 있다는 장점이 있다. 또 해도사는 분할사와 달리 나일론을 용융 수축시키는 것이 아니라 용해가 잘 되는 이용성 Polyester COPET를 바다로 구성하게 한 다음 이 부분을 녹이면 섬이 나타나게 설계한 것이다. 즉, 해도사는 Nylon과 Polyester의 혼섬이 아닌 100% Polyester로 구성된다.

보통의 해도사는 37개의 섬이 나타나면서 1가닥의 섬유가 37분의 1로 가늘어지게 된다. 즉, 원래 2d의 섬도였다면 0.05d라는 미세한 섬유로 바뀌게 되는 것이다. 왜 하필 37가닥이냐? 그것은 노즐을 제조하는 일본의 제조업체가 그렇게 정했기 때문이다. 노즐을 제조하는 일본 업체는 '카젠'인데 독점적인 이 사업으로 막대한 돈을 벌어들이고 있다. 해도사는 대개 고수축사 High Shrinkage Polyester 보통 30d/12f, 즉 HSP와 접합 Interlace하여 구성되는데 그렇게 해야 최대한으로 Bulky한 형태가 되기 때문이다. 해도사의 용도는 주로 Micro suede 원단의 제조이다. Micro suede는 Faux Leather(가짜 가죽)을 만들고 Sofa의 소재로도 많이 사용된다.

Polyester의 Cationic 염색

Cationic은 이름 그대로 하면 '양이온'이라는 생소한 화학용어이다. 이온이라는 개념 자체도 이해하기 어려운데 양이온이라니, 답답하지 않을 수 없다. 사실 이온이라는 개념은 그리 어려운 것이 아니다. 이온은 원자이다. 우리가 알고 있는 물질의 가장 작은 단위가 원자다. 물론 그 아래로 중성자, 양성자와 쿼크 같은 소립자가 존재하기는 하지만 우리는 양자역학을 공부하는 것이 아니니 원자까지만 이해하는 것이 좋겠다.

원자들은 양성자와 중성자 그리고 전자로 이루어져 있다. 그 중 전자가 바로 관건이다. 양성자와 중성자는 핵력이라는 힘으로 원자 내에 강하게 결합되어 있지만 전자는 외부의 에너지에 의해서 도망가기도 또 새롭게 들어오기도 한다. 그래서 전자를 빼앗기지도 빼앗아오지도 않은 상태를 안정된 상태라고 하고 그 반대, 즉 전자를 빼앗아오거나 뺏긴 상태를 이온이라고 한다. 따라서 이온은 플러스 마이너스의 극성이 생기게 되는데 마이너스 극성인 전자를 빼앗기면 양이온, 빼앗아오면 음이온이 된다.

이제 우리가 인식하고 있는 세계로 돌아와 보자. 평소 관심을 두지 않고 있는 저편의 세계, 골치 아픈 과학의 세계는 자주 들어갈 수는 없더라도 이편의 세계를 이해하기 위하여 가끔씩 돌아봐야 한다.

Cationic 絲는 100% Polyester로써 2tone의 Pattern물을 만들기 위해 개발된 특수한 개질 Polyester이다. 일반 Poly가 130도 정도의 고온에서 염색되는 것에 비해 100도 이하의 저온에서 염착되는 원사를 말한다. 이 원사는 CDP Cationic Dyeable Polyester라고 부르는데, 일반 Polyester의 염료인 분산염료로는 염색이 되지 않고 Acrylic을 염색하는 염료인 염기성 양이온 염료로 염색이 가능한, 원사 자체가 마이너스 이온을 띤 원사이다. 따라서 양이온 염료와 결합하여 원단에 고착된다. 분산염료가 염착되는 이론과는 다르다.

일반 Polyester는 130도 고온에서 단단한 결정영역이 느슨해지면서 그 사이로 비결정영역에 분산염료가 염착되는 방법을 쓰고 있다. 그래서 고온에 노출된 Polyester가(코팅 같은 가공에서) 이염 Migration을 일으키는 원인이 된다. 하지만 Cationic이라도 어디까지나 Polyester이므로 고온이 되면 결정영역이 열리게 된다. 이때 분산염료를 만나면 어떻게 될까? CDP 원사가 고온이 되면 Polyester와 같은 일이 일어나지만 이온을 띠고 있기 때문에 분산염료를 밀어내는 작용을 함으로써 분산염료에는 염착이 일어나지 않는다. 그러나 이 과정이 완벽하지 않기 때문에 약간의 염료는 묻어나고 따라서 어느 정도의 이염은 각오해야 한다. 그런 이유로 CDP 원사로 2tone 효과를 내고자 할 때는 가급적 Cationic 쪽이 분산염료에 의해 이염되는 것을 감안하여 Cationic 쪽을 일반 Poly 쪽의 Color보다 더 진한 Color로 설계하는 것이 문제를 방지하는 아이디어이다.

실제 염색 과정으로 들어가보자.

먼저 고온 고압 상태에서 염색을 시작한다. 그러면 일반 Poly에 염색이 일어나게 되고 수세를 한다. 이 과정에서 Cationic사 부분은 하얗게 남아 있다. 물론 어느 정도 이염이 일어나 완전히 하얗게 되지는 않는다. 다시 저온에서 Cationic 염료로 염색하면 2tone을 얻게 된다. 이 과정에서 일반 Poly쪽은 저온인 데다 염기성 염료로는 아예 염착이 일어나지 않으므로 이염은 전혀 걱정하지 않아도 된다.

그렇다면 어느 쪽을 먼저 염색하는 것이 이염을 최소화할 수 있을까? 염색공장의 기술자들에 의하면 실제로 고온에서 먼저 염색하고 나중에

저온 염색을 하는 것이 이염을 최소화할 수 있는 방법으로 알려져 있다. 이렇게 염색하는 것을 2욕 염색이라고 하는데, 1욕 염색처럼 1탕에 2가지 염료를 같이 때려 넣고 2 step으로 동시에 염색하는 경우도 있다. T/R이나 N/P도 같은 방식으로 이해하면 된다.

그러나 T/R에서의 1욕과 2욕은 견뢰도 면에서 차이가 있다.

2욕 염색은 Poly side 염색 후 수세하여 미고착된 분산염료를 환원제인 하이드로설파이트 Hydrosulfite로 씻어내고 다시 다른 쪽을 염색하는 과정을 거치는데, 이 과정을 환원세정이라고 한다. 그런데 1욕 염색을 한 원단은 환원세정에서 Rayon의 반응성 염료가 손상이 되므로 환원세정을 할 수 없다. 면도 마찬가지이다. 따라서 전체적으로 견뢰도가 낮아지는 결과로 이어진다.

그러면 Cationic과 분산염료 각각의 색상에는 어떤 차이가 있을까?

Cationic은 분산염료와 같은 Recipe로 염색하여도 약간 밝은 톤으로 나오므로 Solid로 염색할 경우 색차를 피할 수 없다. 하지만 차이는 크지 않고 0.5급 정도이다. 실제로 어느 정도 차이가 나는지는 Lab dip을 해보면 정확하게 알 수 있다.

최근에는 분산염료의 이염을 막기 위해 아예 CDP로 제직하여 Solid로 사용하는 경우도 있다. 또 Cationic 염료는 분산염료보다 훨씬 더 아름답다.

Rayon 이야기 1

탁구공, 당구공 그리고 Rayon의 공통점은 무엇일까? 답은 모두 같은 원료에서 나왔다는 것이다. 프로 탁구선수는 탁구공을 소지하고 비행기를 탈 수 없다. 탁구공은 강한 인화성 물질이기 때문이다. 못 믿겠으면 한번 태워보라.

면은 순도 98%의 거의 순수한 셀룰로오스 천연 고분자 다발이다. 식물들이 태양에너지를 화학적으로 변환하여 만들어진 셀룰로오스는 고도로 친수성 Hydrophilic이어서 인체가 상시 내뿜고 있는 수증기를 매우 효과적으로 흡수할 수 있다. 그 결과로 옷과 피부 사이의 습도가 낮게* 조절되어 쾌적함을 느낀다. 또한 면은 천연 그 자체로 섬유상을 띠고 있으므로 별도의 화학적 조작 없이 실을 만들 수 있다. 이런 이유로 면은 세상에서 가장 선호하는 패션 소재가 되었다.

그러나 1년생 관목인 면은 적정한 기후조건을 요하는 매우 까다로운 농사를 지어야 하며 끊임없이 농약을 퍼부어야 하는 최악의 반환경섬유이다. 반면에 흔한 나무는 면과 동일한 셀룰로오스 성분이면서도 농사를 지을 필요가 없고 비료는 물론 농약도 없이 혼자서 80m까지 자라는 놈도 있

세콰이어 나무

* 피부와 옷 사이의 습도는 50% 이하가 되어야 쾌적하다고 느낀다.

다. 둘의 유일한 차이는 강성 剛性 Rigidity이다. 나무는 강성을 유지하기 위해 자체로 인체의 뼈대에 해당하는 성분을 가지고 있는데, 그것을 이름 그대로 수지 樹脂라고 한다. 바로 Men's wear를 기획할 때 적정의 Hardness를 유지하기 위해 투여하는 일종의 플라스틱 Resin이다. 따라서 만약 나무에서 수지를 제거할 수 있다면 면과 동일한 성분의 순수한 셀룰로오스를 얻을 수 있을 것이다. 나무의 수지를 특별히 리그닌 Lignin이라고 하는데, 이를 제거하기 위해서는 나무를 분쇄하고 아황산가스를 동원해야 한다. 이렇게 만들어진 100% 순수한 셀룰로오스 덩어리를 펄프 Pulp 또는 아황산펄프라고 한다.

하지만 펄프는 그 자체로 100% 셀룰로오스지만 면과 달리 섬유상을 띠고 있지 않으므로(덩어리와 다발의 차이) 섬유형태로 만들기 위해서는 합성섬유의 제조처럼 녹여서 가느다란 관 Nozzle을 통과시켜야 한다. 문제는 셀룰로오스가 매우 강한 고분자라는 것이다. 셀룰로오스는 내부에 결정영역이 많고 분자사슬이 강한 높은 중합도(대략 3,000 정도)를 유지하고 있기 때문에 어지간해서는 녹이기 어렵다. 따라서 이를 녹일 수 있는 용제를 찾아야만 했다.

녹말은 Cellulose와 동일한 물질인 포도당이요 탄수화물의 일종이지만 잘 녹는다. 이것은 결정화도와 중합도의 문제이다. 셀룰로오스는 어떤 동물이라도 소화시키기 어려운 강한 구조를 형성하도록 진화되었다. 소나 염소 같은 반추동물도 그 자체로 셀룰로오스를 소화시키지는 못한다. 위장 내의 '트리코데르마'라는 박테리아를 이용하는 것이다.

마침내 1884년, 프랑스의 샤르도네 백작이 Cellulose를 질산 처리하여 에테르 Ether와 알코올에 녹일 수 있는 방법을 최초로 알아냈다.* 곧이어

---

* 셀룰로오스를 질산으로 처리하는 방식은 오늘날에는 찾아볼 수 없는데, 이 섬유는 폭발 가능성이 있

몇 년 후, Cellulose를 용이하게 녹일 수 있는 용제로 구리암모늄 용액이 추가로 발견되었고 곧바로 영국의 Courtaulds사에 의해 최초의 상용 레이온인 Viscose가 탄생하게 된다.

Cupra Rayon

구리암모늄을 이용한 방식은 일제치하에서 3·1운동이 일어났던 1919년, 독일의 'Bemberg'가 상업화에 성공한다. 이름하여 'Cupra ammonium Rayon'이다. Cupra가 구리라는 뜻을 가지고 있기 때문에 '동암모니아 레이온'이라고도 한다.

'Bemberg'는 공해물질을 생산하지 않고 즉, 친환경소재이다! Hand feel이 아주 우수하지만 생산비가 비싸고 마땅한 용도를 찾기 어려워 그동안 외면되어왔던 아이템이다. 다만, 아주 고급인 Suit 안감의 용도로 그 명맥을 유지해왔었다. 그러다가 90년대 중반에 크게 유행한 Silk sand wash Trend의 붐을 타고 한때 국내와 일본, 대만 그리고 유럽에서 폭발적인 인기를 누렸다. 'Bemberg'는 Cost의 한계와 Sand wash된 가공을 선호하지 않는 미국인들의 특성 때문에 미국시장 진입에는 실패한다. 현재도 미국 브랜드들은 Macy's 같은 몇몇 브랜드를 제외하고 Sand wash된 재생섬유를 좋아하지 않는다.

기 때문이다. 따라서 섬유보다는 화약업계로 진출했고 탁구공을 만드는 셀룰로이드 Celluloid를 비롯한 소위 '나무 Plastic'으로 발전하게 된다. 일종의 플라스틱이었던 셀룰로이드는 결국 나무와 같은 성분이므로 Wooden plastic이라고 할 수 있다. 이를 질산셀룰로오스라고 했는데 폭발성이 있어서 매우 위험했다. 당시 영화 필름을 만드는 소재가 되기도 했는데 높은 인화성 때문에 극장 화재의 주요원인이 되었다. 지금도 탁구공은 비행기에 태우거나 화물로 보낼 수 없다. 노벨이 발명한 다이너마이트가 바로 니트로 글리세린이라는 질산 화합물을 규조토에 흡수시킨 것이다. 글리세린은 대부분의 화장품에 들어갈 정도로 흔한 물질이지만 이처럼 질산과 결합하면 폭발적인 반응을 한다.

이러한 Rayon 발명품 중, Viscose만이 저가라는 강력한 무기를 발판으로 최근까지 강세를 유지하며 상업화에 성공하였고 이의 강력이 약하다는 단점을 보완하기 위하여 2세대 Rayon인 'Polynosic'이나 'Modal'이 등장하게 되었다. 하지만 이들 1세대나 2세대 Rayon들은 Cellulose를 용해시키기 위해 이황화탄소 CS_2라는 유독물질을 사용하기 때문에 공해산업으로 지탄받아 현대에 이르러서는 퇴출의 길을 갈 수밖에 없는 상황이다. 이황화탄소는 분해되어 대기오염의 주범인 아황산가스와 이산화탄소를 만드는 물질로 중독성이 있으며 지속적으로 가까이 하면 신경계통에 손상을 입는다고 알려져 있다. 이 때문에 우리나라의 유일한 레이온 제조업체인 '원진레이온'은 숱한 희생자들을 남기고 역사 속으로 사라지게 되었다. 이 공해물질들을 제대로 수거하려면 제조원가보다 더 높은 경비가 소요되었으므로 결국 Cost를 감당하지 못한 일본의 Polynosic도 2003년에 문을 닫게 된다.

핵발전소도 방사성 폐기물의 처리 비용을 과소평가하였다가 그 비용이 발전소의 건설비용보다 10배 이상이 든다는 것을 알고 나서 건설이 중단되었다. 물론 방사성 폐기물의 처리 수준은 선진국의 기준이므로 기준이 낮은(?) 후진국에서는 지금도 핵발전소를 건설한다. 슬픈 일이다. 하지만 수십 년 뒤에 영향을 미칠 국민의 건강에 대한 폐해

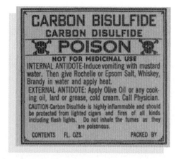

이황화탄소

보다는 당장 필요한 에너지를 수급하는 것이 더 급한 후진국에서는 이러한 고육지책의 결단을 내릴 수밖에 없게 되는 것이다. 전기가 절대적으로 부족한 중국은 지금도 수십 기의 핵 발전소를 건설할 계획을 가지고 있다. 일본의 '도레이'로부터 중고로 도입되었던 '원진레이온'의 비스코스 제조설비들은 이후 중국으로 팔려갔다. 가난한 나라의 국민은 서럽다.

그러나 오스트리아의 Lenzing이 제조하고 있는 Modal은 후발주자인 덕에 처음부터 공해시설을 완비한 상태에서 출발하여 살아남을 수 있게 되었다. 그들은 Closed Loop System이라는 폐쇄회로를 개발하였으며 대기 중으로 이황화탄소를 배출하지 않는 전 세계에서 유일하게 검증된 시설이다. 이후, 이황화탄소 없이 Cellulose를 직접 녹일 수 있는 용매가 개발되어 Cellulose를 화학적으로 처리하기 위한 유독물질을 사용하지 않고도 강력한 습윤강도를 가진 Rayon을 생산할 수 있게 되었는데, 그것이 바로 3세대 레이온인 'Tencel', 즉 'Lyocell'이다. 'Tencel'은 Viscose를 만든 영국의 'Courtaulds'에서 만든 브랜드명이며 Lyocell은 Lenzing의 브랜드명이자 FTC Federal Trade Commission의 공식 Generic term이다.

Courtaulds는 최초의 친환경 레이온을 개발하였고 이후 세계적으로 이름을 알렸지만 선수를 빼앗긴 후발의 Lenzing이 Generic name으로 자신들의 브랜드명을 등록하는데 성공하여 Tencel을 사용한 모든 Garment의 Content label에 Lyocell이라고 표기하게 만듦으로써 경쟁력을 상실하게 되었다. 이후 영국의 코톨즈는 렌징에 합병되었다. 둘은 이제 같은 회사이다. 물론 Tencel과 Lyocell도 같은 회사의 제품이 되었다.

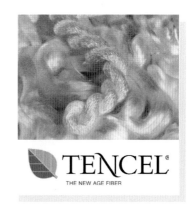

그 밖에 Cellulose를 아세톤에 녹여 아세틸기 Acetyl를 수산기 OH에 부착하여 Cellulose의 성질을 아예 바꿔버리는 레이온인 Acetate가 개발되어 오늘날까지 사용되고 있다. 아세틸기는 살리실산에 붙이면 전 세계에서 가장 많이 팔리는 약, 아스피린 Acetyl Salicylic Acid을 만들 수 있는 개미산으로부터 얻을 수 있는 물질이다.

Rayon 이야기 2

1편에서 Rayon의 역사에 대해 대략적으로 알아보았다. 이제부터 각 Rayon의 물성의 차이와 특성을 비교 분석해 보겠다.

Viscose

통상 레이온이라고 불리는 물건이 바로 비스코스이다. 비스코스는 가성소다와 이황화탄소로 Cellulose를 녹인 후, 4~5일 숙성하여 만들어진 끈적이는 조청 같은 반죽을 원하는 굵기로 방사하여 사용한다. 이 셀룰로오스 조청을 섬유 상태로 만들지 않고 얇은 판상 板狀, 즉 종이 모양으로 만들면 투명한 셀로판지가 된다. 조청인 상태에서 길게 뽑으면 섬유가 되는데 보통의 Viscose인 경우는 방사속도가 너무 빠르기 때문에 표면 쪽만 배향되고 내부는 배향이 잘되지 않아 결정화도가 떨어지게 되고 그때문에 흡습성은 오히려 면보다 좋아지지만 세탁 시 수축이 잘되고 젖었을 때 강도가 약하며 면보다 2배나 더 잘 늘어나는 신축성이 있다. 놀랍게도 비스코스의 습윤강도는 절반으로 뚝 떨어진다. 그것이 비스코스의 가장 큰 취약점이기도 하다. 그리고 섬유 중 탄성회복률이 가장 낮다. 비결정영역이 많기 때문이다. 잘 구겨진다는 얘기가 된다.

비스코스가 물속에 들어가면 비

Viscose Staple

결정영역으로 물이 침투하여 섬유가 더욱 많이 팽윤 Swelling되고 따라서 분자사슬이 끊어지는 원인이 된다. 물이 제거되어 마르면 새로운 수소결합이 형성되지만 이미 변형된 상태에서 형성된다. 크게 수축된다는 의미이다(15% 이상). 따라서 Garment 용도로 쓰기 위해 방축을 하려면 강제로 수지처리를 해야만 원하는 수축률(3~5%)에 도달할 수 있다. 다만, 수지처리한 Rayon은 신축성과 Drape성 그리고 Hand feel이 급격하게 떨어진다. 이런 이유로 비스코스는 Dry cleaning을 해야 한다. 하지만 비싼 Rayon Georgette를 빼고는 Dry cleaning해서 입는 비스코스는 없다. 비스코스는 단면이 톱니 모양으로 되어 있어서 원형인 일반의 섬유에 비해 체표면적이 매우 크고 따라서 물을 흡수하기 좋은 모양이다. 그로써 정전기에도 강한 소재가 된다. 심색을 내기도 좋다.

같은 Cellulose라도 면은 건조 시에 신도가 겨우 7~8%밖에 안 된다. 젖었을 때 12~14% 정도이다. 따라서 면은 아무리 잡아당겨도 14% 이상은 늘어나지 못한다. 그러나 Rayon은 Viscose인 경우, 결정화도가 낮아 흡수율이 좋을 뿐만 아니라 신도도 면의 2배가 되고 젖었을 때는 무려 25~30%까지도 가능하다. 즉, 잡아당기면 30%까지 늘어난다. 젖은 비스코스 옷을 빨랫줄에 오래 널어두면 늘어나는 이유이다. Polynosic이라도 신도는 13~15%가 되고 Tencel도 마찬가지이다. 이 역시 결정화도의 문제이다.

비스코스의 중합도가 낮은 이유는 노성과정 Ageing에서 분자사슬이 많이 절단되기 때문이다. 그래서 비스코스는 일반 면과 특히 폴리노직이나 Tencel에 많이 형성되어 있는 피브릴 Fibril: 섬유를 구성하는 미소섬유 잔털이 거의 없어져 버린 상태가 된다. 따라서 Sand wash효과가 떨어진다. Sand wash는 섬유의 피브릴을 일으켜 잔털을 세우는 원리이다.

분자량을 비교해보면 면이 약 30만에서 50만 정도인 데 비해서 Viscose는 8만에서 10만으로 훨씬 더 작다는 것을 알 수 있다. 중합도가 떨어지기 때문이다. 분자사슬의 길이는 면이 2,800 정도인 데 비하여 비스코스는 300~400 정도이며 폴리노직이라도 500~700 정도가 된다. 물에 의해 팽윤하는 성질은 면은 6%인 데 반해 비스코스는 무려 26%이고 폴리노직도 18%까지 된다.

Polynosic/Modal

원래의 이름이 고습 강력 레이온 HWM: High Wet Modules Rayon인 Polynosic은 Rayon의 약점, 특히 습윤강도가 약하다는 점을 개선시킨 2세대 레이온으로 수축률 및 모든 물성이 면에 필적하는 改質 개질 Rayon이라고 할 수 있다.

첫째, 고속방사에서는 섬유의 표면만 배향되고 내부는 잘 되지 않으므로 내부의 배향도를 높이기 위해서 천천히 방사하고 (4~6배 정도 천천히 20~30m/분) 둘째, 일반 비스코스에서 알칼리인 가성소다 NaOH에서 50시간 노성시키는 과정과 이황화탄소로 처리 후 4~5일 숙성하는 과정을 없애 결정화도를 높임으로써 중합도를 500~700으로 올렸으며 셋째, 응고액의 온도를 절반 정도로 낮추며 굳기 전에 150~600% 정도로 연신하여 配向性 배향성을 높인 제품이다.

대신 염료에 대한 친화력이 낮아서 비스코스에 비해 염색하기 까다롭다는 단점이 있다. 사실 Polynosic은 13년 전까지만 해도 거의 사용되지 않던 소재로 Cupra와 함께 갑자기 유행된 Silk의 Sand wash 열풍으로 인하여 각광받게 된 상품이다. 비스코스는 Sand wash가 잘되지 않고 강도가 너무 약한 데 반하여, 습윤 강력이 향상된 Polynosic은 Sand wash 효과

가 아주 뛰어났기 때문이다. 하지만 Polynosic은 공해 처리 문제로 채산성을 확보하지 못하여 2003년 10월 마지막 생산을 끝내고 지구상에서 영원히 사라졌다. 그로 인해 습윤 강력 Rayon은 Lyocell로 유명한 오스트리아의 Lenzing에서 생산하는 Modal이 천하를 통일하게 되었다. 이후 인도의 Birla가 새롭게 등장하였다.

Acetate

Acetate는 원래 제1차 세계대전 중 비행기 날개를 만드는 용도로 사용되던 섬유로 아세트산을 용매로 사용하였다. 아세틸화가 진행되었기 때문에 일반 레이온과 달리 태우면 신 냄새가 나고 합성섬유처럼 녹으며 탄다. 강도가 Cellulose 섬유 중 가장 낮기 때문에 용도가 제한되고 일광 견뢰도도 나빠 Nylon과 교직하여 주로 안감으로 사용되어 오고 있다. 강도가 약한 이유는 배향도와 결정화도가 작아서인데, 이유는 아세틸화 과정에서 Cellulose의 미세구조가 파괴되기 때문이다. 원래 친수성을 띤 수산기 OH가 소수성인 아세틸기와 자리를 바꿈에 따라 전체적으로 소수성을 나타내고 따라서 흡수성이 나빠져 대체로 합성섬유의 성질을 띠게 된다. 하지만 반대로 발수성은 더 좋다. 주로 Polyester처럼 분산염료로 염색되고 견뢰도도 대략 좋은 편이다.

트리아세테이트 Tri-Acetate인 경우 보다 많은 아세틸기를 수산기와 바꿨기 때문에 92% 수분율도 6.5%인 Di-acetate 일반 아세테이트에 비해 3.5%로 낮고 흡수율도 10~16%로 24%인 Di-Acetate보다 낮다. 다만, 두 섬유의 강도는 똑같다. 트리아세테이트는 융점이 300도 정도로 260도인 디아세테이트보다 더 좋고 구김을 나타내는 방추성과 수축률이 더 우수하다. 주로 Suiting에 사용될 정도로 고가이며 국내에서는 생산된 적이 없고 주로 Mitsubishi 같은 일본산이 유통된다. 추가적인 내용은 섬유지식 I '아세테이트가 비스코스로 변했다'에서 참고하면 된다.

Tencel(Lyocell)

Tencel은 제3세대 레이온이라고 할 만하다. 애초에 Polynosic이 개발된 이유와 Tencel이 개발된 동기는 각각 다르다. Polynosic은 Viscose의 물리적인 약점을 보완하기 위한 목적이 있었고, Tencel은 처음부터 레이온을 환경 친화적으로 만드는 데 목적을 두고 있었다. Polynosic도 Cellulose에 대한 화학처리 조건이 Viscose보다는 완화되어 원료인 전나무의 아황산 펄프로부터 생기는 공해물질을 줄일 수 있었다. 그러나 Cellulose에 이황화탄소 처리를 하는 한, 발생하는 공해물질을 근본적으로 회수하기 불가능했다. 그에 반해 Tencel은 Cellulose를 중간과정 없이 직접 용매에 녹이는 방법으로 원료를 얻게 됨으로써 공해물질을 유발하지 않게 되었다. 제품이 폐기된 후, 땅속에서의 생분해성도 탁월한 것으로 알려져 있다. 잘 썩는다는 말이다.

셀룰로오스를 녹일 수 있는 디메틸아세트아미드나 액체 암모니아 NMMO 등의 유기용매가 새롭게 발견되었고, 그 중 NMMO/H_2O가 아민옥사이드 상업적으로 생산 가능한 용매로 확인되어 1992년에 코톨즈에서 Tencel의 상업적인 생산에 성공했다. Polynosic과 Modal은 Tencel과 Lyocell의 관계처럼 같은 물성이지만 제조 Brand만 다른 것이다. 원료인

솜을 자세히 관찰해 보면 각각 모습도 많이 다르고 Hand feel도 많이 다르지만 실제로 원사를 거쳐 제조된 Knit나 원단은 차이를 알 수 없을 정도로 똑같다.

Tencel의 특성 중 Polynosic이나 Modal 과 다른 실제는 더 나은 특성은
- 제조시의 공해물질 95% 회수: 이것이 후진국 심지어는 미국에서조차 대중적으로 어필할 수 있는 요소는 아니지만 환경친화에 깊은 관심을 갖고 있는 유럽에서는 매우 중요한 Factor이다.
- 습윤강도 향상: Viscose < Modal < Lyocell(Lyocell은 Tencel의 Generic name임과 동시에 Lenzing사의 brand명이다.)
- Fibrillation 우수: Viscose < Modal < Lyocell
- 습윤 상태에서의 팽윤: 길이방향으로는 일어나지 않고 직경방향으로만 일어남(40%). 건조 후 팽윤되었던 공간이 그대로 남아 Bulky 성을 부여하게 되나, 이 팽윤성 때문에 오히려 물에 젖으면 딱딱해지는 특성이 있다.

*Fibrillation(분섬)

Fiber 한 개가 나뉘는 과정으로 여러 개가 되는 것은 아니고 큰 줄기는 그대로 있되 수많은 작은 가지들이 본 줄기에 생기는 개념으로 생각하면 된다. 이것은 Viscose에도 있는 성질로 Pilling이 생기는 원인이기도 하다. 따라서 이 성질이 우수하다 함은 제어를 할 수 있느냐 없느냐에 따라 장점이 될 수도 있고 단점이 될 수도 있겠다. 이를 적당히 조절해서 Modal 특유의 Peach skin touch를 가지게 되는 것이다.

Tencel의 Bio washing 가공

Fibrillation을 적절하게 제어하기 위하여 Enzyme 효소을 이용한 가공을

해야 한다. Modal에 Fibrillation을 일으키기 위해서는 Sand wash라는 강제적인 물리력이 필요하나 Tencel은 일반적인 전처리, 염색가공 등의 진행 중에도 분섬이 진행되므로 Tencel의 가공은 1차 Fibrillation과 2차 Fibrillation에 의해 이루어진다.

1차 분섬은 수세 표백 염색 등에 의해 자연적으로 일어나는데, 이때의 털은 섬유의 외층에서 일어나며 지저분한 잔모의 형성을 야기시켜 Pilling처럼 되므로 효소로 완전히 제거해야 한다 Defibrillation. 이는 염색 전에 실시하며 염색 후 표면이 깨끗한 상태에서 2차 분섬을 일으키는데, 내층 Core에서 발생되어 매우 규칙적이고 High point와 Cross point에서만 집중적으로 Fibril화를 일으켜 특유의 고운 Peach skin 외관을 얻게 된다. Tencel이 비싼 이유는 그 자체의 원룟값보다는(Modal과 별로 차이 없다) 효소를 이용한 Bio washing 가공이 오랜 시간이 걸린다는 것에 기인한다. 아직도 Modal보다는 약 2배 정도 되는 가공시간이 소요되므로 원가 상승의 요인이 된다.

A-100이란?

A-100이란 Tencel의 Fibrillation을 단점으로 간주하고 이의 진행을 아예 막는 가공으로 Knit 업계의 요구로 시작된 AXIS 가공이 그 원천이다. 원사 상태에 AXIS란 약제를 투여 Fibril화를 원천적으로 봉쇄한다. 이에 착안하여 AXIS를 아예 Fiber 상태에 투여하여 Fibril화가 일어나지 않는 새로운 Tencel을 만들어냈는데 이것이 A-100이란 제품이다. A-100은 일반 Tencel 과는 달리 털이 없는 매끈한 제품이므로 Bio washing 가공이 전혀 필요 없다는 장점이 있다. 참고로 염색 및 가공비를 비교해보면 Tencel이 100일 때 A-100은 60이고 Modal은 68, 면은 88 정도이다.

Tencel의 가공

Tencel의 염색은 일반 레이온과 크게 다를 바 없지만 일단 한번 발생한 주름은 수정이 거의 불가능하므로 아주 세심한 주의가 필요하다. Fibril 감량 공정 전이나 또는 후에 Fibril 공정을 거치면 색상이 Fade out되는 효과가 나타나므로 색상관리에 철저를 기해야 한다. 보다 선명한 관리 컬러를 원할 경우 염색을 Fibril 감량 후에 행하며, Fade out 효과를 원할 경우에는 염색 후에 Fibril 감량을 하는 공정으로 작업하면 된다. 현재 일반적으로 널리 가공되는 것은 후자 쪽이며 피치 감이나 소프트 터치 반발성을 얻기 위해서는 염색 후에 Fibril 감량 가공하는 것을 추천한다. 또한 색상관리를 용이하게 하기 위해 염료선택에 주의를 해야 하며 염료가 Fibril 감량 과정에서 산성 상태를 유지하여 감량하므로 산에 안정성이 있어야 한다. 또 당연한 일이겠지만 효소작용이 약해지는 염료선택을 피해야 한다.

슈라이너 가공(Schreiner finish)

어떤 물체가 광택이 나려면 빛이 가해졌을 때 정반사가 일어나야 한다. 정반사란 표면의 요철이 빛의 파장보다 작은 어떤 매질에 입사하여 원래 그대로 되돌아 나오는 것을 말한다. 따라서 입사각과 반사각은 동일한 각도를 이루게 된다. 반대로 매질 표면의 요철이 빛의 파장보다 더 크면 요철의 모양에 따라 각각 다른 방향으로 튀게 되며 이것을 난반사라고 한다. 우리가 보는 모든 색은 난반사한 결과이다.

필자가 신입이던 80년대 초반에 가장 많이 팔리던 면직물은 T/C 208T라는 유명한 원단이었다. T/C혼방 65/35% 45수 원사를 경위사로 밀도를 경사에 136개, 위사에 72개를 박은 얇은 원단이다. 지금은 Shirting으로 쓰였을 이 원단이 당시에는 Outerwear의 가장 광범위한 소재로 사용되었다. 이 원단에 Chintz가공을 하여 Padding을 치면 겨울용으로, 그냥 Unlined로 사용하면 봄 잠바로 그야말로 4계절 전천후로 사용된 중요한 원단이었다. 아마도 전 세계의 국민복으로 불러도 될 만큼 부자 독일에서도 이 원단을 사용한 분데스 파카 'Bundes Parka'라는 이름의 재킷이 어마어마한 수요를 형성하였다. 208T로 만든 잠바는 오랫동안 인기를 누렸다. 당연한 결과로 208t 오더는 의례히 백만 단위였고 작은 오더도 기십만을 헤아렸다.

분데스 파카

208T라는 이름은 사실은 방림방적의 아이템 번호였다. 경사와 위사 밀도를 합해 Thread의 T를 넣어 불렀다. 당시에는 이런 식으로 186T니 190T니 하는 식의 이름이 많았다. 그런데 그때 대유행했던 Chintz 가공은 면, T/C에서는 오로지 208T에만 적용되는 것이었다. 이 원단에 Chintz 가공을 하면 마치 Oil coating을 한 것처럼 표면이 반짝반짝 광택이 났다. 이 가공은 Polyester가 녹아 소성변형을 일으킴으로써 효과가 오랜 기간 유지되는 막강한 Durability를 가졌음에도 가격은 겨우 3센트였다.

하지만 워낙 인기가 좋아, 단지 3전짜리 친츠만 하는 공장들이 서울에서도 우후죽순처럼 여기저기에서 생겼고 그나마도 물량이 밀려 한참을 기다려야 물건을 뺄 수 있었다. Chintz도 한때 유행인데 그것을 위한 공장이 여럿 생겼다는 것은 사실 무모해 보이기까지 한다. 한마디로 무식이 용감한 거다. 물론 설비 가격이 그리 부담이 가는 정도는 아니었다.

'Luster'는 매 시즌 Trend를 조사할 때마다 철을 가리지 않고 자주 등장하는 단어이다. 이제는 지겨울 때도 되었건만 한 두어 해 쉬고 나면 또 어김없이 등장한다. 그만큼 중요한 Trend 중의 하나라고 해야 할 것이다.

원단의 광택은 예로부터 대단히 중요한 것이었다. 그것은 아주 비싼 직물만이 광택이 났기 때문이다. 그래서 '광택 = 비싼 원단'이라는 공식이 성립했던 거다. 속된 말로 '기름기가 좔좔 흐른다'라는 표현은 말 그대로 광택이 난다는 말이었을 것이다. 면에서도 피마면이나 이집트면 또는 해도면은 단지 섬유장이 길 뿐만 아니라 광택도 좋은 품종이다. 부드러운 광택이 흐르는 고운 천연의 면은 100수 이상의 면직물에서나 볼 수 있는 귀하고 값진 것이다. 그런 이유로 Mercerizing이라는 유명한 광택 가공이 발명된 것이다. 영국의 John Mercer가 발명한 이 가공은 면의 미세구조를 이용한 원리로 만들어졌다. 면의 중심부에 찌그러져 있는 공간인 루멘을 수산화나트륨을 이용하여 팽윤시켜 광택을 부여한 것이다. 주름이 펴지면 광택이 나는데, 보톡스를 맞아본 사람들은 잘 알 것이다.

1844년에 발명된 이 가공은 지금도 모든 면직물의 가공에 기본적으로 행해지고 있다.

Mercerizing은 물론, 면직물에 놀라운 광택 효과를 발현하였지만 보다 더 확실하게 번쩍이는 광택을 원하는 사람들의 욕구를 충족시키기에는 부족한 면이 있었다. 사이키델릭 Psychedelic한 극단적인 광택이 아니더라도 보다 더 적극적인 광택 효과가 필요했던 것이다. Luster는 매해 빠지지 않고 등장했지만 광택의 정도는 늘 조금씩은 달랐다.

광택은 왜, 어떤 원리로 발생하는 것일까?

어떤 물체가 광택이 나려면 빛이 가해졌을 때 정반사가 일어나야 한다. 정반사란 표면의 요철이 빛의 파장보다 작은 어떤 매질에 입사하여 원래 그대로 되돌아 나오는 것을 말한다. 따라서 입사각과 반사각은 동일한 각도를 이루게 된다. 반대로 매질 표면의 요철이 빛의 파장보다 더 크면 요철의 모양에 따라 각각 다른 방향으로 튀게 되며 이것을 난반사라고 한다.

어떤 물체의 표면에 정반사된 빛은 흰색으로 보인다. 그 물체가 비록 검은색이라도 그렇다. 잘 닦인 검은 자동차에 광택이 있는 부분은 흰색으로 보인다. 검은색으로 보이는 부분은 난반사되거나 흡수되어 우리 눈에 들어온 빛이다. 그런데 어떤 물체가 정반사를 일으키려면 표면의 요철이 빛의 파장(400~750nm)보다 더 작아야 한다. 즉, 평활 flat해야 한다. 우리가 보는 어떤 물체의 색은 바로 난반사된 빛이다. 만약, 어떤 물질의 광택이 싫어 무광으로 만들고 싶다면 표면에 빛의 파장보다 더 큰 미세

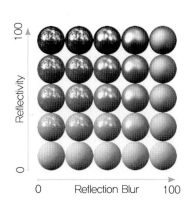

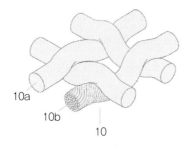

10a
10b
10

한 요철을 만들면 된다. 그러면 정반사 현상은 사라지고 난반사된 빛이 그 물체의 색을 왜곡됨 없이 고스란히 보여주게 되며 그 물체는 심색을 띠게 된다.

면직물은 면섬유의 다발을 이루고 있는 일정한 굵기를 가진 경사와 위사가 서로를 타 넘어가는 입체구조를 가지므로 표면이 매우 울퉁불퉁하다. 면섬유 자체도 쭈글쭈글한 형태이다. 따라서 거의 광택이 나지 않는다.

여기에 광택을 내기 위해서는 표면을 평활하게 해주는 물리적 처치가 필요하다. 그것이 바로 Chintz 가공이다. Chintz 또는 Calender 가공은 두 개 이상으로 된 뜨거운 압력 Roller 사이로 원단이 통과하여 다림질 효과를 내주는 놀랍도록 간단한 가공이다. 이 가공으로 섬유의 다발들은 물론, 경사와 위사도 납작하게 눌려 요철의 크기가 작아져 정반사를 유도하게 된다. 물론, 면은 고열의 높은 압력에도 소성변형을 일으키지 않으므로 압력이 가해졌던 평면은 빨래 후 다시 울퉁불퉁해지고 광택 효과는 사라진다.

영구히 광택을 내기 위해서는 표면에 수지를 코팅하여 울퉁불퉁한 틈을 메워주는 수밖에 없다. 하지만 이렇게 하면 면직물 특유의 Hand feel

을 소실하게 된다. 따라서 권장할만한 방법은 아니다. 만약 Hand feel은 유지하되 평면을 평활하게 하고 싶다면 Laminating을 하면 된다. Laminating은 섬유 간의 간극을 메우지 않기 때문에 원래의 Hand feel이 그대로 유지된다. 물론 Laminating하는 Film이 원단만큼 Soft하다는 것을 전제로 한다.

한편, Calender 가공을 이용하여 특정 원단의 표면에 원하는 패턴을 형성할 수 있는데 이것을 엠보싱이라고 한다. 일종의 뜨거운 도장(불도장)이라고 할 수 있다. 엠보싱은 일반 광택가공보다는 의외로 오래 가는데, 그것은 압력이 가해지는 면적이 적어서 훨씬 더 높은 압력으로 원단의 패턴 부분을 가압할 수 있기 때문이다. 만약, 원단이 면이 아닌 화섬이라면 송아지 엉덩이에 찍힌 낙인처럼 원하는 패턴을 영원히 음각할 수 있다. 물론 패턴 부분은 정반사를 유도하여 희게 보이기 때문에 그라운드 컬러가 진할수록 효과가 극명하게 나타난다.

슈라이너는 Calender 가공에 Embossing을 응용한 것이다. 엠보싱하면 훨씬 더 강렬한 광택 효과와 더불어 Durability가 더 좋아지기 때문이다. 하지만 엠보싱함으로써 생기는 무늬는 어떻게 할까? 무늬를 원하지 않는 대부분의 소비자를 위하여 무늬가 전혀 없으면서도 엠보싱 효과를 내기 위해서 Schreiner는 롤러에 수평선 Horizontal의 미세한 Line을 새겼다. 이 극미한 줄무늬는 1인치당 무려 600개나 들어갈 정도로 미세하다. 따라서 줄무늬가 생기되 눈에는 보이지 않는다. 이렇게 하면 표면 전체를 가압하는 것보다 훨씬 더 강력한 광택 효과를 발휘한다. 또 전체를 눌러 광택을 내는 것이 아닌 미세한 고랑을 형성하면서 표면 효과를 만들기 때문에 어두운 부분과 밝은 부분이 교대로 나타나게 되어 더 선명한 광택 효과가 난다. 실제로 슈라이너 가공을 한 면직물을 보면 마치 오일 코팅한 것처럼 기름진 광택이 나는 것을 알 수 있다. 원단의 Hand feel도 원래보다 향상되어 30수로 100수 원단의 질감을 만들 수 있는 기적 같은 가공이다. 대한방직이 이 가공을 전문으로 하여 내수 시장에 주로 Home Furnishing용으로 원단을 공급하고 있다.

Silk 이야기

실크로드의 동쪽 끝 금성에서 서쪽 끝 로마까지의 거리는 약 3만 6,840리(약 14,750km)로 추산된다. 적도 기준으로 지구 한 바퀴는 4만km이므로 지구 한 바퀴의 3분의 1이 넘는 거리이다. 하루 100리를 쉬지 않고 걷는다면, 꼭 1년이 걸려야 이 긴 여정을 주파할 수가 있다.

실크는 인류 최초의 직물인 아마 Linen와 함께 너무나 오랜 섬유라서 역사는 전설로 남아있을 뿐이다. 기원전 2,640년 고대 중국 삼황오제 시대의 황후인 서릉 西陵이 차를 마시다 찻잔 속에 누에고치가 떨어져 이를 빼내려다 발견되었다고 전해진다. 뉴턴이 사과가 떨어지는 것을 보고 중력을 발견했다는 얘기만큼 황당하지만 전해지는 가장 그럴듯한 얘기이다.

비단은 우아하고 값비싼 직물이지만 실크의 본질은 사실 모두 곤충의 침이다. 누에나방의 유충은 번데기로 지낼 자신의 거처를 만들기 위하여 침샘에서 분비물을 뽑아내는데, 이 침샘의 길이는 누에 몸길이의 10배에 이르며 무게는 자신의 몸무게 절반이나 된다. 단백질로 이루어진 이 침을 우리는 명주 明紬라고 부른다. 누에는 고치를 짓기 위하여 명주를 1분에 15cm의 속도로 무려 3,000m나 뽑아낸다. 실크는 천연섬유 중 유일한 장섬유 Filament이다.

명주를 자세히 보면 2가닥이 한 가닥으로 뭉쳐져 있다는 사실을 알 수 있다. 명주의 75%를 이루는 내층을 피브로인 Fibroin이라고 하는데 피브로인은 피브릴 Fibril의 다발이며, 피브릴은 1,000개의 극세섬유인 마이크

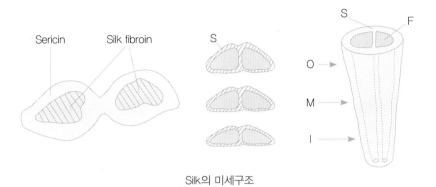

Silk의 미세구조

로피브릴로 구성되어 단단한 세리신 Cericin이라는 또 다른 단백질 외피에 둘러싸여 있는 형태이다. 실크는 외피인 세리신을 제거하여 사용하므로 25% 정도 감량이 이루어진 것과 같다. Silk가 Drape성이 좋은 이유가 된다. 명주의 단면은 대체로 삼각형을 이루고 있어서 정반사를 유도하여 특유의 광택을 발현할 수 있다. 합성섬유도 실크처럼 삼각형 단면을 만들면 Spark Yarn이라는 고광택사를 만들 수 있는데 이렇게 만들어진 Trilobal 트라이로발이라는 DuPont의 브랜드가 유명하다.

Silk는 천연섬유 중 가장 가는 섬유이며 대략 굵기가 1d 정도로 가늘다. 1d는 9,000m인 섬유의 무게가 겨우 1g이라는 의미이다. 합성섬유에서는 실크보다 더 가는, 즉 1d 미만의 섬유를 극세사 Micro Fiber라고 분류하기도 한다. Silk는 공정수분율 11%로 다른 천연섬유와 마찬가지로 흡습성이 매우 좋다. Silk를 속옷으로 사용했을 때 쾌적한 이유가 된다. 하지만

섬유의 단면에 따른 빛의 반사

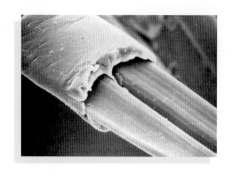

다른 단백질 섬유처럼 일광에 약하고 알칼리에도 매우 약하다는 단점이 있다. 물에 의해 심각한 수축이 일어나므로 세탁은 반드시 드라이클리닝해야 하며 세제가 필요한 경우 반드시 중성세제를 사용해야 한다(일반 세제는 알칼리이다).

실크는 무게 대비 가장 질긴 천연섬유이다. 만약 명주로 밧줄을 만들면 같은 굵기의 금속 밧줄보다 더 강할 정도이다. 실크는 중국에서 처음 발견되었으며 서양에 처음 알려지게 된 것은 기원전 4세기의 알렉산더 대왕 시대이다. 당시에는 이 희한한 섬유의 본질을 알 수 없어 존경받는 고대 로마의 학자 베르길리우스 Publius Vergilius조차도 중국인들이 보드라운 양털 같은 숲에서 실을 꼬아내어 비단을 만든다고 했을 정도이다. 즉, 실크를 식물로 알았던 것이다. 실크는 동일 중량의 금값과 같을 정도로 서양에서는 귀한 섬유로 취급받은 적이 있다. 실크의 무게 단위를 지금도 '몸메' Momme=MM로 표시하고 있는데, 이는 금의 중국식 무게 단위인 '돈' 1돈=3.75g의 일본어 표기[문(匁)]이다. 지구 직경보다 더 긴 14,000km가 넘는 실크로드는 이에 따른 강력한 수요에 대한 동기와 희망으로 비롯된 것이다. 서양인들에게 중국은 황금의 땅 엘도라도 El Dorado였다. 서양사람들이 실크의 비밀을 알게 된 것은 그 후 800년이나 뒤인 서기 555년의 일이었다. 동로마제국의 황제인 유스티니아누스는 두 명의 수도사를 중국으로 보내 뽕나무 씨와 누에나방의 알을 훔쳐오도록 했다. 그들은 천신만고 끝에 뽕나무 씨와 누에나방의 알을 대나무 지팡이 속에 감춰 왔는데, 이들의 모험은 결국 성공하여 1865년까지 유럽과 미국에서 기르던 누에는 모두 그 수도사들이 훔쳐온 알에서 나온 후손들이다. 어디서 많이 들어본 스토리 같지 않는가? 바로 문익점이 우리나라에 처음 면을 들여온 스토리와 비슷하다. 붓 뚜껑도 결국은 대나무이다. 누가 패러디했을까? 이렇게 해서 3,000년 동안이나 비밀로 지켜졌던 중국의 양잠기술은 이탈리아와 프랑스에 전해지고 두 나라가 유럽 실크산업의 선두 주자가 된다.

우리가 즐겨 입고 있는 모든 실크는 한때 어떤 누에 번데기의 집이었으며 그 주인은 나방이 되어 푸른 하늘을 향해 날갯짓 해보는 작은 소망을 이루지 못하고 죽었다.

Wrinkle Free 가공

최근, 경색된 소비 심리를 끌어올리기 위해 그간 관심 밖에 있었던 가공을 도입하는 브랜드들이 많아졌다. 예컨대 Wrinkle Free라던가 UV Protection 또는 방오 가공과 같은 기능성 원단을 찾는 추세가 뚜렷해지고 있다. 防汚를 위한 'Teflon', 'Nanocare', 'Zepel', 'Scotchgard' 가공이나 UVP 등은 익히 알고 있는 쉬운 가공이지만, Wrinkle Free에 대해서는 국내 사정의 열악함이나 경험부족으로 정보가 거의 없는 편이라고 할 수 있다. Outerwear에서는 구김을 강조하는 소위 메모리 원단들이 아직도 강력한 트렌드를 형성하고 있지만 그건 Outerwear 얘기이다. Dress Shirts나 Bottom에서는 구김이 그리 아름다운 실루엣을 만들지 못한다. 따라서 반대로 Dress Shirts나 Bottom은 구김을 방지하는 가공이 강조된다.

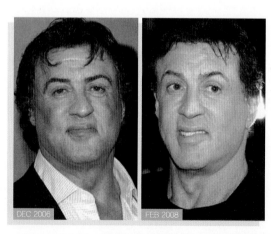

시간을 되돌리는 Wrinkle Free 가공

방추성(防皺性)

원래 Wrinkle Free에 대한 기준은 방추성 또는 내추성 시험으로 알아보는 것이 타당하나 실제로 바지나 스커트에 생기는 주름은 3차원 형태를 띠므로 방추도와의 상관관계가 반드시 일치하지 않는다. 그 중, 습윤 시 원단에 대한 몬산토법이 그래도 제법 높은 상관관계를 가진다는 연구 결과가 있으나 보통은 Wash & Wear성 시험이 실제에 더 가깝다는 평가를 얻고 있다.

방추도

방추성은 원단의 구김 발생에 대한 굽힘의 절첩 변형에 대한 저항성과 변형에 대한 회복성이라고 할 수 있다. 방추도는 철사법과 몬산토법 등이 있는데 그 측정은 시험편을 접은 다음 철사에 걸어서 규정시간 후의 개각도를(벌어지는 정도) 측정하는 것이다. 그래서 방추율은 개각도를 180으로 나누고 100을 곱한 %로 나타낸다. 즉, 60도만큼 벌어졌다면 33%가 되는 것이다. 전혀 구김이 없어서 원단이 전혀 접히지 않았다면 100%가 될 것이다. 탄성회복률과 비슷한 개념이다.

일반적으로 방추도는 원료의 신장 탄성도가 좋으면 증가하는 경향은 확인되고 있으나 아주 좋은 상관관계를 보여주지는 못한다. 즉, 거의 완전 탄성체인 유리섬유로 만든 원단이라도 구김은 발생한다는 것이다.

또 같은 소재라도 원사의 꼬임수, 원단의 밀도나 조직이 다르면 방추성

REGULAR COTTON SHIRT FABRIC AFTER 20 WASHES / WRINKLE-FREE COTTON SHIRT FABRIC AFTER 20 WASHES

면셔츠의 20회 세탁 후 비교

이 달라지는 것도 확인되고 있다. 일반적으로 밀도가 높을수록 방추성이 나쁘게 나타난다. 메모리 원단들이 고밀도인 이유가 된다. 그런데 희한하게도 조직에 따라 경사방향으로 재면 표리가 같은 평직 원단이 좋게 나타나고 위사방향으로 측정하면 표리가 다른 Twill일수록 좋은 결과가 나온다. 그리고 당연하게도 Knit가 Woven보다는 항상 좋은 결과를 보여준다.

Wash & Wear

Wash & Wear성은 직물, 편물의 반복세탁에 따른 주름의 정도를 평가하는 것이다. 즉, 시험편을 규정한 방법으로 세탁처리하고 건조한 후, 주름의 정도를 판정용 표준인 Replica와 비교하여 평가하고 등급을 부여하는 것이며 바이어들이 현재 가장 많이 신뢰하고 있는 방법이다. 판정용 표준은 AATCC-124에 규정되어 있는 6단계의 입체적 플라스틱 레프리카이다. 판정결과의 계산은 3개의 시험편으로 3인의 관찰자에 의한 판정치, 즉 9개의 결과에 의한 판정치를 평균하여 소수점 이하 한자리까지 나타내게 된다. 레프리카의 등급은 AATCC-124의 경우 1, 2, 3, 3.5, 4, 5급의 6단계이다. 세탁방법은 교반형 세탁기와 실린더형 세탁기 두 가지로 하고 건조방법까지 표시되어야 한다. 즉, 그냥 3.5급이 아니라 "A법 3.5급 Line dry"처럼 나타내야 한다.

객관적 평가기준

그렇다면 몇 급 정도가 나와야 Wrinkle Free라고 할 수 있을까?

유럽에서는 Wrinkle Free인 경우는 3.5 그리고 EASY CARE (W & W)는 3.2로 규정되어 있다고 알려져 있었다. 3.2라는 숫자는 레프리카에는 없지만 평균치 계산에서 그런 식으로 나타날 수 있다. 미국에서는 이에 대한 규정이 정해진 바는 없지만 ASTMD의 DP규정 Durable Press이나 AATCC-124 Appearance of fabrics after repeated home laundering를 따르는 것이 현

판정용 Replica

재까지는 일반적인 것으로 되어 있다. 예를 들면, ASTMD의 3477은 남자용 Dress shirts가 DP 가공으로 인정받으려면 3.5급 이상이 되어야 한다고 규정하고 있다.

이처럼 미국 바이어들은 대개 3.5급을 기준치로 잡고 있는데 Target도 그 중 하나다. 사실 모든 제품규격의 선봉에 있는 Gap에도 2006년까지 이에 대한 기준이 없었다. Gap은 2007년에 와서야 AATCC-143 Appearance Apparel and other textile end product after repeated home laundering을 기준으로 책정했으며 한 번의 Wash에서 4급, 5번의 Wash에서는 3.5급을 받아야 통과된다. 이 규정은 바이어가 레프리카를 보고 나름대로 규정을 만들면 되지만 현재까지의 기술로는 면직물이 4급까지 나오는 것은 어렵다고 보고되어 있다.

Wrinkle Free 가공은 어떻게 할 것인가?

결코 어렵지 않은 가공이며 사실 늘 접하고 있다. 면직물은 방추성이 나빠 형태 안정성을 유지하기 위하여 수지가공을 하는데, 이를 보다 더 조직적으로 그리고 테스트 결과를 보장할 수 있는 수준으로 하는 것이 결국 Wrinkle Free 가공이라고 할 수 있다. 구김을 막기 위해 수지 Resin을

바지 curing기

보강하는데 치과에서도 충진제로 Resin을 쓴다. 중국 사람들이 우유에 섞어팔아 유명해진 멜라민 수지나 글리옥살, PU 수지를 쓰지만 일반적으로 수지가공은 원단의 인장강도를 해치고 Formalin을 생성하는 등의 부작용이 있으므로 탄성이 부여되는 Silicone계의 고탄성수지를 쓰는 것이 좋지만…

… 돈이 원수다.

가공료는 30전 정도로 보는데 국내에서는 아직 충분한 경험이 있는 가공공장이 별로 없는 것 같다. 그나마 이것도 옛날 얘기가 되어버렸다. 다만, 대구의 비산 염색 공단에 아직 남아있는 염색기술연구소에서 암모니아 가공이 가능하다고 한다. 그에 비해 중국은 이미 15년 전부터 Shirts계통은 액체 Ammonia와 Moist cure법이라는 일본으로부터 개발된 기술로 Wrinkle Free 가공을 해 오고 있으나 산동성에 유명한 공장이 있다. bottom쪽은 액체암모니아보다는 DP Durable Press 가공이 일반화되어 있다. DP 가공은 역시 수지 가공의 일종으로 수지 처리한 다음 봉제 후에 Curing 하는 Post cure법이 특징이다(위의 바지 Curing기 참조). 원단 상태에서 Curin하면 주름이 극도로 제한되므로 봉제 후 다림질조차도 원활하지 않아 바지의 주름선이나 Edge가 살아나지 않으며 Seam에 Puckering 등의 문제가 발생할 수도 있다. 따라서 이런 문제를 해결할 수 있는 특수 봉제 설비를 갖추어야 한다. 얇은 Top용 원단은 Pre cure를 하는 것이 일반적이다.

코스트코에 가면 면 100수로 된 셔츠를 파는데 Non Iron이라고 되어있다. 매우 훌륭한 Wrinkle free 가공이 되어 있어서 빨지 않고 일주일 이상을 입어도 구김이 생기지 않는다. 100수의 면인데도 Hand feel이 그리 좋지 않은 것을 보면 Resin을 이용한 DP 가공을 한 것인데, 보통 셔츠에

Resin가공을 하면 가장 문제되는 것이 덥다는 것이다. 셔츠는 피부와 직접 접촉하는 의류이므로 되도록 친수성 소재가 좋다. 그래야 피부와 의류 사이의 습도를 50% 이하로 만들 수 있는 것이다. 수지 같은 소수성 소재는 몸에서 발생하는 수증기를 빨아들이지 않고 밀어내므로 습도가 높아져 불쾌해진다. 셔츠에 W/R 가공을 하지 않는 이유이기도 하다.

가죽 이야기(All that Leather)

인류 최초의 의류소재

천연섬유를 방적하여 실을 만들고 그렇게 만든 실로 원단을 만드는 고도의 기술이 발전하기 전의 미개했던 인류는 내구성 있는 옷을 제조하기 위한 소재로 원단 그 자체를 획득하는 나름의 방법을 개척하였는데 그것이 바로 동물의 피부, 즉 가죽을 이용하는 것이었다.

가죽과 피부

피부는 동물이 신체를 외부와 경계 짓는 최외층 장벽에 해당하며 이를 가죽이라고 부른다. 물론 사람도 예외가 아니다. 피부는 단백질이 구성분이다. 단백질은 형태에 따라 구상 Global과 섬유상 Fibroid 2가지로 분류할 수 있는데, 물에 잘 녹고 약한 구상단백질(우유 단백질인 카제인)에 비해 섬유상 단백질은 매우 질기고 강하다. 마치 포도당과 셀룰로오스의 관계

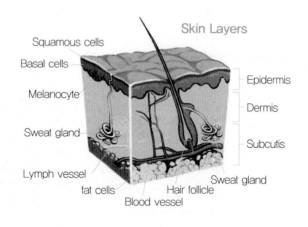

와 같다. 잘 알려진 대표적인 섬유상 단백질 2가지가 바로 케라틴 Keratin 과 콜라겐 Collagen이다. 피부는 표피와 진피 그리고 피하층으로 되어있는데 머리카락이나 손톱의 주성분이기도 한, 죽은 피부라고 불리는 표피가 케라틴 그리고 표피 안쪽의 진짜 피부인 진피의 주성분이 콜라겐이다. 피하층은 주로 지방으로 구성되어 있어 피하지방이라고 한다. 오징어도 섬유상 단백질이 주성분인 가죽의 일종이라고 할 수 있다.

Nonwoven(부직포)

경사와 위사로 제직된 원단을 직물이라고 했을 때, 하나의 원사로 편성물을 만든 원단을 니트라고 한다. 한편 원사, 즉 실을 사용하지 않고 섬유그 자체의 상태로 무작위로 얽어서 일정 두께의 원단을 만드는 것을 부직포라고 한다. Web을 여러 겹 겹쳐서 원단을 만든 것이라고 생각하면 된다. 가죽은 섬유상 단백질이 얽혀서(일종의 망상을 띤) 원단을 형성하고 있는 일종의 생체 부직포이다.

무두질(Tanning)

동물이 죽으면 부패하듯 생가죽은 그대로 두면 부패한다. 또 가죽은 한번 물로 빨고 나면 딱딱해져 버린다. 이는 최초로 가죽을 가공할 때도 마찬가지이다. 가죽이 딱딱해지는 이유는 가죽의 유연성을 유지하고 있는 지방이 빠져 버려서이다. 하지만 가죽을 가공할 때 반드시 지방을 제거해야 하므로 지방의 탈락은 불가피하다. 따라서 가공 후 다시 지방을 보충해 줘야 부드러운 가죽이 된다. 가죽이 부패하지 않도록 처리하고 지방

을 제거, 보충하는 탈지 Degreasing와 가지 Fatliquor 공정을 통틀어 무두질 이라고 한다.

Vegetable Leather

무두질할 때 가죽을 부드럽게 하기 위해 최초로 사용된 식물성 유제는 타닌 Tannin이다. 이후 1858년, A. 슐츠에 의해 크롬을 유제로 하는 혁신 적인 크롬 제혁 기술이 개발되어 전 세계 가죽의 95%를 차지하게 되었 다. 크롬 제혁은 가죽의 탄성을 유지하고 단 하루 만에 가공을 끝낼 수 있 어 납기 단축으로 인한 대량생산이 가능하지만 가죽의 손상이 나타나고 최근 5가 크롬의 중금속 문제에 직면해 있어서 위기를 맞고 있다. 이에 따라 가죽의 손상도 덜하고 친환경 제혁 가공인 식물성의 타닌을 유제로 사용하는 이전의 무두질로 회귀하자는 압력이 작용하고 있다. 물론 고가 이며 가죽의 손상도 적지만 무려 40일을 기다려야 하고 Faded된 Vintage 효과를 피할 수 없다. 이것을 Vegetable 가죽이라고 한다.

Waterproof Leather

피부의 표피는 천연방수이다. 그렇지 않다면 큰일이다! 하지만 그것은 살 아있을 때 얘기다. 죽은 가죽은 방수되지 않는다. 따라서 별도의 발수나 방수가공을 해야 한다. 하지만 방수가공을 하면 통기성이 소멸되므로 아 주 좋은 선택은 아니다. 통기성이 확보되는 발수가 더 좋은 선택이 될 수 도 있다.

합성피혁

합성피혁을 레자라고 부르는데 레자는 물론 어원이 Leather이므로 합성 레자라고 해야 맞다. 최근 진짜와 촉감까지 거의 유사하면서도 방수는 물 론 레깅스로 사용 가능할 정도로 강한 탄성을 가진 Fake leather Pleather가

양산되어 고조된 가죽 트렌드에 편승하여 큰 인기를 끌고 있다. 주로 폴리우레탄이 재료인 합성피혁은 가볍고 다양한 컬러와 두께 그리고 물세탁이 가능하다는 장점이 있다. 물론 가격도 4~6불대로 저렴하다. 최근 고난도의 Bonding기술이 도입되어 뒷면에 Micro suede를 Bonding하면 진짜 가죽과 구별하기 어려운 제품도 가능하다. 앞 뒷면이 모두 가죽의 매끄러운 표면, 즉 은면으로만 된 Reversible을 Zara 스토어에서 볼 수 있다. 합성피혁과 진짜 가죽을 구별할 수 있는 가장 좋은 방법은 냄새를 맡아보는 것이다. 가죽은 가지 가공할 때 주로 Fish oil을 쓰는데 흔히 맡을 수 있는 특유의 비릿한 가죽 냄새가 이로부터 유래한다. 하지만 사실 냄새도 이식이 가능하다. 새 차에서 나는 가죽 냄새도 이식된 것이다. 그러나 중량대비 50배 정도의 물을 사용하고 중금속인 크롬의 사용으로 수자원 오염의 주범인 가죽산업은 동물보호협회의 목소리가 커짐에 따라 점점 더 위축되고 있으며, 상대적으로 합성피혁은 최대의 전성기를 누리고 있다고 할만하다.

모피와 가죽(Fur & Leather)

동물의 피부에서 표피와 털을 그대로 남겨두면 모피가 되고 표피를 제거해 진피의 표면을 매끈하게 가공하여 은면을 형성한 것을 Full Grain leather라고 한다.

Nubuck과 Suede 그리고 Alcantara

매끈한 표면의 가죽, 즉 은면을 약간 Sanding하여 표면에 짧은 모우를 형성한 가죽을 누벅이라고 하는데 이는 사슴가죽으로부터 유래한 것이다. Suede는 가죽의 반대쪽

면을 Brush하여 조금 더 긴 모우를 형성한 것이다. 쎄무 Chamois가 그 중 하나이다. 한편 람보르기니의 내장재로 사용되어 유명해진 최고가의 알칸타라는 사실 진짜 가죽이 아니다. 일종의 Micro suede인데 도레이가 개발한 이 소재를 이탈리아의 화학회사와 합자하여 브랜드로 만든 인공가죽이다.

람보르기니와 알칸타라

Nappa와 Calf skin

나파가죽은 캘리포니아의 유명한 와인산지인 나파벨리에서 일하던 Emanuel Manasse가 Silk처럼 부드러운 가죽을 만들겠다는 시도로 탄생한 일종의 Lambskin, 즉 어린 양의 가죽이다. 매우 부드러운 것이 특성이다. Calf skin은 아직 지방층이 쌓이기 이전인 6개월 미만의 어린 송아지 가죽을 말한다. 세상에서 가장 많이 사용되는 구두 소재이다. 벤츠의 가죽 시트에 사용되는 Nappa 가죽은 부드럽지만 약하다는 단점이 있어서 주의하여 관리해야 한다.

Pigskin

가장 저렴한 천연가죽이며 3개의 모공이 모여 삼각형을 이루고 있는 독특한 은면 때문에 쉽게 구분된다. 이 구멍을 통하여 통기성이 확보되어 통풍성이 좋고 내마모성은 가장 강한 가죽이다. 은면이 아름답지 않아 주로 Suede 가공하여 사용된다.

광원 이야기

　흑체 Black body는 모든 파장 영역의 방사를 완전히 흡수하는 물체로, 반사는 일어나지 않는다. 모든 파장의 방사를 완전히 흡수하는 가상적인 물체를 완전 흑체라 하는데, 백금흑 등 이에 가까운 성질을 나타내는 것을 흑체라 한다. 숯이나 그을음도 흑체에 가깝다. 일정한 온도로 유지된 빈 방의 벽에 작은 구멍을 뚫었을 때 이 구멍은 외부로부터의 빛 방사를 완전히 흡수하기 때문에 흑체로 간주할 수 있다.

　염색물의 이색을 확인할 때 기준이 되는 광원은 여러 가지가 있다. 가장 광범위하게 사용되고 있는 'Gretamacbeth'의 Spectral light-III라는 Light box를 들여다 보면 7개의 광원을 선택하도록 되어있다. 그것들은 'Daylight', 'Cool white', 'Horizon', 'UV', 'TL84', 'U30' 그리고 'A' 같은 것들이다. 그런데 이 광원들은 도대체 어디에서 유래한 것일까? "그런 광원 스탠더드가 있고 나는 그저 바이어가 준 대로 따르면 된다."라는 생각으로 이들의 정체에 대해서 수십 년 동안 무시하고 살아온 사람들은 이 글을 반드시 읽어야 한다.

색 온도(Color Temperature)

　이 이야기를 시작하기 위해 조금은 생소한 색 온도라는 개념을 이해해야 한다. 색 온도는 DSLR, 즉 전문가용 디지털 사진 찍기를 취미로 하고 있는 사람들에게는 익숙한 개념이다. 가시광선을 포함하는 모든 빛을 발산하는 광원은 자체의 온도를 가지고 있다. 그것을 색 온도라고 한다. 색

9500° K	Clear Blue Sky
7000° K	Overcast Sky
5500° K	Sun at Noon
3750° K	Cool Fluorescent
3000° K	Halogen
2700° K	100W Incandescent
2250° K	40W Incandescent / Warm Fluorescent
1800° K	High Pressure Sodium
1500° K	Candle Light

온도에 따라서 광원은 각각 다른 조성의 스펙트럼을 발산하므로 색깔을 비교할 때는 반드시 동일한 광원 Standard를 가지고 해야 한다. 예를 들어, 태양 아래에서 보이던 색이 어두운 촛불 밑에서는 약간 붉게 보이는 것이 그런 것이다.

색 온도는 아무런 빛도 반사하지 않는 물체를 기준으로 한다. 그것을 흑체라고 하는데 이상적인 흑체는 (완전 흑체) 모든 빛을 흡수한다. 따라서 까맣게 보인다. 세상에서 가장 까만 원단인 검은 벨벳조차도 15% 정도의 빛을 반사하므로 흑체는 벨벳보다 더 까맣다. 흑체는 온도가 상승하면서 각각의 온도에 따라서 점차 다른 색을 띠게 된다. 대장간에서 철을 달궈 망치로 때리는 광경을 떠올려 보면 된다. 철은 처음에 까만색이었지만 점점 빨간색으로 변하다가 온도가 올라감에 따라 점차 노랗게 그리고 하얗게 변해간다. 그런 색의 변화를 절대온도, 즉 캘빈온도로 나타내고 이것을 어떤 광원에 비교하여 같은 색을 나타낼 때 그 온도를 그 광원의 색 온도라고 정하는 것이다. 색 온도는 높을수록 푸른빛, 낮을수록 붉은빛을 띤다. 캘빈온도는 섭씨영하 273도를 영도로 하고 K로 표시한다. 따라서 오늘 서울 기온은 절대온도로 284K이다. 예컨대 텅스텐이 달궈져 빛이 나는 백열전구의 빛은 2,800~3,200K 정도이고 흐린 날 대낮의 태양은 7,500K, 석양은 4,000K로 맑은 날의 태양은 18,000K까지 올라가는 경우도 있다.

어떤 광원을 기준으로 컬러를 배합할 것인가는 브랜드마다 달라진다. 예컨대 온갖 기준을 만들어내기 좋아하는 영국 사람들, 그 중에서도 섬유에 대한 기준을 세우는 데 많은 기여를 한 M & S는 자신들의 기준 광원을 TL84로 정했다. TL84는 삼파장 형광등을 광원으로 사용하는 것으로 색 온도가 형광등으로 4,100K

에 해당하는 빛이다. CWF보다 약간 Yellower, Redder한 광원이다. 하지만 사실 형광등은 색 온도와 다른 원리로 빛을 내는 물질이므로 개념 자체가 다르지만 요즘은 전기 효율이 좋고 수명이 긴 형광등이 많이 쓰이므로 색 온도에 맞춰서 모든 광원을 형광등으로 제조해 내고 있다. 물론 이후에는 LED에 대한 기준도 나올 것이다. 이 광원은 유럽 패션스토어의 기준으로 통상 쓰인다. 미국의 스토어는 광원이 좀 더 어두운 것을 사용하는데 바로 3,000K이다. 이것이 U30이라는 광원이다. 최근 이 기준은 좀 더 밝은 U35로 바뀌는 추세이다. TL84보다 Redder하다. 원래 미국도 처음에는 유럽과 비슷한 광원을 사용했는데 4,150K에 해당하는 F9이라는 광원이다. 이것을 별도로 CWF Cool White Fluorescent라고 하는데, 형광 광원의 대표격인 표준 광원이며 지금 현재 Gap이 사용하고 있는 기준이다. Gap은 1차 광원으로 CWF, 2차 광원으로 A 그리고 3차 광원으로 D65를 사용한다. 여기서 1차 광원은 Primary 광원이라는 의미이며 가장 중요하다는 뜻이다. 즉, Garment가 스토어에 걸려 있을 때의 광원이다. 2차 광원은 스토어 안에서도 별도 조명을 받는 경우이며 3차 광원은 고객이 구매 후 스토어 밖에서 입었을 때의 광원을 나타낸다. 사실 3차까지 메타메리즘 없이 컬러 매칭하는 것은 대단히 어렵다. 재미있는 것은 Banana는 다른

Light Box

기준을 사용하는데, 그것은 바나나 스토어의 광원이 Gap이나 Old Navy와 다르기 때문이다. 물론 실내가 아닌 외부환경을 기준으로 하는 3차 광원은 다른 두 브랜드와 동일한 D65, 즉 6,500K를 기준으로 하는 Daylight 광원이다.

이에 따라 라이트 박스에 붙어있는 실제 광원을 정리해 보자.

Daylight	원래 Daylight는 색 온도에 따라 D50, D55, D65, D75 등 여러 가지가 있지만 여기서는 65와 75 두 가지를 쓰고 있다.
Cool White	여기서 얘기하는 Cool White는 색 온도 4,150K인 CWF를 말한다. F9와 같다.
Horizon	석양 무렵의 일광 기준으로 가장 약한 광원이다. 색 온도 2,300k이다.
UV	형광염료가 포함된 원단인지 아닌지를 확인하는 조명이다. BLB Black Light Blue를 사용하는데 BLB는 일반 형광등에서 가시광선을 조사할 수 있는 형광물질을 제거하고 순수한 자외선만이 조사될 수 있도록 일명 Wood glass라고 하는 약간 보라색이 나는 검은 Bulb로 교체된 형광등이다. 일반 형광등은 수은 증기로부터 발생한 빛이 나오는데, 이의 90%는 자외선이므로 그대로는 아무것도 볼 수 없다. 전구 안쪽에 형광물질을 바르면 자외선이 형광물질에 조사되어 가시광선으로 바뀌는 작용을 하도록 만들었다. 이 과정에서 반대로 가시광선이 나오지 않도록 만든 것이 BLB이며 따라서 이렇게 조성된 자외선이 형광물질을 만나면 가시광선으로 바뀌면서 푸르게 빛나게 된다. 형광물질이 없는 옷은 아무

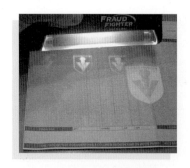

Black light 광원

런 변화도 나타나지 않는다.

TL84   유럽 스토어에 주로 쓰이는 광원

U30   미국 스토어에 주로 쓰이는 광원

A   백열전구 광원, 미국 바이어들은 이것을 Inca라고도 한다.
        Incandescent를 줄인 말이다.

다음은 참고로 각 광원의 색 온도와 기준이다.

A incandescent 백열전구 할로겐	2,856K
B 주광	4,874K
C	6,774K
D50 일출 · 일몰	5,000K
D75 맑은 날	7,500K
D65	6,504K

형광등 광원

F1 Daylight	6,430K
F2 Cool white	4,230K
F3 White	3,450K
F4 Warm white	2,940K
F5 Daylight	6,350K
F6 Cool white	4,150K
F7 (D65) Daylight	6,500K
F8 (D50) Daylight	5,000K
F9 Cool White Fluorescent	4,150K
F10 3파장	5,000K
F11 (TL84) 3파장	4,100K 유럽 스토어 조명

F12 (TL83) 3파장   3,000K Sears 기준

F12 (U30) 3파장   3,000K 미국 스토어조명

면의 감량 가공

모든 서양인에게 똑같은 전략으로 대응해서는 안 된다. 국가별 문화 차이가 있다. 미국인과 유럽인이 다를 뿐 아니라 유럽 국가별로도 성향이 크게 다르다. 나는 미국인이지만 프랑스인과 결혼해서 파리에서 살고 있다. 한번은 남편 친구들과 저녁식사를 했는데, 갑자기 골프 시합을 두고 사람들이 논쟁하기 시작했다. 언성이 높아지고 서로에게 삿대질을 해대며 격하게 싸워 이 모임은 완전히 틀어지겠구나 싶었다. 그런데 몇 분이 지나자 자연스럽게 다른 주제에 대해 얘기하기 시작했고, 서로 삿대질까지 하던 두 사람은 다시 웃으며 대화를 시작했다. 나는 너무 놀랐다. 서양에서 상대의 의견에 반대하는 것은 능력 있는 것으로 간주한다. 하지만 미국인 내 기준에 그건 업무에 국한되는 얘기고, 친구들끼리 대화할 때는 분위기에 따라 상대방의 의견에 맞춰주기도 한다. 하지만 프랑스에서는 상대방에게 반대할 수 있는 허용 범위가 훨씬 더 넓었다. 친구끼리 의견이 맞지 않는다면 식사 자리에서도 충분히 반박하고 부정적인 감정을 표출할 수 있지만 관계에 악영향을 미치진 않는다. 상대 의견에 반대하는 것일 뿐이지 개인적으로 상대방을 싫어하는 것은 아니라고 인식하기 때문이다. 이렇게 서양인끼리도 문화가 많이 다르다.

- 에린 메이어(Meyer · 44) 인시아드(INSEAD) 비즈니스 스쿨 조직행동학 교수 -

미국인과 유럽인의 면직물에 대한 선호도는 깜짝 놀랄 정도로 다르다. 둘의 극적인 차이점은 바로 감성이다. 미국인은 Micro touch를 좋아한다. 표면에 미세한 모우가 나 있는 상태에서 약간 젖어있는 듯한, 그러면서도 Looking은 자연스럽게 물이 빠진 Vintage를 좋아한다. 반면에 유럽인은 털이 없는 매끄러운 Ivory touch를 좋아하며 Vintage를 별로 선호하지 않는다. 면직물를 Ivory touch를 만들려면 Compact cotton원사가 필요한데 제대로 된 물건은 마치 화섬처럼 모우가 하나도 없는 매끄러운 형태가 되고 이렇게 된 물건은 주로 White나 Pastel color로 S/S에 어울리는 소재가 된다. 둘을 현미경으로 비교해 보면 정글과 평원의 차이가 난다.

미국인과 유럽인의 또 다른 감성 차이는 Drape성인데 유럽인은 면직물 고유의, Drape성이 결여된 약간 뻣뻣한 Hand feel을 선호하는 반면, 미국인은 약간 후들거리는, Drape성이 있는 Soft한 Hand feel의 면직물을 좋아한다. 물론 Polyester 감량물에서 보여주는 극도의 Drape성은 아직 혐오대상이다. 최근 증가하고 있는 면직물의 수요는 Eco-friendly trend나 화섬 혐오의 반작용이 주요 원인이지만 보이지 않는 이면에 면직물의 새로운 Hand feel에 기인한 바도 크다. 아무리 천연섬유가 좋다고 해도 너무 식상한 소재는 패션의 목적에 반하기 때문이다. 그런 배경으로 개발된 기발한 면직물의 후가공이 매우 독특하고 부드러운 감성의 Hand feel을 가진 면직물들을 창조하고 있다.

초기의 면 Soft 가공이 Silicone 등의 유연제를 이용한 Washing으로 Silicone은 제품 출시 직전까지는 원단을 부드럽게 유지하고 수분의 과도한 증발을 막아 적절한 공정수분율을 유지하게 하는 화장품의 로션 같은 역할을 하지만 Durability가 오래 유지되기 어렵기 때문에 불과 수회의 세탁으로 기능이 유실되는 단점이 있다. 그래서 근본적이고도 영구적이며 적극적인 가공을 통해 극적으로 Hand feel을 개선하는 방법이 개발되었는데 바로 Enzyme Washing이다.

원래 Enzyme 가공은 Tencel의 가공을 위해 도입되었지만 최근에는 면직물에까지 범위를 확대하여 믿을 수 없을 정도로 부드러운 Hand feel을 가진 일명 'Powdery hand feel'을 만들어내기에 이르렀다. 이런 이름이 붙은 까닭은 이 Quality가 용각산 분말 같은 미세한 가루에서 느껴지는 부드러움에 필적하기 때문이다. 어떻게 이런 일이 가능할까?

이 가공은 면의 감량 가공이라고 하기도 한다.

어떻게 Polyester의 전유물로 알고 있던 감량 가공을 면에 적용할 수 있었을까? 감량 가공이란 Polyester를 수산화나트륨 NaOH 같은 강 알칼리로 원사에 화학적 침식을 일으켜 원사 간 마찰계수를 줄이고 Hand feel을 부드럽게 만들어 원단의 Drape성을 극적으로 개선시키는 가공으로 1949년에 영국에서 개발되었다. Polyester는 수산화나트륨에 의하여 가수분해되어 섬유의 외층으로부터 분해되기 시작하여 점차적으로 내층으로 확대되어간다.

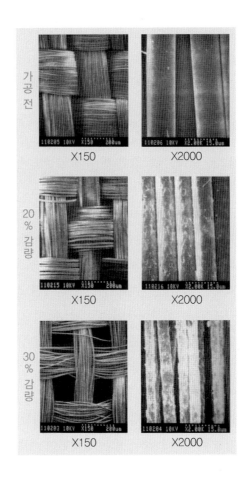

천연섬유인 면에도 이런 가공이 가능할까?

면은 알칼리에는 강하다. 따라서 전처리 과정에서 필수적으로 시행하는 광택가공인 Mercerizing을 위해 수산화나트륨에 면직물을 푹 담근다고 해도 물성이 파괴되거나 변하지 않는다. 물론 반대로 산에는 약해서 즉시 물성이 파괴되어 버린다.

면을 이루는 Cellulose는 포도당의 중합체인 고분자이다. 녹말과 마찬가지로 포도당 분자가 수백, 수천 개 붙어서 만들어진 고분자 화합물이다. 사람은 Cellulose를 소화시키지 못한다. 그래서 소화되지 않은 Cellulose가 대장을 청소할 수 있다. 그것을 우리는 섬유질이라고 부른다. 그런데 풀을 먹는 초식 동물들은 셀룰로오스를 먹고도 잘 소화시킨다. 소의 위장은 어떻게 견고한 셀룰로오스를 소화시킬 수 있을까? 소의 몸속에는 셀룰로오스를 분해할 수 있는 뭔가가 분비되는 것일까? 그렇지는 않다. 소나 염소 같은 반추 동물들도 인간처럼 풀을 자체적으로 소화시킬 수 없는 것은 마찬가지이다. 비결은 바로 미생물이다. 소나 염소의 위장 안에는 셀룰로오스를 소화시킬 수 있는 효소 Enzyme를 가진 미생물들이 살고 있다. 이 미생물들은 소의 위장 안에 살면서 자신의 효소로 소가 뜯어먹은 풀을 소화시킨다. 일종의 공생관계가 성립된다고 할 수 있다. 효소는 일종의 생체촉매이다. 촉매란 스스로는 반응을 일으키지 못하면서도 다른 화학반응이 일어날 수 있도록 도와주는 매개물이다. 염색을 할 때도 화학반응을 잘 일으키게 하기 위해서는 반드시 촉매가 필요하다. 동물의 생체 내에도 이런 촉매가 있는데, 이것이 바로 단백질로 만들어져 있는 이른바 효소이다. 효소가 반응을 빠르게 진행하도록 할 수 있는 비결은 화학반응의 활성화 에너지를 낮추기 때문이다. 화학반응은 분자들끼리 서로 충돌 또는 접촉하여 새로운 물질이 만들어지는 과정이다. 화학반응이 일어나기 위해서는 장벽을 넘을 수 있는 최소한의 에너지가 필요한데 바로 그 장벽을 낮춰 더 작은 에너지로도 장벽을 넘을 수 있게 하는 것이 바로 촉매·효소이다. 가장 잘 알려진 효소는 침 Saliva 속에 들어있는 프티알린 ptyalin인 아밀라아제이다. 아밀라아제는 쌀밥의 녹말을 맥아당 Maltose으로 바꾸는 화학반응이 잘 일어나게 해준다. 위 속의 펩신은 단백질을 분해할 수 있도록 되어있는 다른 효소다. 효소들은 각자가 분해할 수 있는 물질에 -ase 아제라는 이름을 붙여서 명명하였다. 녹말을 맥아당으로 바꾸는 효소는 녹말인 아밀로오스 Amylose에 ase를 붙여서 아밀라아제가 되었으며 맥아당을 포도당으로 바꾸는 효소는 맥아당인

Maltose에 ase를 붙여서 말타아제 Maltase가 되었다.

Cellulase

결론적으로 만약 셀룰로오스를 분해할 수 있는 효소가 존재한다면 그것의 이름은 셀룰라아제 Cellulase일 것이다. 이 얘기를 하기 위해 우리는 실로 먼 길을 돌아왔다. 셀룰라아제는 셀룰로오스를 분해할 수 있다. 전혀 알 필요는 없지만 셀룰라아제라는 효소를 분비하는 소나 염소의 위에 살고 있는 미생물의 이름은 트리코데르마 Trichoderma이다. 이렇게 해서 폴리에스터를 분해하는 알칼리처럼 면에도 감량 가공이 가능하게 된다.

다만 감량을 하면 당연히 강력이 저하되는데 반비례하는 것이 아니고 거의 제곱에 반비례할 정도로 심각하게 나빠진다. 만약, 10% 이상 감량하게 되면 강력이 절반 이하로 저하되어 쓸 수 없는 원단이 되어 버린다. 이것을 '취화'라고 한다. 단지 3%만 감량해도 강력이 20% 정도 저하되므로 바이어가 원하는 일정 강력이 유지될 수 있도록 완급을 잘 조절하는 것이 중요하다.

인장강도는 원단을 구성하고 있는 원사 중 가장 약한 실이 최초로 끊어지는 것을 신호로 원단 전체가 절단되는 메커니즘을 가지고 있으므로 가장 약한 원사가 사실상 전체의 강도를 결정하게 된다. 그래서 원사의 균제도 Evenness가 중요한 것이다. 따라서 효소 분해가 전체적으로 균일하게 되지 않고 특정 부위에 집중되면 강도가 훨씬 더 많이 저하되므로 반드시 균일한 효소 처리가 되도록 주의하여야 한다.

면의 머서화 가공(Mercerization)

John Mercer
(Photo from wikipedia)

1844년, 영국의 John Mercer는 면포에 진한 수산화나트륨 양잿물을 가하면 아름다운 광택이 생기며 또한 염색성이 좋아진다는 사실을 우연히 발견하였다. 그는 태어나서 학교 근처에도 가보지 못한 사람이었지만 독학으로 과학자가 된 사람이다. 당시 영국에는 그런 사람들이 많았다. 빅뱅이론을 주창한 조지 가모브 George Gamov도 그 중 한 사람이다. 그의 발견은 무려 160년 동안이나 인류의 의생활에 막대한 영향을 미쳤다. 오늘날 면직물은 95% 이상, 그의 가공을 기본으로 이루어진다.

면을 이루는 셀룰로오스는 산에는 매우 약하지만 알칼리에는 강한 성질을 나타낸다. 이는 동물성 섬유인 Wool이나 Silk와는 반대이다. 따라서 알칼리를 이용하여 면이 가지고 있는 단점을 개선해 보려는 시도가 19세기부터 있었던 것이다.

면의 미세구조를 보면 루멘 Lumen 이라는 원통형의 파이프가 내부에 찌그러진 채로 존재하고 있다(그림 참조). 면은 곱슬머리처럼 약간의 천연 꼬임

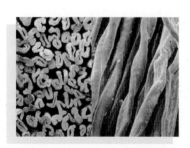

면의 횡단면·종단면 현미경 사진

을 가지고 있다. 사람의 곱슬머리와 직모가 다른 점은 바로 단면의 모양이다. 직모는 단면이 완벽한 원통형인 데 반해 곱슬머리는 타원형을 이루고 있다. 둘의 차이점은 광택과 꺾임성이다. 직모는 곱슬에 비해 광택이 풍부하며 잘 꺾이지 않는다. 그래서 일정한 헤어스타일을 만들기 어려운 것이다. 면의 빈 공간인 루멘을 뭔가로 채워서 통통하게 만들 수 있다면 면은 표면이 평활해져 광택이 좋아질 것이다. 그에 가장 적합한 물질이 바로 알칼리이다. 면의 셀룰로오스는 강력한 수소결합으로 물이나 다른 물질들이 분자 사이로 침투하는 것을 막고 있는데, 이 구도를 수산화나트륨이 깨버린다.

직모가 광택이 풍부한 이유는 정반사가 잘 나타나기 때문이다. 정반사가 이루어지는 조건은 평활한 표면이며 팽윤된 루멘은 그렇게 해서 광택을 낸다. 이때 천연꼬임이 풀리는 정도를 숫자로 나타낸 지수가 있는데 그것을 디콘볼루션 지수 DC Deconvolution count라고 한다. Mercerization이 잘 된 DC는 65~70% 정도이다. 당연히 효과는 섬유 상태일 때가 가장 좋고 실과 직물의 순서가 된다. 따라서 원사 상태로 Mercerizing이 이루어지는 Knit 원단이 Woven 원단보다 효과가 좋으며 니트에서는 Mercerization을 실켓 Silket 가공이라고 부른다. 원사에서의 실켓 가공은 여기에 모소 Singeing 과정을 추가로 하는 경우가 많다. 실의 표면에 형성되어 있는 섬유 부스러기들을 불로 태워 제거하면 표면의 난반사를 줄이고 평활하게 되어 광택 효과가 증진된다.

머서화 가공의 부수효과는 염색성과 흡습성의 향상이다. 셀룰로오스의 비결정영역이 10% 정도 늘어나게 되어 습기를 잘 흡수하고 염료도 잘 확산되어 염착성이 좋아지게 된다. 실제로 염료의 흡수가 면 100g당 1.5g에서 2.86g으로 2배 정도 늘어나게 되어 심색을 표현할 수 있게 된다. 또 다른 부수효과는 인장강도의 향상이다. Mercerizing 후, 약 15~20% 정도 인장강도가 좋아지며 따라서 원단이 약간 Stiff해 지는 경향이 있다. 단,

레이온이나 Modal의 경우는 강력이 매우 저하되므로 C/R 혼방 원단의 경우는 미리 조심해야 한다. 아세테이트도 알칼리에서 쉽게 분해되므로 하지 말아야 한다. 단, Polyester도 내알칼리성이 좋지 않으나 사실 그 때문에 감량가공이 가능하다. 저온 단시간에서는 크게 영향을 미치지 않으므로 T/C 혼방의 면과 똑같이 실시할 수 있다.

마지막으로 Mercerization은 수축률이 향상되는 부수효과를 누릴 수 있다. Mercerization은 일반의 면직물 가공에 기본으로 들어가지만 조건을 조금씩 변경시킴으로써 여러 기대효과를 누릴 수 있다.

- 저온 Mercerization: 수산화나트륨의 처리 온도를 상온이 아닌 영하에서 실시한다. 원래 Mercerization은 온도가 낮을수록 더 효과가 극대화하므로 매우 큰 광택 효과를 얻을 수 있다. 이 가공의 특징은 원단 표면을 Stiff하게 해 의마 가공을 가능하게 해 주며 수산화나트륨 농도를 낮춰 얇은 면직물을 처리하면 Voile과 같은 까실한 감촉을 얻을 수 있다. 다만 냉동 설비가 필요하다는 단점이 있다.
- 고온 Mercerization: 거꾸로 온도를 80~100도 가까이 올려주면 Touch가 Soft해지며 구김을 방지할 수 있는 Wash & Wear 효과가 얻어진다.
- Dry Mercerization: 매우 드문 가공이지만 니트에서는 자주 쓰인다. 텐터상에서 잔류 수분이 10% 이하가 되도록 100도 정도로 건열 처리하면 광택 효과가 극대화된다.

면직물의 의마 가공(Linen like finishing)

여름에 날씨가 더워지는 이유가 태양이 지구와 가까워져서라고 생각하는 사람이 있다면 중학교 과학시간에 졸았던 사람이 틀림없다. 사실 정반대로 한여름에 지구는 태양과 가장 멀어진다. 무려 200만km나 더 멀어진다. 하지만 이 거리는 별거 아니다. 지구와 태양과의 거리에 비하면 1.3%밖에 되지 않기 때문이다. 여름에 더운 이유는 태양이 지구에 비추는 각도에 있다. 7~8월에는 우리나라가 있는 북반구를 태양이 거의 직각으로 비추기 때문에 뜨거운 것이다. 플래시 불빛을 정면으로 비추면 환하고 비스듬하게 하면 비추는 범위는 넓어지지만 어두워지는 것과 같은 논리이다.

태양의 남중 고도가 최고도에 달하자 서울의 대기는 펄펄 끓는 냄비 속이 되고 있다. 지난주에 항주에 다녀왔는데 당시 항주의 추정 기온이 42도였다. 왜 추정 기온이냐고? 중국법에는 기온이 40도를 넘기면 근로자가 근무를 하지 못하도록 되어있다. 인권과 노동자를 대단히 챙겨주는 것 같지만 실상은 다르다. 만약 여름에 기온이 40도 이상 되면 45도가 되든 50도가 되든 기상청은 늘 39도로만 통보한다고 한다. 그래서 시민들은 40도 이상의 기온은 피부로 온도를 추정하는 수밖에 없다.

여름에는 해가 떨어진 밤이라도 침대 위에 깔아놓은 80수 보드라운 면 패드가 마치 난로 같은 역할을 한다. 인체는(사실은 입속이나 겨드랑이, 항문만) 언제나 체온을 37도로 유지하고 있기 때문에 인체와 닿는 패드는 여름에는 한껏 달아오른 전기 담요 같은 느낌마저 준다. 부드러울수록 패드는 뜨겁다. 왜 그럴까? 그것은 패드가 부드러울수록 피부와 닿는 접촉 면적이 더 크기 때문이다. 마이크로 직물이 따뜻하고 보드라운 감촉이

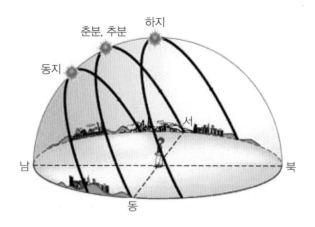

하지

춘분, 추분

동지

서

남

북

동

나는 것도 같은 이유이다. 반대로 표면이 딱딱하고 까칠할수록 접촉면적이 적어져서 시원하다. 겨울철에는 같은 면이라도 코듀로이나 파일직물이 따뜻하고 여름에 돗자리나 마직물이 시원한 이유가 바로 그 때문이다. 즉, 점접촉과 면접촉의 차이이다.

또한 돗자리는 열전도성이 좋아 피부로부터 열을 빨리 빼앗아간다. 표면이 매끄러운 것도 시원한 이유 중 하나이다. 반대로 열전도성이 나쁜 Wool은 열을 쉽사리 빼앗기지 않아 보온성이 좋지만 여름에는 뜨거운 느낌마저 준다. 접촉면적과 열전도율이 피부에 전달되는 실제 온도와 대뇌피질이 느끼는 온도를 결정한다. 실제 온도와 대뇌피질이 느끼는 온도가 다른 이유는 피부의 온점이 단지 온도에만 반응하지 않기 때문이다. 온점의 수용체는 캡사이신이나 멘솔 같은 온도와 전혀 관계없는 물질에도 반응하여 뜨겁고 차갑게 느낀다.

한때, Polyester를 마직물처럼 불균일한 표면으로 만들어 큰돈을 번 회사가 있었다. 해동이라는 회사였을 것이다. 그 화섬 직물은 Slub이 원단 표면에 불규칙하게 산재해 있어서 마치 마직물 같은 느낌을 주어 몇 시즌 동안이나 여름 소재로 크게 히트한 적이 있다. 하지만 Polyester의 물성 자체는 변하지 않았으므로 실제로 시원하지는 않다. Polyester는 면이나 마에 비해 흡습성이 떨어져 금방 땀이 차기 때문이다. 같은 온도라도 습도가 높으면 불쾌해진다. 따라서 이 원단은 그냥 Looking만 시원하게 효과를 준 것이다. 물론 심리적인 효과도 무시할 수 없다. Wool은 열전도율은 나쁘지만 흡습성이 좋아서 표면의 보풀을 제거하고 꼬임을

많이 주어 강연사를 만들면 시원한 감촉을 만들 수도 있다. 그런 Wool을 이른바 'Cool wool'이라고 한다. 운이 딱딱 떨어지는 기막힌 네이밍 Naming이다.

그런데 면직물도 마처럼 표면을 꺼칠하게 만들어 접촉면적을 줄여주면 여름에 Cool한 소재로 만들 수 있다는 기특한 생각을 누군가 해냈다. 물론 꼬임을 많이 주면 면직물도 상당히 까칠해진다. Voile이 좋은 예이다. 하지만 강연직물은 밀도가 많아지면 꼬불꼬불한 Crepe나 Yoryu 효과가 생기기 쉬워 제직의 한계성이 드러난다. 가격도 상당히 비싸진다. 그래서 일반 면직물 가공으로 마직물 같은 Touch를 얻으려는 압력이 작용한 것은 당연한 일이다. 가장 소극적인 방법은 저온 Mercerization이다. 하지만 이 방법은 염색공장에 냉동시설이 필요하고 가격에 비해 효과가 떨어진다는 단점이 있어서 잘 사용되지는 않는다. 보다 적극적인 방법은 수지 Resin를 처리하는 방법이다. 수지는 가소성이 있으므로 유동적인 면직물을 원하는 바대로 형태를 고정시켜 준다. 즉, 풀을 먹여주는 것과 같은 원리이다. 한여름에 풀 먹인 모시 옷을 입은 어르신들의 기품 있는 풍모를 예전에는 많이 볼 수 있었다. 그분들은 아무리 더워도 결코 부채질을 경망스럽게 하지 않았다. 다만 풀 먹인 옷은 오로지 1회용이었기에 매번 풀을 먹이고 또 정성껏 다리미질을 해야 하는, 여성들의 강도 높은 노동을 요구하는 비인간적인 산물이다. 그것을 세탁 후에도 풀이 빠져나가지 않도록 영구히 고

정시키는 일을 수지가 해낼 수 있다. 수지는 아크릴수지, 멜라민, 글리옥살, 우레탄수지 등, 숱하게 많으므로 성격에 따라 골라 쓰면 된다. 예컨대, 포르말린이 많이 들어가면 안 되는 원단에는 불소계통의 수지를 쓰지 않는 것이 좋다. 물론 수지 가공과 저온 머서라이징 두 가공을 병행하면 효과를 극대화할 수 있다. 이 기법을 이용하여 부드러운 Cotton Lawn으로 Crepe 효과 없는 면 Organza를 저렴한 가격에 만들 수도 있다. 나는 이 아이템을 Victoria Secret에 공급한 적이 있다.

면의 의마 가공의 한 장르로 파치먼트 Parchmentizing 가공을 들 수 있다. 원래 면은 산에 약하지만 단시간, 표면에 강산 처리를 했을 때는 면의

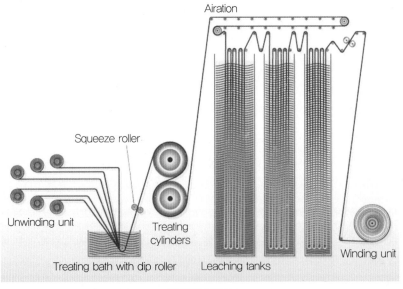

파치먼트 가공

중공 中空인 루멘의 팽윤 작용으로 표면이 까칠해지는 놀라운 효과를 만들어 낼 수 있다. 이른바 의마 가공이 되는 것이다. 이 가공은 주로 얇은 직물에 주효하며 진한 황산을 10초 정도의 짧은 시간 동안 표면에 노출시켜 마와 같은 표면 효과를 까실한 느낌과 함께 누릴 수 있다. 종이도 같은 원리로 이런 가공을 할 때가 있다. 면의 의마 가공을 예전에는 방림방적이 잘했는데 요즘도 계속하는지는 모르겠다.

사무실에서 하는 물성 테스트

J 바잉오피스의 MR인 K는 SS용으로 많이 사용되는 Cotton 60수 Lawn Print 직물의 Shipping sample을 받아보고 깜짝 놀랐다. 평소 버릇대로 원단을 비틀어 찢어보았던 K는 별로 힘을 주지도 않았는데도 이놈의 원단이 맥없이 찢어져 버린다는 사실을 알았기 때문이다. 이럴 때의 허탈감이란 이루 말할 수 없다. 평소 우리는 원단의 물성을 테스트하기 위하여 시험기관에 의뢰하여 결과가 나올 때까지는 아무 것도 확인을 할 수 없다고 생각한다. 하지만 실험장비 없이도 사무실에서 간단하게 확인할 수 있는 항목도 꽤 된다. 결과가 정확하게 수치로 나타나지는 않더라도 문제가 되는 수준인지 아닌지는 확인할 수 있다.

그 중 가장 쉬운 것이 바로 인열강도, 즉 Tearing strength이다. 원단을 가위로 약간 잘라 흠집을 낸 다음 Selvedge 쪽을 잡고 비틀어 찢어본다.

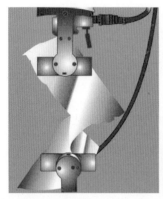

인열강도 테스트

그냥 종이를 찢듯이 찢어야지 시장 아저씨들처럼 양손의 두 인지를 모아 원단을 팽팽하게 만든 다음 힘을 주어 찢으면 대개의 원단들은 모두 찢어지므로 차이를 구분하기 힘들다. 따라서 종이를 찢듯이 비틀어 찢어야 한다. 가만히 양쪽을 잡아당겨도 된다. 시험실의 테스트도 똑같다.

염색 견뢰도는 종이컵에 뜨거운 물을 한잔 가져온 다음, 원단을 명함 크기로 잘라서 집어넣어 본다. 조금 있다 물 색깔이 많이 변해 있으면 문제가 있을 확률이 있는 것이니 빨리 확인해 봐야 한다. 면직물은 반응성 염료가 물과 만나 가수분해하므로 대개 늘 물이 빠진다. Dark한 컬러일수록 더욱 많이 빠지니 너무 놀라지 않아도 된다. 하지만 잉크를 빠뜨린 것처럼 물 색깔이 변하면 문제가 있는 것이라고 보아도 된다. 만약 물이 많이 빠지는데 실제로 세탁 견뢰도에는 문제가 없다면 그건 원단에 미고착 염료가 많이 남아있었다는 뜻이다. 이런 경우는 간단한 Washing으로 해결된다. 그러나 실제의 견뢰도와 상관없이 아무리 염착이 잘 되었어도 원단에서 많은 염료가 탈락하면 세탁 견뢰도가 나쁘다는 결과로 나온다. 견뢰도란 염료가 섬유에 얼마나 잘 염착되어 견고하게 부착되어있느냐에 대한 척도이다.

그런데 염료가 섬유에 어느 정도 수준으로 염착되어 있는지 확인하는 방법이 어렵기 때문에 견뢰도를 측정하는 시험은, 단지 최초의 세탁에서 빠져 나오는 염료의 총량을 측정하는 간접적인 방식이다. 즉, 미고착 염료와 이미 고착된 염료를 구분하지 않는다. 따라서 시험기관에서 이 시험을 더 정확하게 하려면 최초의 세탁으로 미고착 염료를 털어낸 다음 실시하면 된다. 이후에 빠져 나오는 염료는 그야말로 염착의 수준과 직접적인 관련이 있기 때문이다. 시험기관에서는 이런 수고

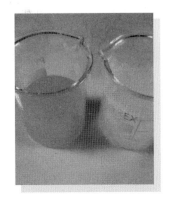

마찰견뢰도 테스트

를 하지 않으므로 염색공장에서는 반드시 미고착 염료나 잉여 염료를 수세하여 검사결과에서 불이익을 받지 않도록 해야 한다.

마찰 견뢰도도 쉽게 확인할 수 있다. 밀도가 성긴 하얀 면직물을 손가락에 감고 원단을 비벼보자. 그것이 Dry Rubbing이다. 30cm 정도의 길이로 10번만 왕복시키면 된다. 다만 1kg의 하중을 가하는 것이므로 너무 세게 문지르면 안 된다. 약간의 수고를 더하자면 1kg이 나가는 금속 입방체를 구해 지름 1.5cm 정도 되는 납작한 고무를 본드로 붙여서 사용하면 편리하다. 대개 이 정도에서는 아무 것도 묻어나오지 않아야 한다. 만약 묻어나오면 문제가 생긴 것이다. 다음에는 백포(흰 원단)에 물을 묻힌 다음, 같은 방법으로 문질러본다. 여기서는 묻어나올 확률이 많은데 Wet Rubbing은 기준 미달인 경우가 많기 때문이다. 특히 Brush한 직물이나 니트는 더욱 낮은 숫자가 나온다. 따라서 당연히 Pile 직물도 문제가 되는데, 예컨대 대표적인 Pile 직물인 Corduroy는 Dark한 컬러인 경우 대개 2급 이상을 Guarantee하기 힘들다. Black은 1급밖에 나오지 않는다. 염료의 양과 마찰계수의 한계 때문이다. 이제 묻어나오는 정도를 Grey scale의 Grade와 비교해 보면 된다. Grey scale은 AATCC에서 발행한 두 원단의 컬러 차이를 보여주는 2폭 병풍처럼 생긴 카드이다. 이게 뭔지 모르거나 한번도 보지 못한 MR은 현재 직무 수행에 문제가 있는 것이다.

면직물 오더를 하다 보면 별로 얇은 직물이 아닌데도 Tearing이 문제되어 원단이 줄줄 나가는 경우가 생긴다. 난감하다. 줄줄 나가지는 않더라도 기준에 미달하는 물건이 가끔 나올 때가 있다. 왜 그런 문제가 생기는 것일까? 그리고 개선책은 어떤 것이 있을까?

면직물이 원래보다 강력이 약해져서 쉽게 찢어진다면 공정상의 문제가 있었기 때문이다.

면이 약해지는 것을 취화라고 하는데, 취화에는 두 가지 경로가 의심된다. 첫째는 산(Acid) 처리이다. 면은 산에 약한 물성을 가지고 있으므로 산에 노출되면 취화된다. 면의 염색가공 중 산으로 처리하는 공정은 따로 없지만 알칼리 처리하는 공정이 생기면 그때 원단이 알칼리화하게 되므로 pH를 중성으로 맞추기 위하여 알칼리를 중화할 필요가 있다. 바로 이때 산 처리가 필요해진다. 만약 이 시점에 과도한 산을 투여하면 취화 현상이 발생하게 된다.

Black 컬러는 같은 원단이라도 늘 다른 컬러보다 강력이 떨어진다는 사실을 알 수 있다. Black 컬러는 다른 컬러보다 훨씬 더 많은 염료가 포함되어 있고 또한 재염되는 경우가 종종 있기 때문이다. 한 오더에서 여러 컬러를 염색하는 경우, Color matching에 실패해서 Colorist에게 Reject되었거나 다른 이유로 합격품이 되지 못하는 원단은 Black으로 재염되어 사용된다. 따라서 이 경우는 보통보다 2배의 케미컬 처리가 들어가게 되므로 원단이 일정 부분 취화될 수밖에 없는 것이다.

또 다른 이유는 Resin(수지) 처리이다. Tearing은 원단의 Hand feel에 직접적으로 영향을 받는다. 즉, 원단이 Hard해지면 Tearing이 극도로 나빠진다. 예컨대 Coating을 한 원단은 그렇지 않은 원단보다 20% 이상 Tearing이 나빠지게 된다. 딱딱한 물체는 깨지기 쉽다는 것이 바로 그런 현상을 설명해 주고 있다. 부드러운 물건은 절대로 깨질 수 없다. 그런데 구김이 잘 타는 면직물은 구김 방지를 위한 방추가공이 대부분의 염색공정에 기본으로 포함되는데 이때 Resin이 들어간다. Resin 중에서도 멜라민 Melamine이나 글리옥살 Glyoxal 수지는 Hand feel을 나쁘게 하기 때문에 너무 많으면 그것이 곧 Tearing을 나쁘게 하는 직접적인 원인이 된다.

원인이 이러하므로 해결책도 원단의 Hand feel을 부드럽게 하는 방법으로 하면 된다. 염색공장에는 인열 증진제라는 것이 있는데, 이것은 유연제가 들어간 계면활성제의 일종이다. 유연제는 대개 Silicone 계열로 이루어지는데 원사 간의 마찰을 감소시켜 원단을 매끄럽게 만들어준다. 원사끼리의 마찰이 줄어들므로 원단이 잘 찢어지지 않게 하는 것이다.

야광(Glow in the Dark) Print

물질에 빛을 쏘이면 그 물질이 빛을 흡수하고, 빛을 제거했을 때 천천히 다시 빛을 방출하는 것을 야광이라 한다. 빛을 제거해도 발광 상태를 유지하는 것을 인광이라고도 한다. 야광 Nightglow, 夜光의 빛을 방출하는 원리는 다음과 같다. 야광이 빛을 흡수하면 야광을 구성하는 물질의 전자들이 들뜬 상태 Excited state가 된다. 여기서 들뜬 상태란 원래 상태보다 높은 준위의 에너지 상태를 말하고 하나 혹은 둘 이상의 들뜬 상태가 존재한다. 들뜬 상태의 전자들은 빛이 제거되더라도 즉시 바닥 상태로 떨어지지 않고 준 안정 Metastable; 일시적으로 안정한 상태에 있게 된다. 이후 준 안정 상태의 전자들은 서서히 원래 있던 상태로 돌아간다. 이렇게 들뜬 상태에서 원래 상태로 돌아가면서 에너지의 형태인 빛을 방출하게 되는 것이다.

6학년짜리 아들놈의 방 천장에는 하얀 별들이 붙어있다. 밤에 불을 끄고 아들이 침대 속으로 들어가면 이 별들은 파랗게 빛을 내며 밤하늘의 별처럼 명멸한다. 아름답다. 이런 물질을 통상 야광이라 부르는데 공식적인 이름은 광냉광 Photoluminescence 또는 광발광이다. 열 없이 빛을 낸다는 뜻이다. 속옷 브랜드인 제임스 딘은 야광을 이용한 프린트를 속옷에 표

스위스 시계공과 라듐

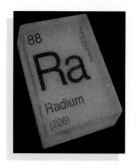
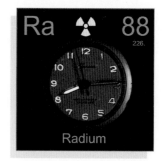

현하여 공전의 히트를 친 적이 있다. 이 원리를 아이들의 Trunk에 적용해 보자는 발상은 그리 신선한 것은 아니지만 어쨌든 재미있어 아이들의 관심을 끌 수 있을 것 같기도 하다.

야광의 역사는 스스로 빛을 내는 방사성 물질인 라듐으로부터 시작되었다. 마리 퀴리가 1898년에 발견한 라듐은 전기가 없던 시절, 어두운 곳에서 시계를 볼 수 있게 해준 마법 같은 물질이었다. 그러나 라듐의 발광 기능은 어두운 역사를 가지고 있다. 당시 시계의 분침에 라듐을 칠했던 여공들은 붓끝을 가느다랗게 하기 위해 계속 침을 발랐고 이때문에 지속적인 방사능에 노출된 것이다. 방사능의 폐해가 알려진 이후 시계의 야광은 방사능이 약한 삼중수소인 트리튬 Tritium으로 바뀌었고 지금도 사용되고 있지만 수명이 십수 년으로 짧다. 전기가 발명된 이후 시계의 야광이 군이 스스로 빛을 발할 필요가 없어졌다. 낮 동안 빛을 받아 저축했다가 밤에 빛을 발하면 충분하다. 따라서 위험한 방사성 물질을 사용하지 않아도 된다.

어떤 광원으로부터 빛을 받아 다시 빛을 발하는 물질은 형광 Fluorescent과 인광 Phosphorescent 두 가지가 있는데, 형광은 광원을 제거하면 0.000000001초 내로 빛이 사라지고 인광은 빛이 수 분간 또는 수 시간 동안이나 유지된다. 보통 야광이라고 하는 것은 모두 인광을 애기하는 것이다. 인광은 말 그대로 燐 인으로부터 빛이 나온다는 뜻이다. 인광이 빛을 저축했다가 얼마간이라도 어둠 속에서 빛을 발하는 이유는 어떤 물질이 빛을 받아 들뜬 전자가 회복되는 과정이 더디기 때문이다. 실제로 인은 중간단계를 거치기 때문에 빛 에너지를 되돌리는 과정이 더뎌서 어둠 속에서 발광한다.

인이라는 물질은 뼈에서 칼슘 다음으로 많은 물질로, 모든 살아있는 생물을 움직이는 에너지의 화폐단위인 ATP Adenosine Phosphate의 주성분이기도 하고 생물의 설계도인 DNA의 구성성분이기도 한 중요한 원소이다. 오줌에도 들어있어서 독일 사람 브란트가 오줌을 끓이다 이 원소를 발견한 이야기는 유명하다. 이 사람은 오줌을 왜 끓여봤을까? 별난 짓을 해야 별난 발견을 한다.

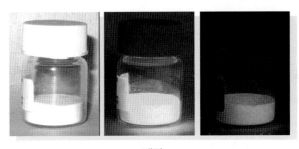

백린

인은 발화점이 매우 낮기 때문에 마찰열로도 쉽게 불이 붙어 성냥으로 쓰이게 되었다. 하지만 발화점이 50도 정도로 너무 낮아 극도로 위험했다. 처음에는 인과 황 그리고 안티몬 화합물로 성냥을 만들어 쓰다가 그래도 위험하여 지금의 안전성냥으로 바뀌었다. 안전성냥은 원래 한 부분이었던 구성성분을 성냥개비 부분과 마찰 부분으로 나눠 배치하여 반드시 둘이 만나야 불이 붙을 수 있도록 한 것이다. 원자폭탄의 격발구조가 그렇다. 평상시는 핵분열의 임계중량 이하로 분리시켜 놓았다가 둘을 붙여 놓으면 임계중량을 초과하면서 핵분열을 시작한다.

인은 백린 · 적린 · 황린 등 여러 가지가 있지만 그 중 백린만이 빛을 발한다. 하지만 이것들의 발광시간은 겨우 수분에 불과하다. 이후, 발광 지

속시간을 늘린 새로운 화합물이 나왔는데 바로 황화아연, 구리의 화합물이다. 이 물질들은 어둠 속에서 1~2시간 동안이나 발광이 지속되었다. 가장 최근에 개발된 축광 안료는 4산화2알미늄 스트론튬: 유로퓸 $SrAl_2O_4$: Eu 이라는 복잡한 이름의 산화물이다. 방사성 물질처럼 보이지만 방사능은 없다. 10시간 이상 발광할 수 있다고 한다. 일광 견뢰도는 1000시간 정도라고 되어있지만 실제로는 500시간 정도로 본다. 우리가 대개 사용하는 축광 안료가 바로 이것이다.

컬러는 4가지 종류가 있는데 Yellow Green, Purple, Red Orange, Blue 이다. 실제로 발광되는 컬러를 보면 Red Orange를 제외하고는 모두 비슷하다. 따라서 현재 공장에서 Running되고 있는 컬러는 Yellow Green 한 가지이다. 프린트했을 경우의 세탁 견뢰도는 일반 Pigment와 같으므로 문제없고 당연히 마찰 견뢰도는 약하다. 이 안료는 가격이 매우 비싸기 때문에 보통 10% 미만의 Coverage에만 사용되고 있다. 즉, 일반 프린트에 야광이 일부 Decoration 정도로 추가되는 용도가 적당하다. 물론 Budget이 충분하다면 전체를 발라도 되지만 마찰 견뢰도가 약하다는 사실에 유의해야 한다.

야광 그 자체는 Pigment이므로 어떤 소재에도 찍을 수 있지만 안료가 거의 흰색이므로 Budget이 허용된다고 하더라도 단독으로 찍기보다는 어두운 곳에서만 나타나는 Magic print처럼 일부러 그렇게 해도 되긴 하지만 다른 프린트의 Decoration으로 들어가는 것이 좋다. 따라서 T/C 소재인 경우는 전체를 Pigment로 찍을 수밖에 없고 면인 경우 반응성 + Pigment가 되겠다.

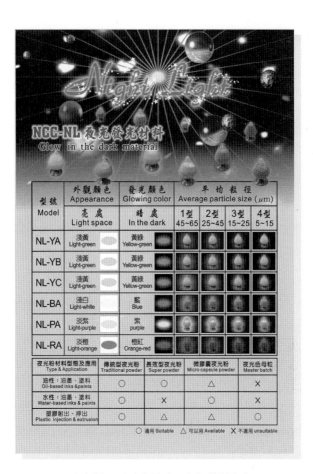

야광 안료 컬러와 입자크기에 따른 밝기

外柔內剛(외유내강) 소재

겉으로는 부드럽고 순하게 보이지만 속마음은 실제로 단단하고 강하다는 뜻으로 내강외유 內剛外柔라고도 한다. 굳셈과 부드러움을 모두 지니고 있다는 뜻의 강유겸전 剛柔兼全과 비슷한 말이다. 중국 《당서 唐書》의 〈노탄전 盧坦傳〉에 나오는 이야기에서 유래한 말이다.

면직물은 천연 소재라는 한계성 때문에 전체 패션 소재의 50%가 넘는 수요에도 불구하고 다양성이 매우 부족한 아이템이다. 실의 품질을 결정하는 굵기도 매우 제한적이다. 이론적으로 240수까지 뽑을 수 있다고는 하지만 실제로 적용할 수 있는 한계는 80수가 고작이다. 그것도 인장강도가 약해 Single로 사용하기 어렵고 대부분 합사해야 하는 형편이다. 그로 인해 제아무리 Prada나 D & G 같은 Designer's group으로 가더라도 면직물은 온전히 새로운 것을 보기 어렵다. 따라서 이제 나온 지 100년이 다 되어가는 Chino가 지금도 면직물의 Best seller가 되고 있는 것이다.

그나마 최근의 트렌드가 Novelty hand feel로 가면서 Enzyme 가공이나 Diamond peach들을 동원하여 이런 물리적 가공에 Chemical이 조합되어 마이크로에 필적하는 놀라운 촉감을 보여주고 있다. 하지만 이런 Soft 가공들의 한계는 원단을 너무 약하게 만들어

힘이 없어진다는 것(흐물흐물해지는)이 문제이다. 따라서 직물 자체는 약간의 탄성이 있을 정도로 힘이 있으면서도 표면의 촉감은 부드러운, 사실 이론적으로는 말이 안 되는 그런 외유내강의 원단을 요구하는 소비자들의 욕구를 충족시키기 위하여 각 사는 나름대로의 개발을 해 왔지만 쉽지 않았다.

외유내강에 가장 쉽게 접근할 수 있는 방법이 바로 수지 가공 Resin finish인데 수지 가공을 하면 면직물에 플라스틱을 스며들게 하는 효과가 있어서 나름의 내부 응력을 만족시킬 수 있다. 하지만 과도한 수지 가공은 원단 자체를 너무 Dry하고 딱딱하게 만드는 효과가 있고 면직물 고유의 성질을 파괴하는 단점이 있어서 한계가 있다. 또 Hard해진 원단은 Tearing strength가 불량하게 나타난다.

Wrinkle free 가공을 위해서도 수지를 사용해야 하는데 과도할 경우 스치기만 해도 찢어지는 원단의 취화현상을 경험할 수 있다. A는 일전에 Liz의 남성복 브랜드인 Claiborne에서 면 치노 바지를 한 벌 산적이 있는데, Wrinkle free 가공이 얼마나 잘 되어있던지 아무리 입고 뭉개도 주름이 지지 않아 몇 달 동안이나 빨지 않고 있다가 너무 더러워졌을 것 같아서 세탁소에 한번 보냈는데 그걸 입고 미국 출장을 갔다가 바짓가랑이의 뒤가 아닌 앞부분이 너덜너덜해지는 희한한 경험을 하게 되었다. 이걸 하루 더 입었더니 이번에는 뒷부분이 너덜너덜해졌다고 하소연하였다. 결국 커프스 Cuffs 바지의 아랫부분이 몽땅 떨어져 나가는 황당한 경험을 한 적이 있다고 한다.

그렇다면 제직 면에서는 어떨까?

원래 면직물의 제조에 사용되는 경사와 위사의 조합은 경사와 위사가 같은 굵기인 것이 가장 흔하고, 만약 다를 경우 경사가 대개 가늘고 위사는 굵은 경우가 많다. 그 이유는 자명하다. 일정 두께의 원단을 얻기 위해서는 밀도가 많던가 아니면 번수가 굵어야 하는데 번수는 너무 굵어지면 원단이 투박해지기 때문에 캐주얼용도로 밖에 사용할 수 없으므로 제한적이다. 따라서 밀도를 올리는 방법이 많이 쓰인다. 그런데 기왕에 밀도를 올리면서도 원가를 낮추는 방법이 바로 위사 밀도는 그대로 두고 경사 밀도를 올리는 것이다. 위사 밀도는 제직비용을 결정하는 요소이기 때문이다. 그래서 대부분의 원단은 경사 밀도보다 위사 밀도가 훨씬 더 적다. 물론 별도의 위사(별 위사)가 들어가서 위사 밀도가 더 많아지는 코듀로이는 특별한 경우이다.

여기에 상식을 깨는 하나의 아이디어가 출현한 것이다.

번수를 굵게 하면 안 되는 정장용의 면직물에 외유내강형의 원단이 필요하면 어떻게 해야 할까? 외관은 Fine하면서도 일정 두께의 중량을 유지하고 그러면서도 가격은 저렴하게 할 수 있는 방법은 없을까?

그런 방법이 있다.

경사와 위사의 굵기를 다르게 하는 경우, 대개 위사가 경사보다 2배 정도 굵은 것이 지금까지의 한계였다. 경·위사의 굵기가 너무 차이가 많으면 경·위사 간에 Unbalance한 문제가 발생할까 봐 그런 것이었다. 그런데 위사를 경사보다 3배 정도 더 굵게 하면 어떨까? 즉 30×10과 같은 Twill은 어떨까? 이런 발상은 아무도 해 보지 않았지만 이렇게 되면 위사가 굵어서 중량을 유지하면서도 밀도를 적게 가져감으로써 제직료를 절약하고 외관으로 나타나는 경사는 위사는 Twill의 경우 숨어서 보이지 않는다. Fine하므로 일석삼조의 효과를 거둘 수 있게 된다.

Chimera 동물

이런 직물을 Satin으로 짤 경우 표면을 Powdery 가공하면 전체적으로 두께를 유지하고 내부적으로 힘이 있으면서도 표면은 Fine하고 마이크로 Hand feel을 가진 놀라운 Super 면직물을 만들 수 있다.

또 한 가지 특기할 사실은 이 직물은 약간의 Slub이 있는 Ottoman 효과가 나는 반대 면을 가지므로 앞면으로 입으면 정장 Career, 뒷면으로 입으면 캐주얼의 느낌이 나는 Chimera 효과를 얻을 수도 있다.

우유섬유

카세인은 우유의 단백질로 치즈의 원료이다. 유즙의 주성분이며, 사람이나 양의 카세인도 비슷한 성질을 가지고 있는 것으로 알려져 있다. 카세인은 우유 속에 약 3% 함유되어 있으면서 우유에 함유된 전 단백질의 약 80%를 차지한다. 우유에 산을 가해 pH 4.6으로 하면 등전점에 도달하여 침전하므로, 쉽게 조제할 수 있다. 산업적으로 제조된 카세인은 식품, 의약, 공업용 접착제, 제지도포, 페인트 등의 원료로 사용되고 있다.

참 별것이 다 나오는 세상이다. 우유섬유라니…….

이름만 들어도 피부가 촉촉해지는 느낌을 준다. 광고도 그런 콘셉트로 제작되면 호소력이 있고 강력하게 소비자에게 어필할 수 있을 것 같다. "당신은 우유로 목욕을 하는가? 나는 우유를 입는다." 하지만 대단한 하이테크 섬유로 보이는 이 우유섬유는 이미 1940년대에 Wool의 대체품으로 생산되어 한 시대를 풍미하다가 사라졌던 소재이다.

당시에는 여러 가지 결함도 있고(예컨대, 물에 적셔두면 쉰 우유 냄새가 나기

도 했다는…….) 용도가 겨우 중절모의 혼방 소재로 쓰이는 등, 제한적이었으며 환상적인 광택과 강철 같은 강력을 가진 나일론을 비롯한 합성섬유들의 대거 출현으로 사라지고 말았다. 그런데 그것이 오늘날, 건강 선호 풍조를 타고 소비성 자재의 구매 의사를 대부분 결정하는 주력인 女心 여심에 호소하여 Revival되려고 하

는 것이다. 글쎄 이번에는 성공할지 두고 봐야 한다.

우유섬유는 비싼 Wool을 대체하기 위한 대체 소재로 출발하였다. 성질이 대개 Wool과 많이 비슷하기 때문이다.

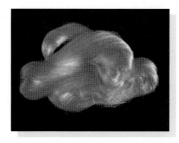
우유섬유

그런데 도대체 어떻게 우유에서 섬유를 뽑을 수 있다는 말일까? 놀라운 매직처럼 느껴지는 물건이지만 사실은 별것 아니다. Viscose rayon은 나무의 Pulp를 녹여서 만들었다. '면'이라는 셀룰로오스는 원래가 섬유 형태를 띠고 있지만 나무의 Pulp는 같은 셀룰로오스라도 섬유의 형상이 아니다. 이를 위해 Pulp를 조청처럼 녹여서 합성섬유처럼 가느다란 노즐을 통해 방사하면 섬유가 된다. 이렇게 만든 섬유를 재생섬유라고 한다.

우유의 주성분은 물론 물이다. 그 나머지는 지방, 단백질, 그리고 탄수화물과 칼슘, 비타민 등이다. 우유에서 지방을 위주로 가공한 것이 버터이다. 단백질을 주로 가공한 것이 치즈이다. 우유에 탄수화물이 있다는 사실을 간과하는 사람들이 많은데 우유에 들어있는 탄수화물을 젖당 또는 유당이라고 한다. 이 젖당이 우유를 마시고 나면 배를 더부룩하게 만드는 주범이다. 젖당을 분해하는 효소를 락타아제 Lactase라고 하는데 젖먹이 아기 때는 모든 사람에게 이 효소가 분비된다. 그런데 3살 이후에는 대부분 분비되지 않기 때문에 소화불량이 되는 것이다. 그런 시스템은 뛰어난 효율을 자랑하는 '인체'라는 기계에서는 지극히 정상적인 작용이다. 불필요한 효소를 생산하지 않고 낭비를 막겠다는 절제 시스템인 것이다. 그런데 덴마크나 그쪽의 낙농국 사람들은 90% 이상, 어른이 되어서도 락타아제를 분비한다. 그래서 그 사람들은 우유를 먹어도 잘 소화시킨다. 이것이 바로 진화의 살아있는 증거이다. 그들에게는 우유가 주

카세인 단백질

된 식품이므로 어른이 되어서도 먹어야 하고 따라서 그것을 잘 소화시킬 수 없는 사람들은 자연히 제거하여 도태되었다. 이런 사실을 이용해서 시중에 '소화가 잘 되는 우유' 또는 '락토프리' 어쩌고 하는 우유들이 나오고 있다. 그것들은 젖당을 뺀 우유이다.

우유에 들어있는 단백질을 카세인 Casein이라고 한다. 우유 단백질의 90%는 카세인이다. 사람의 머리카락을 포함한 다른 동물들의 털도 단백질이다. 털을 구성하는 단백질의 이름은 케라틴 Keratin이다. 세상에 존재하는 단백질은 수백만 가지가 있지만 대부분 20가지 이내의 아미노산으로 이루어져 있으므로 다 친척 간이 된다. 케라틴이라는 단백질이 섬유를 이루고 있으므로 다른 단백질로도 섬유를 만들 수 있을 것이다. 마치 털 뭉치처럼 생긴 카세인 분자들이 뭉쳐있는 모습이 재미있다. 카세인은 구상 단백질, 케라틴은 섬유상 단백질로 분류하기도 한다. 사람의 진피를 이루는 콜라겐은 대표적인 섬유상 단백질이다.

우유에 포함되어 있는 단백질은 3% 정도이다. 즉, 100kg의 우유에 3kg의 카세인이 있다. 우유로부터 카세인만을 뽑아내 케미칼에 녹여 중합 Polymerization한다. 중합은 단분자를 수천~수만 개 연결하는 과정이다. 실제로 도요보에서 개발한 시논은 아크릴과 카세인의 공중합을 통해 만든 섬유이다. 그렇게 하여 섬유를 만들 수 있는 전 단계가 된다. 즉, 반죽 Dough이 된다. 물론 모든 반죽이 다 섬유가 되지는 않는다. 밀가루 반죽도 자장면이라는 섬유가 되기는 하지만 그걸로 옷을 만들기에는 강력 Strength이 부족하다. 밀가루의 강력을 유지하는 단백질은 글루텐이라고 한다. 하지만 카세인 반죽은 강력이 충분하여 좋은 섬유가 된다. 실제로 Wool과 아주 흡사한 성질을 띤다. 따라서 Wool처럼 타고 냄새도 머리카락 타는 냄새가 나며 물에 오래 담가두면 노균병에 걸려 상하기도 한다. 수분을 잘 흡수하고 알칼리에 약하다는 것도 같다. 같은 단백질 성분이라서 당연하겠지만. 사실 실험실에서 Casein과 Wool을 구분할 수 있는 방법은 현미

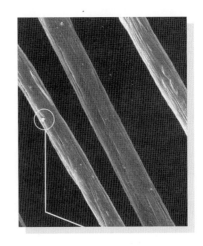

경밖에 없다. 케라틴의 표면에 있는 스케일 Scale이 매끈한 방사구 Nozzle를 통과한 재생섬유에 있을 리가 없기 때문이다.

그런데 '스케일이 없는 모 섬유'는 바로 Washable wool이다. Washable wool은 물 세탁 시의 수축을 막기 위해 스케일을 덮거나 깎아버린다. 애초에 그렇게 만들어진 것이 바로 카세인 섬유이다. 카세인은 14세기 때부터 사용되어 왔는데 당시에는 페인트의 접착제 Binder로 쓰였다. 페인트를 걸쭉하게 만드는 Thicker로 Thinner의 반대 사용되었다는 것이다. 그래서 14~5세기의 성당에 칠해진 외벽은 카세인 광택 때문에 번쩍번쩍했다. 금이 간 접시를 우유로 때울 수도 있다. 접시를 우유에 담그고 뜨겁게 불에 올려 놓은 다음에 꺼내보면 접시의 금 간 부분이 감쪽같이 없어져 있음을 알 수 있다. 마법을 부린 물질은 바로 카세인이다. 하지만 문제는 카세인이 수축은 덜 된다고 해도 물속에 들어가면 강력이 아주 약해지니 매우 조심스럽게 물 세탁해야 한다.

우유섬유는 Wool과 비슷한 성질을 가졌으므로 대개는 아크릴과 혼방하여 사용한다.

중국에서 Casein과 면을 혼방한 원단들이 나오고 있지만 아직은 가격

들이 비싸고 2불대의 원단은 몇 개 안 된다. 외관이나 감촉은 Wool / cotton 정도로 보면 되겠다. 그렇다면 우유섬유를 Content label에는 뭐라고 표기해야 할까? 안타깝게도 우유섬유라는 Generic Term은 존재하지 않는다. 우유도 일종의 재생섬유에 속한다고 할 수 있는데 FTC에서는 콩 섬유와 함께 재생 단백질 섬유를 'Azlon'이라는 이름으로 규정하고 있다.

인장강도와 인열강도(Tensile & Tearing Strength)

인장강도

방적사의 강도는 온전히 섬유의 가닥 수에 비례할 것 같지만 사실은 섬유장, 마찰계수, 배향성, 꼬임수 등에 따라 영향을 받으며 실제로 섬유의 올 수는 인장강도에 미치는 영향이 1/4이나 1/5밖에 되지 않는다. 방적사는 단섬유가 꼬여 만들어졌기 때문에 힘을 받는 위치가 화섬과 다르다. 방적사는 각 단섬유의 마찰계수와 직접적으로 비례한다. 섬유장은 많은 영향을 끼친다. 섬유장이 길면 마찰면적의 증가로 서로 붙들기가 더 쉽다. 합성섬유 Synthetic의 Staple fiber인 경우는 섬유장을 얼마든지 조정할 수 있으니 문제없지만 면 같은 천연섬유는 원산지에 따라 섬유장이 크게 다르기 때문에 싼 원료를 쓴 섬유장이 13~27mm 정도의 미면이나 미면 중에서도 Pima면은 좋은 면이다. 미면이라고 모두 싸구려는 아니다. 피마면은 이집트면을 미국의 Pima에서 미면과 잡종 교배하여 재배한 것이다. 섬유장이 40mm까지 된다. 인도면, 중국면 등의 면사는 당연히 섬유장이 40~50mm인 해도면(Sea island 면은 이집트 면보다 더 고급인 지구 최고의 면화이다.)이나 30~40mm인 이집트 면보다 강도가 많이 떨어진다. 가격이 저렴한 원면을 쓰면 강도도 낮다.

배향도는 분자들이 치밀하게 배열되어 있으면 분자 간의 인력이 많아지게 되므로 또한 강도에 영향을 미친다. 따라서 CD사 카드사보다 CM사 코마사가 강력이 좋다. 꼬임수는 당연히 폭발적인 강력의 향상을 가져 오겠지만 너무 많으면 오히려 강력이 떨어진다. Hand feel도 까슬까슬해진다. 마찰계수는 당연히 클수록 미끄덩거리는 원료보다는 서로 붙들고 있는 힘이 커져 강도를 좋게 한다. 제직할 때 경사에 풀을 먹이는 이유는 바로 이 것 때문이다. Sizing을 하면 마찰계수가 증가하고 각 섬유 간의 접착력이 좋아지며 강도가 좋아져서 정경 시 실이 끊어지지 않게 된다.

면 같은 섬유는 습윤 시, 즉 젖어 있을 경우 약 10% 정도 강도가 높게 나타난다. Viscose rayon은 그 반대이다. Viscose rayon은 습윤 시의 강도가 매우 낮아지며 그것이 Viscose rayon의 아킬레스건이기도 하다. Chemical 도 강도에 영향을 미치는 인자이다. 면은 산에 상당히 약하다. 묽은 무기 산으로도 면을 충분히 취화(쉬운 말로 약화라고 한다.) 시킬 수 있다. 동물성 섬유인 양모나 실크는 알칼리에 약하다. Mercerizing은 대표적인 알칼리 처리법이다. 원단에 기본적으로 행하는 Mercerizing도 강력에 영향을 준다. 물론 좋아지는 쪽이다. Mercerizing을 하지 않으면 강력이 약해진다고 볼 수 있다. 자외선도 영향을 준다. Silk나 Nylon은 자외선에 가장 약하다. 특히, Full dull은 상대적으로 Bright나 Semi dull보다 더 약하고 이산화 티탄이 강도를 떨어뜨린다. 내후성이 좋은 Acrylic은 자외선에 가장 강하다. 염소 표백제도 영향을 주는데, 특히 Nylon이나 Polyurethane은 염소계 표백제를 쓰지 않는 것이 좋다.

인열강도

인열강도는 인장강도와는 아주 다르다. 근본적으로 인열강도를 높이는 방법은 위의 인장강도를 높이는 법 외에 이미 제조된 원단의 인열강도의 개선은 Hand feel을 Soft하게 하는 방법이 있다. Hand feel이 딱딱하면 인열강도가 나빠진다는 것은 이미 널리 알려진 사실이다. 따라서 Coating 을 하면 인장강도는 좋아지지만 인열강도는 나빠지는 경우가 발생한다. Softener가 도움이 되는 것은 이 때문이다. 딱딱한 것이 더 잘 찢어진다. Pile 직물의 경우는 경파일인 Velvet보다는 위 Pile직물인 Velveteen이나 Corduroy에서 가끔 발생하는데, 이는 위사의 대부분이 Ground를 구성하는 부분을 빼고는 약 70% 가까이 절단되어 버리기 때문에(위 파일 직물은 위사가 2중으로 되어 있다.) 두꺼워 보여도 실제로는 문제가 있는 경우가 생긴다. 그러나 이 경우도 마찬가지로 Soft한 것이 유리하다. 대부분 문제를 일으키는 것은 21wale이나 16w Corduroy인데 Washing을 하고 나면 확실히 좋아진다. 유연제를 바르면 더 좋아진다. 그리고 위사 밀도가 40수로 180 정도의 것을 쓰면 32수로 150 정도로 쓰는 것보다 훨씬 더 강도가 높다. 즉, 굵은 실로 밀도를 적게 하는 것보다 가는 실로 밀도를 많이 하는 것이 같은 중량이라도 상대적으로 더 좋은 강도를 나타낸다는 말이다. 두 가지 모두 면이 원료인 경우가 대부분이므로 나머지는 위의 Factor를 참조하면 된다. 실제로 같은 Wale의 Corduroy라도 원사의 굵기나 밀도가 다른 종류가 여럿 있다. 인장강도가 조직에 거의 영향을 받지 않는 데 비해 인열 강도는 조직의 영향을 많이 받는다. 인장강도는 실이 절단될 때 실의 대부분이 거의 동시에 절단되는 데 비해 인열강도는 실 가닥이 하나씩 단계적으로 절단되기 때문에 훨씬 약하다. 그래서 조직의 영향을 많이 받게 되는데 조직점, 즉 경사와 위사가 만나는 점이 많을수록 인열강도는 약하다. 즉, 평직인 경우 인열강도가 가장 약하게 된다. 반대로 주자직인 경우는 조직점이 적어서 유리하다. 당연히 Twill인 경우는 좋을 것이고 Satin이 가장 좋을 것이다. 그러나 Twill 조직은 한 방향만 그런 것이고 양방향이 다 좋게 되려면 Basket 조직이 되어야 한다. 실제로 2×2 Basket 조직은 평직에 비해 무려 3.6배의 인열강도를 보인다. 3×3이 되면 무려 5배가 된다. 그러나 이 Basket 조직들의 인장강도는 오히려 평직보다 많지는 않지만 떨어진다. 2×2일 때는 영향이 없지만 3×3의 경우는 10% 정도 떨어진다.

인장강도와 인열강도의 시험

이제 각각의 시험법과 특징을 알아보자. 이를 알아봄으로써 물리적·화학적인 개선을 통하지 않고라도 시험치의 향상을 볼 수 있다. 편법이지만 법의 허점을 잘 이용해서 돈을 버는 사람과 다르지 않다. 인장강도는 파지법에 따라서 Strip법과 Grab법이 있는데, 스트립법에는 실을 풀어서 하는 ravel Strip법이 있고 그냥 잘라서 하는 Cut Strip법이 있다. 원래는 래블로 해야 하지만 실을 풀 수 없는 경우는 할 수 없이 Cut법을 쓴다. Woven은 Strip법으로 하는 것이 비교적 정확하고 메리야스 같은 경우는 Grab법이 권장되지만 각 공장의 실험실에서는 편의상 따로 잘라야 할 필요가 없는 Grab법을 사용하고 있다. 그러나 Grab법에 의한 실험은 Strip법보다 원단의 조직이나 구도에 따라서 많은 다양한 양상을 보여 주지만 대략 5~20% 정도 더 좋은 값을 나타낸다(야호!). 따라서 브랜드가 Strip법을 고집할 경우 나중 실전에서 문제가 될 수도 있다. 그러나 다행히 GAP INC.의 경우는 ASTM D 5034가 기준이며 이것은 Grab법이므로 조금은 여유로운 기준이라고 볼 수 있지만, 나중 문제가 되었을 때는 도망갈 곳이 없다는 절박함이 있다.

인열강도는 조금 복잡하다. 찢는 힘의 방향에 따라서 Tongue법이 있고 Trapezoid법이 있다. 인열강도는 미리 칼집을 내어 일부 찢어진 상태에서 하중을 가한다. Tongue법은 원단을 손으로 찢을 때의 힘의 방향과 같다. 손 중 하나는 앞으로, 나머지는 뒤로 힘을 가한다. 그러나 Trapezoid법은 찢어놓은 원단을 그대로 양옆으로 벌려서 힘을 가하는 방식이다. 힘의 Moment가 다른 것이다. 마치 두 사람이 양옆에서 당기는 것과 같다.

다음은 가하는 하중의 방법에 따라 2가지가 있는데 첫째는 Instron법 인스트롱으로 처음부터 끝까지 일정한 하중을 가하여 찢는 것이다. Pendulum법은 반달모양의 진자가 위에서 뚝 떨어지면서 가속도를 받은 힘으로 찢는다. 이렇게 해야 옷이 못에 걸려서 찢어질 때의 실제 받는 힘과 비슷하다. 각각 다른 숫자가 나온다. 인스트롱 방식으로 찢더라도 텅법으로 찢으면 더 쉽게 찢어진다. 트래피조이드보다 약 10% 정도 더 작은 숫자가 나온다. 반대로 Pendulum법으로 찢으면 Trapizoid가 약 13% 유리하게 나온다. 그러나 Pendulum법에서는 Trapezoid법으로 찢는 법이 없다. 따라서 인열강도로 인한 문제가 생기면 트래피조이드 방식으로 찢어 달라고 하면 더 좋은 숫자가 나오게 된다. 그러나 Gap Inc.은 만만하지 않다. 시스템의 전설인 Gap Inc.의 Standard에 의하면 두 가지 방식이 모두 존재하지만 원단의 중량이 10oz/syd 이하인 경우는 반드시 Pendulum법으로 시험하게 되어 있다. (ASTM D 1424)더 무거운 중량의 경우는 인스트롱 방식으로 하게 되지만 GAP INC.에서 지정한 ASTMD 2261은 Tongue법으로 찢는다. 그러니 그런 규정이 없는 다른 브랜드에는 트래피조이드 방식으로 찢어서 더 좋은 결과를 만들 수도 있다.

직물의 방수와 발수 성능 테스트

　시계의 생활 방수는 3기압 또는 30m 방수라고 표시되어 있는 것으로 땀이나 물보라, 가랑비 등 수압이 가해지지 않는 물에 대해 방수효과가 있다. 따라서 시계를 손목에 착용한 채 물에 손을 담그는 것은 물론, 식기를 씻거나 세면을 하는 것도 피하는 게 좋다. 수상 스포츠용 방수는 10기압 또는 100m 방수라고 표시되어 있다. 시계를 손목에 찬 채로 식기 세척은 물론 스킨 다이빙이나 수상 스포츠도 감당할 수 있다. 손실 시 물에 씻을 수 있는 것이라야 한다. 다이버워치는 150m 이상의 것으로 내수압 외에도 내자성, 내충격성, 문자판의 식별성 등 엄격한 기준이 마련되어 있다. 표시된 한계 심도 深度를 넘겨 사용해서는 안 된다(손목시계의 사용법 및 간단한 수리요령, 로렌스).

　Outerwear의 기본가공인 W/R Water Repellency와 W/P Water Pressure는 물에 대한 원단의 저항 정도 Resistant를 의미하며 이에 대한 미국시장 기준 측정방법은 세 가지가 있다.

1. Hydrostatic Pressure method AATCC-127 (수압식): Water resistant, 즉 내수압을 mm단위로 측정
2. Rain test: AATCC-35 Rain wear의 판정을 위한 테스트. 미국시장 Duty save용
3. Spray test: AATCC-22 발수 처리한 원단의 성능테스트

1. 내수압 측정법: 방수 원단의 내수도 측정

  1) 코팅된 면(11.4cm)을 표면으로 오게 하고, 그 후면에 시험편을 대어 고정시킨다.

  2) 실린더에 물을 넣어 초당 1cm로 물을 상승시켜 원단에 압력을 가하다가 후면에 있는 시험편에 물이 배어 나오기 시작할 때 실린더의 높이를 측정하여 표기한다. 즉, 실린더 높이가 400mm이면 내수압은 400, 600mm이면 내수압은 600이 된다.

2. Rain test: 우의 등이 빗물에 견디는 정도를 측정. 침투된 물의 양으로 합격과 불합격으로만 판정한다.

  1) 원단(20cm x 20cm) 후면에 붙일 시험편의 중량을 측정하여 기록해 놓는다. 0.1gr 단위까지 칭량

  2) 원단 후면에 시험편을 대고 일정 수압의 노즐을 30cm 정도 떨어진 곳에서 5분간 분사

  3) 5분 후 시험편의 중량을 측정(원단이 물을 흡수했다면 시험편에도 물이 배게 되고 따라서 시험편의 중량이 늘어날 것이므로 방우 정도를 수치상으로 가늠할 수 있다.)

  4) 시험편의 before / after 중량이 1gr을 초과하면 Rain test는 Fail된다.

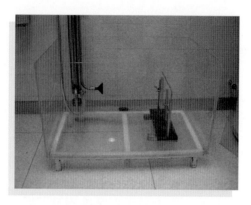

AATCC-35 Rain test

Rain test는 미국의 Importer에게는 매우 중요한 것으로서 Rain test 통과 여부에 따라 봉제품의 관세가 20% 이상 차이 나게 된다. Rain test를 통과한 봉제품은 관세가 7%이지만 실패하면 29%이므로 봉제품의 FOB 가격이 10불이면 관세만도 2불 이상 차이 나게 된다. Rain test를 통과하기 위해 대부분의 Outerwear는 W/R, WP 가공해야 하는데 그 때문에 Hand feel은 물론 Tearing strength 문제와 경사방향으로 Shrinkage 발생 그리고 Polyester인 경우는 Migration 문제가 생기기도 한다. 따라서 코팅하지 않고 Hand feel이나 인열강도에 영향을 끼치지 않는 발수가공만으로 Rain test를 통과할 수 있는 원단을 바이어들은 선호하기 마련이다.

3. Spray test: 발수 처리한 원단의 발수도 시험. AATCC-22
   1) 250cc의 증류수를 깔때기에 넣고 25~30초 사이에 채워진 물을 다 소진할 수 있는 속도로 원단의 약 15cm 위에서 분사(이 시험법은 별도의 시험편이 없다.)
   2) 깔때기 끝에는 19개의 Hole을 가진 노즐이 있고 그 노즐에서 45도 각도로 물을 분사
   3) 물이 다 소진되면(다 뿌려지면) 원단의 한쪽 끝을 잡아 털고(주로 딱

TEXTILE SCIENCE

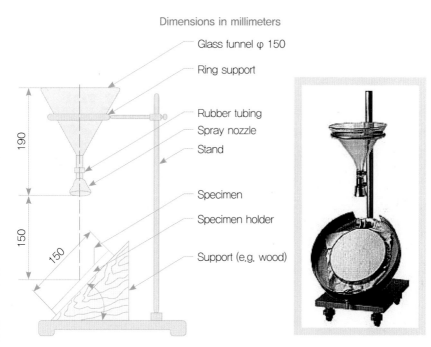

Dimensions in millimeters

Glass funnel φ 150

Ring support

Rubber tubing
Spray nozzle
Stand

Specimen

Specimen holder

Support (e.g. wood)

Sparay test AATCC-22

딱한 물체에 쳐서 턴다.) 다시 반대편 쪽을 잡고 또 턴다.

4) 마지막으로 원단에 남아 있는 물방울의 분포도를 보고 시험편을
레프리카와 비교하여 육안으로 판정한다. 예컨대, DWR 90/10을
읽는 방법은 앞의 숫자는 Spray test 측정치, 뒤의 숫자는 Washing
횟수이다. 즉, 이 원단은 10회 세탁 후에도 Spray test 결과가 90이
라는 뜻이다.

W/R과 관련한 잦은 오해들은 내수압이 좋으면 당연히 발수도도 좋게
나올 거라는 믿음이지만 둘은 상관관계가 없다. 예컨대, 유리는 100% 방
수이고 두께에 따라 내수압이 수만mm에 달하지만 발수도는 전혀 나타
나지 않는다. 하지만 반대는 상관관계가 있을 수도 있다. 즉, 발수도가 좋

으면 내수도에 유리한 결과를 얻을 수 있다.

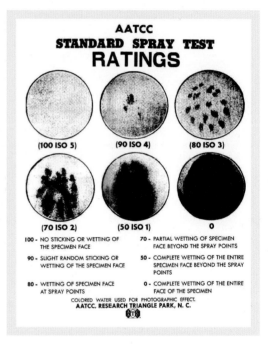

발수도 판정 레프리카

흰색에 대한 斷想

의류 색상에 트렌드가 있는 것처럼 자동차도 유행 컬러가 있다. 20년 전에 일본은 흰 차, 우리나라는 검은 차가 가장 많다고 했는데 최근까지는 은색이 가장 인기 색이었다.

그런데 언제부터인가 조용히 흰색이 유행되기 시작했다. 특히, 벤츠는 눈처럼 흰 White가 최고의 인기를 형성하고 있어서 아예 색으로 신형·구형을 구별할 수 있을 정도이다. 우아한 흰색 벤츠는 남자들뿐만 아니라 차에 별로 관심 없는 여성들의 마음을 가슴 속 깊이 뒤흔들어 버리고 만다.

아무 색도 섞이지 않은 백색은 순수한 이미지 때문에 우아하고 거룩해 보이는 색이다. 작고한 앙드레 김은 오로지 흰색으로만 옷을 디자인하였다. 하지만 순수한 흰색은 만들기 어렵다. 150년 전만 해도 순수한 흰색 원단 50y를 만들기 위해 냄새 나는 암모니아나 오줌을 동원하고도 1달이 넘게 걸리는 막대한 시간과 노동이 투입되어야 했다. 순결한 백색은 존재조차 어렵다. 세상 모든 물질에는 가시광선의 어떤 색이든 몇 가지 정도는 흡수하는 발색단이 존재하기 때문이다. 따라서 순수한 흰색을 제조하려면 어떤 색도 흡수하지 말고 쫓아내 버려야 한다. 자연에서 가장 순수하다고 여기지는 백색은 금방 내린 눈이다. 하지만 이조차도 75% 정도

황산바륨 분말

의 가시광선만 반사한다. 실제로 지구상에는 가시광선을 100% 반사하는 물질이 존재하지 않는다.

천연은 아니지만 근접하는 것은 있다. 황산바륨이나 황산마그네슘 분말은 지독하게 하얗다. 어떤 무지한 자가 발명했는지 모르지만 배가 아파 병원에 갔을 때 속을 들여다 보는 야만적인 위내시경은 손가락 굵기의 관을 연약한 인간의 목 속에 망설임 없이 쑤셔 넣는 무지막지한 고문 도구이다. 그걸 하느니 차라리 위암에 걸려 죽고 말겠다는 사람이 있을 정도이다. 반면에 위장 조영 X선 사진은 화상은 좋지 않아도 매우 문명적인 검사 방법이다. 이 검사의 조영제로 쓰이는 걸쭉한 흰 액체인 황산바륨을 사진을 찍기 전에 마시게 하는데 식도를 타고 내려가면서 위장까지 훤히 보여주는 거다. 이 사진을 찍고 나면 다음 날 아침에 흰 똥을 싼다. 황산바륨과 마그네슘은 세상에서 가장 하얀색으로 흰색의 정도, 즉 백도지수를 나타낼 때 이것들을 100으로 놓고 기준한다. 이보다 덜 하얀 색들은 80이나 90 같은 수치를 기록하는 것이다. 반대로 이보다 더 하얀 색은 100이 넘게 되는 것이다. 그런데 잠깐, 이것들이 세상에서 제일 하얀색이라고 했다?

실제로 황산바륨이나 마그네슘을 보면 그래도 약간, 아주 조금 누런기를 띤 것을 알 수 있다. 그것이 100이라 할지라도 그것들보다 자연광에서 더 흰색이 없다는 것이지 그보다 더 흰색은 존재하지 않는다라는 뜻은 아니다. 이보다 더 흰색을 인위적으로 만들 수 있는데, 바로 가시광선의 바깔쪽 자외선을 동원하는 것이다. 흰색에 자외선을 보태주면 더 하얗게 만들 수 있다. 원래 자외선은 눈에 보이는 파장은 아니지만 어떤 물질에 반사되면 우리 눈에도 보인다. 그 어떤 것이 바로 형광물질이다. 형광등은 자외선을 이용한 조명기구이다.

흰색에 형광염료를 발라주면 그 물질의 색은 자외선을 포함하게 되어 더욱 하얗게 보인다. 이렇게 만든 색은 100 이상의 백도를 나타낼 수 있다. 자외선을 제외한 실제의 백색순도를 측정하려면 UV필터를 사용해야 한다.

옆의 그림은 'Balck light'로부터 나온 조명인데 형광등에서 형광물질을 제거한 것이다. 이 조명에서는 자외선만 나온다. 따라서 눈에 보이지 않는다. 하지만 이 조명이 형광염료를 만나면 반응한다. 이 사진은 Black light의 자외선이 흰옷의 형광염료에 반사되어 이런 푸른 빛을 만들어 내는 것이다. 같은 흰색이라도 형광염료가 없는 옷은 저렇게 되지 않는다. 요즘 세제에는 형광염료가 들어 있어 애초에 형광염료가 없었던 옷도 한 번 빨면 저렇게 만들어 버린다. "흰 빨래를 더욱 희게"라는 광고 카피는 바로 여기서 나온 것이다.

따라서 형광물질이 많이 들어간 원단의 백도를 측정하면서 UV필터를 사용하지 않으면 100이 넘는 숫자가 나오게 된다. 실제로 140~150 내외의 숫자가 나오기도 한다. 백색도는 CIE, 국제 조명위원회가 2004년에 제정한 방법에 따라 결정하며 XYZ 색 좌표에서 나타나는 3자극 값을 알아야 구할 수 있고 정수로 표시된다. 공식은 무자비하게 난해하므로 생략하겠다.

4

Issues

2tone나는 원단의 문제

Chambray

한쪽은 White, 다른 한쪽은 Colored로 된 Shirting 원단. 때로는 경위사 같은 실의 혼방에 한쪽 소재만 염색하여 2tone 효과를 낸 것이다. 주로 위사가 White인 경우가 많다.

End on End

Chambray이나 경사가 White와 Colored의 원사로 하나씩 건너 띄어 제직되어 일정한 패턴을 만든다. 마찬가지로 Shirting 원단이고 위사는 White로 된 것이 많다. Fil-a-Fil 이라고도 한다.

Iridescent의 원래 의미는 보는 각도에 따라 색이 달리 보이는 것이다. 주로 무지개 톤의 컬러를 의미한다. 섬유에서는 경위사 컬러를 달리하여 2tone 이상의 컬러를 낼 수 있도록 설계된 원단을 의미한다. 즉, 가공이 아닌 제직 설계를 통하여 2tone 이상의 컬러를 만들어 낸 원단이다. 2tone이 나는 원단은 교직물이거나 선염인 경우이다. 선염인 경우, 특히

Chambray

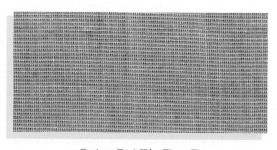

End on End 또는 Fil-a-Fil

End on End나 Chambray처럼 한쪽이 White인 경우에 해당하는 원단들이다.

착시효과

다만 이 경우, Defect가 강조되어 보이는 시각효과 때문에 제직 Defect 나 원사의 결점 Nep, slub에 의한 문제를 일으키는 경우가 많아진다. 따라서 다른 원단과 마찬가지 등급인데도 이런 직물을 실제로 다른 것과 동일한 수준으로 보이게 하려면 더 높은 등급의 원사를 써야만 한다. 즉, Carded사를 써야 할 경우에 Dombed사를 써야 한다는 것이다. 또 단사로써 충분한 Quality를 합사를 써야 할 때가 많다. 예컨대 20수 대신 40/2, 40수 대신 80/2을 써야 문제 없는 Quality를 얻을 수 있다.

Dark tone의 경우

물론 이런 2tone을 보이는 원단들이 Shirting일 경우는 대부분 Light한 컬러이기 때문에 단순히 원사 Defect 외의 다른 문제를 일으키지는 않는다. 그러나 진한 컬러일 때는 문제가 달라진다. 만약, 경사와 위사를 각각 다른 color를 써서 2tone을 이루는 패턴의 경우, 가장 쉬운 예인 평직인 조직에 경사와 위사가 같은 번수의 원사이고 경위사의 밀도도 같을 때, 두 경사와 위사가 만나는 접점은 정확하게 50%이다. 이런 상황에서는 경사와 위사 각각의 원사가 작은 정사각형의 점을 이루면서 교대로 나타나게 된다.

망막의 원추세포는 각각의 색을 따로 보지만 결국 대뇌피질에 보내는 신호는 두 색이 합쳐진 결과이고 따라서 이 결과를 인식하게 된다. 원래 여러 색을 혼합하면 채도가 낮아져서 섞으면 섞을수록 점점 더 어두워진다. 유화의 색이 그렇게나 칙칙하고 어두운 이유가 바로 그것이다.

그러나 이 경우는 마치 점묘화처럼 여러 색이 섞이더라도 채도가 낮아지지 않고 섞인 컬러가 아름답고 밝게 유지된다.

점묘화는 32살에 요절한 프랑스의 신인상주의 화가인 쇠라 Georges Seurat가 착안한 회화 기법인데 그 희한한 화가는 색채학과 광학이론을 공부하여 이를 자신의 회화 기법에 응용하였다. 과학과 예술을 융합하여 기발한 아이디어를 생각해 낸, 이른바 오늘날의 신인류 정도 되는 셈이다. 점을 찍어서 실제로는 색을 섞지 않고 눈으로만 착시현상을 일으켜 혼합된 색을 인식할 수 있는 방법을 발견한 것이다. 색은 섞을수록 어두워지고 빛은 섞을수록 밝아진다는 광학이론을 이용한 기술이다. 그는 진정한 과학자이자 예술가이다.

생지와 가공지

그런데 문제는 두 색이 합쳐지는 비율의 문제이다. 경사와 위사가 교차하여 만들어지는 작은 정사각형은 경위사의 밀도 차이에 따라 직사각형이 되기도 하고 또 커지기도 하고 작아지기도 한다. 그리고 가공 상태에 따라서 생지 때의 모습과 상당히 달라지는 경우가 생긴다. 예를 들어, 생지 상태의 경사 밀도가 100이었는데 가공 후 120이 되었다면 원래의 정사각형은 경사 쪽으로 잡아당겨진 듯한 길쭉한 형태의 직사각형으로 바뀌게 될 것이다. 반대로 위사밀도가 늘어나면 위아래가 짓눌린 직사각형으로 바뀐다. 이렇게 사각형의 형태가 변하게 됨에 따라 각 경사와 위사가 조합되어 눈이 인식하게 되는 컬러는 각각 조금씩 다른 색으로 변하게 된다. 특히, Black color가 포함된 경우는 명도 차이가 상당히 많이 나게 된다. 그 결과로 컬러가 심각할 정도로 달라 보이는 것이다.

폭(Width)

더욱 중요한 이슈는 폭 때문에 컬러의 차이가 나는 경우이다. 원래 가공지 폭은 일정하지 않고 대폭인 경우 2인치 정도(58/60")나 왔다 갔다 하므로 가공지는 생지와 달리 완성 폭에 따라 원단의 경사 밀도가 달라지게 된다. 따라서 조합된 컬러도 이에 따라 달라지게 된다.

Twill일 때

또 지금까지는 평직인 경우에 국한하였지만 Twill인 경우는 위사가 보이는 면적이 3/1, 2/1이냐에 따라 달라지므로 같은 밀도라도 조직에 따라서 나타나는 색도 각각 다르게 나타난다. 예상하듯이 Twill은 위사 쪽의 컬러가 잘 보이지 않게 된다. 역시 2/1보다는 3/1이 더 잘 보이지 않는다. 극단적으로 4/1인 Satin이 되면 위사의 컬러는 경사에 덮여서 거의 보이지 않게 된다. 이런 현상을 거꾸로 이용하면 표리의 색이 다른 Reversible 원단을 만들 수 있다. 비싼 이중지나 본딩 기법을 사용하지 않고 저렴하게 Reversible 원단을 만들 수 있는 방법이다.

Stretch, Dobby, 후염 교직

만약 경사와 위사의 굵기가 다르고 밀도도 다를 경우 컬러가 조합되는 메커니즘이 더욱 복잡해진다. 이런 경향은 같은 아이템이 Stretch가 되었을 때 더욱 심화된다. Stretch에서는 특히 생지에서 가공지로 변화하는 과정에서 위사 밀도가 35% 이상이나 달라지기 때문에 생지 상태의 컬러와 가공지의 그것은 전혀 다른 것이 되어버린다. 이런 현상은 평직이나 Twill의 2tone 직물이 아닌 Dobby로 비슷한 효과를 내는 경우도 마찬가지이다. 아문젠 Amunsen 조직의 2tone 같은 경우가 좋은 예이다. 따라서 이런 경우 컬러를 미리 Confirm받고자 할 때는 생지 상태로 Confirm을 받으면 큰 낭패를 보게 된다. 물론 이상은 선염인 경우의 문제이며 교직물로써 Cross dyed한 후염일 경우는 이런 문제를 피할 수 있지만 후염이라도 여전히 폭에 따라 컬러가 달라 보이는 문제는 불가항력이다.

즉, 폭이 58"일 때와 59" 그리고 60"일 때의 컬러가 각각 다르게 된다는 것이다. 폭이 좁을수록 컬러가 진해진다. 이런 현상은 때로는 염색 Lot차이와 함께 증폭되어 전혀 다른 컬러를 만들어 담당자의 애를 먹이기도 한다. 더군다나 Spandex 원단의 탄성은 원단의 모든 부분에 있어서 일정하지 않다. 때로는 이런 요인이 Listing을 일으키기도 한다.

어떻게 하면 이런 문제를 해결할 수 있을까?

바이어에게 이런 사실을 알려주고 미리 허락을 구하지 못하면 결국은 돈으로 막을 수밖에 없다.

가격을 쉽게 올려줄 수 있는 바이어는 최근, 매우 희귀종이 되었으므로 결국 미리 경고 Voice Out하는 게 최선이다. 만약 돈을 투입하여 해결하려고 한다면 염색 Lot관리는 물론, 폭을 일정하게 유지하려고 애쓰는 한편, 피치 못하게 여러 가지로 나온 폭까지 따로 관리해 같은 컬러로 Grouping해야 한다. 당연히 이런 관리를 하려면 공장에서는 원단에서 발생하는 이런 메커니즘을 인식하고 있어야 하며, 이런 사전 지식이나 경험을 가지지 않는 공장은 절대로 이 문제를 해결할 수 없다. 두말할 것도 없이 수준 높은 공장에서만이 전문가의 조언을 받아서 이런 류의 관리를 할 수 있다. 영업 담당자의 지식 수준도 마찬가지이다. 팔려고 하는 자가 자신의 물건에 대해 잘 모른다면 결코 제대로 된 물건이 나올 수 없다.

Clo값(Clothing Insulation Value)이란?

환경공학용어사전 | 단열: 열을 차단하는 것을 말한다.

공조냉동건축설비 용어사전 | 단열: 열을 막아 주는 것이다.

인테리어 용어사전 | 단열: 열의 유동을 높은 저항력이 있는 재료로 전달되지 않게 하는 것.

농업용어사전: 농촌진흥청 | 단열: 열이 전달되지 아니하게 막음.

가을이 깊어가는 10월의 금요일 퇴근 무렵, 평소 열정적으로 일하는 한 MR이 급히 전화했다. 0.6Clo가 의미하는 것이 뭐냐? Clo가 대체 뭐냐는 질문이었다. 이전부터 사용되던 것이지만 패션업계에서는 거의 사용되고 있지 않던 이 단위에 대한 최근 업계의 관심을 반영하는 작은 사건이다. 지난 6~7년간 최악의 경기에도 등산복을 포함한 Outdoor와 기능성 의류들이 선전했다. 우리나라에는 전 세계 Outdoor 브랜드들이 대부분 들어와 있다. North Face의 놀라운 성공은 기능성 Outdoor 의류를 선호하는 최근의 트랜드가 비결이다. 'Summit'라는 브랜드가 의미하듯 산 정상에서 입도록 만든 옷을 사람들이 Town에서 착용함으로써 이 유행을 선도하였다. 앞으로도 이 유행은 꾸준히 지속될 것으로 생각된다. 따라서 기능성 의류에 관심이 없던 캐주얼들이 이에 관심이 쏠리게 된 것은 자명한 일이다. 그리하여 대다수 MR들의 관심영역 외에 있던 Clo라는 개념이 세상에 떠오르게 된 것이다.

의복의 보온이나 단열 또는 발열에 대한 지표는 여러 가지로 사용되고 있다. 원단의 표면 온도의 변화, 적외선 사진 등이 그것이며 소비자의 직관에 와 닿는다는 이유로 이런 지표와 테스트가 많이 사용되어왔다. 그러나 의복의 보온 성능 또는 단열 성능에 대한 그러한 지표들은 실제로 의복의 보온 성능을 반영하지 못한다. 예컨대, 원단의 표면 온도 상승 등은 소재의 축열 성능 정도를 나타내는 피상적인 결과일 뿐이며 그것이 직접적으로 의류의 보온 성능을 대표하지 못한다. 적외선 사진도 매우 강력하게 직관에 호소할 수 있다고 하더라도 객관적인 기준을 나타낼 수 없다. 사실 의복의 보온 성능은 매우 복잡하고 입체적인 조건을 요구하는 복잡한 시험이다. 의복의 보온 성능을 가장 객관적으로 나타낼 수 있는 단위는 Clo값이다. Gap에서도 의복의 보온 성능에 대한 유일한 스탠더드를 Clo Value로 나타내도록 하고 있으며 그 외의 어떤 요소도 보온 성능을 입증할 수 없다. Gap에 보온 성능을 입증하려면 ASTM D 1518 시험에서 3Clo 이상을 받아야 한다.

신약이 나올 때 미국의 FDA는 약의 효과를 입증하기 위하여 이중맹검법이라는 테스트를 통과하도록 하고 있다. 이중맹검법은 모든 약에 잠재하는 플라시보 Placebo 효과를 배제한 실제 약의 효력만을 객관적으로 입증하는 시험이다. 이 시험은 표본이 되는 환자 군을 A와 B로 나누고 한쪽은 진짜 약을, 다른 쪽은 가짜 약을 처방한다. 그리고 시간 경과 후 A군과 B군에 의미 있는 차이가 나타나는지 관찰하는 것이다. 이 시험이 이중맹검법인 이유는 환자도 의사도 어느 쪽이 진짜 약을 먹었는지 모르기 때문에 플라시보 효과를 제거할 수 있다는 것이다. 이 테스트에서 각 대조군에 비해 의미 있는 결과를 나타내면 시험을 통과하는 것이다. 모든 약은 이 테스트를 통과함으로써 약효가 존재한다는 사실을 객관적으로 입증할 수 있다. 그런 절차가 없는 한약을 검증해 보면 재미있는 결과가 나올지도 모른다. 의복의 보온 성능을 나타내는 이중맹검법과 같은 객관적인 지표가 바로 Clo값이다. 시중에 유통되는 모든 보온, 발열 소재들을 같은 조건하에서 Clo값으로 나타나게 하면 어느 소재가 진짜 보온 성능이 있는지 즉시 확인할 수 있다.

Clo는 Garment의 단열 성능을 나타내는 상대척도이다(Relative measurement of the ability of insulation to provide warmth.). 좀 더 쉽게 얘기하자면 의복의 보온 정도를 나타내는 단계의 숫자라고 생각하면 되겠다. 숫자가 클수록 더 보온성이 좋은 옷이다. Clo값은 사실 건축에서 많이 사용되는 개념이다. 실내 온도의 쾌적성을 나타내기 위해서 Clo값이 필요하다. Clo값들이 나타내는 숫자들을 조금 더 직관적으로 알아보자.

Clo값은 대략 0부터 4까지로 나타낼 수 있으며 중간에 정수가 아닌 소수점이 있는 실수도 가능하다. 물론 4 이상의 Clo값도 존재한다. 일단 0 Clo는 벌거벗은 상태라고 생각하면 된다. 그리고 1Clo는 온도 21도, 습도 50% 미만에 풍속이 시속 0.9km인 환경에서 쾌적함을 느끼는 정도의 의복 상태이다. 보통 사무실에서 일할 때의 복장 정도로 보면 된다. 4Clo는 가장 극단적인 추위에 대비한 복장, 즉 에스키모들의 복장에 비교하면 될 것 같다.

여름 하의의 평균 복장은 0.6Clo로 건축에서 에어컨이 있는 상태에서의 쾌적성 지수를 나타낼 때의 기준으로 가장 많이 사용되는 지표이다.

1Clo값은 m²당 155W의 일량을 나타낸다. 사람의 표준 체표면적은 1.7

| 0 | 0.3 | 0.5 | 1.0 | 1.5 | 3.0 Clo |

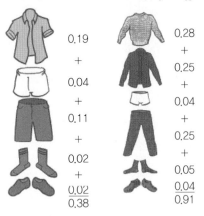

Insulation for the entire clothing: $I_{cl} = \Sigma I_{clu}$

0.19
+
0.04
+
0.11
+
0.02
+
0.02
0.38

0.28
+
0.25
+
0.04
+
0.25
+
0.05
0.04
0.91

m²이다. 와트라는 단위가 생소할 것이다. 와트는 일의 단위로 가장 많이 쓰는 백열전구가 60W이다. 즉, 155W는 백열전구 2개 반 정도의 전력에 해당한다. 1마력은 즉, 말 한 마리가 1초 동안 내는 힘은 750W, 즉 0.75kW가 된다. 여자들은 열량이라는 단위에 더 익숙하므로 1kW는 860칼로리이다. 사람이 하루에 필요한 열량 2,500칼로리는 3kW 정도 된다고 생각하면 된다.

아래에 각 Garment의 Clo값이 나와 있다. 사람이 입는 옷들의 합계(모자나 양말도 포함)를 내면 전체 Clo값이 나온다.

[Table 1] 각종 의류의 Clo값

Ensemble Description	I_{cl} (Clo)
Walking shorts, short-sleeved shirt	0.36
Trousers, short-sleeved shirt	0.57
Trousers, long-sleeved shirt	0.61
Same as above, plus suit jacket	0.96
Same as above, plus vest and T-shirt	0.96
Trousers, long-sleeved shirt, long-sleeved sweater, T-shirt	1.01
Same as above, plus suit jacket and long underwear bottoms	1.30
Sweat pants, sweat shirt	0.74
Long-sleeved pajama top, long pajama trousers, short 3/4 sleeved robe, slippers (no socks)	0.96
Knee-length skirt, short-sleeved shirt, panty hose, sandals	0.54
Knee-length skirt, long-sleeved shirt, full slip, panty hose	0.67
Knee-length skirt, long-sleeved shirt, half slip, panty hose, long-sleeved sweater	1.10
Knee-length skirt, long-sleeved shirt, half slip, panty hose, suit jacket	1.04
Ankle-length skirt, long-sleeved shirt, suit jacket, panty hose	1.10
Long-sleeved coveralls, T-shirt	0.72
Overalls, long-sleeved shirt, T-shirt	0.89
Insulated coveralls, long-sleeved thermal underwear, long underwear bottoms	1.37

[Table 2] Garment Insulation

Garment Description	Icl (Clo)	Garment Description	Icl (Clo)
Underwear		Dress and Skirts	
Bra	0.01	Skirt (thin)	0.14
Panties	0.03	Skirt (thick)	0.23
Men's briefs	0.04	Sleeveless, scoop neck (thin)	0.23
T-shirt	0.08	Sleeveless, scoop neck (thick), i.e., jumper	0.27
Half-slip	0.14	Short-sleeve shirtdress (thin)	0.29
Long underwear bottoms	0.15	Long-sleeve shirtdress (thin)	0.33
Full slip	0.16	Long-sleeve shirtdress (thick)	0.47
Long underwear top	0.20		
Footwear		Sweaters	
Ankle-length athletic socks	0.02	Sleeveless vest (thin)	0.13
Pantyhose/stockings	0.02	Sleeveless vest (thick)	0.22
Sandals/thongs	0.02	Long-sleeve (thin)	0.25
Shoes	0.02	Long-sleeve (thick)	0.36
Slippers (quilted, pile lined)	0.03		
Calf-length socks	0.03	Suit Jackets and Vests (lined)	
Knee socks (thick)	0.06	Sleeveless vest (thin)	0.10
Boots	0.10	Sleeveless vest (thick)	0.17
Shirts and Blouses		Single-breasted (thin)	0.36
Sleeveless/scoop-neck blouse	0.12	Single-breasted (thick)	0.44
Short-sleeve knit sport shirt	0.17	Double-breasted (thin)	0.42
Short-sleeve dress shirt	0.19	Double-breasted (thick)	0.48
Long-sleeve dress shirt	0.25		
Long-sleeve flannel shirt	0.34	Sleepwear and Robes	
Long-sleeve sweatshirt	0.34	Sleeveless short gown (thin)	0.18
Trousers and Coveralls		Sleeveless long gown (thin)	0.20
Short shorts	0.06	Short-sleeve hospital gown	0.31
Walking shorts	0.08	Short-sleeve short robe (thin)	0.34
Straight trousers (thin)	0.15	Short-sleeve pajamas (thin)	0.42
Straight trousers (thick)	0.24	Long-sleeve long gown (thick)	0.46
Sweatpants	0.28	Long-sleeve short wrap robe (thick)	0.48
Overalls	0.30	Long-sleeve pajamas (thick)	0.57
Coveralls	0.49	Long-sleeve long wrap robe (thick)	0.69

1 Clo = 0.155 m²K/W

'Coolmax'와 Hotmax

Allen의 규칙에 의하면 동그란 원통보다 더 큰 표면적이 되기 위해 같은 부피에서 더 길쭉한 모양의 타원이 되면 된다. 즉, 통통한 입체보다 날씬한 형태의 표면적이 크다. 동일부피에서 가장 표면적이 큰 입체는 구(球)이다.

Coolmax는 DuPont에서 만든 기능성 섬유의 하나이다. 하지만 실상 족보는 그렇게 대단한 것이 아니다. 신소재도 첨단소재도 아닌 보통의 EG와 TPA로 만드는 Polyester PET의 하나이다. 하지만 이 Polyester는 놀라운 기능이 숨어있다. 'Coolmax'는 단면이 땅콩 모양이다. 이런 단면은 2가지로 작용할 수 있는데, 첫째는 물이 지나갈 수 있는 가느다란 통로이다. 물이 통과할 수 있도록 하는 힘은 바로 모세관 현상이다. 모세관 현상은 양초의 심지를 통해 파라핀을 태울 수 있는 작은 힘에서부터 세상에서 가장 키 큰 나무인 세쿼이어의 85m나 되는 꼭대기에 달려있는 이파리에 물을 길어다 줄 수 있는 가공할 힘을 포괄한다. 두 번째는 극대화된 체표면적이다.

Allen의 규칙에 의하면 원통보다 더 큰 표면적이 되기 위해 같은 부피에서 타원이 되면 된다. 즉, 날씬한 형태가 표면적이 크다. 다음 그림을 보면 오른쪽과 왼쪽 입방체의 부피는 동일하다. 단지 작은 입방체를 쌓아 올린 모양만 다른 형태이다. 어떤 형태가 되든 부피는 달라지지 않는다. 하지만 체표면적은 그렇지 않다. 오른쪽 입방체의 표면적은 원래보다 33%나 커졌다. 다음 그림은 구글에서 가져왔는데 계산이 틀렸다. 각자 바른 계산을 해보기 바란다.

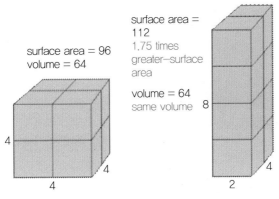

surface area = 96
volume = 64

4
4
4

surface area =
112
1.75 times
greater-surface
area

volume = 64
same volume   8

2   4

Allen의 규칙

아래는 베르크만의 규칙과 알렌의 규칙에 따른 실제 동물들의 모양과 사는 곳을 보여준다.

베르크만의 규칙에 의해 체표면적이 작은 동물은 추운 지방에, 큰 동물은 적도에 살기 알맞다

따라서 땅콩 단면은 타원보다 표면적이 더 큰 형태이다. 수분의 증발은 표면에서만 일어나므로 더 큰 체표면적은 더 빠른 증발을 의미한다. 'Coolmax'는 이런 비밀로 인하여 면보다 2배나 더 큰 흡습성과 8배나 더 큰 속건성을 자랑한다. 이른바 흡한속건 QAQD[*] 기능이다. 원래 Polyester 고분자는 면이 친수성 분자인 것과는 반대로 물을 싫어하는 소수성 고분

---

* QAQD: Quick Absorption Quick Dry

Coolmax

자이다. 따라서 물을 밀어내는 것이 정상이지만 반대로 물을 빨아들여 외부로 잘 배출해 내는 역할을 충분히 소화하고 있다. 이런 기능을 Wicking & Quick Dry라고 한다. 그런데 놀라운 과학의 산물인 'Coolmax'는 언제 어디서나 잘 작동할까?

태양의 남중고도가 최고도에 달하는 7월 한여름 뙤약볕에서 'Coolmax'로 된 티셔츠를 입으면 시원할 것 같다. 하지만 언제나 그런 건 아니다. A씨는 쿨맥스를 원사로 사용한 North Face 피케 셔츠가 두 개나 있는데 이들이 한여름 에어컨이 시원치 않은 사무실에서는 상당히 더운 옷이라는 것을 알았다. 반면에 면으로 된 피케 셔츠는 같은 상황에서 아주 시원하고 쾌적하다. 어떻게 된 걸까? 'Coolmax'를 만든 DuPont이 사기 친 것일까?

이런 경악할만한 사실을 아무도 알려주지 않는다. 아마 그들은 알고 있을 것이다. 하지만 자기 제품의 단점에 대해 떠벌리는 바보는 없다.

쿨맥스는 물을 잘 흡수할 수 있도록 설계된 구조이다. 이는 액체 상태의 물, 혹은 땀에는 잘 작동한다. 따라서 등산할 때의 쿨맥스는 최고의 성능을 발휘한다. 줄줄 흘러내리는 땀을 잘 흡수하여 통로를 통하여 배출하고, 넓은 표면적을 이용하여 빨리 마를 수 있도록 해 준다. 산에서의 쿨맥스 셔츠는 언제나 쾌적하다. 하지만 쿨맥스는 Polyester이며 Polyester는 물을 밀어내는 소수성이다. 이 성질은 바뀌지 않았다.

이에 비해 등산할 때의 면 셔츠는 최악이다.

면은 친수성이므로 땀을 매우 잘 흡수하기는 하지만 같은 이유로 배출(증발) 또한 방해한다. 등산할 때, 처음에는 조금씩 나오는 땀을 면이 잘 흡수한다. 면은 자체 무게의 65%나 되는 물을 흘리지 않고 품을 수도 있

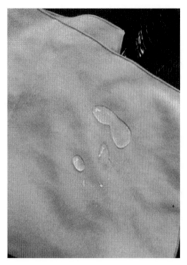

CoolMax®
Performance Fabrics
DUPONT

DAS COOLMAX® COMPORT SYSTEM

Haut — Textil Coolmax®
— Luft
Feuchtigkeit —

VergroBerung der Vierkanal–
faser, die in Coolmax® Textilien
eingesetzt wird Diese Kanale
transportieren die Feuchtigkeit
schnell an die Oberflache

스포츠 타월의 발수성

다. 따라서 쾌적하다. 하지만 그 상태가 지나 땀이 줄줄 흘러내려 면을 흠
뻑 적시게 되면 면의 기능은 거꾸로 작용한다. 셀룰로오스 분자는 물을
좋아하고 도망가지 못하도록 잡아당긴다. 면 셔츠는 그래서 땀이 배고
나면 증발되기 어렵다. 반면에 Polyester는 물을 밀어내는 소수성이므로
일단 외부로 나가기만 하면 증발이 매우 잘 일어난다. 면과 쿨맥스는 정
확하게 서로 반대로 작용한다. 면이 최초의 땀을 흡수하여 몸이 쾌적함
을 느끼는 그 순간, 쿨맥스는 불쾌하다. 반대로 면이 물을 너무 많이 흡수
하여 축축해질 때 쿨맥스는 쾌적해진다.

땀이 최초로 쿨맥스에 배어들기 시작하는 때는 쿨맥스가 땀을 본능적
으로 밀어내기 때문에 피부는 불쾌감을 느낀다. 하지만 이내 땀이 흡수
되기 시작하고 시스템이 작동하면 면보다 더 나은 상태가 지속된다. 이
는 극세사로 만든 스포츠 타월로 땀을 닦을 때 면 수건에 비해 처음에 불
쾌감을 형성하는 이유와 같다. 야외에서는 바람이 불고 공기가 잘 유통
되는 조건이므로 수증기를 빨아들이지 못해도 외부로 배출되기 쉽다. 따

라서 크게 불편하지 않다.

비밀은 바로 물 분자의 상(相)전이 이다.

쿨맥스는 액체 상태의 물은 모세관력 Capillary Force으로 잘 흡수할 수 있고 혹은 친수성 케미컬을 사용해도 마찬가지이다. 하지만 기체 상태의 물, 즉 수증기는 본능적으로 밀어낸다. 소수성이기 때문이다. Polyester Micro로 만든 스포츠 타월은 면 수건보다 흡수력이 훨씬 좋지만 최초의 마른 상태에서 물을 떨어뜨리면 상당히 우수한 발수현상이 나타날 정도로 처음에는 소수성을 보인다. 일단 물이 흡수되기 시작하면 그때부터 막강한 흡수기능이 나타난다. 마찬가지로 쿨맥스의 통로는 액체가 이동하는 데 도움은 될 수 있지만 기체의 통로가 될 수는 없다. 따라서 땀이 줄줄 흐를 때는 기적 같은 흡한속건성을 발휘하지만 땀이 수증기로 발산되는 약간 더운 상태에서는 피부와 옷 사이의 습도를 높게 만들어 불쾌하게 만든다. 따라서 덥게 느껴지는 것이다. 반면에 친수성인 면은 몸에서 발산된 수증기를 아주 잘 흡수한다. 이후 자체 무게의 16%가 될 때까지 피부에 아무런 느낌도 전달하지 않고 땀을 지닐 수 있다. 따라서 옷과 몸 사이 공간의 습도는 50% 이하로 유지되고 쾌적함을 느끼게 되는 것이다. 결론은 등산갈 때는 쿨맥스, 사무실에서는 면 셔츠를 입으라는 것이다.

Down proof 직물의 조건

어떤 충돌에서도 운전자가 죽지 않도록 자동차를 설계하는 것을 Death proof라고 한다. 2007년에 제작된 쿠엔틴 타란티노 감독의 영화 제목이기도 하다. 타란티노는 시속 200km로 달리는 차의 앞모습을 찍기 위해서, 카메라를 태운 차는 정확히 시속 210km로 달렸어야 했다고 스스로 경험한 짜릿함을 설명했다.

Down jacket에서 Down이 새지 않도록 하기 위한 Woven 원단의 조건은 어떤 것일까? 그것은 방수 처리와 유사해 보인다. 물 분자보다는 Down이 훨씬 더 크기 때문에 오히려 더 쉬워 보인다. 그렇다면 단순한 방수가공 처리로 Down proof는 저절로 해결될 것이다. Water proof가 되는데 Down proof가 안 될 리가 없다. 즉, Coating은 Down proof를 위한 가장 값싸고 쉬운 방법이다. 하지만 그렇게 하지 않는 이유는 뭘까? 답은 통기성이다. Breathable 투습방수을 제외한 방수를 위한 대부분의 코팅 작업은 원단의 통기성을 박탈한다. 따라서 통기성을 확보하면서 Down은 새지 않도록 하는 것이 진정한 의미의 Down proof이다.

원사의 굵기

직물에서 Down이 새지 않도록 조치하기 위해서는 경사와 경사의 간격, 위사와 위사 사이의 간격 그리고 쌍방이 교차하는 간격을 가능한 최소화하는 것이 관건이 될 것이다. 이를 위해 원단의 조직은 틈이 가장 적은 평직이 되어야 한다. Twill이나 그 외의 조직은 경사나 위사가 2개 이상의 원사를 타고 넘어야(교행) 하기 때문에 그만큼 틈이 크다. 그렇다면 원사의 굵기와 밀도와의 관계는 어떻게 될까? Down은 원사 자체를 통과할 정도로 작지 않기 때문에 원사가 굵으면 그만큼 틈의 수는 적어진다. 하지만 원사가 굵을수록 틈의 간격은 더 넓어진다. 따라서 직물을 구성하는 적절한 원사 굵기와 그에 따른 밀도가 필요하다. 이에는 경제성과 Fashion/감성이라는 절대 무시할 수 없는 두 가지 요소를 고려해야 하므로 원사 굵기에 대한 선택의 폭은 매우 제한적이 될 것이다. 현재 Down proof에 가장 광범위하게 사용되는 화섬 원사는 50d이다. 50d는 쉽게 구할 수 있는 범용성을 갖추고 있고 적당한 Tearing strength 인열강도를 확보할 수 있는 가장 경제성 있는 선택이라고 생각된다. Down bag으로 가장 많이 쓰이는 원단도 Polyester 50d이다. 면의 경우는 40×40, 120×110이 가장 많이 쓰였던 규격이다. 요즘은 50수나 60수를 쓰고 있으며 주로 침장용으로 사용되고 있다.

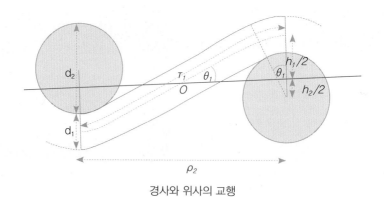

경사와 위사의 교행

밀도

P 50d 원단으로 Down proof를 확보할 수 있는 밀도는 대략 300t 정도이다. 물론 위사 밀도가 너무 낮지 않도록 설계해야 한다. 대개의 Woven 원단은 제직료를 낮추기 위해 위사 밀도가 가급적 적게 설계되어 있다. 물론 150×150이 가장 이상적이지만 제직료를 감안하여 180×120 정도로 양보하는 것이 현실이다. P 50d보다 더 가는 원사를 사용하게 될 경우, 더 많은 밀도를 박아 넣어야 할 것이다.

가공

통기성을 확보하기 위해 Coating 가공은 배제되었다. 코팅을 하지 않고 원사와 원사 사이의 간극을 메울 수 있는 경제성 있는 가공은 어떤 것일까? 그것은 다름 아닌 Cire이다. Cire는 가소성 Plasticity이 있는 화섬에서는 영구적인 효과를 얻을 수 있으므로 가장 적합하다. 물론 Cire의 역할은 원통형 단면을 가진 원사를 강한 압력과 열을 이용하여 납작하게 만드는 것이다. 그로써 상당히 강력한 밀폐효과를 얻을 수 있다. 문제는 열로 인해 발생하는 원치 않는 광택이다. 광택을 싫어하는 브랜드도 있기 때문에 그런 경우 저온으로 냉 Cire 가공해야 한다. 물론 효과는 반감된다. Cire면을 반대쪽으로 사용하는 방법도 있다.

Cire 가공된 Nylon 400t Down proof taffeta

원사의 Fila 수

같은 P 50d에서 fila 수가 적은 것이 유리할까? 아니면 더 많은 것이 유리할까? 이에 대한 의문은 두 원사의 굵기로 판단하면 된다. Polyester

50d/36f와 50d/144f 두 원사 중 어느 쪽이 더 굵을까? 둘은 같은 번수지만 굵기는 다르다. 번수가 원사의 정확한 굵기를 반영하지 못하기 때문이다. 번수는 그저 일정 길이당 중량을 나타낼 뿐이다. 그것은 어느 정도는 굵기와 비례하겠지만 다른 변수로 인하여 실제 보기와는 다른 굵기를 가질 수도 있다. 가장 좋은 예는 비중 Specific Gravity이다. 금 50d와 Polyester 50d는 굵기가 같을까?

원사 1올을 구성하는 filament의 수에 따라 굵기의 차이가 있을까? 36f와 144f 둘은 체표면적이 다르다. 즉, 중량은 같지만 필라와 필라 사이의 공간과 반발력 등이 작용하여 144f가 실제보다 더 부피가 커질 것이다. 즉, 더 굵어진다. 어차피 원사 1올 내부로 Down이 통과할 수 없다면 원사는 굵을수록 유리하다. 그만큼 간격이 적어질 것이기 때문이다. 결론적으로 fila 수가 많은 원사가 유리할 것이다.

DTY와 Filament와의 관계

마찬가지로 DTY의 체표면적이 더 크므로 DTY가 filament 원사보다 더 굵다. 따라서 차폐효과는 더 좋게 나타날 것이다.

다른 굵기의 원사일 때 밀도는?

문제는 모든 Down proof 원단을 50d로만 만들 수는 없다는 것이다. 최근에 유행하는 경량 Down jacket을 만들기 위해서는 원사가 20d나 15d가 사용되어야 하고 심지어는 7d 원사도 있다. 그런데 만약 50d일 때 300t 정도에서 Down proof가 가능한 밀도라고 한다면 20d일 때는 밀도가 어느 정도 되어야 할까? 단순히 생각하여 곱하기 5, 나누기 2하면 750이 된다. 하지만 실제로 20d Down proof 원단을 보면 450t 정도이다. 왜 이런 값이 나오게 되었을까? 문제는 50d 또는 20d라고 하는 단위가 실제로는 굵기가 아니고 중량이라는 것이다.

따라서 이 계산을 정확하게 하려면 먼저 우리가 알고 있는 번수를 실제 굵기로 변환해야 한다. 원사의 실제 굵기, 즉 원사의 직경에 해당하는 부분이 원단에서 Down이 새지 않도록 원단의 내부와 외부를 차폐하는 역할을 하기 때문이다. 이를 차폐율 Cover ratio라고 하자. 여기에서는 각 원사의 실제 지름을 구할 필요는 없고 50d와 20d의 각 지름 비율만 구하면 된다.

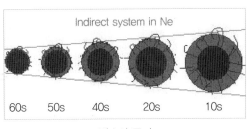

번수와 굵기

중량은 부피×밀도이다. 원사를 원통형이라고 가정했을 때 50d의 지름을 X라고 하고 20d는 Y라고 해보자. 원사의 부피는 원사의 3.14(π)×반지름의 제곱×높이가 된다. 따라서 $50 = \pi \times (\frac{1}{2}X)^2 \times h$이다. $X = \sqrt{\dfrac{100}{\pi \times h}}$ 이다.

마찬가지로 계산하면 $Y = \sqrt{\dfrac{40}{\pi \times h}}$ 이다. 둘을 비례식으로 계산하면 $\sqrt{100}$과 $\sqrt{40}$ 이다. 즉, 각 원사의 반지름의 비율은 10 : 6.32이다. 결론적으로 50d는 20d보다 1.67배 Cover ratio가 더 크다. 따라서 밀도를 1.67배 정도만 더 올리면 된다.

Polyester 100d와 Nylon 100d의 굵기는 같을까?

세상에서 영원히 가치가 변하지 않는 것이 있다면 바로 금일 것이다. 금은 어떤 가혹한 조건에서도 녹슬지 않고 특유의 매혹적인 노란색 광채를 뿜어낸다. 금은 매우 무르고 세상에서 가장 잘 늘어나는 금속이다. 실처럼 가늘게 뽑아낼 수 있는 성질을 연성이라고 하고 넓게 펼 수 있는 성질을 전성이라고 하는데, 금은 가장 높은 연성과 전성을 가지고 있는 금속이다. 금은 무려 7미크론의 굵기로 뽑을 수도 있다. 1미크론은 100만분의 1m이다. 거미줄의 굵기와 같다. 직경이 그렇다는 말이다. 사람의 모발이 보통 100미크론 정도 되니 머리카락보다 14배나 가늘다. 최근 가장 가느다란 섬유인 Nylon 7d의 굵기가 82미크론이므로 금을 늘여서 얼마든지 실을 만들 수 있다는 사실을 알 수 있다. 금의 높은 전성을 이용하여 겨우 1g의 금으로(1돈짜리 돌 반지의 4분의 1) 가로세로 1m의 방을 덮을 수 있다. 그러니 어느 일본 술 안에 들어있는 금이 사실은 별거 아니라는 사실을 알 수 있을 것이다.

그런데 섬유의 굵기는 다른 선상의 고체처럼 직경으로 표시하지 않는다. 섬유의 굵기를 나타내는 방법은 매우 다양하지만 직경으로 나타내는

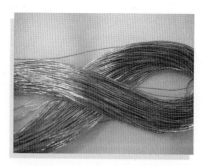

경우는 없다. 모든 섬유의 굵기 단위는 기준만 다를 뿐, 모두 길이와 무게의 비례로 나타낸다. 왜일까? 모두 직경으로 표시해 버리면 혼란도 없고 매우 간단할 것이다. 이유는 여러 가지가 있지만 가장 큰 이유는 모든 섬유의 Evenness가 그다지 좋지 않기 때문이다. 천연섬유에는 굵은 부분이 있는가 하면 가는 부분도 존재한다. 또 굵기가 비교적 일정한 합성섬유라도 단면이 원통형이 아닌 섬유들도 많다. 따라서 모든 섬유는 길이 대 무게의 비로 나타내게 되었다. 그러므로 사실상 큰 오차 없이 매우 정교하게 굵기를 나타낼 수 있게 되었다. 그런 이유로 모든 섬유의 굵기는 자와 저울만 있으면 측정이 가능하다.

그런데 나름 교묘해 보이는 이 방식에도 문제점은 있다.

그것은 모든 섬유의 비중이 다르다는 것이다. 만약 직경을 측정한다면 비중과 상관없이 실제 보이는 그대로의 굵기를 나타낼 수 있다. 하지만 무게 대 길이의 비율에는 비중이라는 Factor가 숨어있다. 비중 Specific Gravity은 어떤 물질의 밀도를 섭씨 4도의 물과 비교하여 나타낸 수치이다. 즉, 물의 비중을 1로 하고 이에 대한 다른 물질의 밀도를 비율로 나타낸 수치이다. 따라서 어떤 섬유의 비중이 크다면 그건 같은 부피일 때 상대적으로 무거운 섬유라는 말이 된다.

예를 들어보자.

Polyester의 비중은 1.38인데 금의 비중은 19.3이다. 이 말은 금이 폴리에스터보다 14배나 더 무겁다는 뜻이다. 만약 둘을 Denier 굵기로 나타낸다면 폴리에스터 1d는 폴리에스터 9,000m

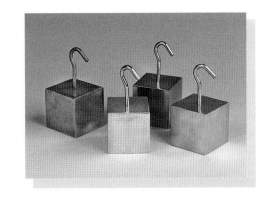

가 1g이라는 뜻이다. 마찬가지로 금 1d는 1g의 금이 9,000m가 된다는 뜻이다. 그런데 금 1g은 폴리에스터 1g보다 14배나 부피가 작다. 따라서 같은 길이만큼 늘리면 14배나 더 가늘게 될 것이다. 즉, 금 1d는 폴리에스터 1d보다 14배나 더 가늘다는 말이 된다. 이 말은 같은 데니어의 굵기라도 비중에 따라서 실제 굵기가 다르다는 말이다.

다른 예를 들어보자.

Nylon의 비중은 1.14이다. 이것이 의미하는 것은 나일론이 Polyester보다 약 20% 정도 더 가볍다는 것이다. 따라서 Nylon 100d는 Polyester 100d보다 20% 더 굵다. 즉, Nylon 100d는 Polyester 120d와 같은 굵기이다. 극단적인 예를 들어보자. 세상에서 가장 가벼운 섬유인 폴리프로필렌의 비중은 0.91이다. 따라서 폴리에스터와 폴리프로필렌의 비중 차이는 50% 가까이 되므로 폴리프로필렌 100d는 폴리에스터 150d와 굵기가 같다. 원사의 굵기는 비중이 모두 같다는 전제하에 만들어진 규격이므로 실제 굵기가 이와 같이 각 섬유의 비중에 따라 다르다는 사실을 알고 있어야 설계상 착오가 없을 것이다.

Quality와 불량률

오늘은 세상에서 가장 진부한 얘기를 해보려고 한다.

섬유와 봉제를 하다 보면 끊임없이 크고 작은 사고 事故와 만나게 된다. 나는 30년간 원단비즈니스를 하면서 사고는 절대로 근절될 수 없으며, 다만 최소화 Minimize할 수 있을 뿐이라는 사실을 깨닫게 되었다. 하지만 그조차도 過猶不及 과유불급의 법칙이 작용한다는 것은 잘 알려져 있지 않다.

불량률이 낮으면 제품의 Quality가 좋은 것이다. 과연 그럴까? 반대로 Quality가 좋으면 불량률이 낮다라고 말할 수 있을까? 그렇다고 확신하는 사람들이 많겠지만 답은 No! 이다. 예를 하나 들어보겠다. 세계에서 가장 좋은 양산차는 벤츠이다. 양산차란 수작업으로 만들지 않은, 대량생산 시스템을 통해 만들어진 자동차를 말한다. 그러니까 벤츠보다 더 비싸고 한정된 수량만 만드는 페라리나 람보르기니 같은 것들은 양산차가 아니다(이 정의는 이견이 있을 수 있다.). 벤츠의 Quality가 그 어떤 양산차보다 좋

다는 것을 모르는 사람은 없다. 그래서 벤츠가 비싼 것이다. 그렇다면 벤츠의 불량률은 양산차 중 가장 낮을까? 놀랍게도 전혀 그렇지 않다. 벤츠의 불량률은 10위권 안에 간신히 들었다 말았다 한다. 때로는 현대자동차보다 순위가 더 낮을 때도 있다.

소비자들이 자동차를 고르는 기준은 당연히 Quality이다.

좋은 Quality의 자동차에는 기꺼이 비싼 가격을 지불한다. 그렇다면 고장이 없는 자동차가 Quality가 좋은 차일까? 그렇지가 않다. 고장이 없는 자동차가 편리하기는 하겠지만 자동차에 여러 가지 편의 사양을 추가하고 소비자들의 Needs를 반영하다 보면 자동차는 복잡해질 수밖에 없고 그에 따른 부품이 많아지면 필연적으로 고장률도 높아진다. 고장이 없는 자동차를 만들기 위한 비결은 자동차를 가장 단순하게 만드는 것이다. 자동차에서 가장 중요한 것은 조용한 승차감과 안전 그리고 부드러운 드라이빙 성능이다. 물론 디자인은 말할 것도 없다. 그것들을 위해서 소비자들은 벤츠의 높은 불량률을 기꺼이 감수할 수 있다. 벤츠는 그런 것들을 갖추고 있기 때문에 높은 불량률에도 불구하고 품질이 좋다고 얘기하는 것이다.

옷도 마찬가지이다.

제품의 불량률을 줄이기 위해서는 오랫동안 사용하여 품질이 증명된 식상한 소재와 단순한 소재를 쓰면 된다. 하지만 그런 옷들은 결코 고급

품이 될 수 없다. 소비자들이 자신이 사고자 하는 옷을 고르는 기준은 매력적인 디자인과 컬러 그리고 Cool한 소재이다. 디자인은 마음에 들지 않지만 꼼꼼한 바느질과 완벽하고 단순한 소재의 옷과 매력적인 디자인과 컬러, 하지만 허술한 바느질 그리고 문제가 있을

수도 있는 참신한 소재를 택한 옷 중 현대의 소비자는 어느 쪽을 선택할까? 소비자가 교복이나 유니폼을 사려고 하는 것이 아닌 한, 물어보나마나 후자이다. 아무리 소재가 Lab test의 모든 항목에서 합격을 받았어도 바느질이 땀 수 하나 틀리지 않고 꼼꼼해도 디자인이나 컬러가 마음에 들지 않으면 소비자는 거들떠보지도 않는다. 여기서 품질은 2차적인 문제가 된다. 물론 둘 모두를 챙기려다 보면 가격 수용의 문제가 있으므로 하나는 포기해야 하는 것이 현실이다.

많은 바이어들이 착각하는 또 하나의 중대한 사실이 있다.

그것은 아무 문제 없는 완벽한 소재를 유지하는 데 전혀 Cost가 들지 않는다고 생각하는 것이다. 그저 QC팀만 압박하면 한 푼 들지 않고 저절로 해결된다고 믿는 것이다. 믿거나 말거나 그건 대단한 착각이다. QC팀이 Mill이나 Vendor를 압박하면 Cost가 올라간다. 만약 QC팀에서 대대적인 압박 캠페인을 벌이면 Mill들은 대대적인 가격 인상으로 즉각 반응한다. 소재의 불량률이나 바느질의 불량률을 낮추기 위해서는 반드시 Cost의 상승이 필요하다. 바느질은 인건비의 상승으로 반영되고 소재는 원료의 Grade 상승으로 즉각적으로 원가에 반영되기 때문이다. 불량률의 상승 원인이 원료의 낮은 Grade에 있는 게 아니라 열악한 인력 채용에 기인한 것이라도 마찬가지이다. 심각하지는 않지만 어쨌든 후자도 원가 상승요인이 된다. 그게 바로 풍선효과 The Balloon Effect이다. 한쪽을 누르면 다른 한쪽이 튀어나오는 것이다. 미국의 FBI가 멕시코의 마리화나 생산을 대대적으로 압박했더니 콜롬비아의 코카인 생산량이 폭발적으로 늘어나는 효과를 빚었다. Mill이나 Vendor들은 바보가 아니므로 Cost가 올라가면 판매가격이 올라간다.

불량률을 다스리는 기준은 객

관적이지 못하다.

불량률은 낮을수록 좋은 것이지만 그것이 Cost에 반영되는 한, 어느 정도는 포기해야 할 때도 있는 것이다. 그래서 Target 소비자의 수준이나 연령대에 맞춰서 적절한 타협이 필요하고, 이를 그들의 품질 Standard에 반영해야 한다. Giorgio Armani와 Emporio Armani은 당연히 다른 기준을 가지고 있어야 한다. 불필요하게 높은 기준을 가지고 있으면 불필요한 Cost 상승의 원인이 된다. 대다수 브랜드들의 중대한 착각은 "Standard는 높을수록 좋으며 그것이 Cost에 전혀 반영되지 않는다."라고 생각하는 것이다.

단지 소수의 까다로운 소비자가 두려워 전체의 불량률을 너무 낮게 유지하면 비용의 낭비를 초래한다는 사실을 직시해야 한다. 과감하게 불량률 Count를 포기하고 그에 따라 Save된 Cost를 디자인이나 개발에 투자하는 것은 어떨까? 그 놀라운 비밀을 깨닫게 된 스페인의 어느 선각자가 실제로 자신의 사업에 그런 시도를 하고 있다. 그는 마케팅 비용조차도 R&D로 전환했다. 그 회사의 오너는 2015년, 마침내 세계 2위의 부자가 됨으로써 그가 옳았다는 사실을 입증해 주고 있다. 그는 새로운 소비자가 원하는 새로운 패러다임을 적극 수용하고 변화를 택한 것이다.

사족

필자가 이런 얘기를 했더니 저 친구가 품질유지에 자신이 없어서 저러는구나 하고 터무니없는 오해를 하는 사람도 있다. 하지만 실제로는 정반대이다. 나는 이미 일정 규모의 시스템이 돌아가는 큰 조직을 26년 동안이나 유지하고 있으므로 오히려 까다로운 스탠더드나 프로토콜에 더욱 익숙하다. 사실 이런 메커니즘이 작은 다른 Mill들의 진입을 막는 장벽이 되고 있다. 나로서는 바이어의 높은 스탠더드가 경쟁사의 진입을 막는 하나의 안전 장치가 된다. 따라서 이런 논변은 궁극적으로 나에게 또는 회사에 해가 되는 주장이다. 하지만 바이어가 새로운 패러다임에 적응하지 못해 성공적인 비즈니스를 펼치지 못한다면 바이어와 공생하고 있는 나 자신에게도 궁극적으로 좋은 일이 아니다. 나는 작은 이익을 포기하고 큰 이익을 선택하였다.

Teflon의 PFOA 위험성에 대하여

테트라에틸납

1921년, 미국의 공학자인 토머스 미즐리 Thomas Midgley는 자동차에 들어가는 가솔린 엔진의 노킹(가솔린 엔진이 높은 열에 의해 비정상적인 점화로 실린더를 두드리는 소리를 내는 현상. 출력의 저하와 엔진의 손상을 가져온다.)을 방지하기 위한 촉매를 개발하였다. 이로 인해 자동차는 부드러운 엔진으로 향상된 출력을 이끌어낼 수 있게 되었다. 이 놀라운 촉매의 이름은 테트라에납(4에틸납)이다. 이 발명은 전 세계 자동차산업의 폭발적인 성장을 이끌어내는 견인차가 되었다. 미즐리는 일약 인류의 두 번째 산업혁명인 자동차산업의 영웅이 되었다.

하지만 이름에서도 알 수 있듯이 그가 발명한 물질은 납의 화합물이다. 이른바 유기금속이라고 하는 화합물이다. 그의 혁신적인 발명에 힘입어 미국의 스탠더드 오일과 제너럴 모터스에 의해 테트라에틸납 TEL이 대량생산되기 시작한 1923년 이후와 그 이전의 미국인의 혈액에 쌓인 납 농도 차이는 무려 600배나 된다. 1923년 전의 대기에는 납이 전혀 존재하지 않았다. 우리는 미즐리 덕에 부드럽고 빠른 자동차를 타고 다닐 수 있었지만, 그로 인해 인류의 건강에 미친 해악은 필설로 다 하지 못할 정도이다. 유연휘발유(무연휘발유는 납이 포함되지 않았다는 뜻이다.)의 사용은 그 유해성이 밝혀진 이후, 1986년부터 금지되었지만 인류는 지금까지도 심대한 타격을 입고 있다. 현재 대기 중의 납 농도는 테트라에틸납이 발명되기 전보다 60배나 더 높기 때문이다. 한 사람이 끼친 해악이 이렇게 오랜 세월 전 지구적인 영향을 미칠 수 있다는 사실이 놀랍다.

토머스 미즐리

DuPont의 불소화합물인 테프론은 주방에서 일하는 전 세계 주부들의 두통거리를 일거에 해소하였다. 골치 아프게 들러붙던 프라이팬의 음식들을 기름 없이도 쉽게 떼어낼 수 있게 되었기 때문이다. 주방기기의 혁명이었다. 하지만 2003년, 테프론을 만드는 과정에서 첨가되는 촉매인 PFOA Perfluorooctanoic Acid $C_8HF_{15}O_2$가 문제되기 시작하였다. 이 화합물은 탄소가 8개 들어가는 분자구조로 되어있어 'C8'(발음주의)로 부르기도 한다. PFOA가 발암성이 있다는 것이 동물 실험을 통해 증명되었기 때문이다. PFOA는 모든 불소화합물을 만드는 데 들어가는 일종의 계면활성제로 아직은 이를 대체할 만한 안전한 촉매가 발견되고 있지 않다. 하지만 DuPont은 테프론의 제조과정에 PFOA가 첨가되기는 하지만 완성제품에서 그것이 발생되지는 않으며 발생되더라도 350도 이상의 고열에서만 발생될 수 있다고 주장하였고 그것은 사실로 확인되었다. 주부들이 사용하는 프라이팬의 온도는 180~250도 정도이기 때문에 만약 사실이라면 큰 문제는 없는 것이다. 미국 환경청 EPA은 DuPont이 PFOA의 유해 사실을 숨겼다는 간접적인 내용으로 행정소송을 제기하여 1605만 달러의 벌금을 물게 하였다. 하지만 아직도 PFOA가 실제로 유해한지 과학적인 · 임상적인 증명이 이루어지지는 않고 있다.

실제로 PFOA의 직접적인 유해성은 동물(쥐) 실험에서 확인된 바 있지

PFOA

만 그 결과가 인체에도 유해하다는 확실한 증거가 되지는 못한다. 다만 유해 가능성을 시사할 뿐이다. 또 테프론 조각을 사람이 섭취했을 경우 PFOA가 인체 내에 흡수되지는 않으며 고온에 노출되었을 때만 PFOA가 발생하므로 실제 우려만큼 동요할 필요는 없다고 생각된다. 물론 그렇다고 하더라도 현대인은 토머스 미즐리의 교훈을 잊어서는 안 된다.

Columbia Sportswear에서는 2008년부터 사용되는 자사제품의 모든 DWR Durable Water Repellent 가공에 PFOA가 5PPB 이상 포함되어서는 안 된다는 방침을 확립하였다. 따라서 이후, Teflon은 물론 Nanocare조차도 Columbia sportswear에 납품되는 원단의 방오 가공에 PFOA가 제조과정에 포함된 가공제를 처리할 수 없다. 그 해결책은 기존의 C8이 아닌 변형 제품 C6(PFHxA)를 사용하라는 것이다. 그로써 일명 Green Chemical이라고 불리는 C6가 사용된 케미컬만이 PFOA free를 획득할 수 있게 된 것이다.

이를 실험실에서 검증하는 방법은 PFOA의 존재 여부가 되어야 하겠지만 워낙 미량이 포함되어 있기 때문에 검출이 쉽지 않고 따라서 시험비가 매우 비싸다. 그러므로 PFOA Free의 확인은 단지 불소화합물을 C8을 썼느냐 C6를 썼느냐로 확인하게 된다.

그런데 C6는 Columbia Sportswear에서 믿고 있는 것처럼 정말로 문제가 없는 것일까?

C6

그것은 단순히 C8에서 탄소가 2개 제거되어 탄소가 6개인 불소화합물이다. 중요한 것은 그것이 여전히 불소화합물이라는 사실이다. 불소는 우리 생태계에서 가장 완고한 Persistence 화합물 중의 하나이다. 즉, 쉽게 분해되지 않는 화합물이라는 것이다. 그것이 탄소가 6개인 다른 화합물로 바뀌었을지언정 인체에 유해하지 않다는 증거는 없다는 주장은 설득력이 있다. 눈 가리고 아웅이라는 것이다.

Enviroblog라는 미국의 환경단체에서는 다음과 같이 주장한다.

The chemical industry is trying to replace one toxic chemical with another that may be just as toxic — and calling it green chemistry.

C6든 C8이든 어느 것이 인체에 얼만큼 유해한지는 아직 확실하게 밝혀지지 않고 있다. 이런 배경으로 탄생한 C6로 인하여 또 다른 논쟁의 시작이 예고되고 있다.

유럽은 이미 2016년 이후, 아예 불소화합물 자체를 배제하는 PFCs Free로 갈 예정이다. 그렇게 되면 모든 발수제는 Wax나 Silicon을 사용해야 한다. 문제는 그것들의 성능이 불소에 미치지 못한다는 것이다. 더 많은 양의 Wax나 Silicone의 사용이 가져올 다른 부작용은 없을까?

교직물과 혼방직물

직물의 스펙 Specification에는 다양한 정보가 포함되어 있다. 중량이라든가 폭 그리고 밀도 같은 것들이다. 그 중에서도 혼용률에 대한 정보는 소비자에게 의무적으로 제공해야 하는 가장 기초적인 정보이다. 최근의 비약적인 신합섬 개발로 화섬과 천연섬유의 특징을 소비자가 잘 구분하기 어려운 상황에서는 더욱 중요하다. 그런데 두 가지 이상 소재가 사용된 직물의 경우, 라벨에 표시된 혼용률의 정보로는 도저히 알 수 없는 것이 그 직물이 혼방이냐 교직물이냐 하는 정보이다. 누구도 그에 대한 얘기를 해주지 않는다. 직물의 어떤 제원에도 이를 표시하는 양식 Form은 없다.

교직물과 혼방직물은 어떻게 다른 것일까?

교직물은 Cross woven이라고 하기도 하고 Intermediate woven이라고 하기도 한다. 정의는 경위사 각각에 다른 소재의 원사를 투입하여 제직한 직물이다. 이에 비해 혼방직물은 2종류 이상의 소재를 처음부터 같이 블렌딩 Blending하고 방적한 원사를 사용하여 제직한 직물이다. 혼방직물은 언제나 방적사가 원사이다. 교직물은 경위사 모두 방적사가 되기도 하고 필라멘트 원사를 사용하기도 한다. 따라서 혼방은 경위사가 언제나 같은 종류의 방적사가 되고 교직은 사용목적에 따라 이종 소재는 물론 같은 소재라도 방적사와 필라멘트를 경위사 각각에 배치하여 제조 가능하다. 즉, 한 가지 소재로 만들어진 원단이라도 교직물이 될 수 있다. 교차한다는 Cross의 의미는 소재가 될 수도 사종 絲種이 될 수도 있다는 말이다.

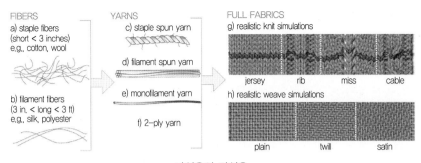

단섬유와 장섬유

예컨대 어떤 직물이 Cotton 70%, Nylon 30%라고 한다면 그 정보만으로는 경위사가 각각 Nylon/Cotton 30/70인지 아니면 경사가 100% Cotton이고 위사는 Nylon 100%인지 알 수 없다. 이렇게 교직물인 경우는 반드시 경사와 위사에 사용된 각각의 원사에 대한 정보가 스펙에 포함되어야 한다. 그렇지 않으면 이런 소재를 Sourcing할 때 바이어의 의도와 전혀 다른 방향으로 흘러갈 수 있다.

같은 혼용률이 된다고 하더라도 혼방과 교직물은 사실, 그 외관과 Quality, 기능 그리고 가격이 완전히 다르다. 물론 전문가는 혼용률만 보고도 그것이 혼방인지 교직물인지 대개 짐작할 수는 있다. 혼방이라는 것이 어떤 퍼센티지의 블렌딩이든 존재하는 것이 아니고 대략 정해진 틀이 있기 때문이다. 이를테면 면과 폴리에스터의 혼방은 대개 65/35나 50/50, 40/60, 55/45 등이 있다. 따라서 이외의 혼용률을 가진 직물은 교직물일 확률이 높다. 또 혼용률이 5나 0으로 떨어지지 않고 73%/27%과 같은 식이 된다면 역시 교직물이 될 것이다. 또 나일론과 면의 혼방은 거의 보기 어렵기 때문에 나일론과 면의 조합은 대개 교직이다.

혼방의 목적은 주로 Cost saving이다. 같은 스펙의 면과 T/C는 가격에서 상당한 차이가 난다. 구김 같은 천연섬유의 단점(Resilience가 나쁘다라고 말한다.)을 보완하기 위한 목적도 있지만 그 역시도 저렴한 유지비를 위한 경비절감 차원이라고 볼 수 있다. 물론 처음부터 강성을 높이기 위한 목적도 있다. 가혹한 환경을 견디기 위한 기능성 원단이나 반복적으로 착용해야 하는 작업복·유니폼인 경우, 내후성과 인장강도, 인열강도를 매우 높은 수준으로 요구하는 전투복 같은 경우이다.

경위사가 같은 성질을 가지는 안정된 혼방직물에 비해 경위사가 전혀 다른 소재와 형태를 가지고 있는 교직물은 매우 제조하기 까다롭다. 더구나 같은 필라멘트끼리나 방적사끼리의 조합이 아닌, 방적사와 필라멘트의 조합은 더욱 어렵다. 염색도 매우 까다롭다. 특히 나일론과 면의 교직물은 면의 반응성 염료가 나일론을 오염시키기 쉬우므로 Mesitol NBS 같은 오염방지제를 사용하는 등, 상당한 주의가 필요하다. 하지만 이같이 까다로운 제조과정 덕분에 교직물이 중국이나 인도와의 경쟁에서 살아남아 우리나라 섬유산업을 먹여 살리는 근간이 되고 있음을 부인할 사람은 없을 것이다. 중국은 아직도 교직물을 잘 하지 못한다. 안정적인 제품을 보기도 힘들지만 우리나라와 비슷한 수준에 도달하는 제품이 있다 하더라도 가격 경쟁력이 없다.

교직과 혼방, 두 직물의 차이점은 크게 두 가지를 들 수 있는데, 첫째는 외관이고 둘째는 가격이다. 물론 교직물의 가격이 훨씬 더 비싸다. 혼방은 원래의 단일종 제품보다 더 싸지만 교직은 오히려 더 비싸진다는 차이점이 있다. 이 두 원단은 외관이 극명하게 다르기 때문에 같은 직물로 혼동하여 기획하면 매우 큰 문제를 야기할 수 있다. 외관의 차이를 만드는 가장 중요한 점은 방적사냐 필라멘트사냐에 따라서이다. 방적사와 필라멘트는 그것이 합섬이냐 천연섬유냐의 차이와 별개로 표면의 광택에서 큰 차이를 보이기 때문이다. 표면이 Hairy한(잔털) 방적사에 비해 Filament사는 매끄러운 표면으로 인한 정반사 때문에 완전히 광택이 다르다. 최근에 개발된 Compact cotton은 방적사임에도 불구하고 좋은 광택이 특징인데, 그 이유가 바로 Hair의 감소 때문이다.

혼방과 순면은 혼용률이 다름에도 외관의 차이가 전혀 없는 데 비해 교직물은 그 차이를 쉽게 알 수 있다. 또한 경사와 위사가 어느 쪽이 화섬이고 어느 쪽이 천연섬유이냐에 따라서도 극명한 차이가 난다. 예를 들어 N/C교직물인 경우, 공장에서는 어느 쪽을 경사로 썼는지에 따라 N/C 또는 C/N으로 구분하여 부르는데 바이어들은 이를 혼동해서 쓴다. 이유는 두 직물의 혼용률이 면이 많은 쪽(CVC)으로 대개 비슷하기 때문이다. 하지만 실제로 N/C냐 C/N이냐(화섬이 경사냐 위사냐)에 따라 Quality는 큰 차이를 보인다. N/C와 C/N은 직기의 기종부터 다른데 그러다 보니 초기에는 생산공장부터 완전히 달랐다. C/N은 면방에서 면 직기로 제직해야 하고 N/C는 화섬 공장에서 화섬 직기로 제직해야 하며, 전혀 다른 두 기종의 직기를 보유한 공장이라는 것이 존재하지 않았기 때문이다. 대개 N/C는 화섬에 가깝게 보이고 C/N은 천연섬유에 가깝게 보이기도 한다. 따라서 교직물을 쓰되 외관을 천연섬유에 가깝게 유지하고 싶다면 C/N을 택하고 반대로 화섬의 느낌을 살리고 싶다면 N/C를 선택해야 한다.

보다 더 확실한 효과를 내고 싶다면 교직물을 Twill이나 Satin으로 제직하는 것이다. Twill이나 Satin은 보통 앞 뒷면이 다르기 때문에 한 면은 천연섬유, 다른 면은 화섬으로 각각 다른 소재의 표면을 만들 수 있어서 피부에 닿는 면은 천연섬유 쪽으로, 오염이나 마찰 등 외부환경에 노출되어 있는 바깥쪽은 화섬으로 배치하는 환상적인 조합을 만들 수도 있다. 그런 강력한 장점이 지금까지 교직물을 단 한 번도 소비자에게 버림받지 않은 필수 소재로 긴 역사를 이어온 단서가 되고 있다.

교직물은 면과의 조합이 가장 많은데 T/R, N/P, N/R, C/R, L/C, L/P 같은 경우도 있다. Rayon은 일반적으로 필라멘트와 방적사 두 종류가 있고 각각 다른 특징을 가지지만 대개 교직물에서는 필라멘트가 사용된다. 요즘 Suiting이나 Dressy Bottom에 많이 사용하는 T/R의 경우도 대개는 혼방이지만 만약 교직물을 쓰면 완전히 다른 느낌을 줄 수 있다. 즉, 이런 경우는 소모직물과 많은 외관 차이를 보인다. Worsted Suiting(소모 양복지)의 Down grade용으로서의 T/R은 'Poor man's worsted', 즉 소모를 닮고 싶은 T/R로 소모 Worsted가 방적사이기 때문이다.

N/P는 양쪽 다 화섬이지만 경위사를 각각 다른 색(보색이 좋다.)으로 염색하여 2tone을 내려는 의도로 많이 사용된다. 이런 방법으로 2tone effect가 가장 선명하게 나타나는 아름다운 iridescent를 만들어낼 수 있다. 특히 Linen과 면의 조합인 경우, 혼방과 교직물은 가격이나 외관에서 큰 차이를 보인다. Linen/Cotton 혼방직물은 1불대의 저가제품이지만 교직물은 3불대에 달한다.

면의 교직물은 폴리에스터와의 교직보다는 나일론과의 교직이 더 많은데, 이는 나일론과의 교직이 감촉이나 Looking 면에서 패션성이 더 높기 때문이다. 면과 폴리에스터와의 교직은 대개 마이크로 효과를 내기 위한 목적으로 제조된다. 즉, 화섬 느낌이 너무 강한 마이크로를 천연섬유와 가깝게 보이려는 의도로 사용된다. 이 교직물은 극단적인 마이크로 느낌의 파우더리 Powdery 터치를 위해 최근 N/N/P나 N/P/C 같은 제품으로 진화되었다.

어이없는 UV cut 가공

비타민섬유, 총항균 미립자섬유, 광촉매 방취섬유, 게르마늄섬유, 해조 엑기스섬유, 꽃가루 부착 억제 소재……. 첨단과학이 개입되어 있을 것만 같은 이런 희한한 소재들을 보고 여러분은 어떤 생각이 드는가? 이런 해괴하고 허황된 소재들을 주로 만들어내는

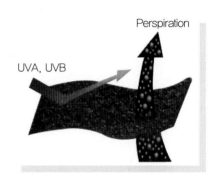

곳이 일본이다. 일본의 섬유산업 성격 자체가 Novelty한 소재에 Novelty한 가공으로 명맥을 유지해 나가고 있기 때문이다. 그런데 소위 Novelty한 가공이라는 것이 언제나 세계 최초여야 하는 데다가 신소재가 무한정 샘솟듯 나오는 것이 아니기 때문에 종종 아이디어의 고갈에 부딪히고 때로는 실소가 나올 정도로 억지스러운 아이디어가 출현하기도 한다. 또, 때로는 과학에 무지한 결과로 인체에 해로울 수도 있는 위험한 가공이 출현하기도 한다. 아래의 예를 한번 보자. 일본어 번역 수준이 떨어지므로 양해 바란다.

UV 컷 가공 소재는 소재 메이커 각사가 내놓는 정번적인 가공이 되고 있다. 의류뿐만이 아니라 모자나 양산 등의 자재에도 용도가 확대되어 왔다. 최근의 경향으로서는 UV 컷과 다른 기능을 조합한 복합 가공에 주목이 모인다. 일본 시키보의 '울리안트-α

화이트'는 江崎 그리코와 공동으로 개발한 미용 가공 소재이다. 멜라닌 색소의 생성을 돕는 효소의 기능을 방어하는 α-알부틴을 섬유에 부여했다. UV 케어 효과가 높을 뿐만 아니라 항산화성이 높고 항균 효과가 뛰어난 가공으로 어필한다.

알부틴이란

江崎 그리코가 개발한 독자적인 배당화 配糖化 효소에 의해, 하이드로퀴논에 포도당을 α-결합으로 전이시킨 물질이다. 기미, 주근깨, 선탠의 원인이 되는 멜라닌을 생성하는 티로시나제에 작용하여 멜라닌의 생성을 억제하는 효과가 있다.

- 자료 제공 KOTITI -

피부가 햇빛에 노출되면 검게 그을리는 이유는 매우 단순하다. 멜라닌 색소가 피부의 진피층에 형성되기 때문이다. 우리는, 특히 황인종 여성들은 피부가 그을리는 것에 대한 공포 때문에(그로 인해 주름살이 생성된다는 피부과 의사들의 경고를 너무 심각하게 받아들여서) 피부가 자외선에 노출되면 왜 멜라닌이 나오는지에 대해서 생각할 여유를 가지지 못한다. 이제 그 이유를 한번 생각해 보자. 인체가 형성하는 멜라닌 단백질 색소는 태양의 자외선이 피부세포의 DNA를 파괴하는 것을 방어한다. 일종의 인체 자율 방어시스템이라고 할 수 있다.

그런데 시키보는 그런 멜라닌의 생성을 아예 억제하도록 '알부틴'이라는 물질을 원단에 넣었다고 자랑한다. 이는 마치 설사를 한다고 대장의 운동을 멈추게 해 버리는 지사제를 남용하거나 설사를 중지시킨다며 항문을 아예 틀어막는 것과 다르지 않다. 실로 경악할 얘기이다.

자외선 자체를 막는 것이 아니고 그로 인해 작동하는 인체의 방어시스템을 무력화하는 기능은 아주 위험하다. 또 지적해야 하는 것은 '알부틴'이라는 물질을 원단에 첨가한다고 해서 그것이 몸속에 효율적으로 흡수되어 멜라닌 생성의 길항작용을 한다는 사실도 믿기 힘들다. 그걸 입증하려면 실제로 임상실험을 거쳐야 한다. 만약 효과가 없다면 오히려 더 다행일 것이다.

물론 자외선 차단제도 만능은 아니다. 자외선 차단제가 개발된 1940년대와 그 이전의 피부암 환자의 수는 전혀 획기적인 감소가 발견되지 않았다. 물론 그 사실이 자외선 차단제가 전혀 효과가 없다는 직접적인 증거는 아니다.

다행스러운 것은 일본의 이러한 해괴한 가공들은 귀가 얇은 우리나라와 일본 시장

라이너스 폴링 박사

에만 먹힐 뿐, 구미 선진국에서는 전혀 관심받지 못한다는 것이다. 서양인들은 효과를 객관적으로 확인 · 입증할 수 없는 기능은 전혀 신뢰하지 않기 때문이다. '입는 비타민'이라는 허황된 기능도 비타민 C라는 것이 많이 먹을수록 무조건 좋다는 주장이 미국의 라이너스 폴링이나 서울대 이왕재 교수 같은 일부 학자들의 주장에 그치기 때문에 인기를 얻지 못하고 있다. 물론 비타민 C를 원단에 첨가한다고 해서 피부가 그것을 얼마나 흡수할지는 아무도 모른다. 또 흡수한다고 해서 무조건 좋은 것도 아니다. 비타민 C를 기준치의 100배 이상 먹어야 한다고 주장한, 노벨상을 2개나 받은 Linus Pauling 박사는 실제로 93세까지 장수했지만 그렇다고 그 사실이 비타민 C의 효용성을 입증하는 것은 결코 아니다.

일광 견뢰도: 후직 vs 박직

얇은 원단과 두꺼운 원단은 같은 색일 때 어느 쪽이 일광 견뢰도가 더 좋을까? 자외선 차단 효과를 말하고 있는 것이 아니다. 일광 견뢰도는 원단이 사외선에 견디는 능력을 의미한다.

이건 일종의 思考 사고 게임이다. 이 의문에 대한 대답은 그리 중요하지 않다. 다만 그 解 해를 이해하는 과정이 우리가 섬유지식을 쌓는 데 도움이 되기 때문에 이 문제를 다루어 보려고 한다. 원단과 과학에 대한 기초적인 소양이 있으면 이 문제에 대한 해답은 저절로 나오게 되어 있다. 지금부터 대뇌피질의 혈류량을 증가시켜 사고력을 증진시켜 보겠다. 그러기 위해서는 물구나무를 서야 한다.

일광 견뢰도에 미치는 영향은 다음 3가지 요인으로 나눠볼 수 있다.
1) 발색단 분자의 수
2) 자외선이 조사되는 양
3) 자외선이 투과되는 양

1) 발색단 분자의 수

이 문제를 이해하기 위해서는 원단의 색을 발현하는 기전을 먼저 생각해 봐야 한다. 원단의 색을 나타내는 작용을 하는 것은 가시광선의 스펙트럼에 대한 발색단 분자의 선택적인 반사와 흡수이다. 그런데 발색단이라는 화학 분자는 자외선의 照射 조사에 의해서 지속적으로 파괴된다. 여기까지는 모두가 이해할 수 있는 수준이다. 그런데 두꺼운 원단과 얇은 원단의 발색단 분자 수는 어떤 차이가 있을까? 당연히 두꺼운 원단은 얇은 원단보다 더 많은 염료를 필요로 한다. 염색료는 원단의 중량에 정확히 비례한다는 사실이 그에 대한 증거이다. 그렇다면 후직에 박직보다 더 많은 발색단 분자가 분포하고 있을 것이다. 따라서 같은 양의 자외선을 쏘였을 때 살아남는 발색단 분자의 수는 두꺼운 쪽에 더 많을 것이다. 그 결과는 'Less pale', 즉 더 높은 일광 견뢰도의 수치로 나타난다.

2) 다음은 자외선의 양을 비교해 봐야 한다.

후직과 박직을 비교하여 어느 쪽이 더 많은 자외선을 받아들이게 될까? 자외선의 파장은 400nm(나노미터) 미만으로 0.004mm(밀리미터) 정도이다. 따라서 아무리 가는 실이라도 표면에 돌출되어 있는 한, 자외선으로부터 도망갈 수 없다. 그렇다면 두꺼운 원단과 얇은 원단 중 어느 쪽이 더 많은 표면을 가지고 있을까? 그것을 알려면 각각의 체표면적을 따져보면 된다. 덩치가 크면 부피당 체표면적이 작아진다. 부피당 체표면적을 비

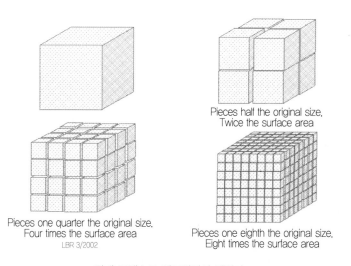

Pieces half the original size.
Twice the surface area

Pieces one quarter the original size.
Four times the surface area
LBR 3/2002

Pieces one eighth the original size.
Eight times the surface area

잘게 쪼갤수록 체표면적이 커진다.

체표면적이 극대화된 모양

표면적이라고 한다. 즉, 코끼리는 쥐보다 비표면적이 매우 작다. 항온동물인 사람이 사용하는 에너지 중, 공기와 접촉하고 있는 피부로 인해 빼앗기는 열량이 전체 사용열량의 25%가 넘는다. 대기는 대부분 체온보다 더 낮기 때문에 사람은 끊임없이 피부로부터 열에너지를 빼앗긴다. 따라서 비표면적은 생존에 지대한 영향을 미치게 된다. 비표면적이 너무 크면, 즉 덩치가 너무 작으면 끊임없이 빼앗기는 열에너지 때문에 그에 대한 보충을 위해 종일 먹어야 한다. 반대로 비표면적이 작은 동물은 상대적으로 덜 먹어도 된다는 뜻이다. 사람은 그 중간에 위치하므로 성공적인 진화의 자리를 차지하고 있는 것이다. 다시 말해 덩치가 큰 사람은 마른 사람보다 대기에 노출되어 있는 비표면적이 더 작기 때문에 에너지를 덜 빼앗긴다. 즉, 비표면적이 더 큰 얇은 원단이 더 많은 자외선에 노출된다는 뜻이다. 앞의 그림처럼 원래의 크기에서 작게 자를 때마다 부피는 그대로이지만 체표면적은 2배에서 4배 그리고 8배로 늘어나는 원리를 보여 주고 있다.

하지만 3차원이라기보다는 2차원 형상을 한 두꺼운 원단이 더 얇은 원단보다 비표면적이 작을까? 이는 코끼리의 피부를 생각해 보면 알 수 있다. 코끼리의 피부는 많은 주름으로 뒤덮여 있다. 팽팽한 피부보다 주름이 많은 피부는 체표면적이 훨씬 더 넓어 더운 지방에서 피부의 열을 효과적으로 발산할 수 있다. 즉, 라디에이터의 역할을 하는 것이다. 따라서 더 가는(Fine한) 원사를 사용한 더 얇은 원단은 두꺼운 원단에 비해 체표면적이 상대적으로 크므로 더 많은 자외선에 노출된다. 따라서 더 불리하다.

3) 자외선의 투과도

마지막으로 알아볼 Factor는 자외선의 투과도이다.

태양광은 얇은 원단보다는 두꺼운 원단이 더 잘 차단한다. 따라서 일정 두께를 가진 후직물은 Blinder의 역할을 하여 아무런 가공을 하지 않아도 저절로 UV Protection 기능을 가진다. 하지만 얇은 원단은 상당량의 자외선이 그대로 투과된다. 그것이 피부에 닿게 되면 피부의 DNA를 공격하는 것이다. 따라서 자외선이 표면에서 반사되는 경우와 뚫고 지나가는 경우를 생각해 보면 후자의 경우가 안팎으로 훨씬 더 많은 자외선의 영향 아래에 있게 된다. 따라서 이 경우도 두꺼운 직물이 더 유리하다.

이제 대답은 자명해졌다. 어느 모로 보아도 일광 견뢰도는 두꺼운 원단이 얇은 쪽보다 더 양호하다. 따라서 더 좋은 일광 견뢰도를 위해서는 더 두꺼운 원단을 선택해야 한다.

이 결론이 맞는지 증명하려면 실험해 보면 된다. 新藥 신약이 실제로 약효가 있는지 확인해 보기 위해서 과학은 '이중맹검법'이라는 신뢰성 높은 방법이 동원된다. 원단의 경우는 FITI에서 이런 실험 결과가 있는지 확인해 보기만 하면 된다. 그런데 이런 실험에 대한 리포트를 찾기가 쉽지는 않을 것 같다. 이런 경우, 두꺼운 원단과 얇은 원단을 동일 색상으로 비교해야 하는데, 원단을 이렇게 사용하는 경우는 겉감과 안감의 조합일 때뿐이다. 하지만 안감은 대개 겉감과 다른 소재를 쓸 때가 많고 같은 소재를 쓰더라도 안감은 자외선의 영향 외에 있으므로 실제로 두 원단의 일광 견뢰도를 동시에 측정할 일은 전혀 없을 것으로 보인다. 할 수 없이 이 사실을 확인하기 위해서는 Discovery 채널의 Myth buster* 같은 프로그램에 맡겨야 할 것 같다.

---

* 악어에게 쫓기면 지그재그로 도망가는 것이 유리하다든가 유명한 힌덴부르크 비행선의 화재 원인이 기체 내부의 수소 때문이 아닌 비행선의 외부 페인트로 사용된 알루미늄의 테르밋 반응 때문이다 등등의 황당한 소문이 정말인지 직접 실험해 보는 Discovery 채널의 과학 프로그램

비타민 섬유

개는 동맥경화증에 걸리지 않는다고 한다.

이유는 '개는 자체 내에서 비타민 C를 합성하기 때문'이라는 것이다. 과연 그럴까? 비타민 C가 콜레스테롤이(LDL을 말한다.) 동맥 내에 혈전을 일으키는 것을 방해하기 때문에 비타민 C를 체내에서 합성할 수 있는 개는 동맥경화에 걸리지 않는다는 이론이다. 하지만 이 이야기는 틀렸다. 비타민 C가 혈전 생성을 방해한다는 것은 사실이다. 그리고 개는 확실히 사람보다는 동맥경화에 걸리는 확률이 적다. 그렇다고 해서 무조건 위의 얘기가 성립하는 것은 아닐 것이다. 개도 동맥경화에 걸린다. 하지만 개의 생활습관은 사람과 다르다. 담배를 피거나 술을 마시는 개는 없기 때문이다. 맛이 있다는 이유로 콜레스테롤이 다량 포함된 음식을 마구 섭취하지도 않는다. 개는 음식을 주문할 수 없기 때문이다. 무엇보다 개는 병원에 자주 갈 수 없다.

비타민을 입는다.

비타민 섬유는 놀라운 이름 그대로 섬유에 비타민이 함유된 기능을 가진 소재이다. 원리는 지극히 간단하다. 마이크로 캡슐에 비타민을 집어넣은 후 그것을 원단에 점착시킨 것이다. 그리고 옷이 마찰되어 캡슐이 터지면 비타민이 피부를 통하여 흡수된다는 것이다. 2002년 일본의 모 방적이 발명한 이 섬유가 포함하고 있는 비타민은 'C'

이다. 이 옷 한 벌에는 레몬 2개가 함유하고  있는 비타민 C가 들어있다고 한다. 그리고 그것을 우리나라의 한 업체가 비타민 E를 추가하여 새롭게 개발하였다.

기발하다. 대단히 창의적인 발명을 했다! 라고 생각했다면 매우 중대한 착각을 한 것이다. 기발하기는 하다. 하지만 이 섬유는 커다란 시행착오를 범하고 있다. 이 발명자의 착각은 '비타민이란 많이 먹을수록 좋은 것이다.'라는 그릇된 신념이다. 過猶不及 과유불급은 오랜 진리이다.

노벨 화학상과 평화상 수상자인 미국의 라이너스 폴링 Linus Pauling은 효소 분자의학의 아버지로 알려져 있는데, 어느날 그가 대용량의 비타민 C 섭취가 장수의 특급비결이라고 주장하였다. 실제로 그는 자신이 직접 제조한 비타민 C를 매일 12,000mg이나 섭취했다. 하루 권장량의 200배나 되는 어마어마한 양이다. 노벨상을 2개나 받은 화학자의 그러한 주장은 순식간에 전 세계의 비타민 C를 동나게 하는 파란을 일으켰다. 오렌지에서 이만한 양을 얻으려면 무려 24kg이나 먹어야 한다. 그가 해냈던 한가지 확실한 일은 이후 몇 개월 동안 전 세계의 변기통 물을 노랗게 물들인 것이다.

그는 93세까지 장수했다. 흥분한 제약업계에서는 이를 비타민 복용의 놀라운 성공사례로 내세우고 있다. 하지만 작가 애른스트 윙거는 엄청난 애연가임에도 불구하고 103세까지 살았으며 늘 시가를 입에 물고 살았던 윈스턴 처칠도 90세 이상 장수하였다. 따라서 담배도 장수를 위한 성공사례에 해당한다고 말할 수 있을까?

비타민 C는 수용성이므로 과용했더라도 쉽게 배출되어 큰 문제를 일으키지 않는다. 하지만 항산화제로 알려진 비타민 E는 지용성이므로 문제가 될 수 있다. 평소 뼈가 약한 유전자를 물려받았다고 걱정이 많았던 44세의 K씨는 뼈를 생성해 준다는 비타민 D를 약국에서 처방받아 복용하고 나서 문제가 생겼다. 그는 두통과 현기증, 무력감에 시달리고 나서 병원에 간 결과, 자신이 '혈관석회침착'이라는 병을 얻게 된 것을 알았다. 바로 비타민 D의 과다복용 때문이었다. 그의 혈관들은 칼슘으로 인해 거의 막히기 직전이었고 한번 좁아진 혈관들은 이제 영원히 원상 복구되기 힘들 것이다. 그는 하루 허용치의 무려 1,000배나 되는 비타민 D를 복용했다는 사실이 밝혀졌다.

현대를 사는 우리는 비타민 결핍 때문에 문제가 생기는 일은 결코 없다. 대부분의 모든 식품이 비타민을 함유하고 있기 때문이다. 따라서 우리가 먹는 비타민 정제는 잘해야 쓸모없거나 잘못되면 문제만 일으킬지도 모른다.

이런 오해들이 비타민 신드롬을 만들어 낸다. 도대체 얼마만큼의 비타민을 먹어야 건강에 좋은지 그리고 그 옷을 입음으로써 피부를 통하여 얼마만큼의 비타민이 섭취되는지에 대한 확실한 데이터도 없이, 그저 입는 비타민을 광고한다. 다행히 그 원단 때문에 비타민이 과다하여 몸을 해칠 걱정은 하지 않아도 될 듯하다. 양이 터무니없이 적기 때문이다.

건강한 사람이 비타민 정제를 정기적으로 먹는 것이 장수에 도움이 되는지는 아직 확인되지 않았다. 비타민은 우리가 정상적인 식사를 하는 한, 결핍되는 일이 없고 식품에 의한 자연 비타민이 아닌, 실험실에서 대

량으로 만든 인조 비타민은 인체에 별로 도움이 되지 않는다는 학설이 현재도 존재하기 때문이다.

하물며 옷을 입음으로써 피부를 통하여 비타민을 섭취한다는 아이디어는 무리한 발상이 아닐지 걱정

된다. 피부를 통한 비타민 흡수량이 측정된다고 해도 결국 그것이 실제로 건강에 도움이 되는지에 대한 입증은 장기간의 임상시험을 거치지 않는 한, 불가능하다. 이런 종류의 효과가 모호하고 입증되지 않은, 근거 박약한 기능성 섬유제품이 팔리는 곳은 우리나라와 일본밖에 없다. 실용과 합리주의가 일찍부터 정착된 미국이나 유럽사람들은 효과가 확인되지 않는 제품들에 대해서는 아예 관심조차 두지 않는다. 기능성 소재를 개발할 때 반드시 유념해야 하는 사실이다.

Organic 인증이란?

유기 농업이란 화학 비료, 유기 합성 농약, 생장 조정제 등 일체의 합성 화학 물질을 사용하지 않고 유기물과 미생물 등 자연적인 자재만을 사용하는 농업을 말한다.

- 국어사전 -

Organic이라는 개념은 원래 비료를 쓰지 않는 농법의 하나였는데 이는 자연스럽게 '무농약'이라는 개념으로 발전했다. 최근에 들어와서는 무농약도 모자라 이를 또 다시 확장하여 무독소 화학 물질 Non-toxic chemical이라는 새로운 개념으로 진화되고 있다. 이유는 바로 마케팅 때문이다.

실제로 Organic cotton은 Conventional cotton(오가닉이 아닌)과 농약 잔류량에서 전혀 차이가 없기 때문에 (사실 놀라운 일이다!) Organic cotton 생산업체는 농약의 잔류량이 아닌 다른 물질에서 차별화를 시도해야 할 필요가 생겼다. 그에 따라 면 원단의 가공 과정에 투입되는 각종 화학·독소 물질들을 극소화하여 일반 면 원단과의 차별화를 시도하고 있으며 그에 대한 별도의 Standard까지 만들어 놓고 있다. 하지만 일반적으로 경작된 면 Conventional cotton과 그에 대한 지금까지의 가공 Conventional finishing이 특별히 인체에 해롭다는 증거가 없는 한, 이는 명백하게 마케팅을 위한 억지 차별이 된다.

콜레스테롤수치는 곧 심장 및 뇌혈관 질환과 직결된다고 주장하여 전 세계 수억의 건강한 사람들에게 약을 파는 데 성공한 제약 회사들의 마케팅과 비슷하다. 이들은 최근에 와서는 아예 콜레스테롤 수치가 문제 없는 사람도 이 약을 먹어야 한다고 주장하고 있다. 미국 FDA는 2015년, 콜레스테롤이 혈관 질환이나 심장 마비와 아무런 연관성을 입증할 수 없다고 발표 하였다.

이로 인하여 Organic cotton의 인증은 2가지 다른 개념으로 형성되었다.

첫째는 원래 그대로의 의미인 유기농이라는 농법 그 자체에 대한 인증이다. 이에 대한 인증은 3년 동안 농약이나 비료를 치지 않은 밭에서 나온 작물에 주어지는데, 3년 동안 누군가 밭에 농약을 주는지 아닌지 감시를 하는 게 아니라 토양의 성분을 조사하여 판단한다. 미국의 농무성(USDA)이나 IFOAM에서 발행하는 인증이 바로 그런 것이다. Tier 1 Organic이라고 한다.

두 번째로, 가공 과정까지 포함한 Organic 인증은 이름만 Organic이지 실제로는 농약의 차원을 넘어선 Non-Toxic이라는 발전된 개념을 가지고 있으며 Tier 2라고 부른다. 이는 아직 하나의 정확한 프로토콜로 통일되어 있지 않고 미국의 Organic Trade Association OTA, 영국의 Soil Association, 독일의 International Association Natural Textile Industry IVN, 유럽의 Demeter, 스웨덴과 스칸디나비아 국가의 KRAV, 그리고 일본의 Japan Organic Cotton Association JOCA 등 제 각각의 Standard를 가지고 있다. 따라서 만약 Organic Cotton을 찾는 바이어가 있다면 어느 수준의 Organic을 요구하는지 알아야만 한다. 경작과 가공을 포함한 전체를 요구

할 수도, 때로는 Organic이라는 이름만 필요할 수도 있기 때문이다.

세계 각국의 스탠더드와 인증에 대한 정보는 다음의 Web site에서 참고할 수 있다.

http://www.lotusorganics.com/articles/OrganicClothingStandards.aspx

캡사이신의 발열과 멘솔의 냉감 기능

캡사이신 Capsaicin은 알칼로이드의 하나이다. 고추속 식물의 유효성분 가운데 하나로, 인간을 포함한 포유류에 접촉했을 때 자극을 준다. 캡사이신과 이에 관련된 화합물을 캡사이시노이드 Capsaicinoid라고 부른다. 지용성 무색의 결정으로 알코올에는 녹기 쉽지만 냉수에는 거의 녹지 않는다. 섭취하면 수용체 활성화 채널의 하나인 TRPV1을 자극해, 실제로 온도가 상승하지는 않지만, 격렬한 발열감을 끌어 일으킨다. 이 기구는 멘톨에 의한 냉자극과 같은 반응이며, 또한 통각 신경을 자극하여 국소 자극 작용 혹은 매운맛을 느끼게 한다. 체내에 흡수된 캡사이신은 뇌에 옮겨져 내장 감각 신경과 반응하여 부신의 아드레날린의 분비를 활발하게 촉진하며, 발한 및 강심 작용을 재촉한다.

- 위키피디아 -

뜨거운 파스라는 것이 있다. 반대로 차가운 파스도 있다. 근육을 다쳤을 때, 시간이 많이 경과하지 않았을 때는 냉찜질, 상당한 시간이 경과한 후에는 반대로 온찜질을 해줘야 한다. 냉찜질은 혈관을 수축시키고 염증을 가라앉히는 효과가 있고 온찜질은 반대로 혈류를 좋게 하고 통증을 경감시킨다. 신기하게도 뜨거운 파스를 붙이면 금방 온기와 함께 뜨거운

느낌이 나고 자기 전에 붙이면 작열감 때문에 잠을 이룰 수 없을 정도이다.

온열감을 주는 뜨거운 파스의 성분은 바로 고추의 매운 성분인 캡사이신이다. 그렇다면 캡사이신을 패션 소재에 적용해 보면 어떨까? 문제는 뜨거운 파스의 작열감이 진짜인가 하는 것이다. 왜냐하면 인체의 냉·온점은 온도 이외에 화학물질에도 반응하기 때문이다.

매우 추운 날 술을 마시면 온기가 생겨 추위를 덜어주는 것 같다. 과연 알코올이 몸을 덥히는 것일까? 알코올이 열량은 있더라도 그것이 직접적으로 체온을 올리는 기능을 하지는 않는다. 오히려 감각을 마비시켜 덜 춥게 만들 뿐이다. 인체가 추위를 느끼는 이유는 저 체온이 되기 전에 빨리 몸에 열을 보충하라는 신호이다. 술은 이 신호가 잘 작동하지 않게 만든다. 결과는 凍死이다. 이것은 마치 자외선 차단 기능이 없는 선글라스와 같다. 일광이 과도하면 눈은 자외선을 차단하기 위해 동공을 최소화하려고 한다. 이 신호는 가시광선의 양으로 작동한다. 그런데 선글라스를 쓰면 가시광선이 차단되고 따라서 줄어든 가시광선만큼 동공이 확장된다. 이때 만약 자외선 차단이 되지 않으면 자외선이 확장된 동공을 통하여 무차별 안구로 쏟아지게 된다. 끔찍하다. 무식은 예전에는 죄가 아니었지만 지금은 죄악이다. 다른 사람을 해칠 수 있기 때문이다.

Capsaicin과 발열

인체의 피부에는 감각을 위해 냉점과 온점 그리고 통점이 있는데 그 중, 온점을 대표하는 감각에 관여하는 것이 'TRPV1'이라는 수용체이다. TRPV1은 섭씨 42도 이상의 온도를 감지하고 뇌로 신호를 보내는데 희한하게도 수용체가 온도와 관계없이 Capsaicin에도 반응한다는 것이 밝혀졌다. 온도가 42도가 되지 않는데도 같은 반응을 한다는 말이다. 그런데 캡사이신은 온점을 자극하는 동시에 통점도 건드린다. 피부는 온점과 함

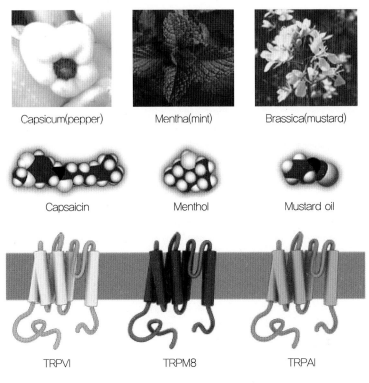

Capsicum(pepper)	Mentha(mint)	Brassica(mustard)
Capsaicin	Menthol	Mustard oil
TRPVI	TRPM8	TRPAI

매운 성분들과 대응하는 수용체

께 통점의 자극이 보태어져 작열감을 느끼게 되는 것이다. 이 자극은 접촉이 없어질 때까지 계속된다. 캡사이신에 의한 작열감은 피부에 결코 이롭지 않다. 통점을 자극한다는 자체가 나쁘다는 뜻이다. 실제로 캡사이신이 피부를 지속적으로 자극하면 피부 암을 발생시킨다는 연구가 있다.

생강

매운맛을 내는 식물 중에 고추가 아닌 것도 있는데 대표적인 것이 생강이다. 생강의 매운맛은 캡사이신과 비슷한 'Shogaol'이라는 성분인데 캡사이신보다 SHU 스코빌 단위가 100분의 1 정도 된다. 하지만 이 역시 비슷한 화학 구조를 가지기 때문에 TRPV1을 자극한다. 따라서 발열감을 느끼게 된다. 어떻게 온도에 반응하는 감각이 화학물질에도 반응하게 되었을까? 이것은 미스터리다.

캡사이신의 농도를 스코빌 단위로 계량해 객관적인 수치로 나타내주는 것이 스코빌 지수이다. 이 기준은 1912년 미국의 화학자 윌버 스코빌에 의해 만들어져 스코빌 지수로 부르게 되었다. 단위는 SHU Scoville Heat Unit이며 이 수치가 높아질수록 더 맵다고

스코빌 지수

Scoville Rating	Pepper Type
15,000,000~16,000,000	Pure capasaicin
9,100,000	Nordihydrocapsaicin
2,000,000~5,300,000	Standard US Grade Pepper Spray
855,000~1,041,427	Naga Jolokia
876,000~970,000	Dorset Naga
350,000~577,000	Red Savina Habanero
100,000~350,000	Habanero Chile
100,000~350,000	Scotch Bonnet
100,000~200,000	Jamaican Hot Pepper
50,000~100,000	Thai Pepper, Malagueta Pepper, Chiltepin Pepper
30,000~50,000	Cayenne Pepper, Aji Pepper, Tabasco Pepper
10,000~23,000	Serrano Pepper
7,000~8,000	Tabasco Sauce Habanero
5,000~10,000	Wax Pepper
2,500~8,000	Jalapeño Pepper
2,500~5,000	Tabasco Sauce (Tabasco Pepper)
1,500~2,500	Rocotillo Pepper
1,000~1,500	Poblano Pepper
600~800	Tabasco Sauce (Green Pepper)
500~1,000	Anaheim Pepper
100~500	Pimento, Pepperoncini
0	No Heat, Bell Pepper

볼 수 있다. 스코빌 지수 덕분에 재료들이 가진 매운맛의 상대적인 비교도 가능하게 되었다. 매운맛이 없는 스코빌 수치는 0이다. 순수한 매운맛인 캡사이신의 수치는 15,000,000~16,000,000으로 나타난다.

서양 사람들은 뜨거운 것과 매운 것을 혼동한다. 스코빌 지수를 구글에서 찾아보면 Scoville Heat rating이라고 나오는 것이 많다. '맵다'의 영어표현은 Spicy도 있지만 Hot도 있다. 한글은 매운 것과 뜨거운 것을 결코 혼동하지 않는다.

Menthol과 냉감

멘솔을 함유하는 대표적인 식물인 박하는 먹을 때 시원하게 느껴진다. 하지만 이 역시 온도와는 관계없다. 인체의 대표적인 냉점 수용체 중 하나인 TRPM8은 섭씨 25도 이하인 온도에 반응하는데 Menthol이 온도와 관계없이 이 냉점 수용체를 반응시킨다. 따라서 인체는 멘솔에 접촉하면 시원하다고 느끼게 된다. 전혀 온도의 변화는 없다.

Xylitol과 냉감

멘솔과 전혀 다르면서 냉감을 느끼게 하는 또 다른 성분이 바로 자일리톨이다. 당의 일종인 자일리톨은 캡사이신이나 멘솔과는 전혀 다르다. 자일리톨은 상온에서 고체인데 융점이 낮아 25도 정도에서 녹으면서 흡열반응을 일으킨다. 즉, 융해잠열이 발생한다. 따라서 실제로 온도를 낮추는 효과가 있다. Icefill이라는 소재가 자일리톨을 이용한 냉감 소재라고 광고하기도 하였다.

그런데 자일리톨을 소재에 적용하려면 녹여야 하는데, 즉 고체에서 액체로 상변화가 있어야 냉감이 발생하므로 외부 온도에서 녹아버리지 않도록 온도 조절이 필요하고 상변화에 의한 흡열 반응이므로 냉감이 지속적이지 않다. 즉, 냉감이 다시 기능하려면 액체가 된 다음 다시 고체로 돌아와야 한다. 그러기 위해서는 차가워져야 한다. 따라서 패션 소재에서 냉감을 유발하기에 가장 유효 적절한 방법은 열전도율이 높은 소재를 이용하는 것이라고 생각된다. 열전도율을 이용한 냉감은 외부의 기온이 체온보다 더 낮은 상태를 유지하는 한 최초 접촉 후, 다음의 접촉에서 100% 기능을 발휘한다는 장점이 있다.

코팅을 하면 잃는 것들

코팅은 금속, 직물, 종이 등을 공기, 물, 약품 등으로부터 보호하기 위해 차단하거나, 또는 전기 절연, 장식 裝飾 등을 위해 캘린더, 압출 押出, 침지 浸漬, 블라스팅, 스프레드 등의 가공법으로 물체의 표면을 피복하는 것이다.

- 기계공학사전 -

원단에 코팅을 하는 이유는 대개는 방수를 위해서이지만 미국으로 들어가는 의류의 소재라면 Rain wear로써 관세를 낮추기 위한 용도가 오히려 더 많다. 때로는 Down proof를 확실하게 하기 위해 적용하기도 한다. 무엇보다도 코팅은 방수기능을 위해 없어서는 안 될 기본가공이지만 비용 면에서 단순히 코팅료를 지불하는 것으로 끝나지 않는다. 그를 위해 패션 소재는 많은 대가를 치러야 한다는 사실을 주지할 필요가 있다.

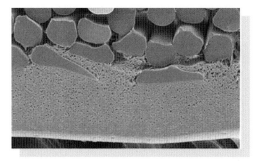

코팅된 원단의 절단면 현미경 사진

Hand feel

코팅은 패션 소재로서 잃어서는 안 될, 원단 고유의 소중한 Hand feel을 말살한다. 코팅재의 양이 많을수록, 특히 PA보다 PU의 양이 많아질수록 Hand feel은 더 나빠진다. 즉, 딱딱해진다. 코팅된 원단은 만졌을 때 실제보다 더 두꺼운 것 같은 후도감을 느낄 수 있다.

인열강도

원단이 Hard해지면 반드시 연쇄적으로 따라오는 문제가 있는데, 바로 인열강도 Tearing strength 약화이다. 코팅을 하면 매우 심각한 수준으로 인열강도가 떨어진다. 이때의 해결책은 물론 원인을 제거하는 것이다. 즉, 원단을 Soft하게 만드는 것이다.

통기성

방수를 위한 코팅을 함으로써 잃게 되는 가장 직접적이고 심각한 폐해는 통기성의 멸실이다. 따라서 방수 원단으로는 Down Jacket을 만들 수 없는 것이다. 앞의 그림처럼 특별하게 코팅 내부에 기포로 형성된 작은 구멍이 있어서 통기성이 확보되는 Breathable coating이 있기는 하다. 물론 Laminating 만큼 가격이 비쌀 뿐만 아니라 통기성이 그다지 좋지도 않다.

수축률

경사 쪽으로의 수축률 shrinkage 문제는 패션 소재로서는 결코 간과할 수 없는 치명적인 문제이다. 코팅이 표면에 균일하게 형성되게 하려면 원단을 최대한 평활하게 해야 하고, 이를 위해 상당히 강한 장력으로 원단을 당겨야 한다. 결국 원단은 원래보다 경사 쪽으로 늘어나게 되며 이 상태에서 코팅공정이 일어난다. 따라서 코팅 후 장력이 제거되면 원단은 처음으로 돌아가려고 하는 압력을 받게 된다. 이에 대한 별도의 조치가 없으면 반드시 경사 방향으로 수축률 문제가 발생한다.

이염(Migration)

만약 원단이 Polyester라면 Migration문제가 생길 수 있다. 분산염료는 고온에 의해 Migration이 생기기 쉬우므로 코팅 작업할 때의 고온에 의해 분산염료가 이동할 수 있다. 이는 라미네이팅 작업도 마찬가지이다. 코팅은 원래 고체이던 충전재를 휘발성 용제로(DMF나 Toluene 같은) 녹여 액상으로 만든 다음, 원단 위에 나이프로 펴 바르고 휘발성 용제가 증발하면 코팅액이 다시 고체로 환원됨으로써 완성된다. 그런데 휘발성 용제는 분산염료를 녹일 수 있다. 따라서 휘발성 용제가 증발하는 동안 분산염료의 Migration이 일어날 수 있다.

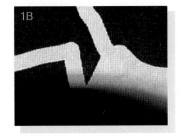

표면 문제

두께가 매우 일정한 필름으로 형성된 Laminating 작업과 달리 코팅은 그다지 정교한 작업이 아니어서 표면이 지저분하다. 약간 끈적임도 있다. 나중에 Migration 때문에 변색이 일어날 수도 있다. 따라서 코팅 면은 반드시 Garment의 Back 면으로 써야 하고 Back 면도 안감으로 감춰야 Garment의 가치가 낮아지지 않는다. 종종 코팅 면을 Face로 사용하는 용감무쌍한 바이어들이 있는데, 이는 사고를 자초하는 매우 위험한 행동이다. 코팅 면을 Face로 쓰려면 처음부터 매우 비싼 가공료를 지불하고

Face coating으로 기획해야 하며 최소 4~5번의 반복 작업을 거쳐야 한다. 그렇게 해도 상당한 Risk를 각오해야 한다.

플라스틱 지우개를 이용하여 원단이 코팅되었는지 확인이 가능하다. 원단을 지우개로 찍어서 '쩍' 하고 달라붙으면 코팅된 원단이다. 이는 지우개에 있는 어떤 성분이 코팅액을 녹이면서 생기는 현상이다. 플라스틱 지우개는 주로 딱딱한 PVC로 만드는데 가소제인 DOP나 DBP 같은 유기용매를 첨가하면 부드러워진다. 따라서 플라스틱 지우개는 유기용매가 포함되어 있으며 이들은 DMF나 톨루엔처럼 코팅액을 녹일 수 있다. 플라스틱 지우개를 코팅 면에 대면 순간적으로 코팅액이 가소제에 의해 녹으면서 달라붙는다. 단, 모든 코팅에 적용되는 현상은 아니다.

세탁에서의 문제

이처럼 코팅 면이 휘발성 용제와 만나면 충전재가 녹을 수 있다. 코팅 원단을 Dry cleaning하면 안 되는 이유이다. 물론 드라이클리닝이 아닌 물세탁으로도 코팅은 조금씩 소실된다. 물리적인 접착으로 작업된 Pigment가 세탁할 때의 마찰에 의해 소실되는 것과 마찬가지이다. 따라서 세탁을 할 때마다 내수압이 점차 내려갈 것이다. 하지만 견고한 필름 형태인 라미네이팅은 그런 일이 발생하지 않는다. 코팅 면의 두께는 그다지 균일하지 않으며 소포제로 제거하기는 하지만 거품도 상당수 들어있다. 따라서 내수압이 전 표면에 걸쳐 일정하게 나오지 않을 수도 있다. 원단 상태에서 Pass되었던 Rain test가 Garment 상태에서 테스트했을 때 가끔 Fail되는 이유이다.

DO NOT DRY CLEAN

파스텔 컬러의 일광 견뢰도가 나쁜 이유

패션 사업은 날씨에 의존하는 패턴을 보인다. 지구가 자전축에 대하여 23.5도 기울어져 있기 때문이다. 그로 인해 변화하는 날씨나 계절은 소비자들에게 새 옷을 사야 할 때라는 것을 알려준다. 하지만 이제 그러한 소극적인 패러다임에 기초한 패션 비즈니스 형태는 버려야 할 때가 왔다. 날씨는 우리가 컨트롤할 수 있는 팩터가 아니기 때문이다. 날씨에 상관없이 소비자들로 하여금 새 옷을 사야 하는 강력한 당위성이나 명분을 조성해야 한다. 어른들을 상대로 발렌타인 데이를 넘어 빼빼로 데이라는 황당하기 이를 데 없는 마케팅에 성공하고 있는 제과업계는 실로 대단하다고 밖에 할 수 없다. 지구 온난화에 부응하는 마케팅을 생각해 낼 수는 없을까?

패션업계도 새 옷을 사야 하는 날을 만들어야 하겠다. 남자가 여자에게 옷을 사 주는 날 'Skirt day', 반대로 여자가 남자에게 옷을 사주는 날 'Pants day', 예전의 추석이나 설 명절처럼 아이들에게 누구나 옷을 사 줘야 하는 날을 만들어야 한다.

이제 본격적인 겨울로 들어가고 있다. 미국의 가을 날씨가 따뜻해서 가을 장사를 망쳤다는 비극적인 얘기가 들려온다. 이런 현상은 갈수록 심화될 예정인데 그것은 지구 온난화 때문이다. 그것이 인간들이 뿜어내는 이산화탄소 때문이든 아니든(나는 아니라고 생각한다만) 따스한 대지의 어머니, 지구는 당분간 따뜻해지기로 작정한 모양이다.

Green chromophore

Red chromophore

발색단의 자외선에 의한 변화

혹시 **發色團** 발색단이 뭔지 들어봤는가?

발색단이란 특정한 색을 발현하는 분자를 말한다. 즉, 염료는 발색단 분자들로 이루어져 있다. 사람이 색을 인지하는 과정은 이제는 상식이 되었지만, 얘기를 꺼낸 지가 벌써 3년이 지났으므로 다시 한번 언급하겠다. 태양광은 우리가 보기에 색이 없는 것 같지만 실제로는 색을 가지고 있다. 프리즘에 태양광을 통과시키면 실로 희한한 일이 일어난다. 바로 무지개가 뿜어져 나오는 것을 볼 수 있다. 실제로는 여러 가지 색을 가진 태양광이 유리를 통과하면서 각 색깔들의 파장에 따라 굴절률이 다르게 나타나면서 발생하는 현상이다. 즉, 빨간색의 파장은 700nm 정도이고 보라색은 400nm 정도가 된다. 따라서 프리즘 위에서 각각 다른 굴절률을 나타냄으로써 각자 고유의 색이 나타나게 되는 것이다.

태양광의 Spectrum

어떤 물질이 특정한 색을 나타낸다고 했을 때 그것이 의미하는 것은 그 물질이 가시광선의 스펙트럼 중 어떤 색은 흡수하고 어떤 색은 반사하는 것이다. 예컨대, 달콤한 오렌지는 주로 파란색과 초록색 계통의 가시광선을 흡수하며 빨간색과 노란색 계통의 가시광선을 반사하고 있다.* 오렌지에서 반사되는 빨간색과 노란색의 가시광선은 눈의 수정체를 통해 망막에 비춰지게 되는데, 이때 망막에는 원추세포 Cone cell라는 색을 인지하는 세포가 있어서 (빨간색과 초록색 그리고 파란색을 인지하는 3가지 종류가 있음) 각각의 색 세포가 받은 가시광선의 색을 합성하여 뇌세포로 보낸다. 인체의 대뇌피질은 원추세포가 보낸 합성 신호를 최종적으로 주황색이라고 인지하게 되는 것이다.

발색단이란 이와 같이 특정 파장의 가시광선을 흡수하는 원자단이다. 단, 이 원자들은 다른 물질과 결합하여 원하는 색상을 발현하게 된다. 여기서 다른 물질이란 원단 같은 것이다. 우리가 통상 말하는 염색이란 영구불변 염색을 의미하여 그 반대는 Pigment라는 말을 사용한다. 따라서 염색은 원단의 분자와 발색단 분자가 화학적으로 결합하는 것이다. 물론 영구불변 염색이라는 말을 사용하기는 하지만 화학결합이 때로는 여러 요인으로 인하여 깨질 수 있기 때문에 탈색·변색이 생기기도 한다. 그 요인 중 하나는 바로 태양의 자외선이다.**

---

* 어떤 물질 위에 가시광선이 입사되면 일부는 흡수, 일부는 반사되는데 반사되는 중에도 정반사 또는 난반사되는 부분이 있다. 우리가 색을 보는 부분은 일부 파장이 난반사되는 부분이며 이중 4% 정도로 발생하는 정반사되는 부분은 흡수되는 부분 없이 모든 파장이 반사되므로 흰색으로 보인다. 어떤 물질의 표면이 매끄러우면 정반사가 많이 생기며 그 때문에 광택이 나는 물질은 흰 부분을 많이 가지고 있다. 검은색의 구두라도 광택을 내면 어느 부분이 광택으로 인하여 하얗게 보이게 된다. 이 부분이 바로 정반사가 일어나는 부분이다.

** 태양에서 뿜어져 나오는 복사선 중 파장이 짧은 것들은 에너지가 크기 때문에 어떤 물질을 공격해서 파괴한다. 그런 것들이 바로 자외선이나 X선 또는 감마선이다. X선을 지속적으로 쬐면 인체의 DNA가 변형되어 영구 손상을 입게 된다. 물론 인체에는 손상에 대한 정교한 치유 시스템이 있기는 하지만 지속적이고 강한 자외선은 영구적인 손상을 초래하게 된다. 예컨대, 자외선이 지속적으로 피부를 공격하면 인체는 자외선으로부터 피부를 보호하기 위하여 멜라닌이라는 색소를 만들어낸다. 그래서 태양이 강한 곳에서 사는 사람들은 멜라닌 색소가 많아져 검은 피부가 되는 것이다. 백인도 일시적으로 자외선을 많이 쬐면 멜라닌이 발생하지만 워낙 처음부터 멜라닌을 적게 가지고 있으므로 검게 되지 않고 빨갛게 된다. 물론 그만큼 피부는 많은 손상을 받게 된다. 그 결과가 바로 피부암이다.

이처럼 자외선은 에너지값이 커서 어떤 물질이든 공격하는데 발색단도 예외는 아니다. 그런데 발색단 분자의 양이나 밀도는 어떤 색상이나 동일한 것이 아니고 특정 색의 톤에 따라 달라진다. 진한 색은 연한 색보다 더 많은 발색단이 필요하다. 즉, 더 많은 염료가 필요하다. 따라서 진한 색은 연한 색보다 염색비용이 더 많이 들어간다. 과거에는 파스텔 컬러에 가격을 매기고 그 위로 Light/Medium/Dark로 나누어 염색료를 따로 계산했다. 그런데 요즘은 색에 따른 Surcharge를 별도로 받지 않기 때문에 진한 색을 주로 오더하는 바이어는 그만큼 더 상대적인 이익을 보는 것이다.

극단적으로 말해 검은색을 조제하려면 모든 발색단이 다 필요하다. 반대로 파스텔을 만들기 위해서는 한두 가지 발색단만 있으면 되고 매우 적은 양으로 조제가 가능하다. 따라서 색의 농도와 발색단 분자의 수는 비례한다. 그런데 일광에 의한 탈색은 자외선에 의한 발색단 분자의 파괴이다. 그 사실이 의미하는 것은 더 적은 수의 발색단은 동일 시간에서 더 빨리 소멸한다는 것이다. 이로써 파스텔 컬러의 일광 견뢰도가 특히 나쁜 이유가 설명된다.

그런데 발색단의 태양에 대한 저항성은 모든 색에서 동일하지 않다. 일부 색은 특히 자외선에 약하다. 예를 들면, 오렌지 계통이 그렇다. 이로 인하여 일광에 의해서 탈색이 아니라 변색이 되는 경우가 생긴다. 주로 진한 색에서 발생한다. 일광에 의한 변색은 여러 발색단 중 일부의 발색단이 먼저 파괴되어 발생한다.

흰색의 경우는 조금 다르다. 흰색은 발색단 분자가 필요 없다. 모든 가시광선을 반사해 버리면 된다. 따라서 표백제와 형광염료로 족하다. 그런데 왜 백색도 변색이 일어나는 것일까? 흰색이 의미하는 것은 그 위에서 모든 태양 복사선의 가시광선이 반사하는 것이다. 즉, 어떤 색도 흡수하지 않는다는 것이다. 사실 물질의 그런 상태는 매우 불안정하다. 모든

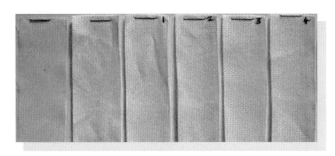

황변(Yellowing)

물질은 어떤 파장의 광선이든 흡수하려고 하는 성질이 있기 때문이다. 파장을 흡수하면 더 높은 에너지를 갖게 되기 때문이다. 표백제가 하는 일은 이런 흡수를 방해하는 일이다. 그런데 자외선에 의해서 표백제가 변성되어 구실을 하지 못하면 가시광선의 흡수가 시작되고 결국 어떤 색상이 나타나게 되는 것이다. 면직물의 경우 에너지값이 높은 파란색을 흡수하기 시작하여 우리 눈에는 보색인 노란색으로 보이게 된다. 그것을 우리는 황변 Yellowing이라고 한다.

완전한 백색이 의미하는 것은 가시광선의 스펙트럼을 전혀 흡수하지 않는 것인데 그것은 결코 쉬운 일이 아니다. 세상에서 가장 하얀 물질인 방금 내린 흰 눈조차도 가시광선의 75%만 반사한다. 따라서 고도의 백색을 유지하는 것은 매우 어렵다. 표백제가 나오기 전의 시절에는 순도 높은 백색 원단을 만들기 위해 한 달 이상의 기간이 필요했다.

프린트 원단이 Solid보다 더 가볍다?

　지금의 물가는 25년 전에 비해 10배 이상이다. 1977년도의 서울대 등록금이 10만 원 정도였다. 지금은 250만원이 넘는다. 25배나 뛴 거다. 하지만 원단 가격은 25년 전 보다 지금이 오히려 더 싸다. 당시에 가장 잘 팔리던 T/C 208T의 가격이 USD 1.20 정 도였는데 지금은 그보다 더 싸졌다. 다른 물가가 25배나 오를 때 원단 가격은 제자리 걸음도 아닌 거꾸로 뒷걸음질을 친 것이다. 지금의 원단 가격은 도저히 물러설 수 없는 Rock bottom 위에서 형성되고 있다. 따라서 몇 푼 Save되지도 않는 경박한 트릭이라 도 쓰지 않고서는 경쟁력 있는 가격을 요구하는 바이어의 욕구를 충족시킬 수 없다. 바 이어들은 25년 전보다 더 싼 가격에 원단을 사고 있으면서도 더욱더 싼 가격을 요구한 다. 하지만 세상에 존재하는 어떤 가격이라도 바닥은 있기 마련이다. 원단 가격은 이제 콘크리트도 아닌 강철바닥 위에 서 있다.

　MR인 A는 한 공장으로부터 Polyester single knit로 2가지의 다른 Offer 를 받았는데 하나는 Solid와 다른 하나는 그에 Match되는 Print Quality이 다. 그런데 A는 같은 생지를 썼다고 하는 두 Quality의 중량이 각각 다르 다는 사실을 발견했다. 각각 300g/y와 280g/y로 Print 쪽이 더 가벼웠다. 그래서 A는 당연히 공장에 왜 그렇게 되었는지를 물었다. 이에 대한 공장 측의 대답은 자못 논리적이었다. Print 쪽의 가공이 원래 Solid보다 많고 예컨대 Washing을 두 번 하는 등. 그래서 같은 생지를 사용했는데도 Print 쪽의 중량이 더 줄 게 되었다.

　옳은 얘기일까? 같은 생지를 사용했는데도 프린트를 하게 되면 Solid보 다 중량이 더 가벼워진다고? 정말일까? 정말이라면 왜 그럴까? Print 공정에서 무언가 중량을 가볍게 하는 가공이 포함되어 있을까? 혹자는 위에서 얘기한 것처럼 Washing을 두 번 하기 때문이라고 하지만 Washing은 그것이 Air tumbler이든 Water tumbler를 사용한 것이든 어느 쪽이나 원단에 수축을 일으키기 때문에 여러 번 하면 오히려 중량을 증가시키는 결과를 만나게 된다. 염색이든 프린트든 감량 가공을 제외하고는 일부러 당기지 않는 한 가공 과정에서 의도하지 않았는데도 중량이 감소하는 공정은 없다.

면의 경우, Seed 등의 불순물이 제거되는 정련 과정이 있기는 하지만 그로 인한 중량 손실은 의미 있는 정도가 아니며 Print에서도 마찬가지 가공을 거쳐야 한다. 염료의 무게도 무시할 만한다. 다만 면직물에서 생지보다 가공지가 중량이 덜 나가는 이유는 바로 호부 공정에서 가했던 호제, 즉 풀 때문이다. 프린트 과정도 마찬가지로 제품의 중량을 뚜렷하게 감소시킬만한 특별한 가공은 존재하지 않는다.

의도적으로 원단의 중량을 감소시키는 가공은 대부분의 Polyester 원단에 처리하는 강알칼리를 이용한 감량 가공이다. 1949년 영국에서 개발된 이 가공은 Drape성에 관한 한 극적인 효과를 발휘한다. 감량 가공의 원리는 원사 표면에 흠집을 내어 경사와 위사의 접촉면적을 줄이는 것이다. 그럼으로써 마찰력을 적게 하고 그것이 Drape성의 증진으로 나타나는 것이다. 요즘은 셀룰라아제를 이용한 면의 감량 가공도 상당히 유행하고 있지만 면의 경우 원단 상태에서의 가공은 Lot shade 차이가 심해지기 때문에 대부분 Garment 상태에서 실시한다. 이외의 공정들에서 원단의 중량을 감소시키는 가공은 없다. 따라서 가공 공정이 길어서 중량이 덜 나가게 된다는 주장은 터무니가 없다. 그렇다면 실제로는 어떤 일이 벌어지고 있을까?

멀쩡한 원단의 중량이 갑자기 줄었다면 그 이유는 하나뿐이다. 원단을 잡아 늘인 것이다. 과거에는 이런 장난이 통할 때가 많았다. 하지만 원단

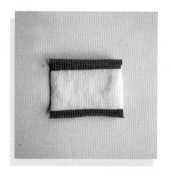
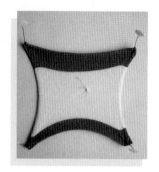

을 늘이면 중량이 감소하는 것 말고도 위사 밀도가 줄어들게 된다. 따라서 면직물처럼 밀도를 따지는 원단에서는 이런 트릭을 써 봤자 망신만 당하기 마련이다. 물론 밀도를 챙기지 않는 바이어에게는 이런 수법이 통할 때도 있다. 애초에 밀도를 잘 따지지 않는 Polyester 같은 경우도 이런 작전이 가능하다. 그리고 자주 먹힌다. 만약 바이어가 따지지 않는다면 늘어난 만큼 Mill은 불로소득을 챙길 수 있다.

그런데 니트의 경우, 중량으로 단위를 삼기 때문에 줄어든 중량을 숨길 수 없다. 하지만 대신 다른 종류의 트릭이 가능하다. 만약 염색을 마친 후 원단을 늘이면 어떻게 될까? Woven에서는 그만큼 염색료를 Save할 수 있다. 예컨대 10,000y를 염색하여 Dyeing charge로 10,000y분을 지불했는데 나중에 원단을 10%늘이면 1,000y에 대한 염색료가 Save된다(너무 적은 것 같다고? 백만 야드 오더를 하면 그 수량은 십만이 된다. 결코 적지 않다.). 하지만 Knit는 염색료를 중량 단위로 지불하기 때문에 이 수법 또한 소용없다.

하지만 프린트에서는 놀라운 일이 벌어진다. 아무리 니트라도 Print는 Y당으로 날염료를 지불하기 때문이다. 따라서 프린트를 찍기 전에 늘이는 것과 찍은 후에 늘이는 것은 큰 차이가 발생한다. 니트는 Woven과 달리 잘 늘어난다. 심하면 원단에 큰 손상을 주지 않고도 30%까지 늘일 수 있다. 따라서 Print를 하고 나서 원단을 30%를 늘이면 날염료에서 무려

30%를 Save할 수 있다는 논리가 성립한다. 물론 나중에 Pattern이 길게 늘어나는 것을 감안하여 제도를 미리 조정해야 할 것이다. Saturation'도 원래보다 30% 떨어지게 되므로 이 부분의 조정도 미리 해두어야 한다. 이 방법은 바이어에게 크게 해를 끼치지 않고도 Mill이 원가를 Save할 수 있는 좋은 책략이다. 하지만 이런 잡스러운 트릭을 쓸 수밖에 없는 Mill들의 처참한 실정을 바이어들은 도저히 이해하지 못한다.

갑자기 중국 원단 가격이 치솟으면서 바이어들은 낭패에 빠졌다. 그리고 이리저리 대안을 찾느라 분주하다. 인도네시아, 필리핀 하다못해 태국과 베트남까지 알아보지만 이미 대안은 존재하지 않는다. 중국이 예전에 이미 경쟁자들을 살인적인 저가 공세로 모조리 학살해 버렸기 때문이다.

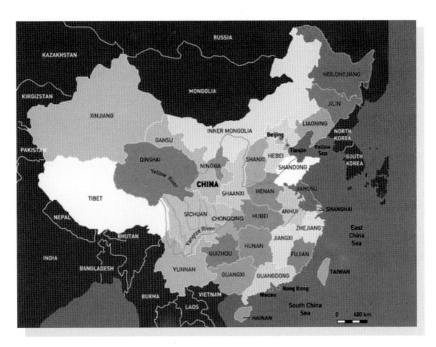

중국의 연해지역

---

* Saturation: 색농도

그렇다고 Retail 가격을 올리자니 이미 싼 가격에 길들여진 소비자들을 설득하기 쉽지 않다.

결국 마지막 대안으로 떠오르는 것은 다름 아닌 중국이다. 중국 대륙은 넓다. 한반도의 40배가 넘는 950만 제곱킬로미터나 된다. 그 중 우리가 원단을 공급받는 곳은 바닷가인 연안뿐이다. 홍콩·대만의 영역인 광동성·복건성으로 심천이나 광조우가 중심 도시인 남부 연해지역, 절강·강소는 상하이와 항조우·창조우를 중심으로 한 동부 연해지역, 천진이나 칭따오 등은 북부 연해지역에 해당한다. 결국 내륙 지역에서도 원단이 생산되는 데 그동안 외면당해왔다. 그 이유는 단순하다. 품질이 미치지 못하기 때문이다. 이제 그런 곳들이 갑자기 조명을 받게 되었다. Red Queen은 늘 뛰는 세상 속에 있고 우리도 마찬가지이다. 변해야 산다.

5

Print Lesson

Print 특강 1

구찌 라인 Joint Line이 무엇인가?

첫 번째 주제이다. 현장에서 가장 많이 사용되는 용어이면서도 정확하세 어떤 의미인지 모르는 MR들이 많다. 구찌 라인을 딸 수 없으면 프린트 방법 자체를 Screen에서 Roller나 Rotary로 바꾸어야 하기 때문에 Print의 중요한 첫걸음에 해당되는 지식이다. Print는 일본으로부터 기술을 전수받은 것들이 많아서 대부분의 현장용어들이 일본어로 되어있다. 나는 그것들을 되도록 영어나 한글로 바꿔 사용하려고 하지만 현장용어를 그대로 사용하면 현장에 있는 기술자들과 직접 Communication할 수 있으므로 되도록 그들의 Protocol을 익혀두는 것이 좋다.

Screen Print는 길이가 60인치이며 가로의 길이가 24, 32, 36인치의 세 가지 크기로 제작된 커다란 그물망이 씌어진 Screen에 새기고자 하는(음각의 도장처럼) 모티프를 구멍내어 그 부분만 염료가 들어가 원단 위에 묻

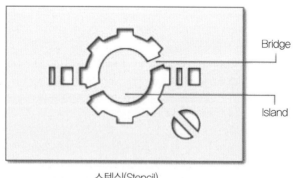

스텐실(Stencil)

게 만든 원리이다. 중학교 때 미술 시간에 배웠던 스텐실 Stencil이 바로 그것이다. 스텐실을 이용한 Silk screen기법이 바로 Screen Print이다.

그물망처럼 생긴 스크린 위에 Ground가 될 부분은 염료가 스며들지 않도록 구멍을 막는 작업을 하고 모티프가 될 부분은 그대로 둔 상태에서 스크린에 염료를 바르면 모티프 부분만 염료가 묻어 원하는 형태만 염색이 되는 기법이다.

스크린의 크기(가로 사이즈)가 클수록 큰 Repeat의 Pattern을 만들 수 있다. 하지만 대신 컬러의 최대 도수는 그만큼 줄어들게 된다. 전체 프린트 Machine의 길이는 대개 일정하고 길이의 한계 때문이다. 즉, 하나의 스크린에 한 개의 컬러만 표현할 수 있으므로 스크린 숫자를 많이 올려놓을 수 있다면 컬러 도수를 그만큼 많이 넣을 수 있다는 말이다(이 부분은 나중에 별도로 설명하겠다). 이 작업은 한 스크린에 여러 컬러를 쓸 수 없기 때문에 한 컬러에 한 Screen이 사용된다. 따라서 원단이 진행 방향으로(가로 방향) 움직이면서 한 컬러씩 찍는 과정이 된다.

그런데 문제는 Repeat와 Repeat가 만나는 곳이다. 이 부분을 Joint라고 하는데 매 리피트의 연결 지점이 별다른 표시 없이 자연스럽게 연속으로 보여야 한다. 그런데 양각의 Dot를 찍는 것이 아닌 한, 또 리피트 부분이 백색 그라운드가 아닌 한, 만약 Repeat 부분에 모티프가 있거나 그라운드가 유색인 경우, 먼저 스크린과 다음 스크린이 겹치는 부분을 피할 수가

없다. 이 경우, 할 수 없이 그 부분을 약간의 Overlap 중복으로 처리하게 된다. 그렇지 않을 경우 조금이라도 판과 판 사이가 틀어지거나 간격이 생길 경우 그 부분이 흰 선으로 나타나기 때문이다. 물론 이런 경우 이 부분은 모티프 중 가장 가늘거나 작은 부분에 처리해야 드러나지 않을 것이다. 이 부분을 Joint Line이라고 하고 현장 용어로 구찌 라인이라고 한다. 스크린을 가로지르는 모티프와 모티프의 연결선이 필요한 것이다.

이런 방법을 사용한 Pattern을 잘 살펴보면 이와 같이 모티프들을 연결하는 가느다란 선들이 존재한다는 것을 알 수 있다. 즉, 조금씩 떨어져 있는 모티프들은 자세히 보면 가는 선으로 연결되어 있다.

하지만 음각의 Dot Pattern 같은 경우는 이러한 Joint Line을 도저히 피할 수 없게 된다. 음각의 배경, 즉 아래의 그림처럼 Ground가 Solid처럼 깔리고 그 위에 모티프가 있는 경우, Solid 부분에서 Repeat가 만나면 그 부분은 어쩔 수 없이 선으로 나타나야 한다. 이 경우 오버랩으로 처리하면 그라운드보다 더 진한 선이 나타나게 되며, 따라서 매 스크린마다 반복되는 선이 출현하게 되어 아주 보기 싫어진다. 또 경사 방향의 Stripe가

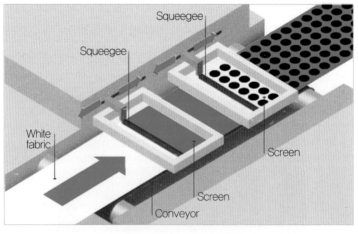

플랫 스크린 프린트 모식도

T E X T I L E   S C I E N C E

있는 패턴의 경우를 생각해 보자. 이 경우 매 스크린에서 선과 선이 연결되어야 하는데 아주 정교하지 않으면(사실 불가능하다.) 역시 결국 어긋나는 선들의 연속을 볼 수밖에 없게 되므로 그 부분은 불량이 되고 만다. 앞의 그림을 자세히 보면 맨 앞의 스크린이 유색 그라운드를 찍고 있는데 이런 방식으로 프린트 하면 100% 문제이다. 먼저 찍은 노란색 다음에 오는 스크린의 연결선을 피할 수 없다. 이 경우 아무리 잘 맞춰도 진한 선이 나타나거나 아니면 흰 선이 보이게 된다.

이런 경우는 어떻게 해야 할까? 해결 방법은 스크린과 스크린이 단속적으로 끊어지는 기계적인 구조를 아예 없애버리면 된다. 매번 스탬프 도장을 이용해서 연속되는 선을 찍는다고 생각해 보자. 아무리 스위스의 시계공 같은 정교한 손놀림이라도 스탬프를 한번 찍을 때마다 약간의 어긋나는 부분이 생길 것이다. 그 결과는 마디가 있는 구불구불한 선이다. 그런데 피자를 자르는 롤러 같은 것에 도장을 판다면 어떻게 될까? 마디가 없는 곧은 선을 만들 수 있다는 사실을 즉각 알 수 있다.

이에 따라 두 가지의 다른 방법이 고안되었다.

첫째는 Discharge print이다.

두 번째는 Rotary나 Roller print이다.

사실은 둘 다 구조적인 원리는 마찬가지이다. 위의 아이디어처럼 끊김이 없는 무한 연속 Repeat를 만든다는 것이다. 즉, Screen처럼 매번 단속적인 끊어지는 Repeat 동작이 아니라 둥그런 실린더 Roller를 사용하여 피염물 위를 굴러가게 함으로써 끊김이 없게 하는 것이다.

따라서 Joint line이 필요 없다.

Discharge는 모티프를 찍은 다음, 그 위를 Roller로 아예 덮어버린다 (Padding이라고 한다.). 그리고 수세를 하면 그라운드가 되는 염료는 그대로 있고 모티프 위를 덮은 염료만 모두 제거됨으로써 Print가 완성된다. 물론 모티프를 찍을 때 그 위를 덮는 염료는 침투되지 않도록 미리 손을 써

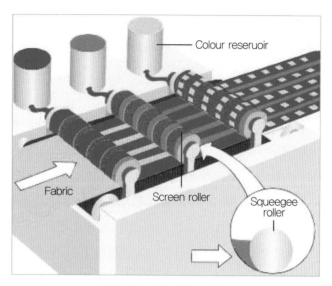

로타리 스크린 프린트 모식도

둔다. Padding 대신 아예 염색해 버리는 방법도 있다. 이 경우는 고도의 기술이 필요하고 단가도 훨씬 더 비싸진다. 따라서 Discharge는 Screen print와 Roller를 함께 사용하는, 즉 배경은 Roller로 모티프는 스크린으로 찍는 Combination print라고 할 수 있다.

Discharge print와 일반 Screen print를 구분하는 방법은 모티프와 Ground 사이의 Edge를 살피는 것이다. 만약 Edge에 Overlap이 보이면 틀림없는 Over Screen Print이다. Edge가 Sharp하고 Overlap이 없으며 약간 더 Light한 컬러로 경계선이 있다면 그건 Discharge이다. Discharge는 섬세하고 아름다운 모티프를 표현할 수 있기 때문에 해상도가 높은 것 같은 느낌을 준다. 따라서 Motif의 모양과 상관없이 Over print할 수 있는데도 Discharge하는 경우도 있다. 문제는 Discharge를 하려면 공정도 복잡하고 염료도 비싸다는 것이다.

Roller는 말 그대로 Roller에 모티프를 조각하여 도장 찍듯이 그대로 굴려서 찍는 기법이다. 따라서 Repeat의 Size가 Roller의 지름을 넘지 못하

TEXTILE SCIENCE

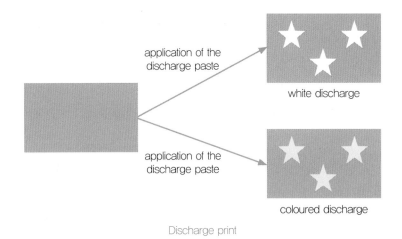

application of the
discharge paste

white discharge

application of the
discharge paste

coloured discharge

Discharge print

는 단점이 있다. Roller가 수직으로 장치되어 있으면 Roller print라고 하고 이 경우는 컬러도수에 제한이 많다. 도수를 늘리려면 위로 Roller를 배치해야 하는데, 그렇게 되면 공장의 천장이 높아져야 하고 고공작업이 동원되어야 하므로 보통 군복의 위장지나 Stripe 같이 2~3도 정도의 단순한 Pattern에 사용된다.

Rotary는 Roller가 수평으로 배치되므로 공장만 넓다면 12도 이상도 찍을 수 있다. 이론상 무한히 많은 도수를 찍을 수 있다. 하지만 문제는 Roller의 제작 비용이 비싸다는 것이다. 스크린은 제작 비용이 거의 들지 않지만 Roller의 동판 하나를 제작하려면 300불 이상의 단가가 소요된다. 이의 결과는 적지 않은 Minimum 수량의 요구가 된다.

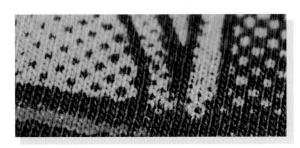

Edge가 선명한 Discharge print

Print 특강 2(날염에서의 '풀'이란?)

염색 침염과 Print는 같은 종류의 염료를 사용하며 똑같이 염료의 조제와 확산 그리고 염착 과정을 거치지만 프린트가 결정적으로 침염과 다른 점이 있는데 그것이 바로 풀이다.

침염은 염료 분자들이 활발하게 확산하고 이동해야 원단을 구성하고 있는 섬유의 분자들과 신속하게 결합을 형성할 수 있으므로 되도록 묽은 액체 상태를 유지하는 것이 유리하다. 만약 염료를 녹일 수만, 즉 염료를 운반할 수 있다면 액체가 아닌 기체가 훨씬 더 좋다.

하지만 Print는 염료 통에 원단을 푹 담그는 침염과 달리, 스크린 위에 염액을 바른 뒤 스퀴지 Squeegee로 긁어내는 과정이다. 따라서 침염의 염액처럼 묽은 점도의 액체 상태는 그대로 줄줄 흘러내리기 때문에 작업이 불가능하므로 적당한 점도를 유지하는, 이른바 겔 상태가 되어야 한다. 이때 염료를 겔 상태로 유지하기 위한 재료가 호제, 즉 풀이다. 풀은 액체의 농도를 묽게 하는 시너 Thinner와 반대의 개념으로 Thicker라고도 한

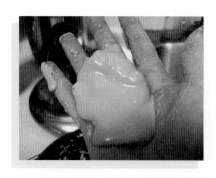

다. 호제는 이처럼 염료가 흘러내리지 않고 스퀴지에 의해 깔끔하여 제거될 수 있도록 적당한 점도를 부여하여 날염 공정을 가능하게 한다. 수채화 물감과 유화 물감과의 차이를 상상해 보면 된다. 이렇게 염료에 풀이 가해져 있는 상

태를 색호 色糊라고 한다.

풀이 날염에 미치는 영향은 다양한데 그 중 가장 중요한 것이 풀의 농도이다. 풀의 농도는 날염물의 첨예성 尖銳性을 좌우하는 아주 중요한 요소이므로 염료의 조제와 더불어 가장 중요한 Point가 된다. 첨예성은 Print물의 질을 따지는 척도가 되기 때문에 중요하다. 흐리멍덩한 Edge가 좋은 물건이 될 수 없다. 색호의 점도를 전문 용어로 Viscosity라고 하지 않고 Spinability, 즉 예사성 曳絲性이라는 말을 쓴다. 예사성이란 표면에 젓가락 같은 봉을 접촉시켰을 때 실처럼 뽑혀 나오는 성질로 끈적끈적한 상태를 말한다. 조청을 먹기 위해 숟가락으로 조청을 떴을 때를 생각해 보면 된다. 뽑혀 나오는 섬유가 길수록 예사성이 좋다고 말한다. 합성고분자 물질은 예사성이 좋아야 섬유가 될 수 있다. 하지만 Screen Print에서 예사성이 너무 좋으면 끈적해서 스퀴징이 힘들어지고 스크린이 올라갈 때 색호가 들러붙어 튀는 경우가 생기게 된다. 스크린의 Mesh 사가 막히는 일도 많아질 것이다. 반대로 스퀴징 과정이 없는 Rotary에서는 스크린에 비해 예사성이 더 좋은 색호가 유리해진다.

풀의 점도는 높을수록 컬러의 선명도가 높아진다. 높은 점도의 풀이 더 많은 염료의 농도를 유지할 수 있기 때문이다. 또 점도가 높으면 모세관 현상 Capillary Force이 일어나지 않으므로 번짐 Blurring이 일어나지 않고 첨예성도 좋아진다. 즉, Edge가 선명하다는 것이다. 결과적으로 침투성과 유동성은 첨예성과 반비례한다고 볼 수 있다.

Print물의 尖銳 첨예성은 결과물의 수준을 그대로 말해주는 바로미터가 되므로 스크린의 메쉬가 허용하는 한 높은 점도를 유지하는 것이 좋다. Print 당시의 색호의 점도를 보여주는 증거가 바로

예사성

Print물의 반대 면을 확인하는 것이다. 만약 반대 면에도 염료가 많이 침투되어 Face와 비슷한 선명도를 유지하고 있다면, 다른 말로 Saturation이 좋다면 그것은 호료의 점도를 낮게 한 것이다. 점도가 낮아 모세관 현상이 일어나 염료가 원단의 뒤까지 퍼진 것이다. 반대로 점도가 높으면 염료가 멀리 확산되지 못하고 근처에만 머물게 된다. 즉, 호료의 점도가 높으면 Saturation이 나빠진다. 이럴 경우 예상되는 문제가 Ring dyeing이다.

Ring dyeing이란 염료가 실의 안쪽 부분까지 침투되지 못하여 실의 표면만 염색되는 현상으로 Denim의 Indigo dyeing이 대표적인 예이다. Print에서 이런 경우 곤혹스러운 문제가 생길 수도 있다. 원사 전체가 염색되지 못하고 표면만 염색되면 원단에 장력이 발생하거나 세탁 후 원사가 뒤틀려 돌아갔을 경우, 염착되지 않은 하얀 면이 표면에 드러나게 되어 보기 흉하게 변해버리고 만다. 마치 제직 Defect처럼 보인다. Rayon Challie처럼 Soft하고 Slippage가 나기 쉬운 원단에 많이 생길 것이다. 물론 이런 현상을 Buyer에게 미리 알려 주지 않았다면 영락없는 Claim감이다. 따라서 첨예성이 떨어진다거나 Saturation 문제가 생긴다거나 풀이 튀는 현상이 발생한다거나 하면 이것들은 모두 풀의 점도를 맞추지 못하여 발생한 문제들이다.

호료는 증착 과정이 끝난 후, 탈호 과정을 거쳐서 제거된다.

만약 적절하게 제거되지 못하면 염색에서의 문제처럼 균염 불량으로 얼룩덜룩하게 될 것이다. 색호에 간혹 있는 기포에 의해 균염에 문제가 발생한 경우는 기포를 제거하는 소포제를 사용함으로써 해결한다. 호료의 pH는 중성이거나 알칼리성을 띠는데 분산염료의 경우 알칼리성이 되면 염료가 분해되어 색상이 선명해지지 않는 일이 가끔 발생할 때도 있다.

Print 특강 3(패턴 사이즈가 크면 컬러 도수가 적어진다?)

프린트 패턴의 Repeat가 커지면 도수에 제한이 있다고 한다. 전혀 관계가 없어 보이는 두 요인이 어떻게 상관관계에 놓여있는 것일까? 사실 Repeat와 도수는 서로 매우 밀접한 관계가 있다. Print 기계는 공장의 규모에 따른 공간적인 제약으로 인하여 크기가 한정되어 있다(Flat Bed Screen의 경우). 따라서 프린트 기계의 길이에 따라 스크린을 배치할 수 있는 매수(Frame 수)가 정해지는 것이다. 그런데 컬러의 도수는 Screen의 개수와 정비례하기 때문에 만약 Repeat 사이즈가 커지면 그에 따라 기계 위에 배치할 수 있는 스크린의 개수는 적어져야 한다. 즉, 도수가 줄어드는 것이다. 이에 따라 현재의 프린트 기계가 허용하는 이론적인 최대 Repeat 사이즈는 36인치이고 가장 작은 24인치일 때보다 겨우 33% 더 크지만 실제 도수는 효율 문제로 인하여 절반 이하로 급격히 줄어든다. 하지만 Rotary인 경우, Roll의 직경이 국제적으로 통일되어 있으므로 이 법칙의 적용을 받지 않는다.

따라서 리피트 사이즈에 따른 컬러 도수는 다음과 같다.

1. Polyester나 Rayon을 Print하는 공장은 기계 조건이 거의 비슷한데,

 1) Flat bed screen인 경우

   24" Repeat일 때: Max 15 ~ 16 Screens

   32" Repeat일 때: Max 12 ~ 14 Screens

   36" Repeat일 때: Max 6 ~ 8 Screens

사이즈에 따라 정비례하지 않고 도수가 급격하게 줄어드는 이유는 스크린을 기계 위에 다닥다닥 붙여서 배치하는 것이 아니고 어느 정도의 공간적 마진을 확보해야 하기 때문이다. 스크린을 배치하는 간격은 프린트 패턴의 성격에 따라 달라진다. 예컨대 아주 진한 컬러의 라인이나 모티프를 찍고 나서 급격히 톤이 낮은 컬러의 모티프를 바로 Fall on하거나 근접하여 찍게 되면 바로 앞 스크린의 염료가 채 마르게도 전에 다음 스크린을 접촉하게 되어 자칫 오염 가능성이 생기게 되므로 다음 스크린을 비워두어 Blank Screen 염료가 마를 시간을 확보하는 것이다.

따라서 생산성에 따른 효율은 32인치가 가장 좋다. 즉, 공장에서 가장 선호하는 사이즈가 32인치이다. 어떤 형태이든 공장의 최고 관심사는 생산량이기 때문에 생산량을 저해하는 작업은 상대적으로 싫어할 수밖에 없다. 즉, 리피트가 너무 큰 패턴은 생산성이 낮아서 공장이 기피할 수도 있다.

2) Rotary Print의 경우

전장제도가 필요한 빅패턴 프린트

Rotary Print는 완전히 다르다. Rotary Print는 스크린 대신 롤을 사용하는데 여기에 사용되는 롤의 사이즈는 전 세계 어디서나 25인치로 일정하다. 따라서 Rotary Print에 걸 수 있는 패턴의 사이즈는 25인치가 최대가 된다. 그런데 여기서 25인치는 직경이 아닌 롤의 원주이므로 직경으로 따지면 약 8인치가 된다. 즉, Rotary Print는 2차원 평면을 사용하는 Flat bed screen에 비해 3차원 공간을 이용하여 3배 이상의 길이를 확보할 수 있게 되어 짧은 길이로 많은 도수를 찍을 수 있다. 현재 Rotary print의 최대 도수는 22도로 22롤을 배치할 수 있는 기계가 최장이다. 물론 더 길게 설계할 수도 있지만 22도 이상은 수요가 거의 없으므로 낭비가 된다. 하지만 22도라도 길이는 Flat bed screen의 절반만 확보되면 만들 수 있다는 장점이 있다.

2. 제도 / 제판 Cost

1) Flat bed screen은 컬러당 제도비 약 25,000원, 제판비 약 20,000원 이며

2) Rotary는 제도비는 같고 제판비 동판비가 약 200,000원 선이다.

다만, 전장제도 Full width repeat의 경우 제도비가 거의 100,000원 정도이고 제판비는 20,000원 선이다. 그런데 전장제도는 왜 그렇게 비싼 것일까?

대부분의 일반적인 날염은 Original repeat가 그다지 크지 않고 작은 패턴의 규칙적 반복이 계속되는 경우가 많다. 이런 경우 반복 패턴에 따라 조그맣게 제도를 한 다음, 제판 과정에서 리피트를 복사하여 전체 Film을 만드는 기법을 사용한다. 영화의 CG도 마찬가지이다. 하지만 만일 Repeat size가 크면, 한 Repeat내에서 복사 & 복사의 기법을 사용할 수 없으므로 전 Repeat를, 즉 전폭과 전 repeat 길이만큼 모두 제도해야 하기 때문이다.

Print의 진화

롤러 프린트

인류 최초의 프린트기는 평판이 아닌 Roller print였다. 16세기 이전에 이미 사용되던 것을 1783년에 영국의 Thomas Bell이 상용화하였다. Roller print라는 메커니즘 자체가 스탬프로 도장을 찍는 행위를 자동화한 것이다. 도장 찍는 것을 우리는 '날인 捺印'이라고 한다. 찍을 捺에 도장 印이다. 즉, 구리로 된 Roll의 표면에 음각으로 패턴을 새기고 안으로 파인 凹 요 부분에 풀과 염료가 혼합되어 어느 정도의 끈기를 가진 이른바 '날염호'를 공급한 다음 원단과 롤러를 밀착, 압력을 이용하여 원하는 형태를 찍어내는 것이다. 학교에서 우리는 이런 것을 에칭 Etching이라고 배웠다. 쉬운 얘기인데도 구어체로 쓰면 영 권위가 없어 보인다. 그래서 이렇게 어려워 보이는 문어체를 쓰게 된다.

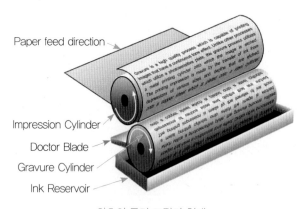

최초의 롤러 프린터 형태

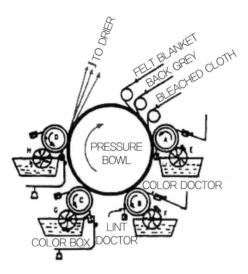

최근의 롤러 프린터 형태

롤러 프린트의 한계는 바로 도수이다. 컬러 하나는, 즉 1도는 롤 한 개에 해당하므로 많은 도수는 많은 롤을 의미한다. 따라서 공간을 절약하기 위해서는 롤의 배치가 중요하다. Roll의 배치는 처음에는 수직이었다. 즉, 위에서 아래로 배치하였던 것이다. 하지만 수직형태는 기계가 너무 높아지기 때문에 4도 이상은 찍기 어렵게 된다. 이후의 개선된 모양은 그림처럼 가운데 커다란 원통을 만들고 그 원통의 둘레에 각 Roll들을 배치하는 방식이다. 하지만 이 경우도 원통 가압 볼: Pressure bowl이 무한정 커질 수 없기 때문에(무게를 감당하기도 힘들다.) 6도 정도가 효용 가능한 최대가 된다. 따라서 롤러 프린트는 군복 같은 아주 단순한 컬러의 패턴을 대량생산할 때만 쓰인다. 당연히 장점은 대량생산이다. 롤러 프린트는 분당 70~100m로 스크린의 10m, 로터리의 40~50m에 비해 놀라운 생산성을 자랑한다. 초고속 롤러 프린트기는 분당 230m가 되는 것도 있다.

또 다른 단점은 패턴 사이즈에 한계가 있다는 것이다. 패턴 사이즈는 동판 롤의 원주에 비례하므로 사이즈를 키우려면 도수를 희생해야 한다.

결국 롤을 작게 만들면 더 많은 도수를 찍을 수 있겠지만 패턴이 작아져야 한다. 따라서 적당한 크기와 도수의 밸런스를 생각하여 현재의 크기가 된 것이다.

평판 스크린 프린트

보다 더 큰 패턴과 더 많은 컬러에 목마른 대중들의 욕구에 따라 1907년, 영국의 Samuel Simpson에 의해 평판 스크린 Flat Bed Screen 프린트가 탄생하여 현재에 이르고 있다. 이 기계로 인하여 패턴 사이즈는 6도에서도 최대 36인치 사이즈까지 표현할 수 있게 되었다. 하지만 평판 스크린의 문제점은 역시 생산성이다.

그리고 연속성이 있는 스트라이프 패턴은 Joint Line으로 인하여 찍을 수 없다는 단점이 따랐다. 최초의 스크린 프린트인 평판 스크린은 롤러와 달리 표면에 음각을 새겨서 찍는 대신, 고운 그물 위에 원하는 패턴을 그린 다음, 찍을 부분은 그대로 두고 찍지 않을 부분은 그물의 구멍을 메우는 방식으로 진화하여 보다 정교한 모티프를 표현할 수 있게 되었다. 학교 때 배운 실크 스크린이 바로 이 방식이다.

다음으로 생각할 수 있는 새로운 방식의 프린트는 당연히 롤러의 장점

평판 스크린 날염기(Flat Bed Screen machine)

TEXTILE SCIENCE

과 스크린의 장점을 합친 것이
될 것이다. 그것이 바로 1960년
포르투갈의 올리베이타 바로
Oliveita Barros가 발명한 로터리
프린트이다.

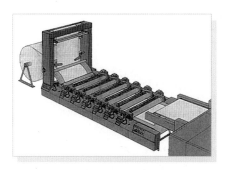

로터리 프린트는 롤러의 생
산성과 스크린의 패턴 사이즈
그리고 정교한 Edge의 구사가

로타리 스크린 프린트기

장점으로 돋보인다. 스크린 프린트는 2차원 평면인 평판이 찍을 때마다
스크린의 승강 운동을 통하여 원단을 이동시켜야 한다. 즉, 찍고 보내고
찍고 보내는 동작을 반복한다. 따라서 스크린은 연속성을 띨 수 없어 연
속된 스트라이프 패턴인 경우 판과 판 사이가 겹치게 되는 Joint line을 피
할 수 없다. 하지만 롤은 3차원 무한 원이므로 승강 운동이 필요 없이 원
단에 계속 압력을 준 상태로 이동시킬 수 있다. 따라서 스트라이프 무늬
도 문제 없이 찍을 수 있어 각광받게 되었다.

또 로터리의 롤은 평판 스크린처럼 수평으로 배치되어 작은 공간에 무
려 22도까지 컬러 도수를 나타낼 수 있어서 기계가 스크린처럼 어마어마
하게 크지 않아도 되며, 따라서 많은 공간을 절약할 수 있게 되었다. 단
롤의 사이즈는 평판과 달리 크고 작은 사이즈를 적용할 수 없으며 25인치
로 일정하다. 이런 기계적인 이점으로 생산량은 평판 스크린의 3~4배에
달했으며 스크린과 같은 방식인 그물 위에 패턴을 표현하는 방식으로 정
밀한 패턴을 만들 수 있게 되었다.

로터리의 롤은 평판 스크린처럼 벌집 형태의 금속 망으로 되어있어서
스크린과 똑같은 방식으로 인날할 수 있다. 다만 스크린을 긁어내리는
스퀴지가 원통의 내부에 있다는 것이 다르다.

문제는 너무 큰 Minimum이다. 롤을 제작하는 비용이 도당 20만 원으

로 스크린의 4배에 달하므로 Minimum 수량이 커져야 한다. 따라서 소량 다품종을 원하는 최근의 추세와는 잘 맞지 않게 되었다. 다만 연속성이 있는 패턴이면서 생산량이 많아야 하는 오더를 소화하는 방식으로 나름의 수요를 가지고 존재해 오고 있다.

다음으로 진화한 프린트 방식은 전사 프린트이다.

보통 전사 프린트를 Photo print라고도 하는데 정식 이름은 Heating Transfusion Print이다. 즉, 말 그대로 열을 이용한 Transfer, 즉 판박이 프린트라는 것이다. 60년대에 한동안 판박이가 유행한 적이 있었다. 그 판박이는 열이 없이 오로지 압력만으로 전사하는 방식이었기 때문에 견뢰도가 매우 약했다. 하지만 플라스틱 같은 매끄러운 표면 위에서는 상당히 견고한 견뢰도를 구축하여 TV나 냉장고 같은 고가의 물건들을 망쳐서 많은 어머니들의 두통에 기여한 바 있다.

지금까지 등장했던 프린트기들은 색호를 사용하여 프린트를 해왔다. 염료에 풀을 포함시킨 이유는 일정한 점도 Viscosity를 유지하기 위해서이

전사 프린트기

다. 즉, 염료가 프린트하는 기계적인 과정에서 흘러내리지 않게 하기 위함이다. 하지만 점도가 너무 높으면 Saturation이 좋지 않게 되어 프린트가 잘 찍히지 않는 문제가 있고 점도가 너무 낮으면 잘 마르지 않아 스크린에서 스크린으로 넘어갈 때 스크린 스침 오염이 생기게 되므로 밸런스를 잘 맞추어서 양쪽에서 어느 정도의 희생이 필요한 것이다.

가장 좋은 방법은 점도를 높이고 생산량을 줄이는 방법이지만 공장의 가장 중요한 관심사는 생산량이기 때문에 점도를 최대한 낮추어 생산성을 유지해야 하는 것이다. 그에 따른 대가는 스침 오염이나 번짐이다. 점도가 낮은 액체는 원단과 같은 섬유로 구성된 물체에서 모세관력 Capillary Force이라는 물리적인 힘이 작용한다. 따라서 염료는 원하지 않는 방향으로 번져서 Sharp Edge를 갈망하는 우리의 염원을 산산이 깨뜨려 버린다. 즉, 생산성과 점도는 반비례 관계에 놓여있고 Sharp Edge와도 상관관계를 형성하고 있으므로 생산성을 위해서는 정밀한 제품을 만들 수 없는 역학관계에 놓여있다. 이런 문제를 개선하고자 하는 것이 바로 전사 프린트이다.

전사 프린트는 찍고자 하는 패턴을 먼저 특수 종이 위에 찍은 다음, 그 종이를 원단 위에 전사 Transfer하는 방식이다. 종이 위에는 어떤 정교한 패턴이든 깨끗하고 정밀하게 인쇄가 가능하다. 이렇게 인쇄된 종이를 그대로 원단 위에 전사시키는 기술인 것이다. 따라서 번짐이나 스침이 전혀 없는 최상의 Sharp Edge를 만들 수 있다.

전사는 염료에 따라 Pigment도 되고 Dyestuff도 가능하다. 염료를 사용하는 방식은 두 가지가 있는데 건식과 습식이 그것이다. 건식은 Polyester 원단에 사용 가능하며 분산염료를 승화 현상 Sublimation을 이용하여 염착시키는 방법이다. 승화란 어떤 물질이 고체에서 액체를 거치지 않고 바로 기체가 되는 현상이다.

따라서 번짐이 전혀 없는 고도로 섬세한 패턴과 사실적인 표현이 가능하다. 습식은 물을 이용하여 전사하는 방식이다. 승화가 없는 분산염료 외의 프린트는 습식으로 진행가능하다. Water Transfer Print라고도 한다.

전사는 인쇄와 날염이 Combine된 첨단 기술이다. 실제로 종이에 인쇄하는 과정은 인쇄기를 사용한다. 종이에 인쇄된 판을 원단 위에 날염하는 과정은 로터리 방식으로 진행한다. 따라서 모세관 현상도 번짐도 스침도 일어나지 않는다.

주위에서 가장 쉽게 볼 수 있는 승화 현상이 바로 드라이아이스이다. 모든 물질은 압력과 온도에 따라 고체나 액체 또는 기체처럼 3태의 형상을 나타낸다(물을 생각해 보라.). 이산화탄소도 평소에는 기체이지만 고도로 압축하여 냉각시키면 영하 78도에서 고체로 변한다. 이것이 드라이아이스이다. 드라이아이스는 상온에서, 즉 실온에서 고체에서 액체를 거치지 않고 바로 원래의 상태인 기체로 승화한다. 물론 드라이아이스가 내뿜는 하얀 기체는 이산화탄소가 아니다. 주변 공기가 차갑게 변해서 응결한 물방울인 것이다. 사실 모든 물질은 조금씩이라도 승화한다. 어떤 고체라도 실온에서 작은 분자로 분해되어 날아간다. 예를 들면 금도 지금 이 순간 조금씩 승화하여 날아가고 있다. 물론 그 속도가 늦기 때문에 우리 일생인 80년 내로 사라지지는 않으므로 걱정하지 않아도 된다. 모든 물질이 스스로 증발하는 성질을 증기압이라고 표현한다. 증기압이 높으면 빨리 날아가서 없어진다는 뜻이다. 물은 증기압이 아주 높은 물질이 된다. 세상에서 가장 증기압이 낮은 물질 중의 하나가 바로 전구 안에 있는 필라멘트의 재료인 텅스텐이다. 분산염료는 증기압이 높기 때문에 이런 기술이 가능하게 된 것이다.

전사 프린트는 이런 장점들이 있지만 많은 여러 가지 문제를 가지고 있는데, 첫째로는 Color Matching이 상대적으로 어렵다는 것이다. 승화 과정에서의 물리적 변화를 감안한다면 결과물이 그 정도로 나온다는 것도 대단하지만 말이다. 또 다른 단점은 염료의 모세관 현상이 일어나지 않으므로 프린트물 뒷면이 사진의 뒷면처럼 하얗다는 것이다. 그리고 승화 견뢰도의 문제이다. 전사는 세탁이나 마찰 견뢰도는 우수하지만 승화 견뢰도는 일반 프린트에 비해 낮은 편이다. 분산염료 자체가 증기압이 높고 염료 분자를 승화로 확보하였으므로 반대로 승화로 도망가는 염료도 많다. 당연한 얘기지만 전사 프린트의 분산염료는 승화가 쉽게 일어날 수 있도록 크기가 작은 E 타입을 사용하는 것이 기본이다. 그렇지 않으면 채도가 올라오지 않는다. 또 하나의 문제는 S/O를 찍을 수 없다는 것이다. 따라서 S/O를 굳이 내려면 본 작업과 똑같은 과정으로 프린트를 진행해야 한다. 이것은 개발이 어렵다는 사실과 직결된다. 이유는 동판 때문이다. 전사 프린트의 동판은 로터리처럼 철망을 쓰는 것이 아니고 구리를 통째로 쓰기 때문에 롤 가격이 비싸다. 대략 롤 한 개가 사이즈에 따라 500~1,000불 정도로, 만약 6도짜리 프린트를 찍을 경우 동판 값만 6,000불에 달하기 때문에 Min문제는 물론 패턴 개발이 어렵고 Combo가 많은 패턴은 아예 거부되기도 한다. 물론 Combo의 개수에 따라 동판 수가 늘어나는 것은 아니지만 Ground와 모티프 간의 진연 진색과 연색 관계에 따라 동판을 새로 파야 할 때가 많다(통계상 Combo가 추가되면 이런 일이 발생할 확률이 30% 정도 된다고 경험자들이 얘기한다.). 물론 한번 사용된 동판은 이후 2회 정도 재생이 가능하다.

가장 큰 문제는 도수의 제한이다.

전사 프린트는 현재의 기술로 6도까지만 가능하며 그 이상은 많은 문제가 발생하므로 기피된다. 다만 Tonal Effect기법을 사용하여 각 Color마다 음각의 깊이에 따라 명암의 차이를 나타낼 수 있으므로 실제로 그런 Effect가 있는 패턴은 유리하다. 다만 Tonal Effect는 정확한 Color Matching이 어려우므로 그 점을 감안하여 사용하여야 한다. 즉, 전사 프린트의 가능한 도수는 6도×1~2개의 Guarantee되지 않는 Tonal Effect/Each color라고 할 수 있다.

---

* Combo: 같은 패턴의 다른 색(Color Way)

그런데 전사는 패턴 사이즈가 고정된 로터리에 비해 여러 사이즈를 다양하게 구사할 수 있다는 장점이 있다. 즉, 22인치에서 최대 38인치까지도 제작할 수 있기 때문에 큰 리피트의 패턴을 찍을 수 있다. 물론 그렇게 했을 때의 단점은 평판 스크린과 마찬가지로 도수의 제한이다. 작은 패턴을 쓰면 7도도 가능하지만 큰 사이즈일 때는 5도나 심지어는 4도만 가능할 때도 있다. 38인치 사이즈의 동판 값은 무려 200만 원이나 간다는 것도 불리한 점이다.

전사는 또한 승화성이 있는 분산염료로 염색되는 소재에만 가능하다는 단점이 있다. 즉, Polyester에만 찍을 수 있다. 하지만 최근에는 면이나 나일론에도 습식으로 전사 프린트할 수 있는 기법이 개발되어 소개되고 있지만 아직 대량생산은 어렵다고 알려지고 있다.

전사 프린트의 또 하나의 장점은 실사와 같은 정교한 이미지의 연출이 가능하다는 것이다. 사람의 얼굴 사진 같은 모티프를 표현하려면 신문의 전송 사진처럼 아주 작은 점으로 구성된 모티프를 찍을 수 있어야 한다. 염료가 젖어있는 상태에서는 모세관 현상 때문에 불가능한 기법이다. 현재는 과거의 프린트 방식들이 도태되어 사라지지 않고 나름의 장점을 살려 오더의 성질에 따라서 각각 일정 수요를 유지하며 존속하고 있다.

디지털 Print와 원색분해

　2015년은 요리사의 전성시대라고 할만하다. 모든 TV채널이 크든 작든 요리사와 요리에 대한 주제를 다루고 있고 요리사들은 셰프라고 불리며 최고의 인기를 누리고 있다. 인기 있는 요리사의 조건은 물론 맛있는 요리 비법을 여럿 가지고 있는 것이다. 그 비법을 Recipe라고 한다. 화가들도 Recipe를 가지고 있는데 다름 아닌 자신만의 컬러 배합법이다. 그것도 Recipe라고 한다. 세상에 같은 컬러는 없으며 화가는 자신만의 독특한 색상을 제조하여 자신의 그림에 사용한다. 그런데 화가의 컬러 Recipe는 요리사의 Recipe와 크게 다른 점이 있다. 요리는 다양한 요리 재료를 쓸수록 무궁무진한 새로운 요리를 창조할 수 있는데 컬러는 그렇게 할 수 없다. 색상을 만드는 재료, 즉 물감은 수십만 가지 있을 수 있지만 물감은 다양하게 섞일수록 결과물이 탁해진다는 것이다. 즉, 채도가 낮아진다.

원색분해란?

　프린트를 하려면 컬러 도수에 따라 동판 또는 스크린이 같은 매수로 필요하다. 하지만 원색분해는 오로지 4개의 컬러, 즉 4도의 컬러로 수십만 가지 컬러를 만들어 낸다. 어떻게 그럴 수 있을까? 주변에 널려있는 컬러 프린터는 수십만 가지 컬러를 인쇄해낼 수 있다. 하지만 잉크 Tonner는 오로지 4가지밖에 없다. CYMK가 바로 그것이다. C는 파란색이라는 뜻의

Cyan, Y는 Yellow, M은 붉은색이라는 뜻의 Magenta로 색의 3원색에 Black을 추가한 것이다. 3원색을 섞으면 Black이 되지만 혼합된 색은 어느 정도 반사가 일어나 진정한 Black이 되지 못하므로 별도의 Black Toner가 필요하다.

사실 3원색은 RGB, 즉 빛의 3원색만이 진짜다. 원색이란 아무 것도 섞이지 않은 단색광이라는 뜻이다. 종이 같은 물체에 출력된 단색은 오로지 한 가지 색만을 반사하고 나머지는 모두 흡수해야 하는데 이는 불가능하다. 따라서 색의 3원색은 최대한 단색에 가깝도록 만든 것이다. 그것들이 CYM이다. 그러므로 3원색이 있으면 이들을 각각 적당량 혼합하여 다양한 컬러들을 만들 수 있다. 어떤 색이든 섞을수록 다양한 컬러가 나오기는 하지만 빛을 섞는 것과는 달리 출력된 색을 만들기 위해 물감을 섞을 때는 한 가지 치명적인 문제가 있다. 물감을 다양하게 섞을수록 채도가 낮아져 점점 어두워지다가 결국은 Black으로 수렴한다는 문제가 있다.

19세기, 프랑스의 화가인 조르쥬 쇠라 Georges Pierre Seurat 1859. 12. 2~1891. 3. 29.)가 처음 발견한 시도한 점묘화 Stipples 기법이 바로 그 문제를 해결한 것이다. 광학을 공부한 쇠라는 물감들을 직접 혼합하지 않고 작은 점으로 중첩되지 않도록 찍어서 그리면 인간의 망막이 그것을 인식하지 못하여 채도가 높아지지 않는다는 사실을 발견한다.

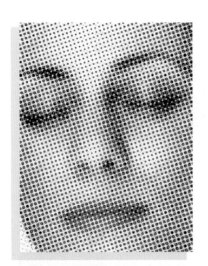

얼굴 이미지는 원색분해로만 가능하다.

그렇게 해서 오늘날의 컬러 프린트가 가능해졌다. 이런 식으로 컬러를 찍어내는 방식을 원색분해 Color Separation라고 한다. 같은 이론으로 빛의 3원색인 RGB Red, Green, Blue

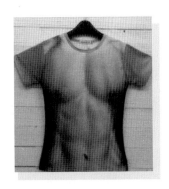

를 이용하면 컬러 TV도 만들 수 있다. 컬러 TV의 스크린은 신호등처럼 오로지 3가지 컬러를 보여주는 다이오드만 있다. 하지만 단 3종류의 다이오드로 수십만 가지 컬러를 표현한다.

원색분해 기법을 사용하면 일반 프린트로는 표현할 수 없는, 사람 얼굴 같은 입체적인 이미지도 표현할 수 있게 된다. 물론 스크린이나 롤러의 매수는 4개면 된다. 디지털 프린트도 이와 같은 방식으로 작동한다.

이런 원색분해가 가능하기 위해서는 모든 모티프를 작은 점으로 구성해야 하는데 Screen print 같은 Wet print 방식은 염료 색호가 모세관 현상을 일으켜 번져버리기 때문에 작은 점을 표현하는 데 한계가 생긴다. 즉, 작은 점을 찍을 수 없다. 그런데 점의 크기는 해상도를 결정하기 때문에 점이 작을수록 선명한 이미지를 얻을 수 있다. 따라서 스크린 프린트로는 해상도가 낮은 이미지만 가능하다. 하지만 전사 프린트 Heat transfer의 경우, 분산염료의 승화성을 이용하므로 염료가 물과 섞이지 않고 Dry한 상태에서 프린트가 가능하기 때문에 번지지 않아 아주 작은 점을 표현할 수 있고

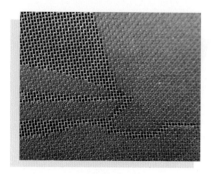
스크린 Mesh

따라서 높은 해상도를 얻을 수 있다. 하지만 유감스럽게도 전사 프린트는 Polyester만 가능하다는 한계가 있다. 분산염료에 잘 적용되는 소재가 Polyester뿐이기 때문이다.

따라서 면이나 Rayon 같은 소재에 원색분해를 하기 위해서는 고도의 기술이 필요하다. 스크린 프린트에서 되도록 번지지 않고 작은 점을 표현하려면 두 가지 작업이 필요한데, 첫째는 점을 작게 만들기 위해서는 스크린의 목수 目數를 가늘게 하는 것이다. 망의 크기 자체가 작아야 점의 크기가 작아지기 때문이다. 두 번째는 번지지 않기 위해 색호의 점도를 높여야 한다. 즉, 염료에 풀을 진하게 타야 한다.

그런데 이 두 가지 작업은 스크린이 막히는 Clogging 불량을 가속화시킨다. 목수가 가늘면 색호의 점도가 낮아야 하는데, 반대로 색호의 점도가 높아지고 색호의 점도가 높은 상황에서는 스크린의 목수가 커져야 하는데 양쪽 다 반대로 작용하기 때문이다.

공장으로서는 매우 숙련도가 높은 사람만이 할 수 있는 매우 까다로운 작업이 될 것이다. 원색분해 프린트를 티셔츠에 많이 찍는 Pigment로 할 경우, 통기성이 확보된다는 장점이 있다.

Discharge Print 이야기

80년대 중반만 해도 개발도상국인 대한민국의 기술 수준으로 Discharge Print를 할 수 있는 공장이 거의 없었다. 대구는 아예 없었고 서울에서도 반월의 몇몇 업체만 가능했었다. 이후, 대구의 조방이라는 공장이 서울 바깥에서 Discharge를 할 수 있는 유일한 공장으로 떠올랐다. 이런 구도는 90년대, 대구의 Polyester 감량물 산업이 몰락할 때까지도 크게 달라지지 않았다. 즉, Discharge Print가 그만큼 어렵다는 얘기가 될 것이다. 당시에 폭발적으로 유행했던 Rayon 직물에 Discharge를 제대로 할 수 있는 공장은 지금은 망하고 없는 갑을이 유일했다(홍콩의 China Dyeing도 유명하다. 나중에 공장을 중국의 심천으로 옮겨갔다. 당시에도 갑을보다 기술이 더 뛰어난 것으로 평가받았다.). Discharge를 제대로 할 수 있다는 의미는 Dyeing discharge가 가능하다는 것이다. Dyeing discharge가 뭐냐고? 원래 D/P의 역사는 면이나 Silk에서 먼저 비롯되었으며 Polyester는 발염 염료의 종류가 제한적이어서 뒤늦게 영국의 ICI에 의해 1980년도에 개발되었다.

그 어렵고 까다롭고 비싼 Discharge Print 이하 D/P를 Buyer들이 좋아했던 이유가 뭘까? 이유는 두 가지이다. 첫째는 특정 패턴 때문에 피치 못해서이고, 둘째는 High quality를 위해서이다.

Overlap

D/P의 장점을 얘기하자면 일단 태 態 가 고급스러워 보인다는 것이다. 이유 는 바로 Sharp Edge 때문이다. D/P는 모티프와 그라운드가 전혀 겹치지 않기 때문에(즉, Overlap이 없다.) 매우 선명해 보인다. 요즘의 기준으로 보면 해상도 가 매우 높아 보인다는 것이다. 어떤 물 체가 겹쳐 보인다는 것 Overlapped은 사 물을 관찰하는 사람이 斜視 사시이거나 심각한 저혈당 상태에 빠져있는 것이 아닌 이상, 해상도가 낮거나 싸구려 거나 둘 중 하나이다. 사실 비전문가의 눈으로 보더라도 D/P와 일반 프 린트와는 현격한 차이가 있다. 따라서 Better 이상의 브랜드에는 D/P가 필연적이었다.

또 다른 중요한 이유는 일부 디자인의 Joint line을 피하기 위해서이다.

평판 스크린에서 모티프가 서로 연결되지 않고 독립적으로 떨어져 있 는 패턴의 경우, 즉 모티프가 섬처럼 되어 있는 패턴은 모티프와 모티프 사이의 그라운드에 Joint line이 생기게 된다(프린트 특강 1 참고). 이유는 단 순하다. 일반 스크린 프린트에서는 그라운드도 모티프의 하나로 찍히기 때문에 판과 판이 넘어갈 때 그라운드가 겹치는 현상을 피할 수 없다. 각 판의 그라운드를 연결하는 과정에서 판과 판 사이를 정밀하게 맞출 수 없 고 그렇다고 두 그라운드 사이의 경계선이 약간이라도 벌어지면 그 부분 이 하얀 선으로 나타나기 때문에 할 수 없이 약간 겹치는 안전한 선택을 하게 된다. 그라운드가 Black color인 경우는 Joint line이 아주 미약해서 그냥 쓰기도 하지만 대개는 문제가 된다. 이런 현상을 피하기 위해서는 Rotary나 Roller print를 하면 되는데 두 경우는 미니멈 최소 수량이 너무 커 서 문제가 된다. 이때 바로 D/P가 동원되어야 하는 것이다. D/P는

Ground를 별도로 Padding하거나 염색하기 때문에 Joint line을 피할 수 있다.

D/P는 3가지 방법이 있다.

1) Dyeing discharge

Solid로 완전하게 염색된 가공지에 원하는 모티프를 찍은 다음 모티프가 찍힌 부분의 염색 부분을 탈색시켜 버리는 것이다. 물론 그렇게 하기 위해서는 염색할 때의 염료나 프린트를 찍는 염료나 서로 반응할 수 있도록 특수하게 처리해야 한다. 즉, 염색할 때 쓰는 염료가 프린트를 찍는 염료와 만나면 탈색이 진행되어야 한다. 그리고 수세하면 염료는 빠지고 나중에 찍은 프린트 부분만 남게 되는 것이다. 장점은 염색 과정에서 풀을 쓰지 않으므로 상대적으로 Hand feel이 가장 양호하며 Bleeding도 나타나지 않는다. 앞 뒷면이 동일하게 착색되어 고급스럽게 보인다. 단점은 염착이 강해 발염성이 떨어진다는 것이다.

2) Padding discharge

Padding이란 아무 무늬도 없는 민짜 Roller에 염료를 발라 원단 전체에 바르는 것이다. 즉, 한 면만 염색하는 효과가 되는 것이다. 이 방식은 Dyeing discharge와 같은 원리이지만 Dyeing D/P의 경우 원단 염색이 선행되어야 하므로 프린트 공장에 염색 시설을 갖추고 있어야 가능하다. 하지만 Print공장이 그런 조건을 갖추기는 힘들기 때문에 염색 대신 Roller로 한쪽 면만 Padding하여 Ground 효과를 만드는 것이다. 이 경우의 단점은 뒷면이 하얗기 때문에 완벽한 고급 제품을 만들기는 힘들다는 것이다. 또 Padding 과정에서 기포가 발생할 수 있으므로 Dyeing에 비해 상대적으로 균일한 제품을 얻기 어렵다. Padding은 Listing이나 Ending의 우려가 많다. 염색과 비교가 되지 않는다. 또 Polyester는 면이나 Rayon에 비해 염색 과정이 간단하고 Cost가 낮으므로 Dyeing D/P가 수월하지만 면이나 Rayon은 염색과 프린트 시설을 동시에 갖춰야 하는 장치 산업에 해당되어 두 기종을 모두 갖춘 거대한 공장 외는 거의 불가능한 경우가 많았다. Dyeing D/P에 비교되는 장점은 Padding은 염호가 원단에 완전히 염착되기 전에 모티프를 찍게 되므로 발염성이 양호하다는 것이다.

3) 후 Padding discharge

Padding을 먼저하고 나중에 프린트를 찍느냐 또는 프린트를 먼저 찍고 나중에 Padding을 치느냐에 따라 발염과 방발염이라는 두 가지 종류의 Padding discharge가 있을 수 있다. 어느 쪽을 먼저 하느냐에 대한 차이가 존재하는 것은 발염성과 첨예성 때문이다. 선 Padding은 발염성과 첨예성이 떨어지는 대신 번짐의 문제가 없다. 후 Padding의 경우, 번짐의 문제가 있는 대신 발염성*과 첨예성**이 뛰어나다. Mill은 전자를 원했지만 Brand들은 후자를 택했다. 왜냐하면 발염성과 첨예성이 떨어지는 것은 문제가 아니지만 번짐은 문제이기 때문이다. Brand들의 입장으로서는 탁월한 발염성과 첨예성의 혜택은 원래 자신들의 것이며 번짐에 대한 문제는 Mill의 책임으로 돌릴 수 있기 때문이다. 결국 현재는 Buyer's market이므로 지금의 Padding discharge는 대부분 Risky한 후 Padding으로 진행하고 있다. 다만 한 가지 주의할 점이 있다.

발염은 완벽하지 않다. 일단 한번 염색된 부분을 완전히 탈색시키고 다시 순백의 White로 만드는 기술은 불가능하다. 물론 발염 후 백도의 차이가 기술 수준의 차이로 나타나겠지만 국내나 중국의 기술이 한계가 있다는 점을 감안하는 것이 좋다. 따라서 되도록 모티프를 Cream 같은, 어느 정도는 톤이 있는 쪽을 고르는 것이 안전한 선택이다. 다만 발염성은

---

* 발염성: 한번 염색한 원단을 다시 탈색시킬 수 있는 성능
** 첨예성: 이른바 Sharp Edge, 즉 모티프가 Over lap되지 않고 정교한 Motif를 구현할 수 있는 성능

Dyeing discharge보다는 Padding discharge가 더 양호하다. Padding discharge는 padding하는 과정에서 완전한 염착을 유도하지 않기 때문이다. 따라서 발염도 쉽게 된다. 결론은 Dyeing discharge를 할 때 모티프를 순백색으로 하지 않는 것이 머천다이서의 지혜라는 것이다.

니트에 찍은 Sol Print의 이염 문제

이 원단은 CVC 60/40 Knit에 염색한 후 Sol Print를 백색으로 찍은 것이다. 원단 test에서는 문제가 없다가 Container test 후 문제가 발생하였다. 백색 Sol Printed 위에 염료가 이염 Migration된 것이다.

이런 경우 문제는 둘 중 하나이다. 면 쪽의 염료인 반응성 염료가 이염이 되었거나 아니면 Polyester 쪽의 분산염료 쪽일 것이다. 면의 반응성 염료는 물을 만나면, 즉 세탁시 언제나 가수분해가 일어나기 때문에 끊임없이 염료의 이탈현상이 일어나기는 하지만 다른 원단을 이염시킬 정도로 심하지는 않다. 실제로 같은 면직물이라도 반응성 염료는 특별한 조건이 아니면 염착이 일어나지 않는다. 따라서 이염이 생기기 어렵다.

만약 100% 면에 염색하고 같은 Print를 찍었을 때 문제가 없으면 반응성 염료는 무죄이다.

의뢰인은 실제로 실험을 해 보았고 결과는 역시 무죄로 나타났다. 그렇다면 문제를 일으킨 범인은 역시 말썽 많은 분산염료라고 할 수 있다.

여기서 따져봐야 할 것은 이 문제가 불가피한 것이냐 아니면 개선될 수 있는 문제이냐 하는 것이다. 원래 분산염료는 승화성이 강하므로 늘 이염의 문제를 가지고 있다. 특히, 130도가 넘는 고온에 노출되었을 때

Polyester의 결정영역이 풀어지면서 가두어둔 분산염료가 새어 나오는 경우가 많이 생긴다. 코팅 공정에서 이런 일이 자주 생긴다. 그런데 Sol Print는 180도가 넘는 고온에서 진행되므로 문제를 야기했을 수 있다.

가장 먼저 생각해 볼 수 있는 가능성은 환원세정 미비이다.

환원세정은 Polyester의 염색 후 미고착된 염료를 털어내는 과정이다. 환원세정을 거친 폴리 원단은 견뢰도가 훨씬 더 좋아진다. 그런데 이 원단처럼 면이 섞여있는 경우는 환원세정을 하기 어려워진다. 환원세정액인 Hydro sulphite가 반응성 염료와 반응하게 되므로 매우 조심스럽게 다뤄야 하는데 Poly side 염색 후 환원세정하고 반응성 염료로 두 번째 염색한 후에는 2차 환원세정이 불가능해진다. 그래서 대개 T/C의 경우는 환원세정 과정이 생략되는 경우가 많다. 따라서 분산염료의 이염 가능성이 생긴다.

또 다른 용의자는 Spandex이다. 의뢰인도 이런 가능성을 의심하였는데 이런 의심은 아주 타당하다. 왜냐하면 Spandex는 분산염료에 염색되지 않기 때문에 염색 후 수세하면 Spandex 위에 부착된 분산염료는 이탈하게 된다. 그렇게 이탈된 분산염료가 Sol Print의 PU 부분에 이염되는 것이다. 염료가 빠진다고 해서 이염이 무조건 일어나는 것은 아니다. 피이염물이 이탈된 염료에 염착이 되어야 이염이 완성된다. 만약 Sol Print 성분이 분산염료에 염착되지 않는 성분이었다면 이염은 일어나지 않는다.

이염이 Polyester 부분에서 이탈된 염료인지 아니면 Spandex로부터 비롯된 것인지 알아보려면 Spandex가 없는 같은 원단을 실험해 보면 된다. 실제로 실험 결과 Non spandex 원단에서는 이염이 발생하지 않았다. 그렇다면 용의자는 Spandex로 좁혀진다. 이 가설을 검증해 보기 위해서는 Spandex를 바꿔보면 된다. 어느 Spandex는 맷집이 강한, 즉 분산염료의 이탈에 강한 제품이 있다고 한다. 그래서 의뢰인은 그런 Spandex로 바꾼 제품을 테스트해 보려고 한다.

여기서 결과가 문제 없음으로 나온다면 지금까지의 모든 가설이 입증되고 따라서 실제로 맷집이 강한 Spandex의 존재까지도 확인되는 것이다. 하지만 실패하더라도 역이 성립하지는 않는다. 염료의 이탈이 Polyester 와 Spandex 양쪽에서 발생하는 수도 있고, Spandex의 맷집이라는 것이 이 경우 충분하지 않은 것일 수도 있기 때문이다.

의뢰인의 염색공장은 이런 경우를 염려하여 분산염료를 사용할 때 승화가 잘 일어나지 않는 입자가 큰 염료인 S 타입을 사용했다고 주장한다. S 타입은 입자가 크기 때문에 균염이 나쁘고 농염이 어렵다는 단점이 있는 대신 고온에서 염료의 이탈이 잘 일어나지 않는다. 반대로 입자가 작은 E 타입은 균염성이 좋고 Saturation이 높은 대신 승화성도 승화도 잘 일어난다. 그래서 S 타입의 염료는 연한 색으로, 반대는 진한 색을 염색할 때 사용한다. 물론 두 염료를 섞어서 사용하는 경우도 있다. 이 경우 원단이 Navy color이므로 입자가 가는 E 타입을 써야 하지만 이염 문제를 방지하기 위해서 S 타입을 썼다는 것이다.

마지막 가능성은 Sol Print의 용제이다. Sol Print의 안료는 Gel 상태가 되기 위해 Toluene이나 DMF 같은 유기용제에 녹아있다. 이 용제는 상온에서도 분산염료를 녹인다. 만약 이런 유기용제가 조금이라도 원단에 노출되면 곧바로 이염으로 이어진다. Coating 과정에서도 이런 일이 자주 발생한다. 특히 DMF는 톨루엔보다 2배나 더 강한 용제이므로 더 많은 문제를 일으킨다. 만약 유기용제가 원단에 노출되었다면 분산염료가 용해되어 이염이 일어날 수도 있다.

만약 3번째의 가능성도 배제된다면 의뢰인은 자신이 수습 가능한 조치를 모두 실행했기 때문에 이 상태에서 문제가 생기더라도 의뢰인은 면책 대상이 된다. 즉, 불가피한 문제라는 것이다. 그렇다면 바이어는 소재를 T/C 대신 면 Spandex 원단로 하든지 아니면 Spandex를 빼든지 둘 중 하나의 선택을 해야 한다.

혼방직물에서의 Wet print

종류가 다른 2가지 이상 소재로 만들어진 혼방원단은 염색 Piece dyeing 을 하는 데 별 문제가 없다. Piece dyeing은 Batch 속에 원단을 담가 각 성분, 예컨대 T/C인 경우, Poly와 면을 따로 2 step으로 염색하면 된다. 그러나 Print는 다르다. Print의 경우는 현재의 기술로 모티프의 같은 부분을 정확하게 2회 겹쳐서 찍는 것 자체가 불가능하기 때문이다. 가장 손쉬운 방법은 아예 Poly와 면의 염료인 분산염료와 반응성 염료를 그냥 휘휘 섞어서 호제와 함께 찍어버리는 무식한 방법이다. 물론 문제가 많을 것이다. 하지만 불가능한 것은 아니다.

면을 염색할 때는 반드시 알칼리로 Mercerizing을 해주어야 하며, 그렇지 못하면 면 특유의 풍요한 광택이 없는 매우 Poor하고 칙칙한 Quality를 얻을 수밖에 없다. 그런데 알칼리는 분산염료의 색상 선명도를 떨어뜨리고 염착을 방해하는 등의 문제가 따른다.

또한 반응성 염료는 함께 투여되었을 때 분산염료를 위한 분산제의 영향으로 염착 저하가 일어나므로 분산제가 적은 액상형의 염료가 유리하다. 또 분산염료로 염색한 후, 미고착 염료를 제거하기 위한 환원세정 과정에서 사용되는 Hydro Sulphite가 반응성 염료에 반응하므로 환원세정을 할 수 없다. 결과적으로 Polyester 쪽의 견뢰도에 문제가 생긴다.

또 각각의 염료는 서로를 오염 Staining시키는 성향이 있으며 견뢰도가 서로 달라서 세탁을 했을 경우 각각의 염료가 다른 수준으로 Fade out될 염려가 있다. 게다가 Color matching이 힘들며 재현성도 아주 나쁘게 나

온다. 사실 이 두 가지의 염료를 섞어서 염색하기에는 너무도 충돌이 많고 따라서 이 방법이 불가능하지는 않지만 너무 Risky하고 고도의 숙련을 요구하는 기술이 되므로 봉제 Buyer에게 권할만한 방법은 아니다.

따라서 Print는 예외 없이 한 가지 소재로 된 원단에 찍는다. 그리고 혼방은 Pigment로 찍거나 선명하지 않더라도 한쪽 성분만 찍어야 한다. 하지만 피치 못할 경우가 있다. 가혹한 환경을 견뎌야 하는 군복이나 작업복은 높은 내구성과 강력한 인장강도나 파열강도가 요구되므로 100% 면으로는 부족하고 합성섬유를 필히 보강해줘야 한다. 그런데 군복은 Solid보다는 대개 Camouflage 위장지를 Print해야 하는 경우가 많다. 이런 경우는 어떻게 해야 할까?

이때 구세주처럼 등장한 것이 최초 DuPont이 발명하고 나중에 BASF가 기술이전 받아 만든 Cellestren이라는 염료이다. 이 염료는 엄밀하게 따져서 분산염료의 한 종류로 1971년 최초 개발 당시에는 Dybln이라는 브랜드로 출시되었지만 나중에 BASF에 의해 새로운 이름으로 태어나게 된다.

염착 원리는 Poly 쪽은 일반 분산염료와 마찬가지이며 면 쪽은 분산염료가 물에 녹지 않기 때문에 수용성인 Glyezin CD라는 특수용제를 이용

하여 염료를 녹인 후 열처리하여 섬유 내부로 침투시키는 방법을 사용한
다. Print 후 용제는 미고착 염료와 함께 제거된다.

C.I.Disperse Blue 328,583.46,$C_{25}H_{23}BrN_6O_4S$,Cellestren Navy Blue R

— Molecular Formula: $C_{25}H_{23}BrN_6O_4S$

— Molecular Weight: 583.46

— CAS Registry Number:

— Manufacturing Methods: 5-Bromo-7-nitrobenzo[d]isothiazol-4-amine
diazo, and 3-Phenoxyacetamido-N,N-diethylaniline coupling.

— Properties and Applications: red light navy blue. Suitable for Polyester/
cotton blended dyeing of a bath.

Cellestren Navy Blue Color 각종 견뢰도(BASF 제공)

| Standard | Ironing Fastness | | Light Fastness | Persperation Fastness | | Washing Fastness | |
	Fading	Stain		Fading	Stain	Fading	Stain
ISO	4~5	4~5		4~5	5	4~5	5

이 염료의 장점은 위에서 열거한 일반 염료 2가지를 섞어서 사용한 염
료의 단점을 대부분 Cover할 수 있다. 그리고 이 염료는 고착률이 높기
때문에 미고착 염료가 적어서 수세공정이 편하게 된다. 하지만 어차피
Cellestren 염료는 분산염료의 한 종류이므로 물에 녹지 않는다는 사실을
잊지 말아야 한다.

6

Fashion

Zara 최종 분석

미국의 제트블루 Jet blue라는 항공회사는 파격적으로 싼 운임으로 항공업계에 신선한 충격을 던진 젊은 회사이다. 그들은 여행을 즐기는 대신 오로지 이동을 목적으로 하는 승객들에게 기내식을 비롯한 불필요한 모든 거품을 제거한 가격으로 서비스한다. 제트블루는 지정된 좌석도 없다. 먼저 온 순서대로 자기가 원하는 자리에 앉으면 된다. 비행기가 다른 항공사에 비해 낡거나 Delay가 잦은 것도 아니다. 다만, 승객을 정해진 시간 안에 목적지에 도착시키는 것이 그들의 사명이다. 그 외의 다른 서비스는 철저하게 배제된다. 그리고 그렇게 만들어진 저렴한 비용은 승객들에게 고스란히 돌아간다.

1975년에 스페인에서 태어난 젊은 그들은 제품 라인의 70%를 2주마다 전격적으로 갈아치워 패션업계에 새로운 지각변동을 일으키고 있는 기린아이다. 150명이 넘는 디자이너들이 전 세계 구석구석을 숨가쁘게 뛰어다니며 1년에 1만 개가 넘는 새로운 디자인을 시장에 쏟아내고 있다. 이른바 패션 브랜드의 옷들을 Reasonable한 가격에 팔고 있는 Zara는 전혀 자사 광고를 하지 않는데도 세계에서 가장 빨리 성장하고 있는 Retailer이다. 도대체 그토록 다양한 신제품들을 어떻게 그렇게 빨리 시장에 내놓을 수 있는 것일까? 또 그들은 어떤 소재들을 채택하고 있는지 궁금했다.

Zara는 역사와 전통을 자랑하는

보수적인 패션업계에 새롭고 신선
한 바람으로 Blue Ocean을 개척한
스페인 회사이다.

　자동차에는 옵션이라는 것이 있
어서 때로는 자동차 값과 비슷한
가격의 옵션이 붙기도 하는데 우
리나라의 경우, 벤츠나 BMW는 고
급 차이기 때문에 대부분의 고객들이 Full option을 선택한다. 따라서 차
량 가격이 원래의 1.5배가 넘게 되는 경우도 있다. 하지만 사람들이(주로
선진국 사람들) 벤츠를 타려고 하는 이유가 화려한 옵션이 아니므로 옵션이
하나도 없는, 이를테면 CD player나 자동 안테나조차도 없는 벤츠를 독일
이나 미국에서는 쉽게 발견할 수 있다. 옵션이 없어도 벤츠의 놀라운 코
너링과 제동력, 단단하고 부드러운 차체 그리고 안락한 승차감은 마찬가
지이기 때문이다.

　사람들이 옷을 사는 이유는 여러 가지겠지만 대부분의 목적은 멋을 내
기 위함이다. 만약, 옷의 목적이 오로지 방한과 치부를 가리기 위한 수단
이라면 1년에 4벌 정도만 있으면 족할 것이다. 옷을 사서 수십 년 입어야
겠다라고 생각하는 소비자는 요즘은 거의 없다. Zara는 그 점을 확실하게
간파하고 있는 것 같다. 그들은 옷이나 소재의 내구성에는 관심이 없는
듯해 보인다. 제트블루의 승객들이 원하는 바처럼 그저 고객들의 욕구인
멋을 내는 쪽에 모든 자원을 투입하는 것이다. 즉, 꼼꼼한 바느질이나 소
재의 스탠더드에 별로 집착하지 않는다.

　그로 인해 그들은 다른 경쟁업체에 비해 아주 싼 가격에 아주 다양한
소재의 제품을 공급할 수 있다. 그들의 제품은 아주 멋들어지지만 바느
질은 매우 실용적인 수준이다. 소재에 대한 스탠더드도 별도로 존재하지
않는다. 그저 'Commercially Acceptable'하면 그만이다.

실제로 그들이 사용하는 소재의 스탠더드를 굳이 언급하자면 Old Navy나 Target 같은 Basic 그룹의 Retailer보다 한참 떨어지리라 생각한다. 하지만 스탠더드가 낮은 것과 소재의 질이 떨어지는 것은 명백히 별개의 이야기이다. 스탠더드가 높은 쪽은 소재의 질을 꼼꼼하게 체크하는 시스템을 보유하고 있다는 것이며 Zara는 그렇지 않다는 차이이다.

소재의 Quality는 꼼꼼하게 확인할수록 좋아지겠지만 그로 인한 추가 비용도 만만치 않다. Quality를 챙기면 챙길수록 가격은 그에 비례하여 급상승하기 때문이다. 브랜드에 따라서는 득보다 실이 많다고 할 수 있다. 또한 대기업일수록 소비자 클레임을 두려워하여 그런 시스템으로 반드시 가야 한다고 생각한다. 하지만 Zara는 그 생각에 동의하지 않는 것 같다. 그 결과로 그들이 얻을 수 있는 막대한 이익은 두 가지로 나타난다.

첫째는 매우 경쟁력 있는 가격이다.

둘째는 매우 다양한 소재이다.

대개 처음 나오는 Innovative한 신소재들은 임상 부족으로 엄격한 스탠더드를 통과하기 어렵다. 따라서 스탠더드가 높을수록 그 회사의 소재 라인은 점점 보수적으로 변해갈 것이다. 그것을 나는 '체 효과' The Sieve Effect라고 부른다. 스탠더드는 까다로울수록 안전함을 제공하기는 하겠지만 목수 目數 그물눈가 가는 섬세한 체를 통과하는 소재는 매우 제한적이 된다. 따라서 제 아무리 경영진에서 Innovation을 부르짖어도 체의 목수를 바꾸지 않는 한, 소재의 선택은 단순해지고 보수적이 된다. Zara의 체는 목수가 매우 굵은 망 net으로 되어있다. 그 결과로 우리는 매우 다양하고 아름다우며 언제나 기발한 소재로 넘쳐나는 Zara의 세련된 옷들을 스토어에서 만날 수 있는 것이다.

Zara는 아무리 성공한 아이템이라도 Repeat시키지 않으므로 한번 매장에서 사라진 제품은 다시는 볼 수 없다. 끊임없이 새로운 소재를 선보이고 또 결과에 상관없이 한번 선보인 소재는 사라진다. Luxury Brand들이 구사하는 전형적인 희소성 Scarcity의 마케팅이다. 그러니 시장 조사도 어렵다.

그들이 다른 브랜드와 차별화되는 가장 큰 특징은 소재에 있다. 믿을 수 없을 만큼 빨리 회전되는 그들의 놀라운 프로세스와 막강한 디자이너 인력 파워에 대해서는 모르는 사람이 없다. 하지만 소재를 사용하는 그들의 놀라운 점을 아는 사람은 별로 없다. 대부분 어패럴 브랜드들의 소재 사용은 매우 제한적이다. 회사가 크면 클수록 더욱 그렇다. 모든 새로운 소재는 마치 신약처럼 Risk가 있기 때문이다. 실제로 사용해 보기 전에는 그 소재에 어떤 문제가 있는지 아무도 모른다. 따라서 새로운 소재들이 개발되어 나와도 선뜻 그것들을 선택하려는 MR들이 별로 없다. 그런 선택으로 인한 책임은 자신의 몫이기 때문이다. 따라서 그들의 소재 선택은 50% 이상 지난번에 사용했던 것들로 Carry Over된다. 따라서 식상할 수밖에 없다. 패션은 식상해서는 안 된다는 사실을 몰라서가 아니다. 놀랍게도 Zara는 Carry Over가 0이다. 적어도 그들은 한번 사용한 소재를 다시 사용하는 것이 금지되어 있다. 따라서 Zara는 세계에서 가장 다양한 소재를 사용하는 브랜드이다. 그들은 새로운 소재에 대한 Risk를 전혀 두려워하지 않는다. 그들은 신약과 새로운 소재의 차이를 잘 이해하고 있다.

실제로 그들이 사용하는 소재의 스탠더드는 Old Navy나 Target보다 한참 떨어진다. 아예 적용하지 않는 때가 많다. 하지만 스탠더드가 낮다는 것과 소재의 질이 떨어지는 것은 상관관계에 놓여있지 않다. 스탠더드가 높은 쪽은 불량을 꼼꼼하게 체크하는 시스템을 보유하고 있다는 것이며 Zara는 별로 그렇지 않다는 차이이다. 놀랍게도 그 결과로 인해 폭주하는 소비자의 불만이나 클레임의 대재앙 같은 것은 없었다. Zara의 소재 품질이 떨어진다고 평가하는 소비자도 들어본바 없다. Zara의 소비자들은 제트블루의 승객들처럼 푸짐한 기내식 대신 짭짤한 스낵으로 만족하는 것일까?

그렇게 Zara는 새로운 블루오션을 개척하고 있는 중이다. 하지만 아직 게임은 끝나지 않았다. 그들의 시도는 새롭고 아직 아무도 그런 방식으로 장사를 한 적이 없으므로 그들의 그런 모델이 끝까지 성공할지 아니면 종국에는 실패하여 시장에서 사라질지는 아직 모른다. 현재는 6,000개인 그들의 매장이 세계 곳곳에서 늘어나고 있다. 만약, 그들이 성공하면 다른 경쟁업체들은 그들을 따라갈 수밖에 없을 것이다. 그것이 비즈니스 생태계의 특징이기 때문이다. 2013년, Inditex의 회장 Amancio Ortega는 Warren Buffet을 제치고 세계 3번째 부자로 등극하였다. 우리의 대표 영웅인 이건희 회장은 아직은 100위 밖에 머물고 있다.

Zara는 여성용으로 3가지의 하위 브랜드를 가지고 있는데 Basic, Woman, TRF가 그것이다. 지금부터 각 브랜드가 채택하고 있는 소재들을 철저하게 분석해 보기로 하겠다. 그들이 사용하는 소재에 대한 자격 요건은 매우 광범위하다. 대략 찢어지지 않고 물만 빠지지 않으면 OK이다. 그러다 보니 그들의 매장은 새롭게 출시되는 새로운 소재들의 경연장이 된다. 다른 업체들이 그들의 엄격한 스탠더드라는 프로토콜과 커뮤니케이션되는 소재를 찾기 위해 애쓰고 있는 동안, 그들은 단지 감각만을 사용하여 소재 선택을 결정한다. 따라서 매우 자유로운 소재의 선택이 가능하며 모든 새롭게 개발되는 소재들을 Zara의 스토어에서 찾을 수 있다.

그들이 사용하는 소재를 분석해 보았다. 거의 한 달이 되지 않아 제품이 바뀌고 한번 사용한 소재는 Revival되지 않기 때문에 참고가 되기 어

---

* 2015년 Ortega는 세계 2번째 부자가 되었다.

렵지만 성향은 짐작할 수 있다. 아예 Core 소재가 없는 것처럼 보일 정도
로 매우 다양한 소재가 사용되고 있다는 것을 알 수 있을 것이다.

Basic은 가격이 낮은 Zara의 하위브랜드

─ Bottom

- T/R 1 way stretch pattern물: plaid, HBT, stripe 등 Classic 패턴
- T/R 2way Stretch Plain solid: 바지용 기본 중량인 40/2 평직
- Worsted 50% wool Gabardine: Career에 소모가 빠질 수 없다. 60/2
  기본 중량
- Cotton chino 20同, 128吸: 전 세계에서 가장 많이 사용되는 Bottom
  용 면직물
- Cotton stretch 40수 Twill, Stretch: Soft하며 얇고 Dense한 Fine twill
  이 대세
- T/R stretch 이중지: 역시 40/2이지만 Rough한 느낌이 드는 Poly
  Legacy계열 이중지: 후직이나 저밀도 이중지 특유의 Bubble 느낌은
  배제
- Cotton 30수 satin stretch: Satin stretch로 Zara에서 기본 소재로 광범
  위하게 적용

─ Outerwear

- N/C Bengaline stretch: Dull Shinny하고 Synthetic한 Look의 교직물.
  Ottoman과 유사. 위사에 10수 아닌 16수 사용하여 과도하게 두껍지
  않음
- Cotton 7수 twill peach: Heavy peach로 따뜻한 느낌. Drill이라고도 함
- Cotton canvas 10수: 특별한 가공 없는 일반 Canvas
- Cotton 50수: Satin 50吮/176軯로 약간 Paper touch, soft Fine satin.

- Cotton twill 16수 3/1: 면 Twill의 기본 소재
- Cotton stretch 이중지 평직: 40吋, 250軼Old Navy에도 사용된 소재. Slim Pants에 적용되어 느낌이 다름
- T/R stretch 이중지: Legacy계열 Gauze 이중지
- Cotton 30수 satin stretch: 기본 소재
- Poly/cotton stretch satin: 중량감 있는 교직물. Zara는 Satin을 선호함
- Cotton 30평직 Barbour coating: Zara와 동떨어진 Stone Island에서나 사용될만한 파격적인 소재 광택있는 Barbour coating.
- 21w stretch corduroy: Jacket용으로는 중량이 약간 떨어져 보임
- Cotton stretch velvet (40/2+60/2×32): 한때 대유행하였던 소재로 어두운 색에서 따뜻한 느낌이 나는 특징
- Worsted 100% gabardine: Basic이지만 비싼 소재도 가끔 발견된다. 60/2 기본 스펙
- Woolen 70% mossa : 브랜드별 방모의 혼용률: Basic에서는 70% Melton이 주종. 50% Cashmere 가공, 60% Melton, Tweed는 30%나 40%가 주종. 반면에 Woman brand에서는 모두 100% Wool
- Wool 30% tweed(p/w/a): Poly와 Acrylic 또는 면이 혼용된 한때 유행된 Fancy tweed.
- Wool 45% tweed various patterns
- Wool 60% Melton: Extremely Hard Touch
- Wool 50% cashmere type: Luster Trend에 병합함

Woman은 Moderate급 Zara의 하위 브랜드

– Bottom

- 면 Stretch twill 40수와 20수 등 다양: 후직과 박직이 동시에 적용
- 면 Stretch 이중지 Plain 40수: Basic과 동일 Quality

- 면 Stretch broken twill: 최근의 트렌드라는 사실을 반영. 30수 정도
- 면 Twill Slub: Steady seller가 된 소재. 원래 여름용이지만 겨울 소재에도 적용됨. 은은하게 들어가 있는 것이 특징
- Polyester 이중지: Legacy라고 불리는 평직 soft 하고 스폰지 느낌
- T/R stretch: 1way는 Twill, 2way는 평직 사용
- 기타: Career 쪽은 면보다는 폴리에스테르나 소모가 많이 사용되는 것에 비해 면이 다수라는 사실이 특이함. 방모 Pattern물도 발견됨

— Top

- Cotton silk Print: 혼방과 교직 두루 사용. 면 30%인 제품이 주종, 혼방은 마치 Cotton voile 같고 교직물은 Silk 같은 느낌.
- Cotton/Nylon Stretch plain과 Satin: 광택 많은 Satin이 광범위하게 사용되는 것은 Zara의 특징 중의 하나임. 면, 교직물 등, Stretch Charmeuse print 같은 고전적인 아이템도 가끔 발견됨
- Cotton/Nylon/Rayon stretch Y/D: Top의 Key Item, Bright Rayon이나 폴리에스테르를 Decoration으로 사용하여 Stripe 부분의 광택을 유도한 제품
- Cotton Voile: Lawn Voile이 더 강세, 흔한 자수 제품이 드물다.

— Outerwear

- Woolen Mossa 이중지: Heavy, Duffle coat에 적합한 두께 22oz, Reversible color Face Solid, Back Check
- Cotton Stretch 이중지: Basic과 동일
- Cotton/Wool/Nylon: 특이한 소재, Cotton 30%로 면 느낌이 약간 나는 소모
- 면/Silk Satin: 우아한 재킷. 교직물로 Silk 30%인데도 Silk 느낌

- Cotton Poly /Nylon: 교직물, 마이크로 느낌, 촉촉하고 독특한 소재. Silk 광택이 고급스럽다. 만지면 Memory 느낌도 나지만 실제로 구겨지지는 않음
- 면 이중지 Plain: Bubble 느낌이 있는 Loose한 이중지
- 면 Stretch Broken Twill: 광택이 훌륭하여 다양하게 사용되는 듯하다.

TRF 주니어 연령대의 young casual

— Bottom

- T/R 2way stretch: 전통적인 평직, Pique 조직
- T/R 1way stretch Gabardine
- T/R Stretch 이중지: Basic과 동일
- 면 stretch Satin(30×16, 190×80), Twill: 매끄럽고 Soft하며 Dense한 고급스러운 느낌
- Cotton 7수 Drill: Basic과 동일
- Nylon Rayon 경사 Spandex Warp Stretch: Limited와 Express에서 대량 사용된 유명한 소재, 수백만 물량, Color도 Touch도 제각각인 Continuity가 불량
- Poly cotton stretch Satin 교직물

— Top

- Cotton 70수 Voile silicone touch: Voile인데도 Soft하고 silky
- Cotton Silk(70/30) Voile solid and print: 최근 강 Trend 아이템
- Cotton 40수 stretch 평직: 동일소재
- Poly Charmeuse print: 저가 Print물. 원래 블라우스나 잠옷 용도, Luster
- 면 40수 133꿈stretch: 가장 범용성이 높은 여성용 Shirts 소재

– Outerwear

- Poly cotton stretch satin 교직물
- Nylon Down proof 330t: 다른 브랜드들은 매장의 1/3을 채울 정도로 많이 사용된 소재, Zara는 조금만 사용
- Cotton 16w corduroy: 범용성이 가장 높은 Wale. Hand feel이 별로 좋지 않다
- Cotton stretch satin 30수
- Wool 70% Melton
- Wool 30% Tweed(p/w/a/n 50/30/15/5)
- Wool/poly tweed
- Polyester/Metal Anti Memory 소재: 유럽과 일본에서 히트한 소재, 현재는 100% PET Memory로 바뀌었고 피부를 찌른다는 이유로 Metal소재 몰락

– Dress

- Cotton HBT: Dress 소재이나 soft하지 않음, Zara는 특이한 가공이나 Delicate한 가공은 선호하지 않음
- Cotton stretch jacquard foil print(Motif 위로만 도포): Dress에는 잘 쓰지 않는 소재, Young casual이므로 가능
- Poly cotton Jacquard: Jacquard가 많은 것도 Zara의 특징 중 하나
- Poly/Cotton stretch satin 교직물
- Cotton 30수 stretch satin

맬서스와 미래 소재

2011년 1월 28일, 이집트의 굶주린 노동자들이 일으킨 시민폭동이 인류 역사를 뒤바꿀 새로운 패러다임을 알리는 첫 신호탄이라는 사실을 감지한 사람은 별로 없을 것이다. 이 사건은 제2차 세계대전을 촉발시킨 사라예보 사건과 닮았다. 잔뜩 독이 오른 세계경제의 곪아터진 뇌관을 건드린 것이다. 연쇄적으로 중동사태를 일으키고 있는 이 사건은 놀랍게도 패션업계에 거의 재앙에 가까운 수준으로 불어 닥친 면 가격의 폭등과 그 원인을 같이 한다.

면 가격이 미쳐 날뛰고 있다.

2009년에 파운드당 40센트 하던 면 가격은 뉴욕 시장의 5월 선물이 이미 2불을 넘어섰다. 섬유와 패션 관계자들에게 섬유의 근간을 이루고 있는 면의 이런 무시무시한 폭등은 거의 테러 수준이라고 할만하다. 아무도 과거에 이런 경험을 해본 적이 없기 때문에 대책을 세우기보다는 마치 태풍이 지나가기를 기다리는 것처럼 이 위기가 빨리 지나가기를 바라며 엎드려 있는 것 같다. 그 참혹한 결과는 건조한 날, 불타는 솜에 기름을 부은 꼴이 되었다. 처음, 흉작으로 인한 약간의 공급 부족으로 촉발된 이 난국은 면 가격뿐만 아니라 공급 부족과 아무 상관도 없는 화섬 가격까지 폭등 수준으로 밀어 올렸다. 이 사태가 17세기 네덜란드의 튤립파동 Tulip Bubble을 생각나게 하는 것은 지나친 비약일까? 1630년 네덜란드에서는 튤립 구근 하나가 현재 가격으로 8만7천 유로를 호가한 적이 있었다.

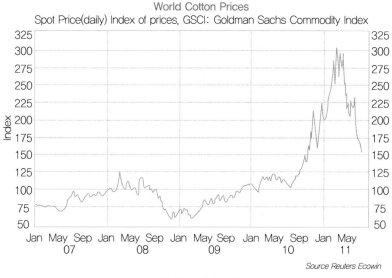

World Cotton Prices
Spot Price(daily) Index of prices, GSCI: Goldman Sachs Commodity Index

세계 원면 가격 동향

면의 폭등과 최근 중동에 불어 닥친 민주화 바람은 서로 무관하지 않다. 결국 원인은 자원의 공급 부족이라는 동질성을 원천으로 하고 있기 때문이다. 사실 공급 부족은 미미한 수준이었다. 더 큰 원인은 전 세계 인구의 3분의 1이 넘는 중국과 인도의 약진이다. 잠자고 있던 그 거대한 소비집단이 동면에서 깨어나 선진국들의 독차지였던 한정된 자원의 본격적인 소진에 가담하고 있는 것이다. 바야흐로 맬서스의 예언이 실현되려고 하는 것이다. 언제나처럼 이런 상황을 노린 투기세력의 가담이 유례없는 면 가격의 폭등으로 이어졌다.

원래 중국은 연내에 발생한 모든 외상을 설날 春節 명절 전에 갚아야 하는 상업 전통이 있다. 그날 외상을 갚지 못하는 상인들은 그 즉시로 시장에서 퇴출되었다. 그러므로 춘절은 화상 華商들에게 가장 많은 현찰이 필요한 시기이다. 따라서 투기세력들도 춘절 전에는 보유하고 있던 소중한 면을 내놓아야 할 것이다. 그런 이유로 일시적이나마 춘절 전에는 면 가격이 떨어지리라는 것이 모든 사람들의 예상이었다. 하지만 예상은 빗나갔다. 아무도 면을 내놓지 않았다. 그것이 의미하는 것은 그들이 과거와 달리 주머니가 두둑하다는 것이다. 면 가격은 춘절 전에도 내려가지 않았고 이후에는 더욱 가파른 상승세를 타고 있다.

이에 따라 전 세계의 섬유 패션 관계자들이 촉각을 곤두세우며 면의 공급 상황을 주시하고 있다. 면의 작황이 금년에도 좋아질 기미가 보이지 않으면 면 가격은 상승세를 멈추지 않을 것이고 많은 사람들이 공황에 빠지게 될 것이었다.

하지만 나는 면의 공급에는 관심이 없다. 나는 오히려 면의 수요가 궁금하다. 앞으로 면의 가격을 결정할 요인은 공급이 아니라 수요이기 때문이다. 사람들이 간과하고 있는 중대한 사실은 그들이 예측하고 있는 면의 미래 가격이 바로 값싸고 풍요로운 면의 시대인 과거의 수요를 기반으로 하고 있다는 것이다. 자장면이 식품 중 가장 광범위한 수요 기반을 갖고 있는 이유 중의 하나는 바로 그것의 가격이 4,000원이기 때문이다. 하지만 자장면의 가격이 20,000원이라면 그래도 그것이 가장 많이 팔리는 식품이 될 수 있을까?

면의 최대 소비군은 Gap이나 Target 같은 Basic group retailer들이다. 이들은 가격에 매우 민감한 브랜드이다. 이들이 수용할 수 있는 최대가격은 대략 야드당 2불 중반대라고 할 수 있다. 만약, 면이 3불을 넘어 선다면 이미 그렇게 되었다. 그들은 면을 포기하고 대안을 찾아야 한다. 짬뽕이나 우동 값이 덩달아 오르는 이유가 바로 그것이다. 그들은 이 사태가 지나가는 허리케인이기를 바랐고 진지하게 대책을 논의한 사람들은 아무도 없었다. 이제 그들은 정신을 차리고 대책을 숙의하게 될 것이다. 그리고 그 결과는 면의 수요 격감으로 나타나게 될 것이다. 그 시기는 전통적으로 면의 수요가 감소하는 F/W 시즌인 하반기가 될 것이다. 하지만 면 가격이 예전의 풍요로운 시절로 돌아가는 일은 결코 없을 것이다. 거대한 수요층이 새롭게 생겼기 때문이다. 맬서스의 예언처럼 질병이나 전쟁이 생기지 않는 한 우리는 '高價綿의 시대'라는 새로운 패러다임을 맞을 준비를 해야 한다.

모든 패션 기획자들은 집단으로 패닉에 빠졌고 이에 대한 대안을 찾기에 이르렀다. 당시 면직물의 대부분은 중국에서 공급하고 있었으므로 중국이 아닌 면 소재 또는 다른 소재까지도 포함하여 중국을 배제한 대안이 있는지 확인하느라 바빴다. 결론은 '대안은 없다.'였다. 중국은 패션 소재의 주요 공급국으로, 이를 대신할 만한 경쟁 상대는 모두 사라지고 없는 상태였다.

1798년, 영국의 경제학자 토머스 맬서스 Thomas Malthus는 『인구론』 An Essay on the principle of Population이라는 저서로 세상을 깜짝 놀라게 했다. 16세기 말 영국을 들끓게 한 이 끔찍한 이론은 '인구는 기하급수적으로 증가하고, 식량은 산술급수적으로 증가'하여 300년 뒤 인구 대 식량의 비율이 4096 : 13으로 빈곤과 죄악이 세상에 넘쳐날 것이라고 주장했다. 하지만 다행히 그의 예언은 실현되지 않았다.

그가 간과한 두 가지는 생산성의 진보과 자원배분의 불균형이라는 것이다. 현재 지구상에 존재하는 한정된 자원은 일부 강대국들이 거의 독차지하고 있는 형국이다. 하루에 1불로 생계를 유지하는 인구가 10억이 넘는 오늘날, 3억의 미국인이 사용하는 자원은 가장 빈곤한 나라의 국민이 사용하는 자원의 20배 이상에 달한다. 설상가상 지구상의 에너지를 공급하는 모든 자원은 열역학 제2법칙에 의하여 점점 0을 향해 수렴하고 있다고 제레미 리프킨은 그의 저서 『엔트로피』 와 『수소혁명』 에서 주장하고 있다.

유효 적절한 대체에너지가 발견되지 않은 현시점에서 급격하게 감소하고 있는 한정된 자원은 선진화의 단계를 밟고 있는 인구 대국 중국과 인도에 의해 무서운 속도로 잠식될 예정이다. 만약 그들이 미국인처럼 소비한다면 세상은 어떻게 될까? 바야흐로 맬서스의 저주가 실현되려고 한다.

인류는 이제 빠른 속도로 줄어들고 있는 한정된 자원의 부족이라는 새로운 패러다임을 맞이하고 있다. 우리가 매일같이 피부로 느끼는 화석연료는 물론, 식량자원조차도 무기화가 가능할 만큼 절대량이 부족해지는 기근이 오래지 않아 닥쳐올 것이다. 이에 따라 자원절약은 지구인 최대의 관심사이자 생활이 될 것이다.

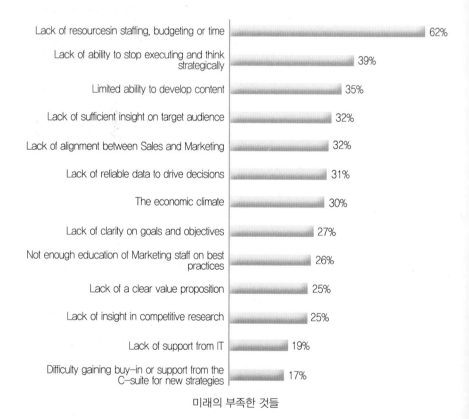

미래의 부족한 것들

이를 반영하여 섬유 패션은 새로운 패러다임에 맞춘 급진적인 트렌드가 발전할 것이다. 난방연료의 부족으로 겨울은 더 길어지고 실내 표준온도는 점점 내려갈 것이며, 따라서 기능성 발열 보온 원단의 전성시대가 올 것이다. 물 부족으로 세탁은 미덕이 아닌 악덕으로 전락하게 되고, 잦은 세탁이 불필요한 방오 기능 원단이 하나의 큰 트렌드로 자리 잡을 것이다. 우리는 대홍수의 거대한 파도가 넘실대며 이쪽을 향해 다가오고 있음을 목격하고 있다. 새로운 시대를 맞이할 충분한 준비가 되어 있지 않으면 이후의 척박한 세상에서 살아남을 수 없다.

명품을 만들어야 산다.

"역사는 때때로 혁명적인 제품의 등장으로 모든 양상을 뒤바꿔 버린다."

- 스티브 잡스 -

제조업자로서 소비자들이 사고 싶어 갈망하는 물건을 만들지 못하면 제조업을 할 이유가 없다. 스티브는 매우 특별한 물건을 만들어 성공했지만 특별함이 아닌 단순함으로도 그런 성공을 얼마든지 만들어 낼 수 있다.

150만 원이나 하는 가장 비싼 벨트 중의 하나임에도 매우 인기가 높은 에르메스의 "H" 버클은 명품족의 패션을 완성하는 중요한 마무리 도구 중의 하나이다. 이 매혹적인 벨트는 그저 에르메스의 "H"자를 금속으로 주물을 부어 완성한 매우 단순한 물건이지만 소비자의 마음을 흔드는 범상치 않은 포스가 느껴진다. 그것이 소비자로 하여금 이 물건을 손에 넣고 싶어하는 욕망을 불러일으키는 것이다.

도쿄에 '오자사'라는 전통과자 제조판매 회사가 있다. 그들이 만들어 파는 과자는 오로지 두 가지뿐이다. '양갱 그리고 모나까' 하지만 이 환상적인 맛의 양갱을 사기 위해 고객들은 새벽 4시부터 줄을 서야만 한다.

놀라운 것은 이것이 1969년부터 시작된 풍경이라는 점이다. 그들은 많이 만들지도 않는다. 하루에 단 150개만 만들어 팔고는 끝이다. 아무리 많이 사고 싶어도 한 사람 당 5개 이상은 살 수도 없다. 일본의 유명한 영화감독 야마모토 가지로가 임종 전에 오자사의 양갱이 먹고 싶다고 하여 오자사는 더욱 유명해졌다. 한 인간이 삶을 마감하는 순간에 마지막으로 한번 먹어보고 싶은 음식인 것이다. 이 정도 되면 위대한 음식이라고도 할만하다.

일본의 예만 들게 되어 미안하지만 일본인들은 전통을 고수하는 것들이 꽤 많다. 심지어 우리나라의 것이라도 일본으로 가면 수백 년 동안 전통이 지켜지는 것이 있다. 고대 백제의 살아있는 유물을 발견할 수 있는 곳이 일본이다.

사이타마현에 있는 쓰지타니 공업은 종업원 30명 규모의 작은 공장이지만 세계 최고의 투포환을 만들 수 있는 유일한 회사이다. 평범한 쇠뭉치로 보이는 포환은 극도로 단순해 보이지만 각각을 20g 이내의 오차로 정밀하게 깎는 것이 거의 불가능한 작업이라고 한다. 그들이 만든 정밀한 포환은 올림픽에서 금·은·동메달을 모조리 휩쓸어서 유명해졌다. 이처럼 명품은 단순하고 범용성 있는 소재에서 나오기도 한다. 그것이 특별한 이유는 애플의 그것처럼 아무도 생각해 낼 수 없는 특이한 물건이어서가 아니다. 단순하지만 그 안에 그것을 만든 사람의 혼이 깃들어있는 장인정신의 소산이라는 것이다.

원단은 그런 것이 없을까?

우리가 그런 원단을 만들려면 먼저 단순한 발상에서 출발해야 할 것이

다. 세상에서 가장 많이 쓰이는 원단은 단연코 Bottom용 원단이며 가장 많이 팔리는 Bottom 원단은 150년 역사를 자랑하는 Denim이다. 세상에서 두 번째로 많이 팔리는 Bottom 원단이 Chino이다. Chino는 최근 중국에서 인도로 주도권이 넘어간 Core 중의 Core 아이템이다. 이렇게 범용성 있는 원단에서 명품이 나와야 한다.

누구나 만들고 있지만 내가 만드는 물건은 누구도 흉내 낼 수 없는 특별함이 필요하다. 그런 물건을 만들려면 셀 수 없이 많은 시행착오와 장인정신에 불타는 장인혼이 있어야 한다. 투포환은 누구나 만들 수 있지만 오차가 20g 이내인 투포환은 누구도 만들 수 없었다.

면 Chino는 쾌적하고 적당히 후도감 있는 아주 활용도가 높은 원단이지만, 단 한 번만 입어도 세탁이 필요한 불편한 소재이다. 이런 단점을 개선하기 위하여 많은 가공 공장에서 Wrinkle free와 DWR을 개발했지만 아직 놀랄만한 혁신을 이룬 곳은 없다.

Down proof 원단은 F/W에 가장 많이 쓰이는 원단 중 하나지만 Down bag을 쓰거나 Coating 또는 Laminating을 해야 완벽한 down proof가 가능하다. 하지만 경량화가 대세인 최근의 트렌드는 Coating이나 Laminating 없는 Down proof 원단을 절실하게 요구한다. 이런 기술을 일본은 이미 가지고 있지만 가격이 터무니없이 비싸다. 우리가 도전해야 하는 분야가 바로 이런 것이다.

추신; 앞에 나온 에르메스 벨트 사진을 위해 구글 검색을 했다.
사진이 무려 1,450,000개가 나왔는데 단 한 개도…… 단 하나의 정품도 발견하지 못했다.
물론 위의 사진도 진품이 아닌 가품이다. 따라서 에르메스의 아름답고 단순하며 품격 있는 자태를 보여줄 수 없음을 안타깝게 생각한다.

소취(Smell killer)에 대하여

여성용 매거진 Shure에 기고한 글이다.

냄새란 무엇인가?

냄새는 동물이 이전에 조우한 적이 없는 미지의 물질에 대하여 별도의 분석 없이 후각기관을 통하여 최단시간에 유·무해를 감지할 수 있는 휘발성 분자 데이터이다. 대개 좋은 냄새는 섭취해도 좋은 것이라는 신호가 되며, 고약하거나 불  쾌한 냄새는 그 성분이 유해하다는 위험신호로 받아들여진다. 따라서 나쁜 냄새는 대개 신체에 부정적인 영향을 미치는 강한 화학성분이거나 박테리아가 만들어내는 독소일 경우가 많다. 땀은 그 자체로 전혀 냄새가 없는 지방이나 콜레스테롤 성분이지만 박테리아가 분해하여 암모니아 같은 냄새 나는 성분으로 바뀐다. 따라서 땀이 아무리 많이 나도 빨리 증발시키면 냄새가 나지 않는다. 땀이 몸에 상당 시간 정체되었을 때만 냄새가 나게 되는 것이다. 냄새는 많은 종류가 있지만 대표적으로 비린내를 만드는 트리메틸아민, 계란 썩는 냄새인 황화수소 그리고 배설물 냄새인 메틸메르캅탄이 있다.

탈취란?

소취라고도 한다. 불쾌한 냄새를 제거하기 위해서는 물리적인 방법과 화학적인 방법 그리고 생물학적인 방법이 있다. 물리적인 방법은 세탁을 하거나 삶거나 또는 활성탄 등을 통과시켜 냄새 분자를 제거하는 것이다. 화학적인 방법은 냄새의 원인을 중화시키거나 또는 휘발성이 강한 성분을 사용하여 함께 증발시키는 방법이다. 생물학적 방법은 미생물을 사용하는 것이라고 말할 수 있다. 냄새의 원인을 제거하여 냄새가 나지 않게 하는 것이 탈취이지만 삶는 것 같은 적극적인 방법 외에 스프레이 등 화학적이나 생물학적인 처리는 냄새 분자의 완전한 제거가 불가능하다. 기껏해야 20~30% 정도 제거가 가능하다고 할 수 있다. 그런 이유로 효과를 증진시키기 위하여 기존의 불쾌한 냄새 위에 좋은 냄새를 덮는 방법도 있을 수 있다. 따라서 아무 냄새도 나지 않는 탈취제가 가장 좋은 것이다. 어떤 것이든 냄새가 있는 탈취제는 그 자체가 완벽하지 않다는 증거이다. 이런 경우는 탈취가 아닌 방취라고 해야 맞다.

그런데 신기한 물건이 있다. 이름하여 메탈 비누 또는 스테인리스 비누라고도 한다. 물과 함께 문지르면 양파, 마늘 냄새는 물론 비린내도 없애준다고 한다. 즉, 부엌에서 생기는 몇 가지 악취를 제거한다. 어떻게 작동하는 것일까? 독일에서 발명한 이 비누는 일종의 아이디어이다. 스테인리스가 비린내, 마늘냄새를 풍기는 휘발성 분자를 끊어버린다. 마치 자동차의 배기구에 설치된 유해가스 제거용 백금 촉매와 비슷하다. 물과 함께 손을 씻어주면 된다. 가장 친환경적인 탈취제라고 할 수 있다. 문제는 모든 냄새를 없애지는 못한다는 것이다. 그리고 굳이 그걸 사용하지 않더라도 부엌에

Metal Soap

스테인리스 제품은 많다. 수저도 스테인리스이다. 어떤 스테인리스 제품이라도 다 작동한다.

섬유탈취제와 섬유의 손상

섬유에 일으키는 손상은 여러 가지이다. 소재 자체를 파괴하여 약하게 하는 취화가 있고 수축이 너무 많이 일어나도 손상에 해당된다. 그리고 탈색이 일어나거나 이염이 생기는 것도 손상이라고 할 수 있다. 물론 소재는 동물성 · 식물성 · 광물성 등 매우 다양하고 두께도 비칠 정도로 얇은 것이 있는 반면, 매우 두꺼운 원단도 있으므로 같은 양으로 적용해도 손상의 정도는 매우 다르게 나타날 수 있다. 탈취제라는 화학 성분은 강산이나 강알칼리 등을 사용하지는 않을 것이므로 섬유에 일으키는 손상은 제한적이다. 따라서 매우 얇은 소재이거나 비싼 소재일 경우만 주의하면 될 것이다.

패션 소재가 되는 섬유는 식물성 · 동물성 등 여러 가지가 있으므로 화학 성분이나 미생물을 사용할 때 주의가 필요하다. 예를 들면, 동물성 섬유는 단백질이 주성분이므로 사람의 피부처럼 알칼리에 약하다. 가성소다 같은 강한 알칼리는 실크나 울을 손상시킨다. 때로는 황변 Yellowing을 일으키기도 한다. 또 식물성 섬유는 산에 약하다. 그런데 탈취제 중 미생물을 죽이기 위하여 소독 기능을 가지고 있는 것들은 산성이어야 한다. 따라서 이런 성분들은 만약 산성이 강하면 면, 마, 레이온 등 셀룰로오스 섬유를 손상시킬 수 있다. 특히, 레이온 계통은 중합도가 낮아 같은 셀룰로오스라도 면이나 마보다 더 약하다. 산성의 정도는 pH 수소이온농도로 표시한다. 우리 피부의 pH가 5.5인 것도 인체의 최외곽 방어선으로 박테리아를 막기 위해 중성이 아닌 산성을 띠고 있는 것이다. 하지만 대부분의 셀룰로오스 섬유들은 가격이 저렴하고 약한 산성 정도에도 견디지 못할 만큼 약하지 않다.

천연 에센셜 오일을 희석하여 집에서 만드는 탈취제는 단순히 기존의 냄새를 에션셜 오일의 강한 아로마로 나쁜 냄새를 덮는 방취의 개념이라고 생각된다. 피부에 바를 수 있는 에센셜 오일이라면 그 자체가 섬유를 손상시킬 수는 없다. 물론 섬유 소재 자체의 손상이 아닌 변색이나 탈색은 우려할 수 있으나, 대개 천연의 재료를 사용한 화장품은 큰 문제 없다. 지금까지 어떤 메이저 브랜드에서도 화장품에 의한 의상의 변색이 소비자로부터 제기되거나 그에 대한 기준이 마련된 적이 없다.

스프레이형 탈취제를 사용할 때 분무 거리는 사용되는 탈취제의 양과 반비례한다. 거리가 가까워질수록 사용되는 탈취제의 양이 많아지므로 효과가 좋아질 것이나 섬유를 손상시킬 확률은 커지므로 고가의 의류일수록 분사 거리를 멀리하는 것이 좋다. 특히, 실크는 탈취제로 인하여 얼룩이 생길 수도 있으니 너무 많은 양을 사용하지 않도록 해야 한다. 휘발성이 강한 탈취제는 아우터웨어의 경우 방수 처리된 우레탄 등을 녹일 수 있으니 방수 처리된 옷에는 사용하지 않는 것이 좋다. 우레탄으로 제조된 합성피혁도 비슷하다. 어차피 효과도 없다. 사실 스프레이의 가장 큰 문제는 그것이 폐로 들어가는 것이다. 대개의 모든 스프레이 제재는 인간의 폐에 들어가는 경우를 생각하여 조제되지 않는다.

최상급 천연섬유란?

세계적으로 커피가 생산되는 곳은 남위 25°부터 북위 25°사이의 열대, 아열대 지역으로 커피 벨트 Coffee Belt 또는 커피 존 Coffee Zone이라고 한다. 중남미 브라질, 콜롬비아, 과테말라, 자메이카 등에서 중급 이상의 아라비카 커피 Arabica Coffee가 생산되고 중동 · 아프리카 에티오피아, 예멘, 탄자니아, 케냐 등는 커피의 원산지로 유명하지만, 최근에는 다른 나라보다 커피산업이 뒤처지고 있다. 아시아 · 태평양 지역과 인도네시아 인도, 베트남 지역에서는 대부분 로부스타 커피 Robusta Coffee가 생산되고 있는데, 소량의 아라비카 커피를 생산하여 최상급의 커피로 인정받는 품목도 있다. 세계 3대 커피는 자메이카의 블루 마운틴 Blue Mountain, 하와이의 코나 Kona, 예멘의 모카 Mocha 커피이다.

- 네이버 지식백과, Coffee(두산백과) -

커피의 품종은 다양하지만 카페루악과 같은 고가의 최상급의 것도 있고 인스턴트로 사용되는 저가 커피 품종도 있다. 그들을 구분 짓는 차이는 무엇일까? 열매의 크기? 영양분의 과다? 색깔? 나는 커피 전문가는 아니지만 아마도 커피 품종의 등급을 결정하는 요소는 단연코 향일 것이다. 그렇다면 3대 천연섬유인 면, 모, 마의 품질을 가름하는 등급은 어떤 것일까? 소재를 기획할 때 단순하게 비싼 등급이라서 소재를 선택하는 MD는 많지 않을 것이다. 어떤 소재가 다른 것보다 더 비쌀 때는 가격 말고도 소

비자가 느낄 수 있는 타당한 이유가 있어야 한다. 패션 소재라면 더욱 더 그렇다.

면

면의 등급을 결정하는 요소는 어떤 것일까? 일반적으로 가장 많이 알려진 좋은 면의 브랜드는 'Supima'가 유일할 것이다. 이전에는 이집트 면을 가장 좋은 면으로 쳐줬다. Supima는 사실 이집트 면의 잡종이다. 이집트 면을 미국의 남서부 지방에서 재배한 품종이라고 생각하면 된다. 즉, 미국에서 나는 이집트 면이다. Pima 면을 예전에는 American-Egyptian cotton이라고 불렀다. Supima라는 이름은 Pima 면을 생산하는 300여 공장들이 연합하여 만든 비영리 조직의 이름이자 브랜드이다. 면의 등급을 결정하는 Factor는 섬유장이다. 즉, 섬유의 길이이다. 면은 섬유의 길이가 짧아 대표적인 단섬유로 분류된다. 섬유장이 짧기 때문에 방적하여 실로 만들기 어려운 구조이므로 소재의 역사에서 상당히 늦게 등장하게 되었다. 면은 섬유장이 길수록 방적하기 쉽고 광택도 나며 꼬임을 덜 줘도 되므로 최종제품이 더 Soft하다. 따라서 섬유장이 긴 면은 예전부터 귀족 대접을 받았다. 가장 섬유장이 긴 면을 초장면 ELS: Extra-Long Staple Cotton이라고 분류한다. 세상에서 가장 섬유장이 긴 초장면이 해도면 Sea Island Cotton인데 바하마제도가 원산지이다. 이 해도면을 이집트로 가져가 Jumei라는 이집트산과 잡종 교배한 것이 이집트 면이다. 이렇게 해서 이집트 면이 세계 최고급 면으로 이름을 떨치게 되었다. 20세기 초, 이집트 면을 미국 남서부 사막에서 성공적으로 재배하였는데 이를 Pima 면이라고 했으며, 이 농사가 성공적으로 이루어질 수 있도록 도와준 인디언 부족의 이름을 붙인 것이다. 이후 ELS 면 자체의 Generic Term을 Pima 면으로 부르게 되었다. 모든 이집트 면이 다 좋은 품종은 아니지만 Pima 면은 그 자체가 ELS 품종을 의미한다. 현재 이집트의 ELS 면은 전 세계 ELS 면의 7%에 불과하다. 한편 ELS의 원조인 해도면은 지금도 세상에서 가장 섬유장이 긴 면의 품종이며 카리브 해의 작은 섬에서 재배되고 있다. 이론적으로 무려 2천 수까지 방적이 가능하다고 알려진 해도면은 전 세계 면 생산량의 0.0004%에 지나지 않을 정도로 귀하신 몸이다. 해도면으로 된 면제품을 보고 싶으면 영국의 Sunspel이라는 스토어에 가보면 된다. Sunspel은 스위스에서 방적한 해도면 원사를 영

James Bond (Daniel Craig) wears the Sunspel Riviera polo that was designed for him in *Casino Royale*.

국에서 제품으로 만들어 공급하고 있는 Luxury Brand이다.

모

Wool의 품종을 결정하는 요인은 잘 알려져 있다. Wool의 섬유장은 기본적으로 면보다는 훨씬 더 길기 때문에 섬유장은 품질과 거의 무관하다. 사람의 머리카락이 곱슬이나 직모 또는 가는 머리카락 등으로 분류되듯이 동물의 털도 마찬가지이다. 가느다랗고 직모인 머리카락이 좋은 광택과 Drape성이 나타나기 때문에 좋은 모질로 친다. Wool도 마찬가지이다. Wool의 등급을 결정하는 것은 Hair의 굵기이다. Cashmere가 비싼 이유는 16미크론밖에 되지 않는 매우 가는 굵기 때문이다. 그 때문에 Cashmere는 부드럽고 피부를 찌르지 않는다. 양모는 어린 양인 Lamb's Wool도 부드럽기는 하나 피부를 찔러 알레르기를 일으킬 수 있다. 세상에서 가장 가는 Wool은 Vicuna의 것이다.

페루의 천연기념물로 지정된 Vicuna 모의 굵기는 12미크론 이하이다. 워낙 고가이며 약하기 때문에 염색도 하지 않고 Natural color로 쓰는 경우가

Coarse Wool   Fine Wool   Alpaca   Cashmere   Silk   Linen   Cotton   Polyester

세상에서 가장 비싼 양말: 가격이 USD1,188
이다. 물론 소재는 Vicuna Wool이다.

많다. 3년에 한 번 모를 채취할 수
있으며 1년에 겨우 500g 정도만 얻
을 수 있을 정도로 귀하다. 이 원
단의 가격이 궁금할 것이다. 머플
러용의 가장 싼 것이 미화 2,000불
이고 코트용의 두꺼운 것은 3,500
불을 호가한다. Yard당 그렇다는
것이다. 따라서 Vicuna로 만든 코
트는 기본적으로 3만 불이 넘는다.

마

인류 역사에서 가장 먼저 등장한 천연 소재가 마이다. 그 이유는 역시
섬유장이다. 마는 섬유장이 길어 실을 만들기 용이하였다. 7,000년이라
는 장구한 역사가 말해주듯, 천연섬유 중 유일하게 3종류의 Generic
Term을 확보하고 있다. 아마 Linen, 저마 Ramie, 대마 Hemp가 그것들이다.

따라서 보수적인 미국의 FTC가 지금까지 인정하고 있는 천연섬유는 딱 6가지뿐이다. 그 외는 모두 천연섬유로 분류되지 않는다. 패션에서 가장 많이 사용되는 Linen은 가장 가격이 비싸다. 그

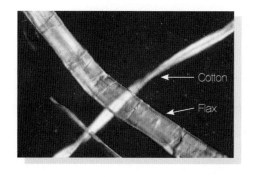

이유는 Hand feel이다. 굵기도 길이도 각각 비슷한 마에서 가격을 결정하는 요소는 Softness이다. 마가 뻣뻣한 이유는 마에 포함된 Pectin 때문이다. 마는 나무에 있는 수지인 Lignin은 적은 대신 Pectin이 20% 이상 들어 있어서 뻣뻣하다. 펙틴은 다당류의 일종(셀룰로오스처럼)으로 과일 잼을 만드는 식물의 성분이다(Flax는 Linen의 식물명).

저마 모시나 Hemp 삼베가 상대적으로 저가인 이유는 뻣뻣하기 때문이다. 이들은 Hand feel을 부드럽게 하기 위해 자주 면과 혼방한다. Linen은 매우 강하고(물에 젖을수록 더) 흡수력이 좋고 통풍도 잘 되면서 열전도율이 높을 뿐만 아니라 적당히 Soft하여 여름옷의 소재로 최적화된 식물섬유이다.

7

Marketting, Presentation & Research

Gap vs A & F vs AEO
(미국 패션의류 시장 Casual line 소재조사)

　이 소재 시장 자료는 08년 SS 때의 것으로 지금 시즌에 참고할 수는 없지만 이후의 실제 트렌드를 복기해보고 소재 시장조사를 하는 방법에 대한 기술을 익히기 위하여 좋은 사례이다.

Simple & Honest

　미국 캐주얼의류 시장의 성격을 한마디로 표현하라고 한다면 단순하고 보수적이라는 것이다. 대개 패션이라는 특성이 말해주는 것은 새로움이다. 패션 소비자들로 하여금 새로운 수요를 창출하게 만드는 가장 강력한 힘은 소비자들이 보유하고 있는 의류들을 쓸모없는 것들로 만들어 버리는 것이다. 소비자들은 바로 지난 해, 비싼 값을 지불하고 구매했던 우아한 옷이 하루아침에 유행에 뒤지는 구식으로 전락해 버리는 황당함을 정기적으로 경험하게 된다. 그런 일은 물론 소비자에게는 추가적인 소비를 일으켜야 하는 비극적인 소식임과 동시에 새로운 옷을 구매해야 하는 명분을 제공하는 희소식이기도 하므로 소비자들은 때로 분노하기도 하고 같은 이유로 기뻐할 수도 있는 상반된 감정을 가진다. 그래서 우리는 성난 소비자들에게 맞아 죽지 않고도 이 일을 계속할 수 있다.

　그에 따라 칼라 collar는 수시로 좁아졌다 넓어졌다 하며 상의의 길이는 길어졌다 짧아졌다를 반복하는 시소 게임을 하고 있는 것이다. 디자인은 물론이거니와 참을성이 부족한 소비자들에게는 소재의 진부함도 용서할 수 없는 태만이다. 따라서 패션 관계자는 늘 새로운 소재를 추구하고 개발하여야 한다. 이의 결과로 한때는 면직물이, 또 한때는 합섬직물이 트렌드의 초점으로 떠오르게 되는 것이다. 하지만 몇 가지 되지도 않는 천연소재나 합성소재를 돌려가며 사용하는 것도 한계가 있는 법. 새로움을 추구하는 소비자들의 욕구를 충족시키기 위해서 원단 Mill들은 비상한 관심과 노력을 경주해야만 한다.

소재는 진화한다.

마치 컴퓨터의 Memory가 '무어의 법칙'에 따라 기하급수적으로 진화하듯이 소재도 진화해야 한다. 눈부신 기술의 진보로 인하여 면 번수는 200수까지 생산될 정도로 가늘어졌으며 밀도는 400T가 나올 정도로 조밀해졌다. 하지만 그 어떤 물리적인 변화보다 가장 큰 면직물의 혁명은 바로 Hand feel이다. 최근에 시장에 선보이는 원단들의 Hand feel은 과거에는 전혀 존재하지 않았던 것들이다. 이른바 마이크로 파이버의 발명과 그에 따른 기모 가공의 발달로 인하여 지금까지 세상에 존재한 적이 없었던 놀라운 감촉을 창조해낸 것이다. 물론 오늘날 다양하게 개발되고 있는 마이크로나 그로부터 비롯된 섬세한 감촉은 Silk sand wash의 발명으로부터 시작된 것이다. Silk의 극도로 Fine한 섬도의 섬유를 이른바 Sand washing이라는 기법으로 표면 흠집을 내었을 때 놀라운 감촉이 창조되었던 것이다. 그 발명은 실크는 결코 물에 담가서는 안 된다는 오랜 금기를 깸으로써 이루어진 것이다. 그것은 하나의 혁명이었다.

세계에서 가장 큰 미국 시장

미국 시장은 크다. 실제로 미국 시장을 경험해 본 사람은 피부적으로 느끼는 사실이다. 그런데 실제로 3억 인구로 구성된 미국 시장이 크다는 것과 오더가 발주되는 사이즈가 정확하게 비례하는 것은 아니다. 미국 오더는 피부로 느끼는 실제 시장의 규모보다 훨씬 더 크게 느껴진다. 그 이유는 미국 소비자들의 높은 소비성에도 기인하지만 직접적인 원인은 바로 소재의 단순함이다. 유럽 시장과 달리 미국의 브랜드들은 스스로 패션 리더가 되는 것을 거부한다. 다른 브랜드가 먼저 채택했고 그래서 비교적 성공적이었던 소재를 써야 안심한다(그들의 이런 경향은 Zara와 정확히 반대로 가는 정책이다.). 따라서 누군가 작은 성공을 거두면 그것이 큰 성공으로 발전할 수 있는 강한 포텐셜을 가지고 있다. 소비자의 높은 호응을 이끌어낸 소재가 만약 가격도 저렴하다면 'DJ의 법칙'에 의하여 대폭발의 가능성도 점칠 수 있다. 그런 이유로 미국 캐주얼의류 시장의 소재 조사는 의외로 단순할 것이다. 이제부터 직접 시장에 들어가 그 사실을 확인해 볼 것이다(08년 3월 9일자 시장조사 내용).

캐주얼 브랜드의 대세는 역시 면

미국의 캐주얼은 Bottom은 물론이고 Top이나 Outerwear 소재도 대부분 '면'으로 구성된다. 그 중심에는 물론 Denim과 Chino가 있다. 이 두 전통적인 소재가 캐주얼의 절반을 차지한다. 그리고 나머지 소재가 트렌드에 따라 조금씩 변화하는 것이다. 트렌드는 캔버스나 카발리트윌 또는 브로큰트윌 같은 원단의 조직에 따라 형성되기도 하지만 역시 핵은 Hand feel이다. 그것이 유럽 시장과 미국 시장이 다른 점이기도 하다. 미국 시장은 90년대 이후로 Vintage가 폭발적으로 유행하며 Garment washing의 발달을 이끌었고 지금은 니트 원단까지도 Garment washing을 도입하고 있으므로 Garment washing의 최대 전성기라고 할 수 있다. Garment washing은 Stone washing, Enzyme washing, Silicone washing 등이 주축을 이루는 가운데 Washing 정도와 투여하는 케미컬에 따라 다양한 Looking과 손맛이 창출된다.

면직물의 공급이 한국이나 태국, 대만 등에서 급속도로 중국으로 재편되게 한 이면에 Garment washing이 있었다. 제직에 강한 중국은 상대적으로 가공에 약했다. 그들의 가공 실력으로는 절대로 까다로운 미국 시장 진입장벽을 넘을 수 없었다. 그 아킬레스건을 Garment washing이 보완해 준 것이다. 중국은 그저 Rigid만 생산하면 나머지는 Garment washing이 다 알아서 만들어 주었다. 그들은 코팅 같은 기본적인 가공 노하우 하나도 없이 미국의 최대 면직물 공급국이 되었다.

Brush의 변천

지난 시즌까지만 해도 촉감의 최대 관심사는 Micro peach였다. 면을 Micro 원단에서 구현되는 Peach의 촉감과 최대한 얼마나 유사하게 만들 수 있느냐가 관건이었던 것이다. 그에 따라 갖가지 Sanding이 연구되었으나 Sanding은 원단의 강도를 약하게 함으로써 얇은 직물에는 적용할 수 없다는 한계가 있었다. 그리고 이에 대한 해결책으로 다이아몬드 피치가 개발되었다. 미세한 긁힘이 가능한 Diamond Peach가 인장강도의 한계를 극복하는 데 일조하였고 촉감의 개선에 혁혁한 공신이 되었다. 하지만 피치의 또 다른 한계는 그것이 원단의 체표면적을 증가시켜 함기율을 늘림으로써 열전도율을 낮추는 원리로 따뜻한 촉감을 만들기 때문에 여름에 쓰기 어렵다는 것이다.

그렇기 때문에 코듀로이나 스웨이드처럼 기모된 원단은 원래 여름에는 쓸 수 없는 소재이다. 그럼에도 불구하고 요즘은 한여름의 소재에도 Micro peach가 적용되어 인기를 끌고 있다. Micro peach가 만들어내는 특별한 감촉과 더불어 광택의 감소로 인한 Dull한 느낌과 광의 난반사로부터 발생하는 Iridescent 효과에 기인한 미묘한 Looking이 소비자의 인기를 끌었기 때문이다. 그래서 한여름에도 단지 원단이 얇아졌을 뿐 가공은 똑같은 Micro sanding이 주종을 이루고 있었다. 여기에 Silicone이라는 마술 같은 유연제가 나타나자 혁명이 시작되었다. 실리콘이 원단에 약간 젖은듯한 촉촉한 느낌을 부여하면서 그때까지 경험한 적이 없었던 경이로운 Hand feel을 만들어낸 것이다. Satin 조직처럼 기모되기 쉬운 원단에 다이아몬드 피치를 한 다음 여기에 적당량의 실리콘을 첨가하면 깜짝 놀랄만한 촉감이 탄생한다. 이른바 Cotton Powdery의 탄생이다. Powdery는 마치 용각산처럼 미세한 가루가 주는 부드러운 느낌을 필자가 표현하여 만들어낸 용어이다. 그 후 Powdery는 Nano powdery로 한 단계 진일보하였고 Gerbera skin으로 도약하고 있다.

희한한 것은 유럽인들은 Peach를 별로 좋아하지 않는다는 것이다. 사실 Silk sand wash도 유럽에서 시작되었고 Modal이나 Cupra sand wash도 본산은 유럽이다. 하지만 유럽과 일본 그리고 우리나라에서도 대유행한 이 Sand wash의 원조들이 미국에는 상륙도 하지 못했다. 지금도 Modal sand wash는 Macy의 Alfani나 서부의 유명한 Better brand인 Tommy Bahama 정도에서나 볼 수 있을 정도로 미국에서는 희귀하다. 그런데 면직물의 Peach물은 정반대의 현상이 일어나고 있는 것이다. 유럽에서 면직물에 Peach 가공을 하려면 거의 느끼지 못할 정도로 살짝 해야 한다. 털옷으로 무장한 면들은 유럽에서는 즉시 찬밥 취급을 당하게 된다.

Ivory skin

그런데 이번 Spring에 기존의 유행을 뿌리 채 뒤흔드는 새로운 시도가 나타났다. 그것은 바로 Peach기가 전혀 없는 매끈한 가공이다. 그것은 Wet하되 기모는 배제된, 지금까지 볼 수 없었던 새로운 가공 형태이다. Papery와 비슷하면서도 Crispy한 느낌은 전혀 없는 Soft한 가공이다. 놀랍기는 하지만 이탈리아 Mill들은 이런 장난으로 면직물을 10불씩이나 받아먹는다. 그것이 우리 섬유산업이 제직을 버리고 가공을 취해야 하는 중대한 사유가 된다. 에디슨이 무려 2천 번의 시행착오 끝에 전구의 필라멘트 소재를 발견해낸 것처럼 우리도 다양한 시행착오를 거쳐 수천 개의

Novelty한 감촉을 창조할 수 있다.

Market

직접 각 브랜드별로 소재여행을 시작할 시간이다.

이번 봄에 우리가 관심을 쏟고 있는 바이어들은 어떤 소재를 채택했을까? 먼저 Gap부터 알아보자. Gap은 지금 성장률 둔화로 정체 상태에 있다. 그것이 서브프라임 모기지의 부실로 인한 소비위축 같은 외부적인 요인이 아니라 자신들의 보수적인 내부시스템 탓이라고 규정한 Gap은 Zara처럼 신제품 라인을 몇 주 안에 교체하고 싶어한다. 그에 따른 변화가 스토어의 제품군에 어떤 변화를 가져왔을까? 많은 사람들이 귀추를 주목하고 있다. Gap은 누가 뭐래도 세계에서 가장 큰 Garment retailer이다(지금은 3번째로 주저 앉았다.). 따라서 모든 섬유인들의 관심을 받고 있다. 나는 각계의 높은 관심도를 반영하여 각 Gender별로 일일이 어떤 소재를 사용했는지 자세히 알아볼 것이다. Banana는 Career의 영역에서, Old Navy는 별도로 취급하게 될 것이다.

Gap Men's

Twill보다는 평직을 많이 사용, 위사 쪽에 약간 굵은 원사를 설계, Faille 느낌이나 Bengaline 느낌을 주도록 만듦, Bengaline이나 Ottoman은 시즌 강 트렌드 중 하나이다.

- 두껍지만 밀도가 낮아 시원한 느낌을 주는 Canvas
- French Twill도 트렌드의 하나로 다수 발견
- Gap은 면을 선호하지만 면만 사용하지 않는다. N/C나 Nylon oxford

같은 교직이나 화섬류도 때로는 과감하게 사용, N/C 20수趙수 평직 등이 Outerwear 쪽에서 대량 사용됨

- 선염 stripe를 긴 Pants에 적용하는 경우가 드물지만 많이 보인다. 트렌드의 하나

- Shirts류에서 A & F의 Buttery기법을 다수 도입한 듯, Washing된 것들이 많다. 얇고 Fine한 50수들이 주종, Chambray류가 다수, Men's shirts인데도 진달래색 적용이 특이

- Semi정장 바지로 Powdery 느낌이 나는 Cavalry twill이 있다. 원래는 Banana정도의 Better group에서나 볼 수 있었던 고급 면직물 군

- 면 20수 100吮평직에 코팅을 하여 광택효과를 낸 과감성이 보인다. 사실 Gap스러운 것은 아님(이런 기법은 Stone Island나 Diesel에서 배워온 것이다).

- 20수 평직 Faille 조직의 바지에 PU 수지가 많이 들어가 탄력 있는, 이른바 Gummy 효과를 낸 제품이 있다. Gummy 효과는 쫄깃하면서도 부드러운, Soft papery라는 개념

- 50수 평직 고밀도에 Papery 효과를 낸 Shirts, 약한 Subtle Papery 효과, 미국인들은 Papery 특유의 서걱거리는 소리를 싫어한다, 유럽인들과 다름

- 30수 경량 Twill에 Peach 없는 매끈한 바지, 이른바 Ivory skin, Better 군에게 발견되는 Quality에 비해 2% 부족한 느낌, 이 소재는 Career 쪽에서도 광범위하게 사용, 금년 SS의 총아로 부상함

- Canvas에 Wax를 매겨 Fade out 효과를 낸, 'Stone Island'나 'Armani Exchange' 흉내를 낸 제품, 반면 100% Wool tropical을 사용한 정장 바지가 함께 걸려있는 곳이 Gap이다. 너무 튀지 않으며 너무 얌전한 정장도 사용하기를 거부하는 곳이 Gap

Gap Women's

면 40수 Satin에 Peach하지 않은 매끈한 기법의 원단이 사용, 가공 정도에 따라 Ivory skin이나 Marble skin 또는 Ebony skin이라는 이름을 붙였다. 매우 시원한 느낌을 주면서도 딱딱하지 않고 부드럽다. 촉촉한 마이크로 느낌, Twill 조직, Stripe, Linen/Cotton 45/55에도 적용. Shirts도 50수를 사용한 동일 가공, Peach보다 더 많이 발견됨

- 면 30수 Satin coat는 단추가 큰 더블 형태의 코트로 가장 많이 사용된 소재
- 40수 Stretch piquet바지 대량 발주된 듯
- 전통적으로 Women's에는 Stretch 소재가 많이 사용되나 Non stretch 들이 다수 발견됨
- 블라우스에 Perforated Embroidery 상당수 60수趣수 Dobby, 원래 Punched out된 자수직물은 60/90吶Ground가 대부분으로 인도산이 경쟁력 있음
- Gap body는 면 30수 Seersucker로 도배
- 전체적으로 Soft한 느낌의 제품라인에 돌연 Hard한 Canvas Outerwear 가 나타남

Gap Kid baby

대중적인 인기로 매출이 급상승하는 Gap kids 쪽 제품군은 소재 정보에 중요한 참고가 된다. Kids에선 의외로 Adult보다 과감한 소재를 사용할 수 있어 때로 Women's보다 더 Career다운 제품군이 확인될 때도 있다.

- Bottom과 Outerwear쪽에는 면 40수 Twill Ivory skin이 채택, 쭈글쭈 글하게 봉제된 것이 특징

- N/C 30수에 Micro 느낌 Hand feel이 다수 발견. Micro Hand feel 면직물 Women's의 Ivory skin과 대비되는 특징
- Shirts blouse 쪽에는 Embroidery와 Lawn이 주종, Linen/Cotton 혼방물도 보이는데 Foil print된 것이 특징, 마직물은 혼방보다 교직물이 더 고가이나 교직은 주로 Career 쪽으로 사용되는 경향이 있다.
- 극도로 Soft한 Lawn print, Schreiner 가공으로 보임
- 면 선염 Stripe와 Check가 다수 발견됨, Shirts뿐 아니라 반바지에도 사용
- Polyester Dewspo에 Chintz한 제품은 동경에서 많이 보았던 소재인데 미국에서는 가끔가다 눈에 뜨일 뿐이다. 나중에 Kenneth cole의 봄 신상품에서 같은 걸 발견
- Boy's는 평범한 14수 Chino peach나 Camo, 그리고 늘 사용되는 Micro 전사 Print의 Swim trunk

A & F

현재 캐주얼 시장 최대의 인기를 구가하고 있는 A & F는 의외로 매우 간단한 소재들로 구성되어있다. 우븐과 니트를 가릴 것 없이 강한 Blast의 Garment sand washing을 통해 거의 너덜너덜하게 가공한 것이 특징이다. 심하게 구겨져 있는 것도 A & F의 특징이다.

- 역시 40수 Powdery satin이 적용되어 있고 30수 Broken twill도 보인다.
- Broken twill의 인기는 몇 년째 계속되고 있다.
- 전통적인 Chino를 사용함으로써 Ground보다는 후가공에 소재 다양성의 초점을 맞춘 것으로 보인다.
- 대개 Yarn dyed는 전통적인 Shirting인데 SS에는 20수나 그 이상 더 굵은 원사를 사용하여 Bottom으로 쓰는 경우가 있다. 이번 시즌에는 여타의 바이어를 가리지 않고 광범위하게 채택되어 있다. Check는 반바

지로, Stripe는 긴 바지에 사용되고 있다.

- 20수 Mini canvas도 있는데 전에는 이 직물을 20수 포플린이라고 불렀었다. 그러다 캔버스가 유행하자 미니 캔버스로 불리게 된 것이다. 마케터들의 간교함이란.

- 그들의 Shirts는 특이하다. 40수 고밀도 원단은 통기성이 좋지 않아 Down proof 원단에 많이 사용되는데, 그들은 Peach까지 추가하여 Shirts로 출시하였다. 좀 덥다! 그런데 촉감이 특이하다. 부드러우면서도 Wet하게 착 감기는 맛. 그리고 약간의 기름기. 이른바 Buttery이다. 그들은 이 소재를 Men's shirts의 전 소재에 광범위하게 적용하였다.

- Women's 는 반대로 털 없는 매끈한 가공을 한 것이 특이하다.

- 주목을 끄는 것은 SS 시즌에 누구나 선보이는 마이크로 전사 프린트된 반바지 수영복이다. 그런데 A & F는 다른 브랜드와 다르다. 원래 마이크로는 폴리에스테르가 대부분이므로 Garment washing을 아무리 심하게 해도 구겨지지 않는다. 구겨짐을 발생하게 하는 특별한 고정제 Stabilizer가 필요하다. 그렇게 해서 만든 구김 효과는 화섬인 마이크로 직물을 면이 섞인 것처럼 보이게 한다. 밝은 색 연두나 핑크의 Plaid가 많이 보인다.

- 전체 Garment washing에 Silicone을 많이 투여한 듯 상당량의 실리콘이 손에 묻어나는 것을 느꼈다.

AEO

그들의 분위기는 A & F와 거의 같다. 누가 원조라고 주장한 바는 없지만 둘은 대부분의 모든 Looking에서 마치 형제 같다. 다만 다른 점은 AEO의 옷들은 A & F처럼 Wet하지 않다는 것이다. 그것은 Silicone을 그다지

AMERICAN EAGLE OUTFITTERS

많이 사용하지 않았다는 반증이다. 따라서 AEO의 옷들은 약간 Dry함을 유지하고 있으며 이 차이가 매출에 영향을 끼치고 있지는 않는 것 같다. 자세히 볼수록 정말 똑같다. 어느 한쪽이 모방을 하지 않는 한, 그럴 수가 없을 정도이다. Shirts 쪽에 Print가 조금 많다는 것이 차이라고나 할까?

Lawn에 Print한 물건도 가끔 보인다. AEO는 면만을 이용한 프러덕션 라인에 식상한 듯, 요즘 한창 뜨고 있는 T/R stretch의 혼방과 교직을 이용한 키메라 Chimera 원단을 준비 중이며 다음 F/W에 반영할 예정이다.

---

* 키메라(그리스 신화에 나오는 사자머리와 양의 몸을 한 상상의 동물)

미국 패션의류 Career line 시장조사

Moderate의 퇴조

미국의 Career line은 백 년 넘게 Moderate가 지배하고 있었던 시장이다. 그런데 어느 날 소리 없는 대변혁의 소용돌이가 몰아친 것이다. Target이나 JCP, Wal-Mart 같은 Basic 그룹들이 Moderate와 비슷한 소재, 비슷한 스타일의 옷을 반값에 출시하기 시작하였다. Target은 아이작 미즈라히 Isaac Mizrahi 같은 유명 디자이너의 브랜드를 영입하여 Collaboration을 시도하였다. Moderate들은 갑자기 위기에 처하게 되었다. Liz Claiborne이나 Jones New York, Norton, Limted, Express, Casual Corner 같은 대표적인 Moderate 계열의 브랜드들이 성장 정체에 빠졌고 문을 닫는 곳까지 생겼다. 반면에 Tahari나 Talbots 같은 Better group은 오히려 성장하고 있는 것이 최근의 현실인 것이다. 물론 이런 추세는 변덕 심한 패션 시장에서 또 어떤 방향으로 갈지 모른다.

버림받은 감량물 Polyester

Career line의 중심 소재는 과거 30년 동안 감량물 Polyester였다. 그것이 대한민국의 섬유산업을 부흥시킨 견인차 역할을 하기도 했다. 하지만 차갑고 딱딱한 합성섬유 소재가 시장을 지배한 세월이 너무 길었던 것을 보상이라도 하듯, Polyester 감량물은 소비자들의 외면과 함께 돌연 시장에서 사라졌고 변화를 쫓는 데 실패한 일부 Moderate group의 몰락이 이어졌다. 시장은 재편될 조짐을 보이고 있었다. 면과 마, Wool을 비롯한 천연 소재들이 감량물이 사라진 자리를 대신하였다. 사실 그동안 면직물은 수차례, 이 시장의 패권을 차지하기 위해 기웃거렸으나 면은 소재의 특성상 Career line의 적합한 소재가 될 수 없다는 인식의 한계 때문에 정착할 수 없었다. 정장과 Dress는 Drape성을 반드시 필요로 했기 때문이었다. 그것이 당시의, 거부할 수 없는 Suiting의 법칙이었다.

그러나 베이비부머 여성과 그 딸들이 30~40대의 커리어 라인을 넘겨받는 세대 교체가 이루어지자 상황은 달라졌다. 베이비부머 여성들은 자신이 나이든다는 사실을 인정하기 싫어했다. 젊었을 때 입었던 청바지와 면직물 소재에 익숙한 베이비부머들은 선대들이 즐겨 입었던 찰랑거리는 폴리에스터 정장류에 일종의 경멸감을 가지고 있었다. 그것은 곧 중년 아줌마 의상의 상징이었다. 베이비부머 여성들은 그런 스타일을 강력하게 거부하였고 따라서 정장조차도 찰랑거리지 않는 면 소재를 선택했다. 그리고 이후, 폴리에스터 감량물의 황금시대는 다시 돌아오지 않고 있다.

덩달아 사라진 Viscose Rayon

감량물 Polyester의 퇴조와 더불어 Drape성의 원조이자 여왕이었던 레이온도 시장에서 사라졌다. 스토어를 가득 채웠던 그 많던 Rayon challie, Fujiette, Crepe, Georgette들은 다 어디로 갔을까? 그것들은 비록 공장에서 화학적인 중간과정을 거치기는 했지만 Polyester와 달리 태생 자체가 면과 같은 셀룰로오스 소재인데도 불구하고 이 시장에서 철저하게 배제되었다. 따라서 폴리에스터 감량물이 이 시장에서 사라진 이유가 차가운 합성섬유여서가 아니라 바로 Drape성이 강한 소재라는 사실을 입증하고 있다. 베이비부머가 50대에 진입한 지금, 합성섬유와 Drape성을 좋아하던 전전 세대와 달리 베이비부머와 그 딸들은 차갑게 찰랑거리는 무거운 Drape성을 신물 나는 촌스러움의 상징으로 여겼던 것이다.

새로운 면의 시대 도래

그리고 소재의 춘추전국시대가 시작되었다.

이 시대 최고의 기능성 섬유인 Spandex가 보급되고 나서부터 모든 Women's Career 시장의 소재는 Spandex가 기본이 되었다. 그것이 면이든 Wool이든 마직물이든 또는 교직물이든 마찬가지이다. 그리고 얼마 가지 않아 Wool이 지배하던 Suiting 소재에 T/R stretch라는 핵폭탄이 등장하였다. 터키에서 최초로 개발했다고 알려진 T/R/S 직물은 소모와 구별할 수 없을 정도로 똑같은 감촉과 알맞은 Drape성을 무기로, 그리고 소모에는 High End에서만 사용되었던 Stretch성이라는 강력한 기능을 업고 Basic과 Moderate그룹의 Suiting 시장을 완전히 장악하였다. 오늘날 Better 이상의 브랜드에서 T/R을 쓰지 않고 소모를 쓰는 이유는 오로지 한 가지이다. 높은 가격을 정당화해야 하는 명분이 바로 그것이다. 시쳇말로 비싼 값을 해야 한다는 것이다. 그리하여 오늘날 Career 시장을 지배하는 두 가지 새로운 거대한 축은 T/R/S와 면 Stretch 직물이다. 이제부터 중요한 10개 브랜드의 소재를 살펴보면서 그것이 사실인지 확인해 본다.

확인에 앞서 이번 시즌에 태동한 특이한 두 가지 소재를 짚고 넘어가야 한다. 첫째는 30수나 40수 Twill의 표면이 Full dull Polyester 느낌이 나는 매끈이 가공(차후 Ivory skin 으로 표현함)을 한 면직물이고 다른 하나는 Polyester Memory이다. 가격이 5~6불 대를 상회하므로 미국 시장 진입 자체가 어려웠던 메모리 원단들이 여기저기에서 서서히 Adoption되고 있음은 유럽에서 히트하였던 이 High-tech한 트렌드가 급속하게 미국 시장에 반영되고 있거나 메모리의 가격대가 공급량의 확대로 인하여 가파르게 하강하고 있다는 증거가 된다. 아니면 가짜 메모리 원단이 성공적으로 만들어졌거나.

Jones New York Collection

아직 이 시장에 미치는 Jones의 영향력은 대단하다.

- 과거 Poly 감량물의 미끈미끈한 Touch에 식상했던 소비자들을 위해 개발된 원단이 Triacetate와 폴리에스테르의 혼방물이다. Wool 느낌과 더불어 까칠하되 Dry하고 부드러운 양면성을 가진 Triacetate의 혼방물은 가격도 비쌌고 우리나라에서도 선경과 삼아를 비롯하여(최근은 R&D 텍스타일) 매우 제한된 공급만 있을 정도로 어려운 제품이었는데, Dandy한 Drape 직물로 Better 그룹 브랜드들의 각광을 받았다. 단지 100% 폴리에스테르가 아니라는 이유만으로도 호평을 받았으며 아직까지 소비자들의 사랑이 이어지고 있다. Jones에서는 64/36%의 혼용률을 사용하고 있었다.
- Charmeuse조차도 이제는 폴리에스테르를 대체한 Cotton 폴리에스테르의 교직물이다.
- 광택 나는 N/C 30수 Ivory skin이 코트에 적용되었다. Ivory skin은 거대한 트렌드로 금년을 장식하고 있는 듯하다.
- 면 30수 Stretch print와 Silk의 Print들이 포진한 가운데 Y/D Linen/Silk 55/45 Stripe 같은 고급 소재도 즐비하다.
- Silk Y/D도 Jones에서는 자주 발견되는 소재
- 편의성이 돋보이는 T/R 2way 소재
- R/C Yoryu, 40lea Linen 100%의 자켓
- 아직까지 살아남은 폴리에스테르 감량물이 있는데 Chiffon이다. Chiffon은 Micro high multi라는 고급 버전을 개발하여 살아남았다. 요즘의 Chiffon은 Silk와 구별이 어려울 정도로 Touch가 좋다.
- Lawn에 Foil print한 제품이 가끔 눈에 띈다.
- 특이한 것은 폴리에스테르 memory 원단이 있다는 것이다. 대부분의 Career line에서 이 소재를 채택하고 있다. 최근 급속히 떨어지는 가격 추세를 반영한 결과이다.
- 이 브랜드의 특색은 면과 Wool이 별로 없다는 것이다. 덕분에 상당히

다양한 소재를 선택하고 있다.

Jones New York Signature

같은 브랜드인데도 이쪽은 면 일색이다.

- 면 40수 Fine twill에 Ivory skin touch는 한때 SS 소재로 Papery가 대
  유행 했던 것처럼 대단한 인기몰이를 하고 있다. 이 Hand feel의 특징
  은 전체적으로 부드러우면서도 매끈하여 차가운 느낌을 주는 Soft한
  Papery의 일종인 것이다. 이 트렌드는 전통적으로 유럽의 것이다.
- 그밖에 사용된 면직물들을 보면 30수 Cavalry twill과 slubby, 40/133
  꿈stretch에 프린트한 Blouse
- Cotton 40/250輓의 이중지를 이용한 바지(원래 코트용이었는데 일본에서
  바지로 사용한 이래 바짓감이 되었다.),
- 40수 고밀도인 120輸소재의 자켓,
- 20吀/100吮 평직류의 stretch,
- 40수 Satin 등이 있고
- 마류로 Linen, Linen/cotton Y/D solid,
- T/R bengaline, Poly micro 등 잡다한 소재들이 있다.

Michael Kors

최근에 급부상하고 있는 Better brand이다. 핸드백으로 더 유명하다.

- 역시 면직물군이 많다. Chino에 Double mercerized로 우아한 광택을
  낸 제품이 눈길을 끈다. 원래는 Zara 등에서 Micro 교직물로 효과를
  냈던 것인데 100% 면으로 비슷한 효과를 만들었다. Compact yarn을
  사용했을지도 모른다.
- 면 Fine twill에 Green빛이 많이 감도는 Khaki가 브랜드를 초월하여

많이 사용되고 있다. 마치 2tone의 Iridescent 같다.

- 금속성 Silver나 White Glossy의 Laminating 소재,
- 그밖에 Lawn Print와 40수 고밀도 직물인 133輸그리고 40/133꿈의 papery 20수,
- 역시 T/R/S가 1way, 2way 공히 사용되었고
- 면 30수 Chino와 면 20/100吭소재의 코트,
- 40수 Fine HBT,
- 폴리에스테르chiffon print,
- Matt Jersey,
- 면 Heavy satin에 Print한 자켓 소재는 면 Basket Print와 더불어 Textured print 소재로 많이 사용된다.
- Silk twill printed,
- Cotton 50수 lawn
- Clip jacquard,
- Dow의 XLA섬유인 탄성 'Lastol'이 포함된 면직물 등이 있다.

DKNY와 Pure DKNY

Pure DKNY라는 것이 생겼다. 친환경 소재를 많이 사용하고 염료의 사용을 되도록 절제하는 특징, 대부분의 컬러들이 생지 그대로 느낌으로 부각되어 있다.

- 면 소재는 40수 Satin stretch Ivory skin 가공,
- 50/133輸Fine 고밀도 직물의 Stretch,
- 역시 Green/Khaki의 40수 Ivory skin Twill, 40수 Fine twill Powdery이 있고
- Silk와 Silk/Linen 45/55, Silk Chiffon stretch print, Ombre printed silk

twill 등이 있으며

- 합섬계열로는 N/C Heavy twill, 빳빳한 Nylon Heavy twill, 두꺼운 평
직의 Poly Memory가 코트나 드레스의 소재로 쓰이고 있다.
- 특이한 것은 아름다운 Rayon Satin filament 직물이 등장했다는 것이
다. 상당한 고가를 형성할 것이지만 Rayon 소재의 거부감이 아직 사
라지지 않아 시장의 영향은 미미할 것이다.

Liz Claiborne

이제는 지는 해라고 말하고 싶은 브랜드이지만 이번 소재 조사의 결과
는 충격적이었다. 상당히 다양하고 독특하며 신선한 소재들을 공격적으
로 그들의 제품군에 담고 있었다.

- 면직물은 30수 Twill peach, 40/133輸고밀도 직물,
- 아주 소프트한 50수 satin print,
- T/R 10수 Bengaline,
- Touch가 별로 좋지 않은 Chino twill,
- Lawn print, Piquet stretch 바지,
- 과감하게 Wax coating된 Liz답지 않은 30수 Twill로 Vintage looking과
 Memory 효과가 나는 면직물이 코트용으로 쓰였고,
- 40수 Powdery satin, Twill, 20수 Mini canvas powdery,
- 숨막힐 정도로 아름답고 매끈한 느낌의 40수 Papery원단,
- 30수 Ivory skin twill,
- 40수 Gerbera skin satin,
- O/W용으로 이미 한물간 Stainless가 10% 들어간 40수 Twill이 있고
- Heavy한 Satin조직의 Memory가 많이 쓰였고 상대적으로 경량의
 Memory도 있다.

- Linen/Cotton 55/45 직물에 Wet coating하여 구겨진 Memory 효과를 낸 것도 있다.
- 거꾸로 같은 직물에 Papery를 낸 것도 있으며
- 10수 T/R Bengaline
- Drape성이 돋보이는 부드러운 느낌의 Linen/Rayon 52/48 바지
- Cotton/Poly 교직물의 Stretch물은 매끈한 느낌이 좋기 때문에 이번 시즌에 많이 보인다.
- 특이하게 A & F에서나 볼 수 있는 Garment Enzyme washing된 Jersey knit들이 있다.
- Micro dewspo가 있고 폴리에스테르 감량물로 Dull satin 직물이 있다.
- T/R 1way, 2way
- Rayon/Cotton 60/40 Fujiette 느낌이 나는 Shirting Print/Solid Silk/Cotton과 매우 유사하다.
- 바지용으로 Wool Tropical 7~8oz

소재들이 매우 다양하여 정말 Liz Claiborne인가 싶을 정도로 정체성마저 상실한 특징을 보였다.

Loft(Ann taylor)

뉴욕에서 본 대부분의 Ann Taylor는 Loft였다. 원산지가 대부분 인디아나 태국이라는 점이 재미있다. 역시 면이 많다. Talbot와 비슷한 소재를 사용한 것이 많아 분위기도 비슷하다.

- 30수 Twill powdery 등 Cotton stretch가 가장 많은 소재,
- 40/2 Oxford에 Print
- Dry한 느낌의 20수 Slub twill
- 면 30수 선염 check garment washed: AEO에 있어야 할 물건이 Loft에

있다. A & F가 만들어낸 젊고 도발적인 Vintage 스타일이 Career에까지 미치고 있음은 Aging을 거부하는 베이비부머 여성들의 특징을 그대로 보여준다.

- 전통적인 Lawn Embroidery, Print
- 요즘 한창 인기인 Single span knit print, Matt jersey print
- 2tone이 나는 Khaki green의 Ivory skin 30수 Twill
- T/R 40수 2way, T/W 55/45 Stretch tropical
- Poly chiffon, Rayon Georgette,
- Rayon stretch twill, Rayon crepe

Banana republic

Career와 Casual을 동시에 아우르는 Better group의 리더로 많은 브랜드들의 모델이 된다. 역시 매우 다양한 소재를 선택하고 있으며 이탈리아나 일본 제품도 많다. 태생이 Gap이지만 Gap과는 닮은 점이 별로 없다. 고급의 면직물이 주종을 이룬다. 특이한 것은 T/R Stretch 원단을 전혀 쓰지 않고 있다는 것이다. Wool 100%나 95% 또는 86%, 55%의 Spandex가 들어간 소모만을 쓰고 있다. 오만한 자존심이라고나 할까? 하지만 대세는 어쩔 수 없는 법. Gap 가족과는 전혀 어울리지 않을 것 같은 T/R/S는 이미 Old Navy를 비롯한 Gap에서도 상당수 사용하고 있다. Banana도 Loft처럼 인도와 태국이 원산지인 경우가 대부분이다.

- 40수 Twill Ivory skin, Stripe, Fine twill
- C/R/L 64/34/2 Multi 소재 2중지로 멋스럽다.
- R/C/S 56/39/5의 30수 2Way twill은 Hand feel과 우아함이 돋보이는 비싼 소재,
- N/C 53/47 Oxford

- 매끈하고 군더더기 하나 없는 고급스러운 Cotton 80/3 Twill
- 면 40/250輚평직 이중지의 Stretch
- Tacky한 느낌의 Micro dewspo coat
- Silk/Cotton satin, Silk/Rayon blouse
- 면 선염 pattern물 바지가 대단한 강세
- Zara에서 다수 발견된 Silk/Cotton blouse가 대세, 미국 시장에서도 많이 보인다.
- 딱딱한 느낌이 나는 매끄러운 30수 Pin Broken Twill이 독특하다.
- 40수 Fine twill의 Bonded는 딱딱한 Hand feel로 악명 높지만 도도한 외관 때문에 아직도 Trench coat의 주요 소재로 쓰인다.
- Memory의 등장이 새롭다. Better군의 주요 소재로 입성한 듯.
- 30수 Double mercerized twill 혹은 Compact cotton
- A&F를 흉내 낸 Washed cotton shirting들이 있었지만 그들의 Buttery에 미치지는 못한다. 과도한 Coating 직물은 Gap 가족의 환영을 받지 못한다.
- Poly dewspo는 Normal한 제품을 쓴다. 코트용으로 Poly heavy satin의 특이한 소재를 선택하였다. Full dull로 광택을 죽여 면 느낌

BCBG MAXZAZRIA

- Poly cotton Shiny satin 교직물
- 유명한 한국산 Single span knit print
- Memory를 많이 사용. Stainless사를 이용한 직물도 보인다. 작년에는 이 그룹을 상당수 채택하였다. Memory의 미국 시장 진출에 선구적인 역할을 하였다.
- 역시 Better group의 자존심으로 T/R은 사용하지 않으며 Wool stretch 나 t/W 54/44/2 stretch 소모를 사용

- Cotton 40수 stretch와 일본산 Poly stretch twill
- Liz에서도 보인적 있던 Cotton/Poly 교직물 Spandex의 매끈한 Blouse
- Silk/Cotton 59/41 100% Silk charmeuse
- N/C 교직물 40/68/2 Stretch blouse
- 후직의 면 Satin stretch는 코트로 쓰였다.
- Silk cotton see through blouse. 역시 Zara에서 많이 사용된 원단이다.

Talbots

Career군의 제품인데도 불구하고 대개 면직물이 주종을 이루고 있다는 사실이 희한하게 느껴질 정도로 다양한 면직물이 보인다. 중국 제품은 아직 보이지 않는다.

- 고밀도 면 40/133輸stretch,
- 30수趣수賭수 Twill, Satin 20/2 canvas stretch
- Peached chino, Textured print(굵은 선의 도비직물에 Print하여 정장의 상의 로 사용)
- 30수 Y/D stripe twill
- 58/42 Cotton linen twill blended가 아주 느낌이 좋다. 탄성이 나올 정 도이다.
- Sponge 느낌 나는 고운 40수 평직 T/R 2way가 다수, Talbot가 이 제품 의 선구자
- 교직물은 아예 찾아볼 수 없다.

Kenneth Cole

신발 브랜드로 유명해졌으며 한때 Liz 소속이었던 Better group 브랜드, 지금은 Reaction이라는 2nd class 브랜드를 거느리고 있다.

- Cotton powdery satin chambray

- Chintz poly dewspo

- Wet한 Micro느낌의 Memory

- 면 40/133꿈bonded와 40수 이중지

- Cotton heavy satin 30수

- C/P교직물 satin

- Cotton Ottoman

- Linen chintz/Schreiner extremely soft하다.

- Dewspo에 Chintz한 원단에 면 Jersey를 Lining 처리하여 멋진 점퍼를 선보였다. 이 원단은 유럽과 일본에서 대유행 중인데 대개 Down 잠바로 사용하였다. 안쪽으로 면 Jersey를 덧대어 봄 잠바로 사용해도 멋지다.

Summer 소재 시장조사와 Hunting

실전 소재 시장조사이다.

결코 아무나 할 수 있는 일이 아니다. 소재 전문가 중에서도 절정 고수만이 가능하다. 소재는 너무 다양하기 때문이다. 특정 복종만 해도 어마어마하게 다양한 소재가 존재한다. 광범위한 소재 시장조사는 대단히 어려운 작업이다. 이번 시장조사는 섬산련의 의뢰를 받아 실시하였다.

새로운 소재에 대한 아이디어를 얻기 위해서는 중간급 브랜드보다 차상위인 Better group 이상 브랜드에 대한 시장조사를 필요로 한다. 그들은 제품에 매겨진 상상을 초월하는 고가에 대한 압박에 상응하도록 창의적인 소재를 내놓아야 하기 때문에 기발한 상상력을 동원할 때가 많다. 만약 누구나 쓸 수 있는 상투적인 소재를 내놓는다면 그건 그들의 브랜드를 구매하기 위해 기꺼이 고가를 지불하려 하는 충성고객들을 우롱하는 처사가 되는 것이다.

따라서 이번의 Hunting은 당연히 Nordstrom과 Saks 5th Ave, Bloomingdale과 Nieman Marcus를 관통하는 High End 백화점을 위주로 진행되었다.

지난번의 Spring 조사에 이어 4월 말에 Early Summer 시장조사를 할 기회가 되었으므로 매우 행운으로 생각된다. 지금까지 Early summer 시장조사는 한 번도 한 적이 없기 때문에 이 조사가 나름의 가치를 지니고 있을 것이다. 이번의 시장조사는 지난번의 Spring Trend가 Summer로 넘어가면서 어떤 경향을 나타내는지에 대한 집중적인 확인이기도 하다. 대부분의 경우, 지난 Spring과 Carry Over되는 경향이었지만 High End 브랜드에서 리드하는 다양한 Innovation을 접할 소중한 기회가 되었다.

대상 브랜드는 Public Trend 확인용으로 A & F, AEO, Old Navy, H & M, Banana Republic, Express, Chicos 등을 조사하였고 Hunting용으로 Hugo Boss나 Giorgio Armani를 비롯하여 언제나 새로운 영감을 불어넣어주는 Innovation의 보고이자 무시무시한 고가로 사람을 놀라게 하는 이탈리아의 CP Company, Stone Island, 놀랄 만큼 새롭게 변신한 Diesel을 위시하여 Energy, Ralph Lauren, G star, AEO의 새로운 브랜드 Martin + OSA 외, 고급 백화점들의 수많은 Private Brand들 그리고 이름이 잘 알려져 있지 않은 유럽 브랜드들을 조사하였다.

Shinny cotton

의외로 강한 트렌드를 형성하고 있다. 고급 브랜드들은 고가의 Compact cotton이나 Pima 면을 채택하였고 중급 브랜드들은 Double Mercerizing 기법을 이용했으며 Basic 그룹들은 세탁 후의 Durability가 보증되지 않는 Chintz나 Schreiner 가공으로 커버하고 있었다. 때로 위사에 T400을 사용하여 Subtle Shinny기법을 표현한 곳도 있다. 생각보다 우아하다!

Ivory skin

대개는 Silicone을 사용한 매끄러운 Quality가 많았는데 유럽 쪽의 브랜드들은 전혀 Silicone이 들어가지 않은 Dry한 제품도 출시하고 있다. 유럽 쪽의 브랜드들은 한겨울이라도 Peach 가공에 혐오에 가까운 반응을 보인다. 소재의 촉감을 중시하는 미국의 경향과 크게 다른 부분이다. 여름에는 말할 것도 없다. 미국이 질감에 관심이 많은 반면, 유럽은 소재의 시각에 주로 호소한다는 사실을 알았다.

Yarn dyed pants

원래 선염물은 반바지로만 쓰이거나 아주 적은 양의 구색 맞추기용이 전부였다. 하지만 이번 시즌에서는 대개 Stripe로 중량에 관계없이 모든 Pants에 광범위한 적용이 이루어지고 있다. 대개는 250g 이하의 소재이다.

White subtle slubby drill

새로운 소재는 아니지만 면직물 중 가장 인상적인 소재로 마치 약속이라도 한 듯, 모든 브랜드들이 채택한 소재이다. 대개가 White color이며 Pants용이고 Slub이 들어있다는 것이 특징이다. 굵고 선명한 것보다는 Subtle slub이 주류를 이루고 있다.

Mighty Lawn

Lawn은 Women's 여름용 소재의 대표 주자로 대개 부드럽고 흐물흐물한 것이 특징이지만 이번에 C/P교직물로 의심될 정도로 힘 있는 Lawn들이 보인다. 그렇다고 수지가 잔뜩 들어있는 Papery는 아니고 일부 Stretch가 들어간 것 같기도 하다. Pigment 처리하여 일부러 Stiff하게 가공한 제품도 보인다. Stretch는 이미 기능성을 떠나 특정 스타일을 만드는 패션 소재로 사용된다(이른바 간지라고 불리는). Lawn의 위사에 T400을 넣어보는 아이디어를 생각해 보았다.

Washed dense shirts

이직 고급제품에는 발견되고 있지 않지만 중저가의 Shirts에서 통기성이 염려될 정도로 고밀도인 Shirts에 Vintage Washing을 한 제품이 강한 트렌드를 형성한다. Casual인데도 사용된 Pattern들은 Dress shirts용이라는 것이 특징이다. 이 제품들의 용도는 자켓 안에 입는 Inner 개념의 Shirts

가 아닌 Outerwear 개념의 Shirts라고 할 수 있다.

Nude Silicone shirts

원단을 부드럽고 매끄럽게 만들기 위한 유연제 처리는 인체에 해가 없는 Silicone이 주종으로 사용되는데 대개 Peached 면 面에 적용하여 Novelty touch를 만들어 낸다. 하지만 Peach가 없는 알몸에 Silicone을 하는 경향은 드물기 때문에 그 자체가 참신한 아이디어가 된다. Ivory skin과 같은 맥락이지만 Shirting에서는 독특한 맛을 낸다. 80수, 100수의 세번수가 뿜어내는 Compact하고 매끄러운 느낌을 실리콘으로 유사하게 만들어 낼 수 있다.

Memory Powdery

Synthetic은 대개 Full dull Micro Dewspo가 대세이지만 CP Company 같은 고급브랜드에서는 Powdery가 적용된 Heavy한 Memory 원단이 급부상하고 있다. 고가의 소재이다. Carbon coating의 질감도 이와 비슷한데 그 위에 Sanding해 놓은 느낌이다. 알몸의 Poly Canvas Memory도 자주 보인다. 이 같은 Synthetic은 Techno스타일의 Modern하고 Young한 느낌을 주지만 동시에 Luxury하게 다가온다. 실제로 이 소재를 채택한 Giorgio Armani의 짧은 캐주얼 반코트는 무려 1,350불이었다.

면 이중지의 새로운 부상

3~4년 전에 유럽과 일본에서 대유행했던 면 이중지가 자주 눈에 띈다. Seaming 부분이 약간 들뜨는 성질 때문에 주로 Bottom용으로 사용되었지만 과감하게 Suiting으로 Adoption된 제품들이 상당수 보이고 있다. 제법 Heavy한 직물인데도 여름용으로 사용된다는 것이 이채롭다. 기본이

40×40, 250×150이며 20~30전 정도의 추가 부담으로 50수의 같은 밀도를 사용하여 Light한 느낌을 낼 수 있다. 최근에는 위사에 Nylon을 친 교직이 등장하였다.

French Twill

Semi Career의 면 정장 바지용으로 Cavalry Twill이 많이 보인다. 대개는 Peach가 되어있다. 미국 소비자들이 특히 좋아하는 보수적인 조직으로 Men's에서 선호한다. Banana에서 Gap, J. Crew까지 다양하게 선보이고 있다.

Techno Corduroy

아무리 여름이라도 한두 종류는 보였던 Corduroy가 완전히 사라져 버린 것으로 확인된다. 딱 한군데에서 눈에 띄었는데 좋은 아이디어를 제공했다. 지금까지 한 번도 보지 못했던 새로운 Corduroy를 발견하였다. 이 새로운 Moleskin Corduroy는 거의 털이 없고 Powdery 느낌이 들지만 또한 매끌매끌한 희한한 물건이다.

Compact Feel

눈부신 새하얀 Cotton 소재에 Fuzzy 한 올 보이지 않는 미끈한 Compact feel의 Poplin이 강한 트렌드를 형성하고 있다. 물론 세번수 Compact cotton을 사용하므로 너무 고가이지만 교직물로 비슷한 흉내를 낼 수는 있다.

Multi Tasking(Versatile)

현대는 여러 가지의 복합된 느낌, 때로는 상반되는 감성을 한 소재에 넣고 즐기겠다는 어려운 요구에 대한 압력을 행사하고 있다. 이른바 Multi-Tasking이다. 이런 소재는 Carbon coating처럼 창의적이고 참신하기는 하지만 실전에서 서로의 가공이 충돌을 일으켜 문제가 발생할 소지가 있으므로 대기업에서는 잘 채택하지 않는다.

마직물의 혁명(Powdery Linen)

보수적이고 유행에 굼뜬 미국 시장에 물건을 팔면서도 개발에 있어서는 타의 추종을 불허하는 나는 공격적인 개발전략 때문에 언제나 앞서나가는 경향이 있는데 몇 년 전, 아주 독특한 마직물들을 개발하여 내놓은 적이 있다. 그것은 바로 Powdery washed Linen이다. Linen은 까실하고 열전도율이 높아서 여름 소재의 단골로 채택되지만 Powdery는 겨울 소재의 특징이다. 이 같은 소재는 Chimera라고 할만하다.

미국 시장의 분위기는 한마디로 참담하다. 샌프란시스코는 그나마 유로의 약진 덕에 돈 쓰러 온 유럽 관광객들이 있어 나은 형편임을 감안하더라도 옷을 사려고 줄을 선 고객들보다 Cashier들이 더 많은 참혹한 현실을 목격해야 했다. 만약 Retail 가격이 오르면 그나마 매장에 고객이 완전히 발을 끊을 거라는 우려 때문에 달러 약세로 인해 치솟는 원자재와 봉제 공임을 완력으로 누르며 버티고 있는 바이어들은 언제 터질지 모르는 원자재 가격 인상의 시한폭탄에 긴장하고 있다. 그런 일촉즉발의 분위기를 반영하여 소재들은 더 보수적으로 단순 저렴해지고 있으며, 이것이 시장을 더욱 침체의 늪에 빠뜨리는 빈곤의 악순환을 불러온다.

하지만 그 와중에도 호황을 누리는 몇몇 스토어들이 있으니 그 중 하나가 바로 A & F이다. 이 처절한 곤궁의 시황에 A & F는 오히려 Retail 가격을 과감하게 올리고 새로운 소재로 무장한 공격적인 영업을 하고 있다. 결과는 놀라울 정도이다. 저렴하고 식상한 소재들로 가득 채워진 다른 매장들이 일찍부터 세일에 들어가고 있음에도 텅 비어있는 반면, 가격을 올린 A & F는 마치 불타기 전의 소돔을 연상케 하는, 어둡지만 열기 띤 매장에서 젊은 충성고객들과 함께 음악에 맞춰 신명 나게 변죽을 울리며 장사하고 있었다. 종업원들이 끊임없이 매장에 뿌려대는 특유의 Armani 계열 향수는 그들의 흥을 돋우는 레게 음악과 함께 고객들에게 친밀감과 공감대를 형성하는 마약과도 같은 효력을 발생한다.

그 놀라운 향기는 감각 마케팅의 일환으로 이미 A & F의 후각 아이콘으로 자리 잡고 있다. 즉, 그 냄새는 언제 어디에서 풍기더라도 곧 A & F를 의미하는 것이 된다. 따라서 양손에 스프레이만 들고 있으면 전 세계 어디를 가더라도 칙칙 뿌리는 행위 하나로 자사 브랜드의 홍보가 가능하다는 얘기이다. 그들의 용기와 혁명정신, 넘치는 활력이 불길처럼 활활 타올라 다른 스토어에도 번지기를 기원해 본다.

- 이 시장조사는 2008년 여름에 작성되었다. -

Columbia Sportswear Vendor fair

독특하게도 컬럼비아 스포츠웨어는 다른 브랜드들보다 시즌이 빠르다. 빠르도 한참 빠르다. 미국의 다른 브랜드들은 SS vendor fair를 대개 5~6월에 하는데 그들은 7월 중순에 준비하는 것이다. 즉, 다른 브랜드들보다 10~11개월이 더 빠르다. 물론 빠르다고 무조건 좋은 것은 아니다. 빠른 것은 오히려 늦다는 의미도 된다. 다른 사람들과의 보조를 맞추는데 실패하여 혼자 나아가면 사실 의미가 없다. 여기서 '다른 사람들'에는 Mill도 포함된다. Mill에서 그들이 바라는 제품을 준비해 주지 않으면 Vendor fair는 아무 소용없다는 것이다. 탱고는 혼자 출 수 있는 춤이 아니며 Vendor fair도 그렇다. 손발이 맞아야 멋진 Performance를 만들어 낼 수 있는 것이다. 예컨대, 지금 나 홀로 다른 바이어와의 차별화를 하기 위해 2017년 F/W를 준비하고 싶다고 해도 그건 불가능한 것이다. 2017년 시즌의 트렌드가 발표되려면 2016년이 되어야 하기 때문이다. 패션 트렌드는 예보가 불가능하다.

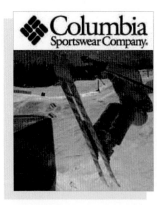

하지만 그들은 조금 다르기는 하다. 그들은 사실 트렌드에 집착할 필요가 없다. 심지어 그들만의 독창적인 트렌드를 만들 수도 있다. 그들이 커버하고 있는 장르가 패션성보다는 기능성에 Focusing하고 있기 때문이다. 패션 트렌드는 이탈리아나 프랑스에서 다분히 이기적인 발로로, 일방적으로 발표되는 유행 패턴이다. 이를 전 세계가 따르기 때문에 의미가 있다. 따라서 이 외의 다른 나라가 트렌드를 리드하는 것은 아무리 선진국이라도 불가능하다. 일본은 프랑스나 이탈리아보다 상위 선진국이 되었고 기술력도 우위에 있지만 유행의 창조는 여전히 주도권을 빼앗기고 있다. 일본인이 자신들의 질 좋은 국산품보다 유럽의 패션 상품, 소위 '명품'에 더 많은 돈을 기꺼이 지불한다는 자체가 그 명확한 사실을 스스로 인정하고 있는 것이다.

컬럼비아 스포츠웨어는 그들만의 독특한 트렌드 전략을 구상한다. 예를 들면, 지난 여름에는 'UV Protection', 즉 '자외선 차단'이었다. 그들은 모든 옷에 UPF지수를 부착하였다. 이는 매우 스마트한 전략이다. 이유는 모든 옷에 UPF Tag을 부착하기 위해 모든 소재에 자외선 차단 가공을 할 필요는 없기 때문이다. 모든 소재는 그 자체의 UPF지수를 가지고 있다. 유리는 대체로 자외선을 차단하지 못하지만 불투명한 원단은 자외선을 매우 잘 차단할 수 있다. 그런데 자외선을 차단하기 위해서는 원단에 반드시 특수 가공을 해야 한다고 소비자들이 맹신하기 때문에 이 전략은 효과가 있는 것이다. 피부에 바르는 선 블록 크림의 기본적인 자외선 차단지수인 UPF 15를 달성하기 위하여 너무 얇거나 White인 원단을 제외한 대부분의 원단에는 아무런 가공을 할 필요가 없다. 사람들은 그 사실을 경험으로 미루어 알고 있다. 해수욕장에서 피부가 타는 것을 싫어하는 사람들은 옷을 입고 수영을 한다. 그리고 그것이 선 블록 크림을 바르는 것보다 더 효과적이라는 사실을 안다. 하지만 그 경험적 이론은 과학적인 토대 위에 서 있지 않기 때문에 사람들은 실상을 깨닫지 못한다. 옷을 입으면 자외선이 차단된다는 사실을 잘 알면서도 옷에 자외선 차단 지수가 붙어있으면 그 옷에 자외선 차단 가공이 된 것이라고 믿는 것이다.

마치 Organic cotton으로 만든 옷은 건강에 좋을 것이라고 착각하는 것과 같다. 그로써 자신들의 옷이 특수 가공된 옷이라고 소비자들에게 어

필하게끔 마케팅하고 있는 것이다. 이 전략이 똑똑한 이유는 Organic cotton은 많은 돈이 들어가지만 UV Protection은 아주 적은 경비가 들어 갈 뿐이라는 것이다. 또한 이는 Organic cotton처럼 전혀 사기가 아니며 소비자를 호도할 필요가 없으므로 더욱더 스마트한 전략이 된다. 그런 이유로 그들은 자신들만의 Vendor fair를 1년이나 앞당겨 실시할 수 있는 것이다.

　예전에 세탁기에 넣는 세제로써 일반 세제보다 훨씬 더 오랫동안 쓸 수 있는 발명품 이 히트한 적이 있다. 그 물건은 제주도에서 흔히 볼 수 있는 현무암 같이 생긴 돌로 가 볍고 작은 구멍이 많이 뚫려 있는 것이었는데, 세탁기에 넣고 돌려주면 세제를 넣지 않 아도 70~80% 정도는 세탁이 되었다. 따라서 대단히 친환경적이고 혁신적인 발명품으 로 인식되었다. 도대체 무슨 원리일까? 그런 의문은 모든 사실을 과학의 토대 위에 놓 고 검증해 보면 쉽게 나온다. 즉, 과학에서 종종 사용하는 '이중맹검법' 같은 방법을 동 원하면 이런 놀라운 발명품의 실체를 확인할 수 있다. 그런 기특한 일을 한 사람이 있 었는지는 모르지만 나는 해 보았다. 나는 그 물건이 아무런 역할도 하지 않는다고 확신 하였다. 그것이 일본으로부터 건너왔다는 사실 하나만으로도 근거는 충분하였다. 그 돌이 원단을 마찰하여 원단에 구멍이나 나지 않으면 다행일 것이라고 생각했다. 그것 을 확인하는 가장 쉬운 방법은 결과 비교이다. 그 '돌'을 넣은 세탁물과 아무 세제도 넣 지 않은 세탁물 간의 차이를 비교해 보면 된다. 그 실험의 결과는 지금 그 물건이 이 세상에 더 이상 존재하지 않는다는 사실로써 확인할 수 있을 것이다. 내 생각대로 그 물건은 세탁과정에 전혀, 아무런 개입도 하지 않았다. 그렇게 해서 돌을 비싼 값에 팔아 먹은 봉이 김선달이 요즘 시대에도 존재하는 것이다. 그들의 아이디어는 세제 없이도 세탁기가 70~80%는 훌륭하게 세탁할 수 있다는 것이다.

컬럼비아 스포츠웨어의 본사는 서부 오레곤 주의 포틀랜드에 있는데 나이키와 아디다스의 본사가 소재한 곳이다. 아름다운 컬럼비아 강이 도도히 흐르는 조용한 도시이다. 이곳에 직항하는 국적기가 없기 때문에 어딘가에서 비행기를 갈아타야 하지만 시애틀이 가장 가까운 직항 도시가 되므로 손톱깎이도 가지고 탈 수 없는 골치 아픈 미국 로컬 비행기(손톱깎기도 무기가 될 수 있다고 생각하는 그들의 놀라운 상상력!)를 타느니 차라리 시애틀에서 내려 자동차로 포틀랜드로 가는 것이 더 낫다라고 생각하는 것이 나 혼자만은 아닐 것이다. 시애틀에서 프틀랜드는 163마일로 자동차로 2시간 반 정도가 걸린다. 이 정도면 운전하기 가뿐한 거리가 아닌가? 나의 선택은 지극히 합리적이고 Proactive하다.

하지만 세상일이라는 것이 어디 그런가? 계산만으로 되지 않는 것이 인생이다. 나는 첫 번째 포틀랜드 입성에서 영원히 잊을 수 없는 경험을 했다. 캐나다 국경에서 멕시코 국경까지 미국 서부, 장장 2,200km를 연결하는 역사적인 고속도로인 I-5가 폭우로 유실되었다! I-5가 건설된 이래로

처음 있는 일이다! 내가 그곳으로 가려고 했던 바로 그 순간!! 그로 인해 해발 4,320m의 만년설이 뒤덮인 래이니어 산 Mt. Rainier을 넘어 Yakima로 돌아가는 우회로를 이용할 수밖에 없었다. 거리는 600마일. 예상시간 11시간. 원래 거리인 163마일의 4배 가까운 거리이다. 나는 내 불운을 믿을 수 없었다. 하지만 그래도 해냈다. 그 기록적인 사건이 나의 차기 선택에 영향을 미치지는 않았다. '장마다 꼴뚜기'일 수는 없는 것. 나는 같은 루트를 고집하였고 물론 성공하였다.

'나는 불운과 친구이다. 나는 늘 불운과 함께한다.'라는 식으로 만사를 부정적으로 여기는 것을 정신 의학에서는 ANTs Automatic Negative Things라고 한다. 뇌의 '대상회' 활동이 너무 활발하면 이런 증세가 생긴다. 예컨대 "꼭 내 앞에 서 있는 차는 제일 늦게 출발해.", "내가 타는 비행기는 언제나 활주로의 맨 끝 게이트에 있지." 따위의 푸념을 언제나 늘어놓는 비관주의자를 시니컬 Cynical하다고 하는데, 이것이 도를 지나쳐 자신의 업무에서도 매사를 부정적으로 처리하면 이건 좀 심각하다. 그런 사람은 대뇌 피질의 대상회를 점검해 볼 필요가 있다. 이는 약물로 치료가 가능하다.

시애틀 공항은 짐을 일단 찾았다가 Check up을 한 후, 짐을 다시 벨트에 집어 넣고 승객은 모노레일을 타고 중앙터미널로 이동하여 다시 짐을 찾는 기묘하고 불편한 시스템으로 운용되고 있어서 처음 오는 승객들을 어리둥절하게 한다. 놀라운 것은 모노레일을 탈 때였다. 지하철을 타면

흔히 방송하는 멘트가 한글로 나오고 있었다. 영어도 없이 오로지 한글로만…… 일어나 중국어 또는 다른 그 어떤 언어도 사용되지 않는다. 인천에서 공항버스를 타더라도 한글과 함께 영어가 나오

는데 왜일까? 마치 서울에 와 있는 착각을 일으키게 만들고 있었다.

나는 렌터카로 주로 'Dollar'를 이용한다. 말할 것도 없이 저렴하기 때문이다. 물론 그 단순한 이유 때문에 불편함을 감수해야 한다. 가격이 두 배에 이르는 Hertz나 Avis는 공항 내에 자동차 픽업 장소가 있어서 매우 편리하지만 Dollar는 차를 픽업하기 위해서 셔틀을 타고 공항 밖으로 나가야 한다. 짐이 많은 승객으로서는 동선이 길다는 사실이 매우 끔찍하지만 어쩔 수 없다. 하지만 이번에는 가격이 Dollar보다 더 싸다는 이유로 'Budget'을 선택하였는데 놀랍게도 행운이 따랐다. Budget이 공항 내에 자동차 픽업 장소를 가지고 있었던 것이다. 나에게 좀처럼 이런 행운은 일어나지 않기 때문에 나는 놀랐다. 동선의 길이가 가격에 반비례한다고 생각한 것이 모두에게 적용되는 공식은 아닌 모양이다. 'Dollar'는 최근 쓸데없는 Charge가 많이 붙어 의외로 싸지 않다는 인식을 주고 있다. 'Budget'에 관심을 가질 필요가 있다. 오래된 고정 고객을 이런 식으로 빼앗긴다는 사실에 유의할 필요가 있다!

포틀랜드의 Avalon & Spa hotel은 4성급으로 컬럼비아 강의 지류 변에 있어서 숨막히게 아름다운 곳이다. 시내까지 10분이면 갈 수 있는 거리이고 호텔에서 시내로 데려다 주고 다시 픽업해 주는 Taxi제도가 있다. 물론 'Complimentary' 무료이다. 방은 지나칠 정도로 호화롭다. 좋은 호텔을 가늠하는 척도는 침대 위에 놓인 베개의 숫자이다. 지금까지 본 중, 가장 많은 베개는 산호세의 쉐라톤 호텔로 무려 9개가 있었다. 이 호텔은 7개이다. 이 많은 베개들의 용도는 무엇일까? 생긴 것도 색깔도 소재도 다 제 각각이다. 비록 River view는 아니었지만 매우 고급스러운 방이다. 이름처럼 Spa가 부속으로 딸려 있는 호텔인데 피부 마사지값이 1,000불이 넘는 것도 있다. 아침 식사를 무료로 제공해주며 층마다 엘리베이터 앞에서 아침을 준비해 놓아 방으로 가져가서 마음대로 먹을 수 있도록 되어있다. 큰 Favor는 아닌데 Guest들에게는 매우 편리한 시스템이다. 나는

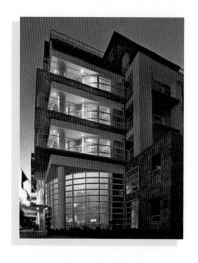

지난 25년간 150회나 출장 다니면서 이런 시스템을 본적이 없다.

10시간을 날아와서 다시 3시간여 차를 몰고 도착한 시간은 오후 5시경, 너무 피곤했다. 호화로운 피트니스도 사우나도 가보고 싶었지만 인터넷을 연결하여 일부터 보았다. 인터넷도 공짜이다. 저절로 미소가 지어진다. 작은 돈에 이토록 흐뭇해지는 속좁은 인간. 다음 날 종일 Presentation을 해야 하므로 잠을 자 두어야 한다. 하지만 몸은 물에 젖은 솜인데 도통 잠이 오지 않는다. 길이 익숙지 않은 곳이므로 자동차로 사전 답사를 해 두어야 했지만 너무 피곤했다. 아마 평소처럼 둘이었다면 아무리 피곤해도 서로 격려하며 지친 몸이나마 끌고 나갔을 것이다. 도저히 외출할 엄두가 나지 않았다. 더구나 곧 어두워질 것이다. 찝찝한 기분을 누르고 11시경에 무거운 몸을 침대 위에 뉘었다. 하지만 이런 경우, 나의 게으름은 반드시 응분의 대가를 치러야 한다. 이 역시 ANTs이다.

눈을 뜬 시간은 새벽 1시, 평소 같으면 3시 정도에 깨는데 1시라니……. 나의 생체 시계는 낮이고 따라서 멜라토닌이 나오지 않는 한, 이건 낮잠이므로 중간에 깨는 건 당연하다. 하지만 1시라니. 운전하면서 졸음을 물리치기 위해 계속해서 커피를 들이킨 덕분인 것 같다. 하지만 거꾸로 매달아도 3박 4일의 일정이다. 예민한 최 이사는 꼬박 3일을 한숨도 자지 않고 버티는 것도 보았다. 이 정도는 아무 것도 아니다. 새벽 4시경에 겨우 잠이 들었다가 'Wake Up Call' 소리에 잠이 깨었다. 눈 속에 모래가 들어있는 것처럼 뻑뻑하다. 아침을 들고 와서 먹으며 밤 사이에 들어온 메일을 읽었다. 겨우 20분 거리지만 7시 반에 출발하기로 했다. 사전 답사

포틀랜드의 컬럼비아 플래그십 스토어

를 하지 않았기 때문에 일이 잘못 되었을 경우 'Plan B'가 필요하다. Google map을 한번 믿어보기로 하자. 나의 탁월한 공간 지각 기억력도 아직 건재하다.

하지만 정작 문제는 출발하면서 생겼다. 지도가 알려주는 대로 따라갔더니 어느새 다시 호텔로 돌아와 있다. 다시 두 번째 출발. 이번에도 잘못 길을 들어 어느새 5번 South를 달리고 있다. 남쪽 Salem을 향하여⋯⋯ 등에 식은 땀이 흐르고 있었다. 아드레날린이 뿜어 나온다. 혈압이 올라가고 맥박이 가파르게 뛴다. 평정을 유지하기 위해 안간힘을 썼다. 어느새 시간은 8시 20분, 벌써 50분이 지났다. 다시 되돌아 나와서 세 번째 출발을 시도한다. 하지만 지도가 알려준 길은 찾을 수가 없었다. 할 수 없이 길에 차를 세우고 지나가는 차들에게 도움을 요청했지만 아무도 도와주지 않는다. 시애틀 사람들과는 전혀 딴판이다.

사람들의 친절도는 도시의 쾌적함과 비례한다. 살기 좋은 곳으로 첫째로 손꼽히는 시애틀에서는 당최 길을 물어 볼 수가 없다. 어떤 사람이든 길을 물으면 자신이 가던 길을 아예 잊은 듯, 손을 잡고 목적지에 데려다 주기 때문이다. 그런 친절함을 꿈에도 경험한 적이 없는 우리네 엽전들의 까칠한 문화로는 부담스럽기 짝이 없는 일이다. 그래서 시애틀에 가면 길을 물어 볼 수 없다.

할 수 없이 아예 몸으로 차를 막아 섰다. 그렇게 한 여자에게 길을 물었더니 친절하게 길을 알려준다. 아주 복잡한 길이었지만 여자의 설명은 훌륭했다. 나는 마침내 26W를 찾을 수 있었다. 그 다음은 일사천리이다. 151 Exit의 'Cornell road'로 빠지면 바로 'Science park road'가 나올 것이다. 하지만 이번에도 Google map은 길을 엉터리로 알려주었다. 나는 처음 왔을 때처럼 헤매고 있었다. 지난번과 다른 것은 이번은 길을 물었다는 것이다. 하지만 근처에 사는 그 누구도, 남자도 여자도 지나가는 운전자도 아무도 'Science park road'가 어딘지 아는 사람이 없었다. 이제 시간은 8시 55분. 늦고 말았다. 할 수 없이 큰길인 'Cornell road'로부터 다시 시작하기로 했다. 그리고 26번 도로를 건너가서 다시 넘어오는 희한한 루트로 목적지에 기적적으로 도착하였다. 9시 5분. 내가 약속시간에 늦는 일은 평생 2번째 있는 대사건이다. 600마일을 돌아왔을 때도 시간에 늦지 않았었다. 다행히 바이어들이 들어오기 전이다. 간신히 시간에 맞춘 것이다. 휴~ 혼자 있을 때는 평소보다 더 긴장해야 한다.

상담은 9시부터 시작하여 한 번도 쉬지 않고 6개 Division을 만나는 가혹한 일정이다. Target도 이런 식의 Presentation이 이어진다. 처음에 Women's sport wear팀이 들어왔다. 우르르 8~9명이 한꺼번에 들어와서 순식간에 돛대기 시장이 되었다. 디자이너들과 원단 팀이 짝을 이루어 다닌다. 하지만 이들은 노련하다. 굉장히 세심하게 물건들을 살피지만 스티커를 남발하지는 않는다. 반드시 필요한 것들만 찍는다. 바로 다음 주에 있을 소재 회의를 위해 매우 높은 관심도를 가지고 상담에 임한다. 하나하나 들쳐보고 만져보고 또 물어본다. 잘 고르지 않는다는 것은 그만큼 자신이 필요한 물건에 대한 확실한 가이드 라인이 서 있다는 뜻이다. 그게 없는 사람은 스티커를 남발하기 마련이다. 어떤 게 필요한지 모르니 폭넓게 고를 수밖에 없다. 그런 바이어 몇 만나면 우리가 준비한 Sample들은 금방 동이 나버린다.

Shinny한 물건은 잘 고르지 않는다. 작년의 주요한 트렌드였는데, Textured한 원단에 관심이 있다. Yoryu를 찾고 있다. 우리는 면 Yoryu를 Beach wear로 큰 수량을 O/N에 판 적이 있다.

상담이 Division당 딱 한 시간 밖에 주어지지 않기 때문에 여러 사람들이 분담해서 일을 하는 듯하다. 두 번째에 Titanium팀이 들어왔다. Titanium은 두 팀으로 이루어져 있는데 다른 팀은 Outwear이다. 그들과의 상담은 이번에는 빠져있다. 전에 만났던 P/T도 이번 약속에는 빠져 있다. 컬럼비아는 면을 많이 쓰지 않고 쓰더라도 소재가 매우 진부하므로 우리가 보여주는 다양한 면직물 라인은 그들에게는 호사이다. 다양한 그라운드와 다양한 Hand feel에 놀랄 것이다. 하지만 역시 관심사는 Synthetic이다. 혈통은 속일 수 없는 법이다. 그들의 손이 자주 머무는 곳은 중국산 Synthetic과 교직물이다. 그리고 악화된 시장 상황을 반영하듯이 가격 존에 관심이 많다.

열심히 준비해 온 Nanocare가 높은 가격 때문에 모두들의 관심사 밖에 있다. 하긴 Nanocare 원단은 그냥 겉으로 보면 일반적인 소재와 다를 것이 없다. 오히려 Hand feel이 나빠서 외면당하기 일쑤이다. 따라서 Performance를 펼쳐야 한다. 컵에 물을 떠 온 다음 원단 위에 부었다. 이때 반드시 차가운 물을 써야 한다. 뜨거운 물은 점도가 낮고 그에 따라 표면장력이 감소하여 발수 효과가 반감된다. 표면장력이 15도 안 되는 불소화합물 위에 얹힌 물은 접촉각 150도가 넘는 거의 완벽한 구를 이루며 투명한 크리스털처럼 아름답게 명멸한다(180도면 완전한 구형이다.). 바이어들이 탄성을 지른다. 하지만 가격을 보고 머뭇거린다. 그래도 두 Division의 관심을 받는 데 성공했다.

대체로 Men's와 Outwear의 성적은 저조한 편인데 이번은 점수가 괜찮

게 나올 것 같다. MHW와 F & H 두 군데 빼고는 괜찮은 성적을 얻은 것 같다고 나름 자평해본다. Gap이나 AEO와 다른 점은 그들은 SS용에서는 두꺼운 소재를 잘 고르지 않는다는 것이다. 하지만 매장에는 아주 두꺼운 면 반바지가 있다. Gap이나 AEO는 오히려 여름인데도 너무 얇은 소재는 잘 선택하지 않는다는 차이가 있다. 역시 기능에 충실해야 하는 그들만의 고민이 엿보인다.

호텔 앞에 있는 Aquariva라는 이탈리아 레스토랑에서 같이 온 다른 사람들과 식사를 했다. 컬럼비아 강이 바로 아래에 내려다보이는 아름다운 식당이다. 강에는 유람선이 지나가고 조정보트도 지나간다. 바로 옆의 Trail로 자전거 타는 사람들, 인라인 타는 사람들이 구슬땀을 흘리며 지나간다. 백인들은 진정한 삶의 재미를 만끽하고 사는 사람들이다. 짧은 역사에 이토록 놀랍고 풍요로운 삶의 인프라를 구축해 놓은 그들이 진정 부럽다. 식사를 주문했는데 주문한 식사가 다 나오는 데만 무려 2시간 반이 걸렸다. 조급한 엽전들의 상식으로는 이해하기 힘든 일이지만 우리 모두는 우아한 백인이 되어 3시간이 넘는 식사를 즐겼다. 문제는 너무 긴 인터벌 때문에 입맛이 떨어져 버린다는 것. 밥 먹다 말고 중간에 휴식시간이라도 가져야 할 판이다.

아침부터 먼 길을 가야 하는데 또 3시에 잠이 깼다. 하지만 집에 돌아가는 길인데 무에 그리 걱정될 것이 있으랴. 거꾸로 매달아도 내일은 집에 간다. 군대 3년의 혹독했던 극한 경험은 삶의 곳곳에서 이런 식으로 도움이 된다. 시애틀의 타코마 근처까지 왔을 즈음, 옷장에 자켓을 두고 온 생각이 났다.

2010 spring USA tour

희한한 일이었다. 2009년 2월 25일 오후, 나는 지금 샌프란시스코의 Market street 한복판에 서 있다. 샌프란시스코 상업가의 중심인 마켓 스트리트를 오고 가는 인파는 예전과 마찬가지인데 한 가지 다른 점이 있었다! 아무도 쇼핑백을 들고 있는 사람이 없다는 사실이다. 마켓 스트리트는 원래 주민들보다 관광객들이 더 많은 거리이다. 마켓 가의 대표적인 쇼핑몰인 Westfield Plaza에는 여전히 많은 사람들이 오고 가고 있었지만 실제로 쇼핑을 하는 사람들은 드물었다. 아니 없었다. 1995년에 오픈한, 세계에서 가장 큰 Old Navy의 Flagship 스토어에서는 옷을 사기 위해 언제나 길게 줄을 서야 했지만 경제공황이 한창 중인 2009년의 2월 마지막 주에 Cashier에서 돈을 지불하기 위해 줄을 선 고객은 한 사람도 없었다.

매장은 화려한 Vivid의 Pink와 Royal blue 그리고 Yellow color로 산뜻

샌프란시스코 마켓 스트리트

Old Navy Flagship Store

하게 단장하고 있었고 'New Arrival'을 나타내는 화려한 표시가 여기저기서 고객들을 유혹하고 있었지만 사람들의 굳게 닫힌 지갑은 열릴 기미도 안 보였다. 그나마 Women's는 가끔 사가는 고객들이 있는 반면 Men's는 그야말로 초토화라는 말이 딱 맞을 정도로 조용하다. 여자들과 달리 남자들에게 옷은 필수가 아닌 선택이기 때문이다. 따라서 대개의 남자들은 금전적으로 쪼들린다 싶으면 패션이나 스타일에 대한 평소의 욕구가 극도로 폐쇄적인 모드로 전환된다.

그놈의 Budget 때문에…… 파리에서 금년에도 변함없이 열린 이번 Spring PV가 매우 한산했다고 한다. 그나마 Texworld는 체면유지를 할 정도는 되었는데 PV는 참혹할 정도로 참관객들이 줄었다. 회사에서 경비 절감을 이유로 직원들을 10% 이상 자르고 있는 판에 막대한 경비가 들어가는 유럽 출장을 승인하는 경영자들의 손이 떨릴 수밖에 없을 것이다. 더구나 경기가 이렇게 하강하고 있을 때는 신상품을 유행 지난 옷으로 바꿔버리는 강력한 마케팅 수단인 Trend는 거의 무의미해진다. 그저 '싼 가격'이 그 자체로 트렌드가 된다.

2월의 마지막 주에 Bush의 정치적 고향인 Texas의 Dallas에서 JC Penney의 Mill week이 열렸다. 다른 바이어들이 경비 절감을 위해 대개

Dallas의 JC Penney 본사

Mill week를 철회한 것과 반대로 JCP는 작년에 본격적으로 시작한 Mill week를 오히려 더 강화하고 있다. 나는 개인적으로 이 같은 일을 매우 잘 하는 일이라고 본다. 덕분에 JCP의 많은 디자이너들과 베일에 싸여 있었던 Sourcing Manager들을 만날 수 있는 좋은 기회가 됐다. 지난 시즌에 시간이 허락치 않아 뉴욕 주재원들만 보냈기 때문에 이번에는 절대로 빠질 수가 없는 터였다.

하지만 날짜가 아주 고약하다. 하필 월요일 9시……. 이 스케줄을 제대로 맞추려면 토요일에 비행기를 타야 한다. 일요일에 있던 KAL 비행편이 없어졌기 때문이다. 하지만 토요일에 출발하는 것은 사실상 불가능했다. 준비가 덜 되었기 때문이다. 막판 점검에서 Poor man's Silk/Cotton 이 추가된 것이 이유이다. 이것들은 매우 중요한 전략 아이템이기 때문에 도리 없이 한바탕 모험을 감수해야만 했다. 월요일 출발하는 KAL 비행기는 달라스에 아침

JCP 본사 건물 내부

JCP 본사 입구

7시 20분에 도착한다. 더구나 승객 홀대를 밥 먹듯 하는 달라스의 게으른 인간들은 아침에 일찍 비행기가 도착해도 직원이 출근하지 않았다는 이유로 짐을 내주지 않는 놀라운 만행을 예사로 저지른다. 그래서 출발 전에 전문으로 확인하기까지 했다. 짐을 제시간에 내줄지. 그것도 모자라 상당한 영향력이 있는 빽을 동원해 화물을 퍼스트 승객의 짐과 함께 제일 먼저 나오도록 부탁했다. 그 결과로 나는 달라스 공항의 Baggage claim 4번 벨트에서 빨갛게 충혈된 피곤한 눈을 비비며 4번째로 나오고 있는 내 Sample들을 보며 흐뭇해하고 있었다.

시간 조절에 실패하는 바람에 비행기에서 겨우 2시간 눈을 붙인 게 고작이어서 세수도 못하고 시작하는 Presentation이 걱정이었다. 하지만 25년의 출장으로 다져진 International Bum은 지옥 같은 일정을 강철 같은 체력과 불굴의 의지로 소화해 내고 있었다. 반응은 기대보다 훨씬 더 좋았다. 자신의 이름이 쓰인 스티커를 보고 감동하는 바이어가 아직도 있다는 게 신기하다. Vintage gauze가 가장 많은 인기를 끌었다. 무려 9건의 상담을 끝내고 남들은 소주 한잔 걸치러 가는 시간에 결과를 본사에 통보할 시간도 없이 나는 다시 공항으로 달려가 미네아폴리스행 비행기를 타야 했다. 허허 나이도 생각해야 하는데…… . Target 상담은 화요일 아침 9

시부터 샌프란시스코로 떠나야 할 오후 3시까지 빡빡하게 일정이 잡혀 있다. 그 와중에 Sandra와 Target 제일의 미모를 자랑하는 Emily Benett과의 점심 약속까지 잡혀있다.

반응은 폭발적이었다. Quality보다 가격에 더 초점을 맞추어서이다. 심지어 어떤 디자이너는 "Oh! Thanks to Economy Crisis!"라고 부르짖기까지 할 정도로 가격이 마음에 들었나 보다. Target 상담을 끝내고 비행기를 타기 직전까지 열심히 고른 걸 기록했지만 반도 끝내지 못해 결국 샌프란시스코의 호텔까지 그 일을 끌고 올 수밖에 없었다. 어찌나 많이 골랐던지 고르지 않은 걸 적는 것이 더 빠를 정도였다. Y/D, Jacquard, T/R, Gauze 등 고른 인기를 보였다.

샌프란시스코 일정, Gap이 3군데에 사무실을 가지고 있어서 부지런히 왔다 갔다 해야 한다. 새벽 1시 40분까지 고른 것들을 적어 본사에 보내고 아침에 Folsom2에서 10시에 Gap Outlet 상담, 그리고 짐 다시 싸서(짐을 싸서 다시 Setting하는 데만 30분이 족히 걸린다.) 다시 1시에 Francois로 건너가서 Old Navy 상담, 또 짐 싸서 다시 4시에 Folsom2에서 Banana FS 상담을 해야 한다. 하지만 전혀 힘들지 않았다. 반응이 좋았던 덕분으로 아드레날린 전구물질인 도파민이 뿜어져 나와서이다. 특히 Gap outlet에서의 반응이 좋았다. 5명의 팀원 전체가 우리 아이템을 샅샅이 들고 파헤쳤고 "Very impressed!"라며 칭찬을 아끼지 않았다. 이번에는 정말 Book을 아주 잘 만들었다. 사진과 소재들이 아주 잘 매치된다. Manager인 Erin이 북을 만든 디자이너가 한국 사람이냐고 묻는다.

5시에 상담을 마치고 물에 젖은 솜 뭉치 같은 다리를 끌고 시장조사에 나섰다. 아침에는 떠나야 하기 때문에 시간이 없다. 마치 물 위를 걷는 것 같다. 다리에 감각도 없고 통증 또한 느끼지 못한다. 이것이 바로 '더블 카페인'의 힘이다. 오전에 스타벅스에 들러 그란데 아메리카노를 4shot으로 비벼달라고 주문한 덕택이다.

이놈의 샌프란시스코는 어디를 가도 주차 전쟁이고 주차비도 오라지게 비싸다. 호텔에서 고객 주차에 28불이나 받는다. 시내에서는 한 시간이나 24시간이나 요금이 똑같다. 이름하여 'Flat Rate'. 주차장이 많기는 하지만 한 블록만 중심가에서 떨어져 있어도 가격이 반으로 뚝 떨어지는 것이 장점이기는 하다. 심지어는 Gap 빌딩에서도 자기네 방문객에게 10불씩이나 주차비를 받아먹는다. Reception에 Parking coupon이 있냐고 물어 봤더니 돌아오는 대답이 걸작이다. 그녀는 웃지도 않고 힘주어 "This is America!"라고 한다. 미국에 공짜는 없다!라는 소리겠지. Howard 가의 후미진 주차장에 차를 대놓고 Market street로 달려가 밤 9시 반까지 시장조사를 했다.

A & F를 시작으로 AEO → Old Navy → Anthropology → Forever 21 → Gap → H & M까지. 배고프고 발이 부르터 도저히 걸을 수 없어서 끝내야 했다. 카페인은 다리 힘은 강화하는데 발가락의 통증까지는 어쩌지 못하는 것 같다. 언제나 발이 원수이다. 시장조사 내용은 중간에 넣으면 건너 뛰는 독자들 때문에 맨 마지막에 나온다.

지친 발을 끌고 재팬타운의 중국집에 가서 사천 탕수육을 시켜 먹었다. 밥과 요리가 나오는 것을 보니 절로 한숨이 나온다. 아예 먹여 죽이려고 작정한 것이 아니라면 어떻게 그렇게 많은 음식을 사람에게 준단 말인가? 굶주림은 분명 사람을 죽이지만 너무 많이 먹으면 그보다 더 빨리 죽는다. 그래도 나는 그 많은 음식을 꾸역꾸역 다 먹었다. 사람이 집을 떠나면 식욕이 왕성해진다. 규칙적인 식사가 힘들어질 것을 예상한 뇌가 식욕증진 호르몬인 그렐린 Ghrelin을 지속적으로 분비하게 만들기 때문이다. 인체는 실로 놀라울 정도로 정교하다.

주차비 28불이 아까워서 30분 동안 호텔을 빙빙 돌다가 3블록 건너에 간신히 차를 댈 수 있었다. 그리고 또 시작되는 걱정…… 빌린 건데 누가 차를 찍으면 어떡하나. 나같이 소심한 사람은 뭐든지 규칙대로 해야 한다. 안 그러면 스스로 분비한 콜티졸 스트레스 호르몬에 빠져 죽을 것이다.

보통 샌프란시스코에 오면 잠깐이라도 시간을 내어 금문교 다리를 건너가 좋아하는 Dream town인 소살리토 Sausalito에 갔다 와야 마음의 평화를 얻는다. '첨밀밀'의 장만옥이 늘 살고 싶어했던 동네이며 'The Koret California'의 수석 디자이너였던 장신의 우아한 Peggie Westgard가 죽을 때까지 살았던 동네이다. Ethnic한 집시풍의 커다란 장신구를 즐겨했던 열정적인 그녀는 45세에 처녀로 죽었다. 아무리 초인적인 힘을 발휘한다고 해도 이번에는 도저히 엄두가 나지 않았다. 그냥 침대에 누웠다. 3일 동안 겨우 6시간 정도를 잤을 뿐인데도 집에 가기 전날이라서인지 잠이 잘 오지 않는다. 결국은 새벽 3시에 일어나 책이라도 보기로 했다. 시차 맞추려면 비행기에서도 자면 안 되는데…….

요즘 비행기에는 왜 이렇게 중국인 인도인이 많은지. 인천공항이 허브가 되어가는 모양이다. 정책적으로 좋은 자리는 그들에게 우선적으로 배

소살리토

려하는 것 같다. 그들은 대개 큰 소리로 떠들고 좌석에 앉기 무섭게 의자부터 뒤로 제친다. 의자를 뒤로 제칠 수 없게 하면 좋겠다. 본인 잠자기는 좋겠지만 나처럼 비행시간 대부분 책 읽는 사람에게는 큰 고역이다. 마일리지가 70만이 되어가는 내게 푸대접하는 대한항공이 싫은데 자꾸 타게 된다. 어수룩한 마케팅으로 70만이나 탄 단골손님을 아시아나로 쫓아보낸 그들의 무지를 증오한다.

시장조사

샌프란시스코의 Forever21

작년부터 나빠진 경기를 반영한 탓인지 소재들이 단순하다. 하지만 그런 결정이 고객들을 매장에서 발길을 돌리게 하는 중대한 원인이라는 사실을 그들은 모를 것이다. 그 증거가 바로 다양한 소재로 새롭게 무장한 Forever21 이다.

많이 달라졌다. 작년에 뉴욕의 스토어에 갔을 때는 순전히 싸구려 쓰레기들로만 매장이 채워져 있다고 생각했다. 그런데 지금은 Zara와 비슷한 수준으로 올라선 듯하다. Zara의 Bridge, 즉 한 단계 아래 브랜드로 생각하면 딱이다.

이번의 대세는 프린트이다. 그 중에서도 Lawn, Voile, Chiffon print이다. 대개 Paisley가 많은데 Border의 Ethnic 디자인들이 주류를 형성하고 있다. Print quality가 아주 훌륭하다. 봉제가 상당히 까다로운데도 과감하게 Cotton Yoryu를 쓰고 있고 Lurex가 들어간 Lawn은 노티 나는데도 자주 발견된다. 소재고 스타일이고 너무 다양하다. 반경 5m 안에 30종의 옷을 볼 수 있다. 두 걸음만 떼면 3가지를 볼 수 있으니 게으른 요즘 젊은 사람들에게 오죽 편한가? 대개의 미국 매장들은 3~4종 보려면 10m 이상은 가야 하는 노동을 강요한다. 다양성에 있어서는 타의 추종을 불허한다. 손님이 많았다. Forever21이 최후의 승자이다. A & F보다 AEO보다 더 손님이 많았다. 줄을 서서 돈을 내야 하는 샌프란시스코의 유일한 스토어일 것이다.

Made in USA 라벨이 붙은 블라우스는 10년 만에 처음 보는 것 같다(물론 LA에서 히스패닉 등의 저임금 노동자들을 고용하여 만든 물건들일 가능성이 높다). 그 블라우스의 가격이 21불이다. Silk/Cotton, Cotton Gauze, Double, Y/D gauze 등이 많이 보인다. Polyester chiffon도 최근에 인기를 되찾은 듯 하다. 다만 요즘 나오는 Fine denier는 아니다. Cotton bottom은 아주 Simple한 Chino이지만 Hand feel이 나름 상당하다.

A & F는 나름 아직 매력적이지만 지난 시즌에 비해 새로운 것은 하나도 없다. 대개의 Quality들이 Buttery peached이다. 상당히 공격적인 마케팅을 펼치던 이들도 힘들었나 보다. 손님도 상대적으로 많이 줄었다. 그간 줄을 서지 않으면 안 되는 창구도 지금은 한산해졌다. 그렇다고 세일을 하지도 않는다. 다만 Grunge look이 돋보이는 군데군데 물 빠진 Cotton twill jacket이 눈에 띈다. 트레이드 마크이던 구멍이 뚫릴 정도로 강력하게 Washing한 Blast washed는 다른 브랜드들이 전부 모방하여 스토어에 내놓고 있어서 그런지 전보다 인기가 시들해진 것 같다. 아마도 경기하강 국면 탓이겠지만 새로운 시즌에 새로운 아이디어를 내놓지 못하고 있다.

마켓 가의 한복판에 있는 거대한 Old Navy 매장은 그들의 Flagship store 중의 하나이다.

마치 최악의 경기는 자신들과 아무 상관없다는 듯 자신 있게 그 큰 매장에 Vivid한 컬러들로 'New Arrival'들을 Display해 놓았다. 하지만 면면을 들여다보면 다른 브랜드들과 마찬가지로 소재들이 너무도 Simple하다. Top은 역시 Print가 주종을 이루고 있지만 매장 전체를 Cover하는 패턴이 10가지 미만이다. 전체적으로 통일되고 일관된 Concept을 이루고는 있지만 다양성이 매우 떨어진다.

뻣뻣한 Cotton bonded 40/13372 poplin 7년 전에 처음 나온 Quality를 아직도 쓰고 있다.

- Cotton lawn, Cotton creased print
- Polyester chiffon print
- Cotton double weave 40/250×150
- Cotton laminated rain wear
- Cotton 40/133×72 shorts
- Lurex cotton lawn print
- Cotton piquet powdery. 대개는 아직도 Peach face, Ivory face는 발견되지 않음.
- A & F 타입의 Buttery face 반바지가 있으나 Hand feel 감성은 80% 정도, AEO는 90% 정도이다.
- Micro를 사용한 수영복은 예전과 동일하다.
- Women's Basic Twill pant's와 Men's의 Hand feel이 많이 다름. Men's는 거칠고 투박한 데 비해 Women's는 상당히 훌륭하다.

A & F 따라하기를 하고 있었던 AEO도 별다른 새로움이 없는 가운데 발견한 특징 한 가지는 Patched된 Y/D 반바지이다. 판매가 좋았는지 지난 시즌에 이어 또 나왔다. 상당히 여러 브랜드에서 이 같은 Patch를 볼 수 있었다.

Gap

- Silk cotton print
- Broken piquet peached
- Y/D semi casual stripe pants
- Corduroy 14w pants
- A & F풍 Buttery Y/D shirts performance는 60% 정도, Kids 50%
- Broken twill for women's bottom(식상한 Twill에 조금 변화를 주었다고 할까? 어쨌든 특이한 분위기를 만드는 데 성공한 것 같다.)
- Men's에 Dewspo 점퍼
- Kids의 수영복은 예전(지난이 아닌) 시즌과 Pattern까지 동일한 걸 쓰고 있다.

Anthropology

Novelty한 면직물을 보고 싶다면 Anthropology를 가면 된다.

화려한 Jaqcquard 놀라울 정도로 복잡한 Dobby 직물 Print는 최고급이다. 컬러들이 마치 Blue ray dvd를 보는 듯한 놀라운 감성을 자아낸다. 역시 패션에는 컬러가 중요하다는 사실을 보여 주는 듯하다. Cotton subtle seersucker는 기묘한 맛을 낸다.

면직물들의 표면 감성은 촉촉하고 부드러운 Buttery의 그것이다. 컬러들이 살아있어서 컬러 때문에 소재 자체가 다르게 보일 정도로 발색감이 뛰어나다. 한마디로 Fantastic! 세일을 하고 있어서 New Arrival은 적은 편이다.

Premiere Vision 2015 SS

4가지 키워드

1) 3D(3 Dimensional)

'발렌시아가'가 그의 컬렉션에서 최초로 선보인 이래로 거의 4시즌째 이어지고 있는 3D라는 트렌드는 앞으로도 상당 기간 지속될 것 같다. 계속 빠르게 진화하고 있는 중이기 때문이다. 전 시장에 있는 대개의 원단들은 반드시 3D라는 모티프와 연결되어야 한다는 사명감을 가지고 있기라도 한듯 저마다 기를 쓰고 3D를 향하고 있다. 그로 인하여 파생된 Micro Trend는 Bonding, Neoprene의 재발견, 3D Print(3D Printer와 혼동 마시길), 3D Jacquard, Embossing, Seersucker, Crinkle & Yoryu에 이르고 있고 심지어 3차원 Mesh(Air Mesh)의 등장으로 Active wear는 그 영역을 상당 부분 확장시키는 데 성공하였다. 원래 3차원 Mesh의 용도는 신발이었기 때문이다.

3D 원단

전통의 2중지는 전후 면의 컬러를 다르게 만들어 Reversible로 사용하거나 두꺼운 원단을 만들기 위한 용도가 주목적이었지만 이제는 그것도 부족하여 3중지가 출현하고 있다. 3중지는 오로지 3D를 위한 용도이다. 중간에 들어가는 충전재로 기존의 패딩이 아닌 부피가 크고 함기율이 높은 원사, 즉 실을 사용한다는 점이 특이하다.

재미있는 것은 3D가 SS 원단들의 후직화·중량화 바람을 몰고 왔다는 점이다. 그동안의 3D는 주로 고밀도 세번수의 후직이었지만, 그에 대한 반발로 10수 이하의 태번수를 사용한 Chunky한 트렌드가 생겨나고 있다. 3D라는 강한 트렌드의 영향으로. 대개의 원단들이 SS 소재로써 너무 두꺼워지면 안 된다는 통념을 넘어 아예 두려움조차 떨쳐버린 듯하다. Chunky는 또한 자연스럽게 Slubby한 마 소재를 사용하여 Rustic으로 흘러간다. 보통 때와 다른 점은 어마어마하게 Heavy한 Chunky라는 점이다. 이제는 어떤 소재든 2차원 평면이라는 한계에 머물러 있는, 즉 높이를 가지고 있지 않은 것들은 Old Fashion이라는 생각이 들 정도이다.

2) Print

원래 SS는 프린트가 대세이다. 하지만 이번 시즌은 프린트를 대신할 정도로 많은, 대담한 패턴의 Jacquard들이 범람하고 있었고 그 이유는 역시 3D이다. Jacquard 원단을 구성하고 있는 모티프들은 2차원 평면이 아닌 손으로도 느낄 수 있는 3차원 높이를 가지고 있기 때문일 것이다. 한편, 출시된 프린트들은 모두 일제히 한 방향을 가리키고 있었다. 그것은 Water Color 수채화이다.

디지털의 대중화로 대개의 프린트들은 전통의 프린트들이 표현하기 까다로웠던 점묘화 기법 Stipples으로만 연출 가능한 수채화를 기반으로 하고 있다. 모티프 간의 경계가 뚜렷한 기존 프린트에 식상한 디자이너들이 경계가 모호하고 번진듯한 느낌이 나는, 마치 실제로 화가가 그린듯한 프린트를 선호하기 때문이다. 기존의 명확한 선으로 된 프린트가 Digital적이라면 아이러니하게도 수채화 프린트는 매우 아날로그 Analogue적인 표현이다. Analogue적인 패턴을 찍기 위해 디지털 프린터가 동원되어야

수채화 Digital Print

한다는 점이 흥미롭다. 수십 가지 컬러의 단순한 선으로 된 프린트가 2D 라면 단 4가지 원색으로 수만 컬러를 창조하는 영롱한 점 dot들의 세계인 수채화 모티프들은 단연코 3D라고 할만하다.

모티프들은 매우 크고 컬러들은 채도가 낮은 무거운 것들이 많다. 특이한 것은 얼마 전까지 유행하고 있던 네온 컬러의 퇴조이다. 그러나 아직 디지털 프린트는 고가이므로 현실에서는 이를 흉내 낼 수 있는 전사프린트 Heat Transfer가 당분간 높은 인기를 끌 것으로 보인다. 다만 전사프린트의 한계는 승화성 Sublimation이 있는 분산염료만 가능하다는 것이다. 즉, 폴리에스터 원단에만 적용할 수 있다. 하지만 SS에는 친수성인 쾌적한 면이나 레이온, 린넨 같은 셀룰로오스 섬유들이 가장 많이 사용된다. 따라서 그에 대한 소재기획자들의 강력한 희망에 대한 응답으로 반응성 염료를 사용한 Cool Transfer 기법이 개발되었지만 아직은 니트에만 적용되고 있고 견뢰도도 불안한 단계이다.

한 가지 덧붙이자면 프린트에서 이뤄야 할 오랜 숙원이 하나 있는데, 그건 둘 이상의 소재가 사용된 원단의 본염 Dyestuff Print이다. 두 가지 소재가 한 원단에 사용되면 염색에서는 둘 이상의 염료를 사용하여 다단계 염색을 하면 되지만 프린트에서는 불가능하기 때문에 도리 없이 Pigment

를 사용할 수밖에 없다. 또는 비중이 많은 어느 한쪽 Side만 프린트하여 희미해진 Faded된 결과를 Effect라고 주장하는 궁색한 방법밖에 없었다. 물론 이 일이 불가능한 것은 아니다. 군복 같은 고도의 견뢰도를 요구하는 소재는 Pigment를 사용할 수 없다. 이때 사용되는 염료가 반응성 염료와 분산염료가 혼합된 셀레스트렌 Cellestren이라는 염료이다. 하지만 아직은 고가이며 작업이 까다로워 대중화되려면 아직 갈 길이 멀다.

3) Micro Fiber

지구상에 이전에 존재한 적이 없던 Powdery라는 새로운 감성을 만들어낸 마이크로의 인기는 20년이 되도록 식을 줄 모른다. 화섬업계들이 계속 새로운 Powdery를 창조하고 있기 때문이다. 하지만 섬유가 아무리 가늘고 섬세해져도 사람의 피부가 느낄 수 있는 감각은 한계가 있으므로 기술이 뒷받침되더라도 마냥 더 가늘어지는 방향으로 진화할 수는 없다. 또 그에 따라 약해지는 견뢰도를 극복해야 하는 문제도 있다.

이를 반영하여 최근 Y사에서 100% Nylon에서 Micro의 감성을 느낄 수 있는 새로운 물건이 나왔다. 기존의 0.1~0.01d 굵기인 분할사나 해도사만큼 Fine한 섬도에는 미치지 못하지만 Nylon이라는 독특함으로 인하여 예상 외로 많은 디자이너들과 소재기획자들의 심금을 울리고 있는 중이다. 현재 마이크로의 원사 굵기(Fiber가 아닌)는 30d가 한계이다. 이제 20d나 그보다 더 가는 원사가 개발될 것이다. 물론 약한 인열강도 문제를 극복해야 한다. 그때는 우리를 놀라게 하는 또 한번의 도약을 목격하게 될 것이다.

Micro 소재의 블루종

현재 유행하고 있는 마이크로는 30d의 Slim version과 Memory 효과와 마이크로 효과가 중첩된 Memory Micro 그리고 천연섬유를 표방하는 브랜드들을 위하여 면과의 교직인 일명 Triblend라고도 하는 NPC Micro가 가장 많은 사랑을 받고 있다.

가장 최근에 나타난 첨단 마이크로는 고수축 복합 원사를 사용한 Extreme Micro이다. 전혀 Peach 가공 없이 오로지 분할만으로 거의 벨벳에 필적하는 긴 Pile(?)을 형성하는 놀라운 소재이다. 손맛은 역시 이전에 세상에 존재한 적이 없던 독특한 감성을 경험하게 해 준다.

4) Bonding

소재의 다양성을 이룩하기 위한 노력의 일환으로 태어난 최초의 복합 소재는 혼방이다. 혼방은 두가지 이상의 원료를 슬라이버 Sliver 상태(방적할 때 중간 형태인 밧줄모양)로 섞어서 방적한다. 이후 방적사가 완성된 후 또는 직전에 섞는 Siro 같은 형태도 출시되어 다양성에 기여하고 있다. 하지만 원사가 아닌 전혀 성분이 다른 두 가지 원단을 앞뒤로 접합하는 Bonding은 매우 간단하고 저렴하게 이전에 존재한 적 없던 새로운 소재를 창조할 수 있다는 점에서 획기적이라고 할 수 있다.

본딩된 Hi-pile 니트

유일한 한계는 감당하기 어려운 두꺼운 소재가 된다는 점이다. 하지만 이 한계는 3D라는 트렌드로 인하여 그간의 패션에서는 불가능한 영역까지 자유롭게 관통하고 있다. Bonding의 장점은 아이디어만 있으면 거의 한계가 없을 정도로 다양하고 기발한 새로운 소재를 만들 수 있다는 것이다. 심지어 니트와 우븐을 접합할 수도 있어서 마치 식물의 DNA를 갖고 있는 동물인 키메라 Chimera처럼 내구성 약한 니트를 Outerwear나 Outdoor 소재로도 사용 가능한 놀라운 기회를 제공한다.

이번 SS의 Bonding은 경량화가 가능하다는 장점으로 니트와 우븐, 특히 Tricot, Mesh, 심지어 레이스를 우븐과 결합한 소재들이 대세이다. 한 가지 특이한 점은 Outdoor에서 사용하는 2.5Layer의 진화이다. SS는 패딩 없이 원단과 투습방수 Breathable 필름을 라미네이팅한 Wind Breaker 소재가 일반적인데 뒷면의 Film을 감추기 위해 그 위에 Print를 적용한 원단을 2.5Layer라고 한다. 이보다 적극적으로 필름 위에 Mesh를 붙여 아예 필름이 보이지 않게 만든 원단은 뒤에 폴라플리스를 붙인 Soft shell처럼 3Layer가 된다. 이런 원단을 하드쉘 Hard shell이라고 부르는데, 이조차도 10d mesh 같은 극세번수 소재를 Backing으로 사용하여 Hard라는 말이 무색할 정도로 Soft한 소재가 나오고 있다.

가장 최신의 소재는 바로 3.5layer 이다. 3Layer인 Hard shell의 Mesh 쪽에 프린트한 원단이 그것이다. 그것도 필름 위에 단조로운 Mono tone으로 찍었던 작은 사방연속 무늬가 아닌 대담한 엔지니어링 스트라이프나 Argyle 패턴 등을 Face 원

Seam을 덮는 sealing기법

단의 컬러와 매치하여 적용하고 있다.

이번에 출시된 Bonding의 가장 큰 특징은 Stretch이다. 최근의 Super stretch Trend를 반영하여 대개의 Bonding 원단들이 Stretch 가능한 소재로 개발되고 있다. 이러한 적용으로 Knit가 원래 태생인 Active wear에서 Bottom이나 코트 같은 Outer를 넘어 Suit의 영역까지 위협하고 있는 중이다. 한 이탈리아 업체는 한쪽에 Wool Suiting 전통의 글렌체크 Glen Plaid를 프린트한 네오프렌 소재를 Blazer로 만들었는데, 봉제라인에 적절한 Welding을 사용하여 매우 Cybertic하고도 첨단의 느낌을 갖게 하는 매혹적인 수트를 창조하였다. Moncler에서 padding으로 Blazer를 만들어 모두를 놀라게 한 것과 비슷하다. 나는 예측을 잘 하지 않는 편이지만 장담하건대 앞으로 이런 스타일의 Blazer가 대단히 유행하게 될 것이라고 확신한다. 왜냐하면 이놈이 사람을 두근거리게 하는 쇼핑이라는 아드레날린에 더 이상 반응하지 않게 된 보수적인 50대의 구매욕구를 활활 타오르게 만들었기 때문이다.

8

Insight

세상에서 가장 비싼 면 원단

달러는 많은 나라에서 쓰이는 통화의 이름이다. 대개 $로 쓴다. 달러란 이름은 보헤미아 지방에서 쓰던 탈러 Thaler에서 왔다. 캐나다 · 홍콩 · 싱가포르 · 말레이시아 · 라이베리아 등 여러 나라에서 달러라는 이름의 화폐를 쓰나, 흔히 달러를 주 통화로 사용하지 않는 곳에서 달러라고 하면 미국 달러를 말한다. 과거 한자 문화권에서는 달러 표시와 비슷한 한자 弗을 대용하는 관습이 있어서, 달러를 불이라고 읽는 관용도 남아 있다. 1792년 당시 1달러의 금평가는 1.584g이었으며, 1834년의 1.4848g에서 100년 후인 1934년에는 1달러가 0.877g으로 평가절하되었고, 이것은 더욱더 심해지고 있는 중이다.

세상에서 가장 비싼 면으로 만든 원단은 어떤 것일까?

그 원단은 우리 주변에 아주 흔한 물건이다. 요즘 가치가 급격히 상승하여 수출해 먹고 사는 우리에게 표정관리를 하도록 만드는 놈이다.

그것은 바로 미국 달러 지폐이다. 워싱턴과 제퍼슨 그리고 링컨과 해밀턴, 잭슨, 그랜트 등 미국 대통령들의 얼굴이 새겨져 있는 달러 지폐는 일반 종이가 아닌가 하고 생각하겠지만, 실제로 달러 지폐는 면 혼방 원단이다. 달러 지폐를 구성하고 있는 원단은 면 75%와 Linen 25%가 혼용되어 있는 혼방직물이다. 정확하게 말하면 직물이 아니라 Non woven으로 분류되지만, 그 구성 성분은 정확하게 면과 Linen이다. 물론 이것은 새로운 사실이 아니다.

그런데 달러 지폐를 자세히 보면 빨간색과 초록색의 작은 섬유가 들어 있다는 것을 알 수 있다. 그것들은 비록 몇 오라기가 들어 있지 않지만 Silk이다. 위조 방지를 위해 지폐 제작 공장에서 넣은 것이다. 달러는 1861년에 최초로 만들어진 이래 한 번도 바뀐 적이 없는, 바로 면과 린넨의 혼방으로 만들어져 있다. 최근에는 Silk 대신 합성섬유를 쓴다고 한다. 아이러니하게도 수년 전 면 파동이 일어났을 때 달러 지폐의 제조원가는 몇 배로 뛰었지만 실제 가치는 가장 낮았던 한 해였다.

모든 종이는 펄프로 만든다.

펄프는 나무로부터 셀룰로오스 성분만을 추출한 물질이다. 셀룰로오스는 지구상에 존재하는 5천만 종에 달하는 모든 동물과 식물의 에너지원인 포도당의 중축합물이며 식물의 대부분을 구성하는 성분이다. 이는 풀이든 나무든 마찬가지이다. 그런데 구성성분이 똑같은 둘의 차이는 어디서 오는 것일까? 세콰이어 나무처럼 2,000톤의 무게와 80m 가까이되는 크기를 유지하려면 셀룰로오스만으로는 불가능하며 강철에 버금가는 강성이 필요하다. 이를 위해 보완재가 필요하게 되는데, 그것은 원단을 Stiff 또는 Hard하게 만들기 위해 원단의 가공에서 사용하는 것과 같은 성분이다. 그것을 우리는 수지 Resin라고 부르며 나무의 수지를 리그닌 Lignin이라고 한다. 나무는 구하기 쉬운 재료지만 리그닌이 섞여 있어 섬유의 재료로 쓰기 어렵다.

그런데 목화의 솜은 나무와는 달리 불순물이 없는 거의 순수한 셀룰로오스이다. 펄프는 나무에서 리그닌을 제거하고 남은 셀룰로오스이기 때문에 펄프는 바로 나무와 같은 성분이 된다. 따라서 우리가 사용하는 종이의 원료는 대부분 나무라고 할 수 있다. 그런데 달러 지폐의 종이는 나무가 아닌 면을 사용했다는 것이 다르다. 달러 지폐는 미국의 Crane & Co.,라는 200년도 더 된 역사적인 제지회사에서 만들고 있다. 제조법은 철저하게 비밀에 붙여져 있으며 따라서 그 회사가 그렇게 오랜 역사를 가진 것이 짐작

이 간다. 사실 나무보다 수십 배 비싼 순수한 셀룰로오스의 결정체인 면의 셀룰로오스를 펄프로 만들어서 종이로 만드는 일은 없다. 경제성이 없기 때문이다. 하지만 지폐라면 얘기가 달라진다. 100불짜리나 1불짜리나 만드는 원가는 거의 같지만 그 가치는 100배이다.

달러 지폐는 크기가 15.59×6.63cm에 무게는 1g 정도가 나간다. 이 크기의 단위가 정수로 떨어지지 않는 것이 놀랍다. 미터법을 쓰지 않는 지구 상의 몇 안 되는 희한한 나라가 미국이지만 인치 단위에서도 정수로 떨어지지 않는다는 사실은 놀랍다. 왜 이런 희한한 크기를 갖게 되었을까? 궁금하지만 이 얘기는 나중에 하기로 하겠다.

그런데 달러 지폐로 1yd의 원단을 만들려면 지폐가 얼마나 필요할까? 무려 99장이 필요하다. 따라서 Linen/cotton으로 된 이 원단은 1달러짜리로 만들어도 야드당 99불이 된다. 하물며 100불짜리로 만든다면 990불이 될 것이다.

이 원단 10만y만 팔면 9천 9백만 불이 된다. 면이 1kg 있으면 이걸로 달러 지폐를 750장 만들 수 있다.

달러 지폐 속에 들어있는 또 하나의 비밀은 바로 이 원단이 코팅되어 있다는 사실이다. 지폐를 코팅하는 이유는 여러 가지가 있지만 그 중 가

장 중요한 것은 하얀색의 지폐가 투명해지지 않도록 하기 위해서이다. 바로 Full dull효과를 만들기 위해서이다. 그렇다면 Coating제의 성분이 짐작 갈 것이다.

Full dull원사를 만들기 위해서 공장에서 Polyester나 Nylon의 제조 과정에 들어가는 첨가제는 바로 이산화티탄 TiO_2이다. 이산화티탄이 빛을 산란시켜서 빛이 흰색 원단을 통과해버리는 것을 막는 원리이다. 이산화티탄은 물론 자외선 차단제인 선블록 크림에도 들어가며 심지어는 하얀 초콜릿의 성분이기도 하다.

결국 달러 지폐는 세상에서 가장 비싼 Full dull Cotton Linen원단이다.

최근에는 Linen 대신에 합성섬유를 사용하기 시작했다고 한다. 달러 지폐의 성분은 곧 80% cotton, 20% synthetic이 될 전망이다.

시간을 정복한 남자 류비셰프

2주 전, 뉴욕에서 돌아오는 캄캄하고 적막한 비행기 안에서 깊은 생각에 잠겨 있다가 불현듯 인생 최고의 즐거움을 주는 3가지를 깨닫게 되었다. 깨달음은 반가운 손님처럼 어느 날 예고 없이 찾아온다.

첫째는 지적 호기심의 충족이다.

책에서 깨달음을 얻었을 때의 쾌감은 조용한 일요일 오후, 바늘 떨어지는 소리도 들릴 정도로 정숙한 남산도서관에서 느닷없이 '야호' 소리를 지를 정도로 강력한 것이다.

둘째는 엔도르핀의 분비이다.

인간이 고통을 느낄 때 그 상태를 장시간 방치하면 쇼크로 죽게 된다. 대뇌에서는 그런 사고를 막기 위해 고통을 경감시키는 시스템이 있으며, 그 결과로 엔도르핀이 분비된다. 가장 쉬운 예가 'Runner's High'라고 하는 현상이다. 조깅을 하다 보면 처음에는 죽을 것처럼 힘들다가 어느 한계에 이르면 갑자기 몸이 편해지는 때가 온다. 그냥 편한 정도가 아니고 상당히 강력한 쾌감을 동반한다. 이러한 쾌감은 마약의 그것과 거의 비슷한 수준이기 때문에 중독성이 있고 따라서 또다시 맛보고 싶어진다. 조깅이나 마라톤을 시작한 사람들이 그것을 계속하게 하는 화학적 이유가 된다. 매운 음식을 탐닉하게 되는 것도 같은 원리이다.

하지만 뭐니뭐니해도 가장 강력한 쾌감을 주는 인간의 활동은 바로 '이타적 행동'이다.

즉, 자신이 아닌 남을 위해 하는 모든 일이다. 그 중에서도 최고봉은 '자선'이라고 할 만하다. 평생 모은 재산 수십 수백억을 남김없이 기부하는 사람들은 이 사실을 깨달은 사람들이다. 세상에서 가장 돈이 많은 사람이 어떻게 돈을 쓰는지 보면 알 수 있다.

지난 주말에 9년 전에 읽었던 이 책을 다시 꺼내 읽었다. 신선한 충격으로 9년 동안 좋은 자극제가 되어 주었던 놀라운 책이다. 9년 만에 그때와는 전혀 다른 느낌으로 이 책을 꺼내 들었다. 시간을 정복하다니 대체 무슨 소리일까? 그 어떤 인간이 감히 이렇게 오만한 얘기를 할 수 있을까?

하지만 이 얘기는 모두 사실이다. 자 이제 놀랄 준비를 하고 내 얘기를 들어보기 바란다.

이 책은 26세부터 죽기 전인 82세까지 자신이 사용한 시간을 분 단위까지 꼬박꼬박 기록한 놀라운 인간에 대한 이야기이다. 그는 곤충학자로 56년 동안 자신에게 주어진 시간을 단 1분 1초도 헛되이 쓰지 않고 사용한 시간을 남김없이 일기 형식으로 기록하였다. 대개 나약한 인간인 우리는 자신의 계획과 실제로 이룩한 실천내용을 투명하게 들여다보면 누구나 그 불성실함에 자괴감에 빠지게 마련이다. 그는 일 년 동안 세운 계획에서 총 시간 단위로 약 5시간 정도, 0.1% 정도의 오차를 보일 정도로 자신의 시간을 철저하게 계획적으로 사용하였다.

그는 차를 타고 이동한 시간은 물론 통계를 계산하는 시간까지도 모두 기록했다. 학술회의를 하면서 회의가 초점을 벗어나 방만해지면 그는 그 시간에 가져온 수학 문제를 풀었다. 어찌 보면 오싹하기까지 할 정도로 강철 같은 의지를 가진 인물이다. 그 누가 감히 이 사람 앞에서 시간이 부족하다는 말을 꺼낼 수 있겠는가? 그가 행했던 그대로 단 일주일만 실천해 보라. 그것이 얼마나 어려운 일이라는 것을 깨닫게 될 것이다. 내가 해 본 바로는 그건 불가능한 일이었다.

그가 평생 어떤 위대한 업적을 남겼는지는 여기서 중요하지 않다. 시간 투자가 업적으로 이어지려면 DNA와 운이 필요하다. 안타깝게도 둘 다 스스로 선택할 수 있거나 노력으로 얻어지지 않는다. 우리는 가능한 한도 내에서 최선을 다할 수 있을 뿐, 그것이 업적이 되리라는 보장은 전혀 없다. 그는 시간을 낭비하지 않기 위해 평생 최선을 다한 사람이다. 아무도 그의 흉내조차 낼 수 없으므로 그 자체로 위대하다고 할 수 있다.

그는 평생 70권의 책을 저술했고 15,000개의 논문을 썼다.

일하는 것도 아니고, 그렇다고 쉬는 것도 아닌 그런 흐지부지한, 그러면서도 마음 불편한 시간이 얼마나 많았던가?

우리가 제대로 사용하지 못하고 흘려버리는…… 기억조차도 할 수 없이 낭비된 시간이 얼마나 많을지 우리는 알지 못한다.

약한 유대관계의 힘(The Strength of Weak Ties)

1973년 5월, 뉴욕의 한 회계사는 보스턴의 학회에 가기 위해 Newark 공항으로 가던 중에 보스턴의 한 사업가와 택시를 합승하게 되었고 그가 회계사를 고용하려는 사실을 알게 되었다. 그는 마침 보스턴으로 전직을 희망하던 차였고 그의 회사에 고용되었다.

2009년 9월, 내게는 지난 19년 동안 있었던 그 어떤 일보다 더 큰 사건이 일어났다. 그것은 바로 내가 회사를 옮겼다는 것이다. 물론 미리 예정되어 있는 일이었고 그에 따른 장기간에 걸친 준비를 하기도 했지만 막상 맞닥뜨린 냉엄한 현실은 마치 내 자신이 물 밖에 내동댕이쳐진 금붕어 같다는 느낌이었다. 평정심을 유지하기까지 생각보다 많은 시간이 걸리기는 했지만 그 귀중한 두 달은 매너리즘에 빠지기 직전의 슬럼프였던 나에게 실로 많은 것을 깨닫게 해준 기적의 아드레날린 주사였다. 그 시련 기간 동안 확실하게 깨달은 하나의 법칙은 바로 약한 유대관계의 힘이다.

절실하게 도움이 필요하던 시기에 실제로 도움을 준 정보 네트워크 핵심은 바로 약한 유대관계에 있던 사람들이었던 것이다. 일반적으로 친한 친구나 가족처럼 강한 유대관계에 있는 사람들은 성장이나 교육배경 등이 겹치는 부분이 많고 자주 만나 의견을 교환하기 때문에 지니고 있는 정보가 중복되기 쉽다. 이에 반해 초·중학교 동창이나 직장에서 일로 알게 된 사람들처럼 약한 유대관계에 있는 사람들은 색다른 정보를 가질 확률이 높다. 따라서 정보의 공유와 확산에 있어서 약한 유대관계가 보다

강력한 힘을 발휘하게 된다. 실제로 두 달의 방황기 동안 나에게 도움이 되었던 존재들은 나의 Mail List, 즉 '섬유지식 리스트'에 있던 300여 사람들이었다.

'약한 유대관계의 힘'은 케빈 베이컨의 6단계 법칙으로 더욱 유명해진 그라노베터 Granovetter 교수의 사회학 이론이다. 케빈 베이컨의 6단계 법칙은 전 세계 사람 누구나 6단계만 거치면 아는 사람과 연결된다는 놀라운 이론이다. 한 통계에 의하면 그 영역을 한국이라는 지역으로 한정하면 3.6명으로 좁혀진다는 사실을 알게 되었다.

예를 들어, 도저히 연결될 것 같지 않은 케빈 베이컨과 엄앵란 두 사람을 연결해 보면 엄앵란은 〈남과 북〉에서 남궁원과 같이 출연하였고 남궁원은 〈인천〉에서 로렌스 올리비에와 만난다. 로렌스 올리비에는 〈리틀 로맨스〉에서 다이안 레인을 만나는데 그녀는 〈마이독 스킵〉에서 케빈

The Strength of Weak Ties

Connections Through Strong Ties
강한 유대관계

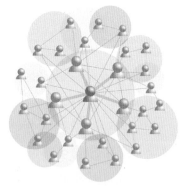

Connections Through Weak Ties
약한 유대관계

베이컨과 만나게 되어 겨우 4단계 만에 도달하게 된다. 여기에서 가장 중요한 연결고리가 되는 남궁원과 로렌스 올리비에가 바로 약한 유대관계의 네트워크가 되는 것이다. 이런 약한 유대관계의 힘은 인터넷의 범용성이 증가하고 그에 따른 지식 정보화 사회가 도래하게 됨에 따라 그 중대성이 다시 부상하고 있다. 이에 따라 기업 조직에서도 평소 약한 유대관계를 조성할 필요가 생기고 직원을 채용할 때도 다양한 배경을 가진 사람들을 골고루 뽑아 그들이 조직 내에서 약한 유대관계의 힘을 발휘하는 확산 작용을 할 수 있도록 하는 것이다.

약한 유대관계의 네트워크를 되도록 많이 만들기 바란다. 그것은 개인에게 건설되는 최강의 외적 인프라이다.

불운이라는 친근함

일곱 살 때인 초등학교 1학년 봄, 나는 며칠 동안 잠을 설치며 설레던 소풍이 비 때문에 취소되었다는 얘기를 듣고 처음으로 그런 생각을 하게 되었다. 설마 나 하나를 소풍 보내지 않으려고 하느님이 수천만 명에게 비를 내렸을까? 이 티무니없는 망상은 중학교 때까지 이어졌지만 어른이 된 다음에도, 중요한 행사나 출장 때 늘 비가 오고 비행기를 타면 언제 어떤 비행기이든 게이트는 늘 맨 끝이라는 공식이 비행기를 처음 타기 시작한 1987년 이래로 한번도 깨져본 적이 없는 신화가 되었다면 그런 터무니 없는 생각을 가질 만도 하다. 지난 10월에 텍사스에 출장 갔을 때는 달라스에 7년 만에 폭우가 내리게 만든 전력이 있으며 내가 땅을 밟는 오하이오로부터 미네소타 주에 이르기까지 6개 주 모두에 계속 비가 내리게 하는 진기록도 세웠다.

그러니 2001년의 911 때 하필 내가 미국 출장 중이었으며 그것도 빌딩이 무너지는 그 순간, 바로 맨해튼의 쌍둥이 빌딩이 바라보이는 18번가에 상담을 하러 내려가는 중이었다고 하더라도 전혀 놀랍지 않은 것이다. 12월 초, 오레곤 주 포틀랜드에 있는 컬럼비아 스포츠웨어의 Mill week에 가기 위하여 나는 서울을 출발하였다. 알다시피 요즘의 비행기 삯은 무척 비싸다. 그러니 포틀랜드에서 150마일의 지척에 있는 시애틀에 상담을 Arrange하지 않으면 얼마나 죄책감이 들 것인가? 비싼 국적기를 타는 명분도 얻을 수 있다. 나는 시애틀에 있는 노스트롬과 에디바워에 상담을 신청하고 허락을 받았다. 게다가 뉴욕의 Gap까지 타이밍이 맞아 주었다. 따라서 시애틀에서 상담하고 포틀랜드까지 차를 타고 내려가 일하고 다시 시애틀로 돌아와 뉴욕으로 날아가는 다소 무리해 보이는 전투 체력적인 일정을 짜게 된 것이다. 시애틀 포틀랜드 구간을 로컬 비행기를 이용하지 않고 자동차를 선택한 데에는 그럴만한 이유가 있다. 미국에서는 로컬 비행기에 짐을 실었는데 짐이 같이 오지 않는 경우가 너무도 비일비재하기 때문이다.

911을 일으킨 작자들은 대단히 멍청하다. 전혀 자살 같은 것을 할 이유가 없던 것이다. 짐이 승객과 같이 오지 않았다는 것은 짐이 혼자 비행기를 탔다는 의미이다. 그러니 짐 속에 액체폭탄을 넣고 3번 정도만 로컬 비행기를 탄 다음 짐이 오지 않았을 때 짐을 폭발시키면 자살할 필요가 없다. FAA의 조사관도 아닌 내가 항공사의 그런 중대한 비밀을 알게 된 이유는 매우 단순하다. 짐이 오지 않아 발을 동동 구르는 나를 대하는 그들의 표정이 너무도 태연했기 때문이다. 그들의 번들거리는 이마에는 "늘 있는 일인데 뭘 그렇게 호들갑이쇼?"라고 선명하게 써 있었다. 그래서 나는 태평양을 건너 미국까지 가서 Sample이 없어 Presentation을 할 수 없을지도 모른다는 공포에 빠진 적이 상당히, 실제로 자주 있었던 것이다. 이번 뉴욕 상담 때 S사의 J 사장이 그런 일을 당했다. 그는 전에 Target의 Expo 때에도 가방이 오지 않아 맨몸으로 부스에 앉아있었고 911 때에는 아예 뉴욕에 오지도 못하고 비행기가 회항하는 바람에 캐나다에서 일주일을 묶여있은 적도 있었다. 나만큼 불운한 사람이다.

그런데 나는 최종적으로 시애틀 포틀랜드 왕복 드라이빙을 편도로 바꾸기로 했다. 잘못하면 포틀랜드에서 시애틀까지 돌아오는 시간이 너무 오래 걸려 뉴욕까지의 비행시간을 맞추지 못할지도 모른다는 생각이 불현듯 떠올랐기 때문이었다. 종일 상담하고 피곤에 지친 몸으로 밤에 탈 없이 운전을 잘 할 수 있을지 걱정이 된 것이다. 그런데 이 노파심이 나를 살렸다.

시애틀의 에디바워를 만나기로 한 아침 8시 40분, 추적추적 비가 내리는 시애틀의 52번 East를 타고 레드몬드에 들어섰다. 이 길은 내게는 마

치 고향집처럼 무척 낯익은 곳이다. 마이크로소프트 본사 바로 옆에 에디바워 캠퍼스가 있다. 그런데 이게 웬일인가? 에디바워의 친숙한 독수리 로고가 있어야 할 자리에 크레인이 한 대 떡 하니 서있었다. 근처에서 꽁초를 뻑뻑 피우고 있는 한 인부에게 물어보니 지난 7월에 에디바워가 이사를 갔다고 한다. 딩~ 하지만 이런 불운은 내게는 생활의 일부처럼 익숙하므로 나는 전혀 당황하지 않는다. 잠시 쌍심지를 돋우어 대뇌 피질의 혈류를 증가시킨 다음 생각을 집중해 봤다. 이제 남은 시간은 20분, 어디로 이사 갔을까? '뛰어봐야 벼룩이다.'라고 결론 내린 나는 즉시 차를 근처의 벨뷰로 돌렸다. 멀리 가지는 않았을 것이라는 판단이 선 것이다. 시애틀의 강남이라고 부를만한 지역인 Bellevue(벨레뷰라고 부르면 안 된다.)는 부자들이 많이 사는 깨끗한 동네이다. 벨뷰로 가는 도중 411에 전화해서 에디바워 전화번호를 알아낸 다음 전화를 했다. Chuck이 불러주는 주소를 받아 적고 위치를 찾아 나섰다. 역시 예측이 맞았다. 새로 이사 간 에디바워의 새 주소는 전화를 한 장소로부터 채 200m도 떨어지지 않았다. 나는 회심의 미소를 지으며 만나기로 한 Chuck Cogswell에게 전화하였다. 그는 내가 레드몬드에서 어떻게 그렇게 빨리 찾아왔는지 놀라운 기색이었다.

상담이 거의 끝나갈 무렵 Target에서 최근 옮겨온 금발의 Stacey Flynn이 나를 보러 왔다. 그녀는 에디바워에서 데님을 맡게 되었다고 한다. 당분간 우리와는 거리가 좀 있을 예정이다. 그녀와 반갑게 차를 한잔 마시며 Target의 동료들에 대한 안부를 주고 받았다.

그런데 갑자기 문제가 생겼다. 어떤 문제가 생겨도 쉽게 동요하지 않

는 나이지만 이번은 확실히 좀 당
황스럽다. 시애틀과 포틀랜드를
연결하는 고속도로인 I-5는 미국
에서 다섯 손가락에 들 정도로 크
다. 그런데 워싱턴과 오레곤 그리
고 캘리포니아 3개 주를 연결하는
그 역사적인 도로가 갑자기 내린

비와 태풍으로 폐쇄되었다는 것이다. 한계령 고개도 아닌 미국의 고속도
로가 비 때문에 폐쇄되었다는 소리는 이슬비 때문에 경부 고속도로가 폐
쇄되었다는 소리나 마찬가지이다. 71살 먹은 시애틀의 백인 택시 운전수
는 자기 평생에 I-5가 폐쇄된 것은 처음 보았다고 한다. 그는 평생에 처음
있는 놀라운 사건이었겠지만 나는 태연히 받아들인다. 그 이유는 바로
내가 그 I-5를 타고 포틀랜드에 갈 예정이기 때문인 것이다. 따라서 지진
으로 길이 아예 붕괴되어 사라지지 않은 것이 다행이라고 생각되었다.
그래도 내게는 어차피 마찬가지이지만……. 미네아폴리스에 폭설이 내
려서 갑자기 3일 동안 공항이 폐쇄되었을 때도 나는 거기에 있었다. 미네
아폴리스와 세인트 폴을 잇는 미시시피강의 다리가 붕괴되어 차들이 강
물속으로 곤두박질할 때도 나는 미국에 있었다.

도로 폐쇄쯤이야 가다가 안 되면 돌아가면 되는 일, 나는 코웃음 쳤다. 그래도 혹시나 하여 경찰에게 물었다. 친절한 경찰은 가다가 길이 막히면 지방도로 돌아가라고 조언하였다. 당연한 얘기 아닌가? 우리는 11시쯤 5번을 타고 남쪽으로 내려가기 시작하였다. 중간중간 88번 Exit쯤에서 길이 폐쇄되었으니 90번에서 나가 82번과 84번을 통해 포틀랜드로 갈 수 있다는 전광판의 정보가 계속 이어졌다. 나는 문제가 해결되었다고 생각했다.

I-5를 한참 신나게 내달리는데 뒤에서 렉서스 RX 460 한 대가 우리를 계속 쫓아오는 것처럼 보였다. 차선을 바꿨더니 그래도 쫓아왔다. 자세히 보니 우리에게 손짓을 하면서 운전자가 뭐라고 소리를 지르는 것이 아닌가? 우리는 차를 RX 460에 바짝 들이대고 무슨 일인지 물어보았다. 황당한 대답이 돌아왔다. 자기들은 포틀랜드로 남편을 만나러 가기 때문에 우리를 쫓아 온다는 것이다. 누구에게도 우리가 포틀랜드에 간다고 길에서 광고한 적이 없는데 왜 그녀가 그렇게 생각했을까? 그것은 번호판 때문이었다. 우리 차는 오리건 주 번호판을 달고 있었고 남쪽으로 내려가는 중이었으므로 최소한 워싱턴과 오리건 주 사이에 있는 포틀랜드는 반드시 들를 것이다라는 추측이었다. 딴은 정확한 판단이다.

하지만 그녀가 몰랐던 중요한 정보는 바로 우리가 불운한 Stranger라는 사실이다. 결국 우리가 가진 일천한 정보는 곧 한계를 드러내고 말았다. 우리가 생각했던, Exit 88이 막히므로 90에서 빠진 다음 82 → 84로 가라는 정보는 완전한 우리의 상상이었다. 그것은 실은 I-5가 88 Exit쯤에서 막히므로 I-90을 타고 I-84를 지나 I-82로 가라는 얘기였던 것이다. 그 사실을 알게 된 순간, 우리는 맥이 풀리고 말았다. 40분을 열심히 내달려 타코마에서도 남쪽으로 20마일이나 내려왔는데 정보대로 I-90을 타려면 다시 원래의 위치인 시애틀 시내로 돌아가야 한다는 청천벽력이기 때문이다. 설상가상 그렇게 가면 원래의 거리인 150마일의 3배에 해당하는

440마일을 돌아가야 한다는 것이다. 7시간이 걸릴 것이다. 그 얘기는 마치 "서울 부산까지가 450km인데 중간에 길이 막히니 1,300km를 돌아가시오."라고 하는 소리와 똑같다. 서울에서 지그재그로 동해안과 서해안의 도시를 모두 들르며 강릉 → 서산 → 동해 → 대천 → 삼척 → 군산 → 포항 → 목포 → 부산으로 가라는 소리나 마찬가지인 것이다.

먼 거리보다 더 나쁜 사실은 Yakima를 통해 가는 장장 440마일이나 되는 이 루트에 두 개의 거대한 산맥이 걸쳐있다는 것이다. 그것은 중대한 정보이다. 바로 며칠 전에 폭설이 내렸기 때문이다. 바로 어제까지 눈 때문에 도로가 폐쇄된 곳이라고 한다. 아뿔싸! 포틀랜드에 내일까지 아예 갈 수 없을지도 모른다는 생각이 들자 등에 식은 땀이 나기 시작하였다. 그렇다면 공항으로 가야 하나? 그랬다가 비행기를 못 타면 방법이 없다. 우물쭈물할 시간조차도 허락되지 않는다. 이미 시간이 많이 흘러갔다. 이제부터 다시 시애틀로 돌아가서 440마일을 가려면 7시간에 80분을 더 보태야 한다. 그래도 갈 수만 있다면 아직 시간은 20시간이나 남아있다. 우리는 드라이빙을 택했다. 죽어라 한번 가 보자. 그런데 지도를 자세히 보니 지도상으로 시애틀 시내로 돌아가지 않고도 중간에 타코마에서 I-90을 탈 수 있는 샛길이 있었다. 하지만 그 길은 구름이 아래로 깔려있는 고산 준령이다. 지나가던 택시를 붙잡고 그 길에 대해 물어봤더니 고산 길은 이미 눈 때문에 11월 말부터 폐쇄되었다고 한다. 물어보지 않고 갔으면 다시 되돌아 나올 뻔 했다. 등줄기에 식은 땀이 솟았다.

결국 정석대로 가야 한다. 요령을 피울 생각은 마라는 것이다. 그런데 아닌 게 아니라 눈이 걱정된다. 아니나 다를까 I-90을 타고 가는 도중 곳곳에 4륜 구동이 아닌 차는 체인을 준비해야 한다는 표지가 보이기 시작하였고 길은 여전히 비가 내리면서 미끄러웠다. 사실 이날 아침부터 내내 비가 내렸다. 산을 넘자마자 기온이 10도나 떨어졌다. 더 떨어져서 길이 얼면 끝장이다. 이번 상담은 망친다. 온 산이 눈으로 뒤덮인 절경을 지나가면서도 하나도 즐겁지가 않았다. 언제 어느 곳에서 다시 시애틀로 돌아가라고 할지 모른다. 오늘 포틀랜드에 갈 수 있다면 영혼이라도 팔 수 있을 것 같았다. 기온은 계속 떨어지고 있었고 비도 계속 내렸다. 이 비가 눈으로 변하면 이 이야기도 끝이다.

중요한 상담에 집중할 걸 괜히 비용을 아끼기 위해 시애틀에 들렀다는 뒤늦은 후회가 따랐다. 하지만 이윤이 박한 섬유 비즈니스는 이런 비용

이라도 아끼지 않으면 도저히 채산이 맞지 않는다. 우리는 약을 파는 사람들이 아니다. 조마조마한 심정으로 차를 몰아나갔다. 긴장 탓에 점심을 거르고 3시가 되어가는 데도 하나도 배가 고프

지 않았다. 대신 차가 밥을 달라고 조른다. 벌써 기름이 떨어진 것이다. Ellensburg쯤에서 차에 연료를 가득 넣고 다시 출발하였다. 평소 좋아했던 버거킹의 더블 와퍼를 샀지만 입맛은 실종된 지 오래다.

마침내 무사히 설산을 넘었다. 주위에 눈이 점점 적어지자 안심이 되었고 배가 고파왔다. 하지만 문제는 하나 더 있었다. 82번을 가다가 중간에 97번으로 질러가면 100마일은 절약할 수 있는데 교통 정보는 그 길을 절대로 추천하지 않는다. 눈이 와서일까? 우리는 고민하지 않을 수 없었다. 무려 100마일을 단축할 수 있는 지름길이기 때문에 신중하지 않을 수 없었다. 야키마에 도착하기 직전, Visitor center가 보여 차를 세웠다. 거기서 지도도 얻고 97번 도로로 가는 데 전혀 문제가 없다는 정보를 입수하였다. 커다란 지도까지 주면서 친절하게 알려주는 안내원에게 고맙다는 소리를 수십 번 반복하며 97번 도로로 향하였다. 97번에 들어서자 우리는 그제서야 교통방송에서 왜 그 길을 추천하지 않았는지 알 수 있었다. 그 길은 편도 1차선 도로였던 것이다.

앞에 느린 차가 한 대라도 있으면 모두 그 차의 꽁무니를 졸졸 따라가야 하는 공포의 편도 1차선 도로, 더구나 연료를 아끼기 위해 500마력짜리 컨테이너 트럭들이 주로 다니는 길이다. I-5를 이용하던 트럭들도 오늘은 모두 97번으로 모여들 것이다. 그 트럭들은 하도 길어서 도저히 추월할 수도 없다. 비는 더 이상 오지 않았지만 트럭 뒤로는 소나기가 내렸다. 다행이 차들이 많지는 않았다. 주위에 어둠이 내려서야 마침내 97번이 끝나고 Hood강을 건너면 거기서부터 바로 오리건 주가 시작된다. 오른쪽으로 Hood강을 끼고 포틀랜드를 향하여 깜깜한 84번 도로를 시속 100마일의 속도로 달렸다. 오른쪽으로 Dalles city의 불빛이 지나간다.

아침 11시에 출발해서 오후 7시 반에 포틀랜드에 도착. 무려 8시간 반이 걸렸다. 그것도 지름길을 이용하여 100마일을 단축한 결과이다. 힐튼 호텔은 시내 한복판 브로드웨이에 있었다. 아침 일찍부터 상담이 시작되므

로 빨리 쉬어야 한다. 우리는 대략 시장조사를 마치고 주위를 들러본 다음 호텔로 돌아왔다.

아침 6시에 기상했다. 7시 반부터 길이 밀린다고 하여 7시에는 출발하기 위해서이다. 6시 반에 호텔을 나섰다. 맥도날드에서 아침을 해결하고 바로 컬럼비아의 본사가 있는 사이언스 파크를 향해 길을 나섰다. 외곽으로 나가는 길이므로 시내로 들어오는 길에 비해 당연히 막히지 않는 것 같았다. 하지만 7시 40분이 되자 길은 순식간에 막히고 차들이 도로를 꽉 메우고 말았다. 구글에서 알려준 길 안내는 형편없었다. 우리는 그 때문에 귀중한 아침 시간을 40분이나 낭비하였다. 주위는 온통 안개에 휩싸여 가시거리가 10m도 되지 않았다.

컬럼비아 본사는 생각보다 소박하게 생겼다.

안개 때문에 전체를 돌아보지는 못했지만 에디바워와 A & F를 합쳐 놓은 듯한 모습이다. 건물 내부는 물론 미팅 룸마다 자사 제품을 홍보해 놓고 있어서 건물 전체가 마치 홍보용 전시관 같은 모습이다. 자연스러움과 간결함 그리고 깔끔함이 돋보이는 멋진 사무실이었다. Mill week의 행사는 상당히 격식 있게 진행되었고 우리에게 주어진 미팅룸은 'ㄷ'자 형으로 책상이 배치되고 주위에 그리드가 빽 둘러있어서 프레젠테이션하기 수월하였다. 간단히 먹을 수

있는 도넛과 과일 그리고 스타벅스 커피까지 준비되어 있어서 주최 측의 세심한 배려를 엿볼 수 있다. 이런 자상한 배려는 유럽 스타일이다. 덴마크의

한 회사는 프레젠테이션을 하러
간 우리에게 아침 식사를 내온 적
도 있다.

프레젠테이션을 하러 온 Mill들
에게 가장 중요한 것은 자신의 제
품을 되도록 많은 디자이너들에
게 보여주는 것이다. 그런데 이

상하게 이렇게 안마당에 장을 펼쳐 놓아도 디자이너들이 열심히 와서 보
고 가라는 법은 없다는 것이다. 따라서 강제로 불러야 한다. 그렇지 않고
디자이너들의 자율에 맡겨 놓으면 멀리서 수백만 원의 비용과 막대한 시
간을 들여서 오리건 주까지 날아온 Mill 중 어떤 곳은 디자이너 한 사람도
못 보고 가는 경우도 생긴다. 우리도 그런 적이 있었다. 그건 실망감을 넘
어 공포에 틀림없다. 컬럼비아는 그런 면에서 상당히 노련한 행사 준비
를 갖추어 놓았다. 우리는 전체 Division인 8팀과 약속이 되어있었다. 아
무래도 처음 오는 Mill이라서 관심을 끈 것 같았다. 기대에 부응하지 못할
까 봐 걱정이 될 정도였다. 예정된 약속에서 P/T만 빼고 모든 상담을 성
황리에 마쳤다.

다행이 디자이너들은 제품에 많은 관심을 가져 주었다. 진지하게 원단
들을 만지고 많은 질문을 던지기도 하였다. 그들 특유의 기능성 Standard
를 아직 잘 숙지하지 못하여 당황하기도 했는데, 예를 들면 DWR 20/80이
라는 조건은 W/R의 내구성에 대한 Requirement인데 20회 세탁에 80을
유지해야 하는 까다로운 조건이다.

다른 Mill들은 대개 3시에 상담이 끝나고 캠퍼스에 마련된 Employee
store에 들러 쇼핑을 했는데, 이 스토어는 직원들에게만 개방되어 있는
디스카운트 스토어이다. 이것은 새로운 시도이자 기발한 아이디어이다.
나는 지금까지 이런 스토어를 한 번도 본적이 없었다. Guest에게는 무려

50% 정도의 할인에, 직원들에게는 추가로 10%를 더 해준다. 우리들은 시장조사와 더불어 쇼핑까지 할 수 있는 이 기발한 스토어에 감탄하였다. 마지막까지 일정이 잡혀있는 우리는 스토어에 가볼 수 없기 때문에 할 수 없이 점심을 거르기로 하였다. 서울 스태프인 June이 우리를 안내해 주느라 같이 점심을 걸렀다.

위도가 높아서 그런지 포틀랜드나 시애틀은 4시만 지나면 벌써 어두워졌다. 6시가 되면 완전히 한밤중이다. 아침에 잔뜩 끼었던 안개가 대낮이 되어도 없어지지 않더니 서서히 Red eye Flight로 뉴욕에 가야 하는 우리의 스케줄을 위협하기 시작하였다. 짙은 안개 때문에 비행기가 뜰지 모르겠다고 다들 우려해 주었다.

밤 9시 45분 뉴욕행 Continental 비행기는 포틀랜드 공항을 이륙하였다. 우리는 밤새 날아가 Newark에 6시경에 도착하게 된다. 그야말로 밤을 꼬박 새게 되는 것이다. 다행이 다음 날 일정이 1시이므로 호텔에 가서 2~3시간 정도는 쉴 수 있다. 비행기는 아침 5시 50분에 뉴욕에 도착하였다. 뉴욕은 새하얗게 내린 눈으로 뒤덮여 있었다. 기온은 화씨 23도로 추웠다. 우리는 꼬박 24시간째 쉬지 못하고 있었다. 좌석번호는 25번이 있는데 그것이 맨 뒷자리였다. 맨 뒷자리는 비행기에서 가장 끔찍한 자

리이다. 특히, 밤 비행기는 모두들 의자를 뒤로 젖히고 잠을 청하므로 안 그래도 좁은 좌석이 앞에서 뒤로 젖혀지면 우리는 다른 좌석과는 달리 같이 뒤로 젖힐 수가 없어서 꼼짝없이 허리를 꼿꼿이 세우고 5시간 동안 가야 한다. 그건 고문이다.

설상가상 전화로 호텔에 미리 Early Check in을 부탁했건만 방 청소가 안 되어서 11시까지 기다려야 한다는 것이다. 호텔에서 11시에는 나서야 하는데…… 그렇다면 쉴 수 없다. 우리는 사우나를 찾아 나섰다. 혹시 뉴욕에서 사우나의 가격이 얼마나 하는지 아는가? 뉴욕에서는 아니 뉴저지에서는 목욕하려면 35불이 있어야 한다. 희귀성 때문인지도 모른다. 은퇴하면 미국 와서 목욕탕이나 해야겠다.

하루에 즐기는 10가지 쾌락

내 일요일은 아무도 범하지 못하는 신성불가침이다.

가혹한 현실의 스트레스를 치유하는 것이 악몽의 기능인 것처럼, 내 일요일은 일주일 동안 쌓인 정신적 內傷과 불유쾌한 삶의 찌꺼기들을 단번에 빨아들이는 진공청소기 역할을 한다. 나의 일요일은 매우 엄정하고 치밀하게 설계되어 있다. 귀중한 시간을 허비하지 않도록 정교하게 진화해 온 탓이다. 일요일은 내 영혼의 치유를 위해 꼭 필요하다.

일찍 일어나기(5:50 AM)

일요일은 다른 날과 마찬가지로 6시 이전에 기상한다. 반드시 일출 전이어야 한다. 아무도 깨어있지 않은 해 뜨기 전의 적막과 고립은 두려움의 대상이 아니다. 하루 중 혈압이 가장 높은 시간이며 완벽한 공복 상태이다. 따라서 대뇌피질에 가장 많은 산소가 공급되고 가장 많은 뇌세포가 활동한다. 비범한 아이디어가 떠오르는 시간이 바로 이때이다. 복잡한 세상에서 아주 잠깐 동안 주어지는 이 황홀한 고요함을, 향기로운 고독을 나는 사랑한다.

빨리 달리기(6:20 AM)

내 SLK의 시동을 걸고 엔진을 평소보다 더 오래 워밍업시킨다. 혹독한 달리기를 시키려면 그러는 것이 좋다. 쭉 뻗은 무풍지대인 터널이 최고속을 찍을 수 있는 가장 바람직한 장소이다. 속도계가 220km을 가리키면 아드레날린이 솟구친다. 혹시라도 발생할 고통을 상쇄하기 위해 엔도르핀도 준비되어 있다. 다른 차들을 멀어져 가는 작은 점으로 만들면서 테스토스테론이 분수처럼 쏟아진다. 죽음의 공포와 동시에 느끼는 이 오싹한 느낌은 온몸의 털이 곤두서는 전율과 함께 내 자신이 살아있음을 자각하게 해 주는 가장 강력한 쾌감이다. 테스토스테론이 부추기는, 그래서 여자들은 결코 넘볼 수 없는 영역이다. 내게 들러붙어 있던 스트레스들은 관성의 법칙을 이해하지 못한다. 그것들을 뒤로 남기고 발사된 총알처럼 튀어나가는 것이다.

자연과의 포옹(7:00 AM)

바리오 루프를 열고 중미산 천문대를 향한 산길을 천천히 오른다. 신선한 공기가 귀를 스치고 푸른 신록이 안기듯 다가왔다가 재빠르게 지나간다. 나무들이 내뿜는 피톤치드 향이 감미롭게 느껴진다. 컨버터블이 발명되기 이전에도 말을 타고 같은 느낌을 즐길 수 있었으리라. 오렌지빛 일출이 시작되면 따스한 태양에너지의 파동이 1억5천만km의 진공을 관통하여 이 행성의 살아있는 모든 것들에게 아낌없이 베풀어진다.

Physical(8:00 AM)

이제 몸 전체로 쾌감을 받아들일 시간이다. 안중근 기념관 앞에 차를 세우고 릿지화로 갈아 신은 다음 남산을 오른다. 이 루트는 계단으로 시작해서 계단으로 끝난다. 어디에서 올라도 정상은 남산타워이다. 동쪽 계단에서 시작한다. 심장은 기관차처럼 뛰고 폐는 활활 타오르지만 폭발 직전까지 몰아붙여 본다. 정상의 70% 정도에서 Runner's high가 찾아온다. 고통으로 주저앉고 싶은 바로 그 순간, 엔도르핀이 분출되며 황홀감에 휩싸인다. 호흡이 편해지고 힘이 솟는다. 정상까지 뛰어도 될 것 같은

충동에 사로잡힌다. 꼭대기에 오르면 반대쪽 남산순환로로 내려가 구보로 도서관 앞길까지 나온 다음 다시 북쪽 계단을 오른다. 체력을 한계까지 몰아붙여 보기 위해서이다. 정상의 중간쯤에서 다시 하산하면 꼭 1시간이다.

음악

좋은 음악은 카타르시스를 불러온다. 육체적 고통마저도 경감시킨다. 심장 박동이 최대치일 때 들리는 Yolanda Be Cool의 'We No Americano'는 에피네프린 주사와 똑같다. 하산하면서 Cooling down할 때는 역시 클래식이다. 모차르트, 파헬벨, 바그너는 아무리 많이 들어도 결코 물리지 않는다. 파가니니의 첼로는 언제 들어도 가슴 깊은 곳 심금을 울린다. 그것들은 시대를 뛰어넘는 향기로운 마스터피스이다.

남산도서관(8:55 AM)

지금까지의 모든 Time table은 남산도서관의 개관 시간에 맞춰진 것이

다. 44만 권 장서를 보유한 남산
도서관은 책의 바다이다. 넘실대
는 파도를 보는 만큼이나 수많은
책들을 바라보는 것은 짜릿한 전
율이자 극치이다. 그 안에서 읽
고 싶은 책을 고르는 1시간이 내
게는 가장 행복한 순간이다. 30
년 동안 꼬박꼬박 세금을 내온 나에게 국가가 해주는 유일한 개인 차원의
복지이지만 예상치 못한 고마운 인프라이다. 남산도서관을 세우자고 주
장한 어느 정책 입안자에게 축복을 보낸다.

커피빈 (10:10 AM)

'내가 가장 사랑하는 것들' 목록 3위에 해당하는 커피빈의 "레귤러 아
메리카노"…… 3년 동안 스타벅스 커피를 마시다 커피빈의 아메리카노
를 처음 마셔본 날, 나는 충격에 휩싸였다. 소위 '커피 맛'이라고 하는 것
을 처음 체험한 것이다. 어른은 커피 맛을 안다고 그전까지 생각했지만
그건 착각이었다. 많은 것들을 생각해야 하는 내게 커피는 뛰어난 각성
과 통찰을 가져다주는 말 없는 조언자이다. 그윽한 향기는 예기치 않은
선물이다.

Fun to Read(10:30 AM)

지적 호기심의 충족은 마르지 않는 샘물이다. 그것은 환희이고 신세계이며 결코 갈 수 없는 미지의 여행지이다. 단 하나의 부작용은 그로 인하여 부실해지는 하체이다. 만약, 이에 내성이 생긴다면 환영하겠다. 한 가지 유감스러운 것은 내 자식들에게 준 50%의 유전자 중 그것이 포함되지 않았다는 것이다. 독서에 대한 갈구가 후천적인 양육으로 만들어진다는 교육학자들의 주장은 완전한 헛소리이다.

공복(11:00 PM)

나는 일요일에는 아무것도 먹지 않는다. 토요일부터 먹지 않을 때도

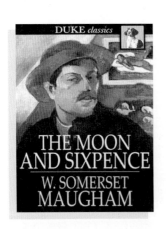

많아서 일요일 오전쯤에 내 위는 완벽한 공복상태에 도달한다. 우리 몸에서 가장 많은 에너지를 필요로 하는 곳이 뇌이다. 뇌는 신체의 2%에 불과하지만 전체 에너지 소비의 20%를 독식하고 있다. 그런 뇌조차도 식사 후의 위에게는 우선권을 양보해야 한다. 음식이 들어오면 위의 에너지 소비가 뇌에 우선한다. 그 결과로 우리는 식곤증이라는 현상을 만나게 되는 것이다. 만

약, 위가 활동하고 있는데 다른 곳에 에너지를 사용하면 위는 당장에 소화를 멈추고 뇌에 불쾌한 신호를 보낸다. 식후에 운동을 하면 기분이 나빠지는 이유이다. 따라서 위가 쉬는 공복상태에서 뇌는 최대의 기량을 발휘할 수 있다. 가장 맑은 정신세계를 유지할 수 있으며 인류 역사상 가장 위대한 통찰도 모두 공복 상태에서 비롯되었다. 배고픈 돼지는 결코 멍청하지 않다.

Fun to Write

고2 때 읽었던 모옴 Maugham의 '달과 6펜스'가 내게 주었던 충격은 40년이 지난 지금까지도 내 가슴 깊은 곳에 뚜렷하게 새겨져 있다. 비록 50도 중반을 넘은 나이까지 '6펜스'를 위해 일하고 있지만 나의 '달'은 지금도 나를 비추는 영혼의 그림자이다. 나는 은퇴 후의 삶을 15년 전에 설계해 두었다. 1,200권이 넘는 단순 무식한 독서벽도 모두 글쓰기를 위해서이다. 작가가 되기에는 이미 늦은 나이가 되어 버렸고 아직도 내 작가적 재능은 나타나지 않았지만 고갱처럼 단지 그것을 '하고 싶다'는 활화산 같은 갈구 하나로 이 일을 하려고 한다. "훌륭한 작가는 노력으로 만들어진다. 위대한 작가는 태어난다." 스티븐 킹이 했던 이야기이다. 나는 그 말을 믿는다. 적어도 훌륭한 작가는 될 수 있으므로…… 나의 모든 저작과 글은 오로지 일요일에만 쓰여졌다.

9

부록

안동진의 실전 무역 실무 1

대구의 중소기업 CEO들에게 무역 실무를 교육하는 프로그램을 무역협회 대구경북 지사에서 기획하여 각 대학의 상경대학 교수들을 초빙하였는데, 나는 무역 실무가의 대표로 초청되어 교육한 내용이다. 비록 오래된 경험이지만 이 무역 실무는 그대로 현장 경험이다. 다행히 무역 시스템은 시간이 흘렀어도 바뀌지 않았다.

신용장이 왜 필요한가?

무역은 특정 상품의 효용가치가 낮은 곳에서 높은 곳으로 이동하는 행위를 말한다. 그 결과로 파는 자와 사는 자 모두 이득을 취하게 되는 경제적인 활동이다. 무역은 국가 간의 거래이다. 양자 간 얼굴을 맞대고 할 수 있는 직거래가 어렵다. 따라서 거래가 성사된 후, 물건과 대금을 확인하는 절차가 필요하다. 매수자, 즉 Buyer는 물건을 받고 확인한 다음 돈을 지불하고 싶고 수혜자, 즉 Beneficiary는 돈을 받고 나서 물건을 보내고 싶은 것이 당연하다.

결코 양보할 수 없는 각 측의 이러한 희망은 정면으로 충돌한다. 이런 팽팽한 줄다리기를 중간에 양측이 신뢰할 수 있는 제3자가 선적과 그에 따른 지불을 보증하는 수단을 취함으로써 각 측의 고민을 해결할 수 있다. 그 신뢰할 수 있는 3자가 은행이다.

신용장은 공평한 거래인가?

1994년 여름의 일이다. 무역업자인 K 모씨는 홍콩의 '샴수이포'에 있는 한 Wholesaler에게 Polyester 원단을 10컨테이너 팔 것으로 계약하고 신용장을 받은 다음 선적을 이행하였다. 그런데 Buyer가 컨테이너의 문을 열었을 때, 도저히 있을 수 없는 황당한 일이 일어났던 것이다. 컨테이너 안에 실린 물건은 계약했던 Poly 원단이 아니라 쓰레기였다. 졸지에 쓰레기를 10컨테이너나 수입하게 된 홍콩의 Buyer는 분통을 터뜨렸지만 이미 네고 대전 Nego Amount을 들고 도주한 한국의 수출자를 찾을 수 없었기 때문에 돈을 고스란히 날릴 수밖에 없었다. 어떻게 이런 일이 가능할 수 있을까? 그리고 도저히 구제할 길이 없는 것일까?

신용장이란 지불 수단은 양측에 절대적으로 공평하게 만들어졌을까?

결론부터 말하면 그렇지 못하다. '신용장은 수혜자, 즉 수출을 하는 측에 유리하게 만들어져 있다.' 수출자는 물건을 선적하고 그 선적된 물건을 찾을 수 있는 서류를 상대방에게 제공함으로써 지불을 득할 수 있게 된다. 여기서의 함정은 선적할 물건의 상태는 고려의 대상이 아니라는 말이다. 즉, 물건이 좋든 나쁘든, Buyer의 조건에 부합하든 말든, Buyer는 수출자의 선적행위 그 자체에 대하여 돈을 지불해야 한다. 은행이 선적물품에 대한 확인을 할 수 있는 위치에 있지 않기 때문이다. 또 대부분의 사고는 구매자가 물건은 받고 돈을 떼먹는 형태로 일어난다. 그런 상황을 반영한 결과일 것이다.

하지만 패션상품은 제품의 하자를 누구나 명확하게 객관적으로 구분할 수 없는 특성이 있으므로 겉으로 보기에 정확한 규격의 제품을 정확한 수량으로 선적했다 하더라도 구매자의 입장에서 전혀 사용 불가능한 제품이 될 수도 있다는 함정이 있다. 하지만 은행 사람들은 이런 구매자의 애로를 전혀 반영하지 않았고 실제로 반영하기도 어렵다고 할 수 있다.

이렇게 신용장제도가 Buyer에게 불리하게 되어있으므로 Buyer는 이런 비대칭 조건에서 자신들에게 상황을 유리하게 만들기 위한 모든 가능한 방법을 동원한다. 이런 일이 가장 잘 시스템화된 곳이 바로 자유무역국가인 홍콩이다. 전문화된 홍콩의 은행들은 자신들의 고객인 Buyer를 철저히 지도하고 보호하여 그들의 손실이 최소화할 수 있도록 모든 노력을 경주하고 있다. 바로 Professional의 자세이다.

Original B/L 보내기

Buyer 측에서 행사할 수 있는 가장 적극적인 방어수단은 바로 수혜자로 하여금 오리지널 B/L을 자신에게 직접 보내도록 서류에 지정하는 것이다. 하지만 이것은 신용장 통일규칙에 어긋나는 위법이다. 이 조건을 Accept하게 되면 수출자가 원래 가지고 있던 대금 결제상의 유리한 점을 완전히 상실하게 된다. 따라서 절대로 수락해서는 안 된다. 하지만 만약 시장이 Buyer's market이라면 Buyer의 이런 요구를 거절하기 어렵다. 오더가 욕심나기 때문이다. 그래서 때로는 이런 조건도 불사하고 오더를 수주한다. 그리고 그 결과는 재앙으로 이어질 수도 있다.

Springdale 사건

1996년 굴지의 무역회사인 오성물산 면제품과는 홍콩의 Boom Club이라는 LTD 그룹의 오더를 주로 진행하는 회사의 오더를 받았다. Rayon에 Print하는 오더였는데 약 26만 불에 해당하는 큰 오더였다. 그런데 봉제를 진행하는 벤더인 Springdale 측은 L/C에 오리지널 B/L을 보내고 바이어가 발행하는 I/C Inspection Certificate를 선적 전에 수취하라는 문구를 삽입하였고 그런 L/C에 만성이 된 오성물산은 별로 신경 쓰지 않았다. 그리고 선적이 되었고 오성은 B/L을 Springdale에 보내 주었다. Springdale은 B/L로 물건을 찾았고 작업 중에 문제를 발견하였는데 Buyer가 그 문제를 Accept해 주지 않아 오더 전체가 Cancel되게 되었다. 물론 대금 지불은 Holding되어 있는 상태에서이다.

물건은 일부가 Cutting되었지만 대부분 살아있었고 그걸 다시 한국으로 반품하겠다고 하였다. 오성 측은 그 물건을 반품받아봐야 20% 정도밖에 건질 수 없다는 것을 알고 있었기 때문에 당연히 Cancel을 거절하고 제품 대금을 지불할 것을 강력히 요구하였다. 하지만 봉제공장 측은 은행을 통해 들어온 네고 서류를 모두 되돌려 보내고 지불을 거절한다는 통지를 보냈다. 결과적으로 오성에서 할 수 있는 일은 국제 소송을 통해 봉제공장을 제소하는 일만 남아 있었다. 물론 작은 회사 같으면 국제 소송은 엄두도 내지 못할 일이다. 봉제공장도 작은 회사는 아니어서 소송을 걸만한 재력이 있었고 1년 만에 각 측의 변호사가 합의하여 물건 대금의 30% 정도를 지불하는 선에서 합의가 이루어졌다. 이로써 70%의 손실이 발생한 것이다. 하지만 변호사 비와 그동안의 시간투자 및 이자비용을 물고 나면 건진 것이 거의 없다는 것을 알 수 있다.

Buyer는 오리지널 B/L이 있으면 은행에 돈을 지불하지 않고도 물건을 찾을 수 있다. 따라서 은행을 통해 지불을 거절하고 있으면서 물건은 찾아 상태를 확인하고 문제 없으면 그때에야 지불을 풀어주려는 시도를 하게 된다. 물론 선의의 Buyer인 경우 물건에 문제가 없다면 이런 조건의 신용장을 수취한다고 해도 큰 문제는 없다. 하지만 무역을 하다 보면 나쁜 Buyer도 종종 있다. 아니 꽤 많다. 그들은 물건에 하자가 없는데도 트집을 잡아서 Discount를 요구한다. 은행에서 지불이 거절된 상태에서 Buyer의 그러한 요구는 제법 효과적이어서 대부분의 수출자는 이에 굴복하고 Discount에 응하게 마련이다.

하지만 이 경우 수출자는 대응할 방법이 없을까?

첫째, 절대로 이런 조건의 신용장은 받지 말라는 것이다. 오더가 급해서 이런 신용장을 받는 것은 동족방뇨 식의 처방으로 자신뿐 아니라 전체 시장을 교란하는 이적 행위에 해당한다. 바로 매국노가 되는 것이다. 중국 사람들은 굶어 죽는 한이 있어도 적을 이롭게 하는 이런 신용장을 절대 받아들이지 않는다. 그렇게 함으로써 자신들에게 이익이 된다는 것을 잘 이해하고 있기 때문이다. 그 결과로 전 세계의 모든 Buyer는 중국인들에게는 이런 장난이 통하지 않는다는 인식을 하고 있다. 하지만 반대로 '한국인들에게는 반드시 이 방법을 써야 한다. 그리고 통한다.'라고 믿고 있다. 한심한 일이다. A 자신이 그렇게 만든 것이다.

둘째, 피치 못하게 이런 조건을 받아들여야 하는 경우가 생겼을 때는 B/L상의 Consignee를 Buyer로 하지 말고 반드시 Opening Bank로 하라는 것이다. 그렇게 해두면 Buyer 측은 물건을 찾을 때 은행에서 이서를 받아야 하고 나중에 반드시 물건 대금을 지불해야만 한다. 따라서 수혜자 측은 안전해진다. 이런 경우는 B/L을 Buyer에게 직접 보내준다고 해도 나중에 큰 문제는 없다. 그러나 만약 Consignee를 Buyer의 이름으로 하는 B/L을 발행하고 그 오리지널을 은행을 통하지 않고 Buyer에게 직접 보내주게 되면 Buyer는 그 B/L로 선박회사로부터 아무런 제약 없이 물건을 찾아갈 수 있으므로 수출자는 자신의 물건을 무방비 상태에서 낯 모르는 사람에게 맡기는 꼴이 된다.

셋째, B/L을 보내지 않고도 서류를 Clean하게 만들 수 있다.

통상 이런 경우, L/C조항에는 오리지널 B/L을 Buyer에게 직접 보내고 그 Courier copy를 Nego서류에 포함시키라고 말한다. 그런데 Courier copy라는 것이 그 안에 특정 내용물을 포함한다는 확인을 할 수 있는 기능이 없기 때문에 B/L을 Buyer에게 직접 보내지 않고도 서류를 Clean으로 만들 수 있다. 이때 주의해야 할 것은 이렇게 해서 은행으로 보내야 하는 B/L은 오리지널 3장 중 2장만이기 때문에 실제로 보내지 않은 1장을 은행으로 보내면 서류가 하자가 되므로 절대로 보내면 안 된다. 물론 이 방법은 그 Buyer와 다시는 거래하지 않겠다는 결심이 전제된 극약처방이다.

Clean Nego/하자 Nego

선적을 완료한 다음, Nego를 Clean하게 하는 것은 무역에서 그 어떤 것보다도 중요하다. 서류가 Clean하냐 아니냐에 따라 문제가 생겼을 때 칼자루를 누가 쥐느냐의 헤게모니 싸움의 승자가 결정되기 때문이다. 하자 Nego는 Beneficiary로서의 모든 권리를 박탈당하게 된다는 뜻이다. 즉, Buyer가 지불을 거절하고 서류를 돌려보낸다 하더라도 이유 없이 받아들여야 하기 때문이다. 반대로 Clean Nego를 하면 Buyer가 그 어떤 협잡을 꾸미던(심지어 무역 사기꾼의 희생자라고 할지라도) 은행은 반드시 수혜자에게 대금을 지불해야 하는 의무가 생긴다. 따라서 Buyer는 꼼짝없이 지불을 이행해야만 한다. 그만큼 Clean Nego는 막강하다.

하지만 Clean Nego를 하기란 여간 힘든 일이 아니다. 매우 유능한 직원이 있어야 하자 Nego를 그나마 최소화할 수 있다. 왜냐하면 Buyer 측은 서류가 Clean하게 되지 않도록 유도하기 때문이다. 그 결과로 대부분의 L/C에는 다양한 함정이 도사리고 있으며 함정을 잘 만드는 직원은 바이어 입장에서는 유능하다 할 수 있다.

I/C와 대처법

신용장상의 불리한 국면에서 Buyer가 취할 수 있는 가장 빈번한 수단이 서류상에서 자신들이 발행하는 I/C(검사증)를 요구하는 것이다. 그리고 선적 후 제품의 상태와 상관없이 I/C를 발행하지 않으면 그 서류는 자동으로 하자가 되어 버린다. 보통은 선의의 목적으로, 선적 전 Random검사를 실시하고 이상 없으면 I/C를 발행하도록 되어 있지만 Random검사의 결과를 신뢰하지 않는 일부 Buyer나 악의적인 목적을 가진 Buyer들은 I/C를 고의로 발행하지 않을 때도 있다. 그럴 때의 대처 방안은 I/C를 가짜로 만드는 것이다. 은행에서는 I/C의 진위 여부를 가려야 할 의무를 지지 않기 때문에 문제가 없다. 가끔 이런 일을 방지하기 위하여 Buyer가 자신의 Sign을 은행에 등록 Verify하는 방법을 사용하기도 한다. 그리고 등록된 Sign이 아니면 I/C가 하자가 되는 것이다. 하지만 서명이 어떤 것인지만 알면 등록된 서명을 위조해도 은행은 진위 여부에 노력을 기울이지 않는다. 따라서 서류는 Clean으로 처리된다.

이 상황에서 대항할 수 있는 수출자의 가장 효과적인 수단은 선적을 거부하는 것이다. 물건을 필요로 하는 한, Buyer는 굴복할 수밖에 없다. 하지만, 만약 바이어가 물건을 인수하지 않겠다는 의사 표시를 한다면 그건 어차피 I/C 없이 선적해도 애초에 대금을 받을 수 없다는 뜻이 되므로 선적해 봐야 별 소용도 없을 것이다.

HSBC와 한판 붙다

1995년경, A는 홍콩의 HSBC은행과 크게 한판 붙은 적이 있었다.

A는 홍콩의 한 Buyer에게 면직물을 선적하였는데 사소한 컬러의 차이로 Claim을 걸어보려던 이 Buyer가 서류 하자를 이유로 지불을 Holding하고 있었다. 은행이 지불을 거절하고 있는 경우, 수혜자에게 통지하고 있는 문구는 'Documents are at your disposal'로 서류를 당신들의 처분에 맡긴다. 즉, 가져가려면 가져가고 말려면 말아라 하는 식으로 되어있다. 대응방법을 찾던 A는 제품의 위치를 파악하기 위하여 선박회사를 통해 조회해 보니 Buyer가 이미 선적된 물건을 찾아간 후였다. 이런 상황에서 가장 효과적인 대응은 네고 서류의 반환을 요청하는 것이다. Buyer가 물건을 찾아간 상태라면 이미 은행에 지급보증을 했을 것이므로 B/L 한 장을 이미 사용했을 것이다. 따라서 은행은 서류를 돌려달라는 A의 요구를 들어줄 수 없고 따라서 지불할 수밖에 없는 상황이 되는 것이다. 이에따라 A는 상대 은행에 지불을 하지 않을 거면 서류를 돌려보내라고 했다. 사건은 쉽게 종결되는 듯 했다.

그런데 놀랍게도 HSBC은행은 B/L을 한 장 뺀 채로 버젓이 서류를 돌려보낸 것이다. A는 경악할 수밖에 없었다. 이 경우 당연히 A측 은행이 빠진 서류를 돌려달라고 강력히 요청해야 하고 신용을 생명으로 하는 은행은 그에 따라 B/L을 보내든지 아니면 신속하게 지불을 해야 할 것이다. 그런데 A측 은행은 그런 요구를 하지 않고 미적미적 시간만 보내고 있었고 HSBC은행도 신용에 금이 갈 수도 있는 위험한 도박을 감수하며 지불을 미루고 있었다. A는 무역회보를 비롯해 각 신문사에 이 같은 HSBC은행의 작태를 기사화해 줄 것을 부탁했고 일부의 신문에 그런 기사가 나간 후에야 HSBC은행은 서울 지점장을 통해 A에게 사과 비슷한 내용을 전달하고 며칠 후 대금을 입금하였다. 여기서 두 은행의 대조적인 태도가 비교된다.

상대 은행은 자신들의 신용에 흠집이 갈 수도 있는 위험을 무릅쓰고 자신들의 고객을 보호하려고 애썼으나 A측 은행은 당연히 해야 할 요구도 하지 않고 복지부동하는 자세를 견지함으로써 A 나라의 은행은 절대 수출자의 편이 아니라는 사실을 또 한번 새롭게 상기시키는 계기가 되었다.

그런데 원래 Opening bank 측은 이런 경우 Opener에게 오리지널 B/L을 주지 않는다. 이런 Case는 매우 희귀한데 은행이 B/L copy에 Endorse만 해주면 선박회사에서는 Buyer의 각서만 받고도 DO를 내주게 되므로 최종적으로 이런 문제가 생겼을 때 오리지널 B/L을 모두 가지고 있는 은행은 아무런 문제도 없다. 그냥 반환하면 끝이다. 이렇게 되면 선박회사는 바이어에게 구상권을 행사하고 바이어는 대금을 선박회사에 물어줘야 한다. 은행은 아무런 리스크를 걸 필요가 없다. 따라서 이런 Case는 아주 희한한 상황이라고 할 수밖에 없다.

주거래 은행은 수출자 편인가?

1983년의 일이다. A는 당시 미국의 Peak International이라는 바이어에게 면직물을 선적하고 주거래 은행인 상업은행을 통해서 Clean Nego를 하였다. 그런데 보름 후 지불 대신 하자 통지가 온 것이었다. 하자 이유는 몇 가지 서류가 빠졌다는 것이었다. Clean Nego가 의미하는 것은 당연히 L/C에서 요구하는 모든 서류를 제출했다는 뜻이다. Clean Nego와 하자 Nego는 12일치의 환가요율이 다르게 때문에 은행에서 절대로 얼렁뚱땅 다루는 일이 없다. 만약 서류가 미비하면 은행은 Clean Nego하도록 유도 하고 서류를 고쳐주기도 했다. 따라서 당연히 모든 서류가 처음에는 다 갖추어졌다는 얘기이다. 그런데 빠진 서류라고 하는 것 중에 비자도 있어서 그것이 없으면 물건을 찾을 수 없기 때문에 A가 다시 비자를 받아주는 1주일 동안의 공백 때문에 문제가 생겼다며 Buyer는 50% Discount를 요구했다. 당연히 무리한 요구이고 터무니없는 수작임에 틀림없었지만 당시 지식이 부족했던 A는 할 수 없이 그 요구를 받아주는 수밖에 없었다. 물론 A의 주거래 은행은 모든 서류를 A에게 접수하였으므로 상대 은행에 항의하는 것이 당연했음에도 불구하고 그렇게 하는 대신 거꾸로 만만한 A에게 압력을 행사했다. 네고 대전을 돌려달라는 식으로 으름장을 놓았던 것이다. 실로 어둡고 암울한 시대였음에 틀림없다. 지금은 그런 몰지각한 은행이나 은행원이 더 이상 남아있지 않을 것이라고 확신한다.

이와는 반대의 경우도 발생한다.

당시 A는 중국으로부터 상당량의 면직물 생지를 수입하기도 했는데 가끔 Quality가 좋지 않아 문제가 발생하는 경우가 있었다. 따라서 A는 불량제품을 반품하기 위하여 중국 Supplier에게 지불을 정지하고 반품을 요구하려고 했었다. 따라서 네고 서류에서 하자를 잡고 중국 Supplier와 싸우고 있는데 A의 주거래 은행에서는 매일같이 독촉이 오는 것이었다. 문제를 일으킨 상대방에게 대금을 빨리 지불하라고 말이다. 그들의 관심은 오로지 그 건에 대한 지불을 끝내고 케이스를 마감을 하려는 것밖에는 없었다. A는 Buyer에게도 터지고 Supplier에게도 터지는 이중고를 당하고 있었다.

Clean Nego의 힘

A가 중견 사원이던 90년대 중반에는 미국에서 가장 큰 봉제 Buyer가 LTd Group으로 어마어마한 물량을 소화해내고 있었다. 그 회사의 Agent이자 Vendor 중에 'T'라는 HK에 소재하는 회사가 있었는데 주로 Print order를 많이 발주했다. 그런데 'T'는 Shortage를 막기 위해 자신들의 소요량보다 더 많은 오더를 발주하고, 만약 Shortage가 발생하지 않으면 잉여량을 Cancel해서 Supplier에게 손해를 전가하는 악질적이고 이기적인 전략을 구사하고 있다는 소문이 파다했다. 그런데 기본적으로 발주량이 큰 Buyer여서 한번 Cancel되면 Damage가 막대하기 때문에 중소기업이 이런 일을 당하게 되면 도산해 버리는 경우도 많았다. 당시는 원단 Supplier들이 Garment air라는 것은 용인해 주지 않는 풍토였기 때문에, 만약 검사 과정에서 불량이 발생하면 추가로 생산하는 물량에 대해서는 납기가 늦어져 자신들이 적지 않은 Garment air Charge를 부담해야 하기 때문에 이를 피하기 위해 미리 더 많은 양을 발주하고 남는 부분은 불량이든 아니든 Cancel해버리는 전략이었고 이 때문에 오더에 허덕이는 많은 중소기업이 울어야 했다.

A도 이런 상황에 걸려들어 컬러가 맞지 않는다는 이유로 선적 후 Cancel 통보를 받았다. 당시 T사는 오리지널 B/L을 보내고 네고 서류에 I/C를 넣도록 하고 있었는데, 물건을 찾아서 전수검사를 할 때까지 I/C를 주지 않고 있다가 검사가 끝나면 비로소 I/C를 발행해서 네고할 수 있도록 하는 방식을 취하고 있었으므로 많은 수출자들이 골탕 먹고 있었다. 문제는 칼자루를 쥔 그들이 물건을 확인하는 과정에서 횡포를 일삼았고 갑을을 비롯한 대기업들도 희생양이 되어 엄청난 출혈을 입고 있었지만 그들의 오더량이 워낙 많은지라 거래를 중단하고 싶어도 그럴 수 없는 상황이었다.

하지만 A는 그런 악덕 Buyer의 부당한 정책을 알고 있었고 네고 서류를 Clean으로 만들어 대항하고자 하였다. 도저히 A의 서류에서 하자를 발견할 수 없었던 Opening bank와 그들은 지불을 차일피일 미루었지만 이쪽의 강력한 독촉에 도리 없이 대금을 지불할 수밖에 없었다. 그렇게 A는 그들에게 한방 멋지게 먹이고 거래를 끝낼 수 있었다.

사실 이런 악덕 Buyer들의 말로는 그리 길지 않다. Buyer의 이런 행패는 그레샴의 법칙을 불러오기 때문이다. 그레샴의 법칙은 '악화는 양화를 구축한다.'는 것이다. 즉, 이 Buyer의 주변에는 좋은 Supplier는 모두 사라지고 나쁜 Supplier만 남게 된다. 왜냐하면 굳이 악덕 Buyer에게 의지하지 않아도 되는 양호한 수출업체는 이런 Buyer와의 거래를 즉각 중단한다. 하지만 그럴 능력이 없는, 작거나 재정상태가 열악한 Supplier는 할수 없이 악덕 Buyer를 떠나지 못하고 남아서 빈곤의 악순환을 계속하는 것이다.

Norton 사건(하자 네고의 함정)

A사는 미국의 Norton이라는 꽤 큰 Jones 그룹의 한 브랜드로부터 약 50만y의 Velvet을 수주하였다. 그런데 오더를 수주하기 직전, Sample작업 결과 그들이 사기로 한 N/R Velvet의 품질이 상당히 좋지 않다는 것이 발견되었다. 사실 그 제품은 그들의 품질 규격에 미달되는 제품이었다. 따라서 오더는 시작도 하기 전에 Cancel될 운명이었다. 그런데 오더에 미련을 가진 Buyer 측은 그대로 오더를 강행할 결심을 하게 되었다. 다만, 품질에 미달하는 만큼인 5% 정도의 Loss를 A사가 공급하는 조건이었다. 그런데 문제는 생산이 완료되고 선적이 진행되면서 일어났다. Buyer가 Loss의 양을 봉제공장과 사전 조율하지 않은 때문이다. 실제로 옷을 만들어야 하는 봉제공장에서는 5%의 Loss는 턱없이 부족하니 4배인 20%를 요구하였다. 그 이하로는 도저히 규격에 합당하는 옷을 만들 수 없으니 Buyer가 봉제품을 검품 없이 가져가든가 아니면 원단 Loss를 20% 달라고

떼를 쓰는 것이었다. 그런 무리한 요구는 Buyer도 수용할 수 없었고 각자의 입장은 한치도 물러설 수 없도록 팽팽하게 맞서게 되었다. 따라서 헤게모니 싸움이 벌어지게 되었다. 작업은 중지되었고 Damage는 피할 수 없는 상황이 되었다.

당시 각 사의 상황은 이렇다.

수출자인 A사는 L/C를 받았을 때 고쳐야 할 몇 가지 사항이 있었지만 그동안 이 Buyer로부터 Payment 사고가 난 적이 없었기 때문에 그냥 하자 네고 하기로 했다. 따라서 선적 후 하자 네고 한 상태였다. 봉제공장 측은 선사를 자신들의 Forwarder로 지정한 다음, 물건이 도착하자 Forwarder에게 즉시 물건을 인도해 달라고 요청했다. Forwarder는 바로 봉제공장에 물건을 인도하였다. 그리고 봉제공장은 은행을 통해서 A사에 하자 통지를 하고 Payment를 거절하였다. 이 상황에서 유리한 측은 누구고 불리한 측은 누구일까?

무역을 하다 보면 피치 못하게 하자 네고 하는 경우가 생긴다. 이 경우 Payment에 대한 보장은 전혀 불가능한 것일까? 그런 것은 아니다. 만약, Buyer가 선적한 물건을 선박회사로부터 수취해 갔다면, 즉 선박회사가 DO Delivery Order를 발행했다면 Payment에 관한 한 안심해도 된다. 왜냐하면 DO를 받기 위해서는 Buyer가 은행에 지불을 하겠다는 보증을 했거나 또는 선박회사에 물건 대금을 하주에게 지급하겠다는 보증을 했을 것이기 때문이다. 따라서 대부분의 Payment는 지불된 거나 마찬가지라고 생각하고 느긋하게 기다리면 된다.

그런데 아무리 기다려도 Pay가 안되고 위의 사건처럼 Opening bank에서 서류를 되돌려 보내겠다고 통지하는 경우가 있다. 이런 경우는 물건의 하자를 발견한 Buyer가 어떻게든 Payment를 Holding하고 Claim금액을 확보하기 위한 행동을 시작할 때 발생하게 된다.

이 경우 수출자는 어떻게 해야 할까?

첫째, 만약 B/L의 Consignee가 Opening Bank로 되어 있는 경우, 은행에 서류를 되돌려 달라고 독촉하기만 하면 된다.

둘째, Consignee가 Buyer 앞으로 되어 있는 B/L의 경우는 선박회사 앞으로 Claim을 제기해야 한다. 만약 선박회사가 Buyer와 협조관계에 있지 않을 경우 몇 번의 협박으로 일을 쉽게 풀 수 있다. 왜냐하면 선박회사는 Buyer에게 물건을 내주기 전에 구상권을 행사할 수 있는 서류를 확보해 놓았을 것이기 때문이다. 이 경우는 두 번째 경우에 해당한다.

그런데 때때로 선박회사가 구상권을 확보하지 못하는 경우가 있다. 그 것은 이 경우처럼 두 회사가 아주 친한 사이인 경우 종종 발생하게 되는데 이때는 할 수 없이 선박회사를 상대로 소송을 제기해야 한다. 이 경우, 오리지널 B/L을 확보하고 있는 측이 물건에 대한 소유권을 행사할 수 있으므로 오리지널을 확보하고 있는 A사가 선박회사를 상대로 소송하면 99%는 승소하게 된다.

그렇다면 수출자는 안심하고 발 뻗고 자도 될까?

미안하지만 그래도 문제는 남아있다. 선박회사는 이런 일이 발생할 가능성을 염두에 두고 있기 때문에 사건이 발생하면 자신들이 할 수 있는 모든 법적인 수단과 방법을 동원하여 대응하게 된다. 따라서 소송을 건 측은 생각지도 못했던 전문가 수준의 저항에 부딪히게 된다. 이때 잘못 대응하면 단 한 푼도 못 건지게 되는 경우가 생길 수도 있다. 선박회사의 입장에서는 물건을 자신들이 가져간 것도 아닌데 대금을 지불하기에는 너무도 억울한 일이 아닐 수 없다. 따라서 생존을 위하여 전쟁도 불사하게 된다.

첫째로 그들이 할 수 있는 일은 자신들 앞으로 된 통장이나 재산을 빼돌리는 것이다. 그래서 회사 자체를 Paper company로 만들어두면 재판에 지더라도 보유하는 재산이 없으면 돈을 주지 않아도 된다. 하지만 선박회사가 작은 Forwarding이 아니고 제법 큰 회사일 때는 곤란하다. 이때 그들이 할 수 있는 적절한 대응은 시효를 넘기는 일이다. 1년 내로 정식 재판에 들어가지 않으면 시효가 넘어가서 Claim을 받을 수 없는 상법을 이용하여 되도록 사건을 길게 끌려고 한다. 따라서 반드시 속전속결로 일을 진행시키고 1년 안에 반드시 정식 재판에 돌입해야 한다.

이런 일을 막기 위해서는 첫째, 되도록 규모가 있는 큰 선박회사와 거래해야 함은 말할 것도 없다. Forwarder라고 하더라도 직원이 50명 이상 되는 회사와 거래하는 것이 안전하며, 만약 Buyer가 자신의 Forwarding을 사용할 것을 요구하면 반드시 거절해야 한다.

그러나 Buyer와의 관계에서 냉정하게 거절하는 것이 어려울 때가 많다. 그래서 피치 못하게 문제가 발생했을 경우, Buyer도 이런 경우를 대비하여 조그만 선박회사와 거래하지는 않을 것이므로 어느 정도의 재산은 있는 회사라고 생각하고 변호사를 빨리 선임하여 그들의 주거래 은행을 찾아서 모든 거래통장을 가압류하는 것이다. 즉, 선사의 숨통을 틀어막는 것이다. 이렇게 되면 당연히 선사는 Buyer에게 강력하게 항의하게 되고 선박회사는 수출자의 편이 되어서 대금 지불에 적극 동참할 수 있게 된다.

안동진의 실전 무역 실무 2

신용 불량국과의 거래

Global Sourcing이 일반화되면서 작은 브랜드들조차 조금이라도 더 싼 공임을 찾아 봉제기지를 저임금 후진국으로 이전하고 있는 것이 세계적인 추세이다. 인도를 비롯해 방글라데시, 캄보디아 심지어는 미얀마나 마다가스카르 같은 오지에까지 봉제공장이 확산되고 있는 것 같다. 그런데 Buyer들과의 거래가 CMT가 아니다 보니 가장 비중이 큰 원자재 L/C를 후진국의 봉제 Vendor들이 개설하고 있어서 문제가 종종 일어난다.

특히 Payment 문제가 많기로 악명 높은 'Bangladesh' 같은 경우는 단 한번도 제때, 제대로 된 네고 대전을 받아본 경험이 없을 정도로 심각하다. 물론 Buyer에 따라 다를 수는 있다. 영원무역 같은 한국 Vendor는 공장이 방글라데시에 있어도 전혀 문제를 일으키지 않는다.

이들의 문제는 첫째 항상 Usance L/C만을 열어주려고 한다는 것이다. 그것도 150days를 넘어서 최근에는 180days Usance를 요구하는 것이다. 이렇게 payment term이 길어지면 문제가 생길 개연성도 많아진다.

이들의 고질병은 Due date가 되어도 Pay를 하지 않고 통보도 없다는 것이다. 은행에 연락을 해 봐도 소용이 없다. 그냥 침묵할 뿐이다. 그러다 수출자 측이 Unpaid의 공포에 노심초사하고 있을 무렵 슬쩍 접촉한다. 그리고 비용을 핑계로 얼마간의 금액을 제하고 입금하겠다고 하면 지친 수출자는 대부분 Accept 한다. 특히 성질 급한 한국 수출자는 100%이다. 고도의 심리게임을 한다고 볼 수 있다. 결국 입금이 늦어져 생긴 Delay 이자와 더불어 적지 않은 수수료까지 떼이고 나면 완전히 헛장사를 하게 되는 것이다. 그나마 손해가 나지 않으면 다행이라고 할 수 있다.

원래 Usance L/C로 네고 하고 12일 이내로 Payment notice를 은행으로부터 받으면 Due date에 대전을 입금받는 것은 안심해도 되는 규정이 있다. 하지만 방글라데시 은행은 Payment notice를 잘 보내주지도 않을 뿐더러, 보내주었다 하더라도 제날짜에 입금되는 것을 믿을 수 없다. 이런 문제를 피하기 위해서 수출자가 할 수 있는 일은 어떤 것이 있을까?

Confirmed L/C

신용할 수 없는 방글라데시 은행을 피해 신뢰할 수 있는 선진국 은행을 통해 Confirmed L/C를 받으면 어떨까? 이런 경우, 약간의 Confirm charge를 내면 L/C Opening bank의 신용과 관계없이 Confirm해 준 은행이 모든 책임을 지기 때문에 Payment를 완전하게 보장받을 수 있다. 그렇다면 방글라데시와의 거래는 이런 식으로 하면 될 것 같다. 즉, L/C Opener에게 Confirmed L/C를 열어달라고 하기만 하면 모든 문제는 완전히 해결될 것이다. 과연 그럴까? 문제는 Opening bank가 Confirmed L/C를 개설하더라도 일이 그것으로 끝나지는 않는다는 것이다. 왜냐하면 Confirmed은행이 그 L/C를 다시 Confirm해 주는 과정이 남아있기 때문이다. 그런데 그 과정이 생각대로 쉽지 않다. Confirm은행은 Opening bank의 지불보증을 무한히 해주지는 않는다. 그들이 갖고 있는 담보 여력의 한도 내에서만 해줄 뿐이다. 따라서 대부분 Confirmed는 이루어지기 어렵다. 된다고 하더라도 2~3개월을 기다리게 하는 경우가 대부분이기 때문에 그걸 믿고 계약할 수는 없다. 결국 별로 유효한 방법이 아닌 것 같다.

수출보험

그렇다면 수보에 부보하는 것은 어떨까?

그래서 Payment에 문제가 생기면 보험회사에서는 90%까지의 네고 대전을 보상해 준다. 이 경우, 10% 정도에 해당하는 돈은 날리더라도 대부분의 원금은 보장받을 수 있으므로 안전한 것처럼 보인다. 하지만 여기에도 함정은 있다.

첫째로 수출보험에서 아무 Buyer나 보험을 받아주지는 않는다는 것이다. L/C Opener의 신용과 재정 상태를 조사해 본 다음, 안심되는 경우만 받아준다. 따라서 양호한 Buyer의 지불만을 보장하므로 실제로 문제되는 열악한 Buyer의 지불은 보장하는 기능이 없다. 따라서 별 소용이 되지 못한다. 부보를 받아준다고 하더라도 문제는 마찬가지이다. 만약 Clean Nego를 하지 못했다거나 물건에 하자가 생겨서 대금 지불에 문제가 생기면 수출입 은행에서는 보험금을 지불하지 않는다는 규정을 가지고 있다. 따라서 신용장 개설자가 갑자기 도산하는 경우 외에는 수출보험은 Payment를 Guarantee하는 데 있어서 별 도움이 되지 않는다고 볼 수 있다. 사실 대개의 바이어들은, 특히 큰 브랜드일수록 벤더의 신용 상태를 매우 중요시하고 있기 때문에 이런 일은 일어나기 어렵다.

Air 선적의 Risk

Buyer의 주문에 맞춰 열심히 제품생산을 했으나 사정이 생겨 납기가 늦어지는 경우가 왕왕 발생한다. 이렇게 되면 Buyer는 늦어진 납기를 보상하기 위해 수출자에게 제품을 배로 선적하는 대신 비행기에 태워달라고 한다. 이런 상황이 발생하면 수출자는 두 가지 곤란한 문제에 봉착하게 된다. 첫째는 끔찍하게 비싼 Air charge이다. 그리고 두 번째는 Nego 대전 회수의 불안감이다.

섬유업계는 생산해놓은 원단의 컬러가 틀려 재작업을 하는 일이 비일비재하다. 그럴 경우 수출자는 3중고에 시달리게 된다. A는 Jones NY이라는 브랜드에 y당 2불짜리 원단을 5만y 팔았는데 컬러가 틀린다는 이유로 그 중 2만y 원단의 재작업을 통보받았다. 이런 일은 대재앙이다. 다시 작업하느라 발생하는 추가비용과 더불어 물건값에 육박하는 무거운 Air charge에 payment마저 보장받지 못하는 불안한 상황이 되기 때문이다. Guatemala까지 가야 하는 원단의 Air charge는 야드당 무려 1불이나 되었다. 따라서 Air charge만 2만 불이다. 이 오더에서 A가 벌어들인 이익이 겨우 15,000불이었는데 Air 비용만 2만 불을 내놓음으로써 시작도 전에 벌써 5천 불은 고스란히 손해를 보게 된 것이다. 하지만 바이어와의 약속은 지켜야 한다. 어쨌든 문제를 일으킨 것은 A이기 때문이다. 그나마 염색공장에서는 재작업을 해야 할 정도로 컬러가 다르다는 사실을 인정하려고 하지 않았다. 따라서 A는 재작업 비용의 절반인 만 불을 공장에 줄 것으로 약속하고 재작업을 진행시켰다.

재작업이 끝나 선적하기 위해 Vendor에게 L/C amend를 요청했다. 원래의 L/C에는 Partial shipment allowed 조항도 없고 Air를 해도 좋다는 조항이 없었기 때문이다. 하지만 Vendor는 L/C amend를 차일피일 미루면서 선적일이 다가올 때까지 해주지 않았다. 그래서 A는 Amend를 해주지 않으면 선적을 거부하겠다고 위협해 봤지만 선적이 더 늦어질 경우 Garment air까지도 각오해야 한다는 그들의 협박에 굴복하여 할 수 없이 재작업분을 Air하고 하자 네고 하는 수밖에 없었다.

그런데 Vessel로 선적된 경우는 하자 네고를 하더라도 Buyer 측에서 물건을 찾아가면 자동적으로 Payment가 보장되는 제도가 있었다. 그런데 Air인 경우는 다르다. B/L은 그 자체가 유가증권으로 소유주가 명확하게 기재되어 있고 물건과 맞바꿀 수 있는 재산 가치를 지니고 있었지만 Airway Bill은 Original이 화물과 함께 Notify에게 그대로 전달하게 되어 있고 수출자 측은 Shipper용으로 네고 하게 되어 있기 때문에 Buyer가 은행의 허락 없이도 물건을 찾을 수 있게 된다. 은행 또한 그들에게 그 어떤 지불 보증도 받지 않는데, 만약 수출자가 서류의 반환을 요구하게 되는 최악의 경우에도 배로 선적되었을 경우와는 달리 요구에 쉽게 응할 수 있기 때문이다. 즉, 물건을 찾을 수 있는 Bill은 화물과 함께 간다는 사실이고 네고용으로 들어온 Bill은 아무런 도움도 되지 못한다. 따라서 수출자는 아무런 권리도 없는 Shipper용 Airway Bill만을 결제 은행으로부터 받을 수 있고 물건이든 돈이든 찾을 수 있는 권리를 상실하게 되는 것이다. 물론 이 경우라도 Clean Nego 하는 경우에는 당당하게 권리를 행사할 수 있다. 하지만 Clean Nego 하는 것은 앞에서도 말했듯이 상당히 노련한 경험자가 필요하며, 반대로 Buyer 측에서 서류를 하자로 유도하는 일은 그리 어려운 일이 아니라는 사실을 명심해야 한다.

L/C에 함정 만들기

서류를 하자로 만들고자 하는 Buyer의 노력과 Clean하게 만들려고 하는 수출자의 싸움은 눈에 보이지 않는 전쟁이다. 만약 문제가 생겼을 때 주도권을 행사하려고 하는 칼자루 싸움이기 때문이다.

이런 주도권 싸움은 군비 확장 경쟁과도 닮았다.

과거 미소의 냉전 상태에서 각국은 서로 대량의 핵무기를 개발하여 주도권 싸움을 벌인 적이 있었다. 이런 일은 생태계에서도 일어난다. 톰슨가젤은 천적인 치타가 세상에서 가장 빠른 포유 동물이 되게 하는 데 막대한 기여를 했다. 잡아 먹히지 않으려고 노력하는 톰슨가젤은 더 빨리 달릴 수 있도록 진화되었다. 그에 맞춰 굶지 않으려는 생존본능에 의해 그들을 쫓는 치타의 뒷다리도 진화하여 더 빠르게 달릴 수 있게 되었다. 인간은 박테리아를 죽이기 위해 페니실린이라는 항생제를 개발했고 그로써 많은 생명을 구할 수 있었다. 그 결과 지금 인간 세계는 박테리아로부터 자유로워졌을까? 천만의 말씀이다. 박테리아는 내성을 길러 항생제를 물리쳤다. 그에 따라 인간은 더욱 강력한 항생제를 개발해냈으며 질 수 없는 박테리아도 더욱 강력해졌고, 결국 최고 단위의 항생제인 반코마이신을 이겨내는 슈퍼 박테리아가 출현하여 인간을 이 경쟁에서 무력하게 만들고 있다. 이 싸움은 앞으로도 계속되겠지만 승자가 누가 될지는 뻔하다. 이런 일은 생태계에서만 일어나는 일은 아니다. 인간 세상에서도, 특히 비즈니스의 세계에서도 A가 자각하지 못하는 사이에 이런 군비 경쟁이 일어나고 있다. 세상은 늘 끊임없이 변하고 있다. 따라서 가만히 있는 것은 정체가 아닌 퇴보와 도태를 의미한다.

L/C에 등장하는 함정의 최선봉에는 물론 I/C가 있다. 선적 전 검사를 통해 문제가 없으면 발행해 주겠다고 약속하고 실제로 약속을 이행하지 않는 경우가 적지 않다. 또한 L/C를 복잡하게 만드는 것이다. 사실 L/C의 내용은 선적된 물건을 수취하는 데 지장이 없는 정도의 서류만 갖추면 충분하다. 전혀 복잡할 것 없다는 것이다. 하지만 어떤 L/C는 필요 이상으로 복잡한 경우가 있다. 틀림없이 하자 네고를 노리는 의도가 숨겨져 있다고 보면 된다. L/C가 복잡할수록 하자 네고 할 확률이 높기 때문이다. 당연히 하자를 잡아낼 수 있는 구실도 많이 생기게 된다.

A는 이런 L/C를 받은 적이 있다. 그 L/C에는 다음과 같은 조건이 적혀 있었다. '모든 서류에 오더 넘버를 기재하시오.' 그리고 L/C의 다른 조항에 이런 조건이 써 있었다. "Draft, 즉 어음에 L/C NO 외에는 어떤 번호도 쓰지 마시오." 이런 L/C는 명백히 함정이다.

모든 서류에 어떤 특정번호를 넣으라고 주문하는 것을 정확하게 실행하기 어렵다. 특히, 요구 서류가 많은 경우는 더욱 그렇다. 그것은 A가 '모든 서류', 즉 All Documents라는 말의 의미를 혼동하기 때문이다. A는 모든 서류라고 하면 그것을 선적 서류, 즉 물건을 찾기 위한 서류와 혼동한다. 따라서 Invoice와 Packing list, C/O 그리고 B/L이나 Visa 정도를 모든 서류라고 생각하는 것이다. 그러나 서류에는 그 외에도 Buyer가 요구하는 것은 모두라는 것이다. 예컨대 일부 선적서류 Copy를 Buyer에게 보내고 Courier Receipt를 제출하라는 조항이 많다. 이 경우 당연히 이 영수증도 서류이므로 오더 넘버를 기재해야 한다. Beneficiary certificate는 물론이고 심지어는 어음인 Draft에도 기재를 해야 옳다. 하지만 위의 L/C 조항은 그렇게 완벽하게 해도 하자에 걸리게 되는 함정을 만들어 놓았다.

Draft에는 다른 번호를 적으면 안 된다고 명시해 놓고 있기 때문이다. 따라서 이렇게 서로 모순이 되는 조항은 미리 Amend를 해 두지 않으면 아무리 완벽하게 준비해도 하자가 되어 버린다.

원자재와 완제품의 차이

수출자는 Buyer의 주문에 따라 만들어 놓은 제품이 선적 전에 Cancel되면 어떻게 하나 하는 걱정이 늘 있다. 그런 일을 방지하기 위해서는 L/C가 Open된 후에 작업을 하는 것이다. 하지만 한국의 수출자에게 이런 주문은 허용되지 않는다. 왜냐하면 그동안 우리가/선배들이 시장을 다 버려 놓았기 때문이다. 당신이 해주지 않아도 L/C 없이 작업해 주겠다는 다른 한국의 경쟁업체가 얼마든지 있었기 때문이다. 하지만 중국은 절대 신용장 없이 작업을 시키는 일이 불가능했다.

때로는 납품하려는 물건이 어떤 최종 제품의 원자재인지 아니면 그 자체로 판매되는 완제품인지에 따라서 주의를 요해야 하는 경우가 생긴다. 원자재인 경우 비교적 안심할 수 있다. Buyer도 그 자신이 다른 Buyer로부터 받은 오더를 이행해야 하기 때문에 발주한 물건이 절대적으로 필요하다. 하지만 Wholesaler인 경우는 사정이 다르다. 그들은 단지 물건을 쌀 때 비축해 두었다가 나중에 가격이 좋을 때 팔려는 목적을 갖고 있으므로 그 물건이 꼭 필요한 것은 아니다. 따라서 작업 중 시장가격이 내리면 오더를 Cancel해 버리려고 하는 압력이 작용한다. 이런 경우 만약 신용장을 Clean하게 Nego할 수 있도록 챙겨두지 않았다면 Cancel을 각오해야 한다.

B사는 98년에 중동의 두바이에서 Hassan Trading이라는 Wholesaler로부터 Polyester 원단 5컨테이너 오더를 수주하였다. 작업을 끝내고 B사가

원단을 선적하기 위하여 L/C를 수취하였는데, 요구하는 서류도 많고 L/C도 몹시 복잡하여 도저히 Clean Nego를 할 수 없었다. 도리 없이 B사는 대충 서류를 만들어 하자 네고 하였다. 그런데 네고 후 20일쯤 지나서 은행을 통해 하자 통지가 오고 바이어가 지불을 거절하였다. B사가 Buyer에게 연락했더니 그들은 갖가지 이유를 대며 50% Discount를 요구해 왔다. 그렇지 않으면 Cancel하고 물건을 돌려보낸다는 것이었다. B사가 Clean Nego를 하지 않았기 때문에 Cancel 요구에 대한 어떤 권리도 가질 수 없었다. 이미 염색된 물건이 Ship Back되어 오면 시장에 팔아 봐야 30%도 건지기 힘들었다. 선임도 건지기 어려울 것이다. B사는 할 수 없이 50% Discount에 굴복할 수밖에 없었다.

이런 경우 물건이 완제품이 아닌 원자재였다면 오히려 거꾸로 B사에서 Buyer에게 비슷한 요구를 할 수 있을 정도로 완제품과 원자재의 무역상에서 가지는 위치는 엄청나게 다르다. 특히 제품을 생산한 후 범용성이 떨어지는, 예를 들면 특정 컬러로 염색해버린 원단 같은 경우는 오더가 Cancel되었을 경우 막대한 피해가 발생한다.

사실 중동 상인은 인도 상인과 더불어 국제 무역에서 상도의가 없기로 악명 높은데 이들은 상대가 조금이라도 허점을 보이면 그 틈을 타 자신들의 이익을 취하기에 전혀 망설임이 없다. 그들에게서는 상도의나 윤리를 찾아보기 극히 힘들다. 그들은 아주 작은 돈도 가능한 긁어내려고 하는 노력을 게을리하지 않는데, 대표적인 예가 바로 Insurance Premium 장난이다. 일단 CIF로 계약한 다음, 선적 직전에 조건을 CNF로 바꿀 것을 요구한다. 이때 Insurance 단가를 원래 단가에서 빼야 하는데 실제로 들어가는 Premium보다 훨씬 더 많이 떼자고 한다. 예컨대 원래는 Insurance에 y당 0.3센트가 소요되지만 그들은 2센트를 깎아달라고 한다. 이것의 그들의 전형적인 수법임을 모르는 한국의 수출자들은 대부분 수락하고 만다. 이런 심리를 이용하는 그들의 찌질이 전략은 계속된다. 한 달에 수백만y씩 원단을 수입하는 그들로서는 그것도 모이면 큰 돈이 된다. 백만y에 2센트면 2천만 원이다. 그들의 눈물겨운 노력이 가상할 뿐이다.

■ 저/자/소/개

안 동 진

1983년 인하공대 섬유공학과 졸업
2009년 서울대학교 AFB 8기 수료
2015년 연세대학교 생활환경대학원 졸업

◆ 저서
2004년 섬유지식 1, 2, 3
2008년 Texfile Science 4.1 영문판 (섬유개발연구원)
2008년 Merchandiser를 위한 섬유지식 (한올출판사)
2009년 과학에 미치다 (한올출판사)
2013년 과학에 미치다 2판 (한올출판사)
2015년 Merchandiser를 위한 섬유지식 개정판 (한올출판사)
2016년 과학에 미치다 3판 (한올출판사)
2016년 섬유지식 II (한올출판사)
2020년 섬유지식 기초 (한올출판사)

Merchandiser에게 필요한

섬유지식 II

초판 1쇄 발행 2016년 5월 20일
초판 3쇄 발행 2022년 5월 10일
저　　　자 안 동 진
펴 낸 이 임 순 재
펴 낸 곳 한올출판사
등　　　록 제11-403호
주　　　소 서울시 마포구 모래내로 83(성산동, 한올빌딩 3층)
전　　　화 (02)376-4298(대표)
팩　　　스 (02)302-8073
홈 페 이 지 www.hanol.co.kr
e - 메 일 hanol@hanol.co.kr

ISBN 979-11-5685-396-1